清华社"视频大讲堂"大系

CG 技术视频大讲堂

U0645343

# AutoCAD 2026 ✚AI

## 从新手到高手

### （标准版）

CAD/CAM/CAE技术联盟 /编著

清华大学出版社

北京

# 内 容 简 介

《AutoCAD 2026+AI 从新手到高手（标准版）》是一本为智能时代设计的 CAD 学习指南，采用"扎实基础+AI赋能"的创新教学理念，帮助读者成为既懂传统技术又掌握 AI 工具的新一代设计师。

本书共 9 章，其中第 1～8 章专注于 AutoCAD 2026 的核心功能教学，涵盖二维绘图的完整知识体系：从基础绘图命令、图形编辑，到图层管理、尺寸标注、图块应用、文字注释、图纸布局与打印输出。每一章配有实例讲解和练习题，确保读者扎实掌握应用 CAD 的基本功。第 9 章详细介绍 AI 技术在 AutoCAD 中的实际应用，内容包括：AI 基础知识、开发环境配置、AI 工具集成，以及多个实用案例——AI 自动优化平面布局、辅助标注和尺寸校核、图纸数据分析、冲突检测、自动生成建筑平面图等，让已经掌握 CAD 基础知识的读者能够借助 AI 工具实现效率翻倍、创意升级。

本书既适合入门级读者学习和使用，也可供有一定基础的读者作为参考，还可以作为职业教育的教材。

**图书在版编目（CIP）数据**

AutoCAD 2026＋AI 从新手到高手：标准版 / CAD/CAM/CAE 技术联盟编著.
北京：清华大学出版社，2025.9.
(清华社"视频大讲堂"大系 CG 技术视频大讲堂).
ISBN 978-7-302-70348-8
Ⅰ. TP391.72
中国国家版本馆 CIP 数据核字第 2025KU8678 号

责任编辑：艾子琪
封面设计：秦　丽
版式设计：楠竹文化
责任校对：范文芳
责任印制：宋　林

出版发行：清华大学出版社
网　　　址：https://www.tup.com.cn，https://www.wqxuetang.com
地　　　址：北京清华大学学研大厦 A 座　　　　　邮　　编：100084
社 总 机：010-83470000　　　　　　　　　　　邮　　购：010-62786544
投稿与读者服务：010-62776969，c-service@tup.tsinghua.edu.cn
质量反馈：010-62772015，zhiliang@tup.tsinghua.edu.cn
印 装 者：河北鹏润印刷有限公司
经　　销：全国新华书店
开　　本：203mm×260mm　　　　印　　张：21.75　　　　字　　数：578 千字
版　　次：2025 年 9 月第 1 版　　　　　　　　　　印　　次：2025 年 9 月第 1 次印刷
定　　价：89.80 元

产品编号：113154-01

# 前　言
*Preface*

在当今的计算机工程界，恐怕没有一款软件比 AutoCAD 更具有知名度和普适性了。AutoCAD 是美国 Autodesk 公司推出的集二维绘图、三维设计、参数化设计、协同设计以及通用数据库管理和互联网通信功能为一体的计算机辅助绘图软件包。在人工智能浪潮席卷全球的今天，传统的工程设计领域正在经历前所未有的变革。作为计算机辅助设计的标杆软件，AutoCAD 不仅继续保持其在二维绘图、三维设计等传统领域的领先地位，更在 AI 技术的加持下展现出全新的可能性。本书正是为了帮助读者在这个变革时代掌握"传统技能+AI 赋能"的双重优势而编写的。

## 一、编写目的

本书采用"扎实基础+AI 赋能"教学理念。在工程设计这个对精确性要求极高的领域，扎实的基础是一切创新的前提。因此，本书前 8 章专注于 AutoCAD 核心功能的系统学习，确保读者能够熟练掌握二维绘图的完整技能体系。第 9 章则全面介绍 AI 技术在 AutoCAD 中的应用，包括开发环境配置、AI 工具集成以及多个实战案例。"懂原理、会操作、用 AI 提效"将成为新一代设计师的核心竞争力。只有当读者真正理解 CAD 的设计原理并掌握规范的操作流程时，才能正确理解 AI 的辅助价值，从而避免盲目依赖而导致的设计错误。

## 二、本书特点

☑　**面向 AI 时代**

本书不仅教授 AutoCAD 的传统功能，更着眼于培养读者的 AI 思维。在第 9 章中，读者将学习如何使用 Python、AutoLISP 等工具进行二次开发，如何集成 DeepSeek、豆包等 AI 工具，以及如何通过 AI 实现设计自动化、优化和智能分析。

☑　**循序渐进的学习路径**

从基础绘图命令到复杂的图形编辑，从手动操作到 AI 辅助设计，本书为读者规划了清晰的成长路径。每个知识点都配有实例讲解，让理论与实践紧密结合。

☑　**实例丰富**

本书实例的数量与种类均非常丰富。从数量上说，本书结合大量的工业设计实例详细讲解 AutoCAD 的知识要点，让读者在学习案例的过程中潜移默化地掌握 AutoCAD 软件操作技巧；从种类上说，基于本书面向专业面宽泛的特点，我们在组织实例的过程中，注意实例的行业分布广泛性，以普通工业造型和机械零件造型为主，并辅助一些建筑、电气等专业方向的实例。

☑　**突出技能提升**

本书从全面提升 AutoCAD 设计能力的角度出发，结合大量的案例讲解如何利用 AutoCAD 进行工程设计，让读者掌握计算机辅助设计并能够独立地完成各种工程设计。书中很多实例均源自工程设计项目，经过作者的精心提炼和改编，不仅为读者学好知识点提供保障，帮助读者掌握实际的操作技能，还能培养读者的工程设计实践能力。

## 三、本书的配套资源

本书提供了极为丰富的学习配套资源，使读者能够在较短的时间内学会和掌握 AutoCAD。读者可扫描封底的"文泉云盘"二维码，以获取下载方式。

### 1．配套教学视频

本书针对实例专门制作了同步教学视频，读者可以扫描前言后的二维码获取视频，像看电影一样轻松愉悦地学习本书的内容，然后对照本书加以实践和练习。这可以大大提高读者的学习效率。

### 2．《3D 进阶专辑》电子书

专为需要深入学习三维设计内容的读者准备，涵盖三维建模基础、实体建模、三维编辑技巧、渲染与可视化等内容，配有丰富的实例，帮助读者全面掌握 AutoCAD 3D 设计。

### 3．AutoCAD 应用技巧、疑难解答等资源

（1）AutoCAD 疑难问题汇总：疑难解答的汇总，对入门者非常有用，可以帮助他们扫除学习障碍，少走弯路。

（2）AutoCAD 应用技巧大全：汇集了 AutoCAD 绘图的各种技巧，对提高作图效率很有帮助。

（3）AutoCAD 经典练习题：额外精选了不同类型的练习，读者只要认真练习，到了一定程度，就可以实现从量变到质变的飞跃。

（4）AutoCAD 常用图块集：汇集了在实际工作中积累的大量图块，读者可以直接使用它们，或者稍加改动就可以使用它们，这对于提高作图效率极为有利。

（5）AutoCAD 快捷命令速查手册：汇集了 AutoCAD 常用快捷命令，读者可以熟记它们以提高作图效率。

（6）AutoCAD 快捷键速查手册：汇集了 AutoCAD 常用快捷键，绘图高手通常会直接使用快捷键。

（7）AutoCAD 常用工具按钮速查手册：汇集了 AutoCAD 常用工具按钮。读者可以熟练掌握它们的使用方法，这也是提高作图效率的方法之一。

### 4．6 套不同领域的大型设计图集及其配套的视频讲解

为了帮助读者拓宽视野，本书配套资源赠送了 6 套设计图纸集、图纸源文件，以及长达 10 小时的视频讲解。

### 5．全书实例的源文件和素材

本书配套资源包含实例和练习实例的源文件和素材，读者可以在安装 AutoCAD 2026 软件后，打开并使用它们。

### 6．线上扩展学习内容

本书还附赠 3 章线上扩展学习内容，包括集成化绘图工具、数据交换、视图转换等内容，学有余力的读者可以扫描封底的"文泉云盘"二维码获取学习资源。

## 四、关于本书的服务

### 1．"AutoCAD 2026 简体中文版"安装软件的获取

要按照本书中的实例进行操作练习，以及使用 AutoCAD 2026 进行绘图，需要事先在计算机上安装

AutoCAD 2026 软件。读者可以登录 Autodesk 官方网站联系购买正版 AutoCAD 2026 软件，或者使用其试用版。

**2．关于本书的技术问题或有关本书信息的发布**

读者如果遇到有关本书的技术问题，可以扫描封底"文泉云盘"二维码，查看是否有已发布的相关勘误/解疑文档。如果没有，读者可以在页面下方寻找加入学习群的方式并联系我们，我们将尽快回复。

**3．关于手机在线学习**

读者可以扫描封底刮刮卡（需要刮开涂层）二维码，获取书中二维码的读取权限，点击即可在手机中观看对应的教学视频，以充分利用碎片化时间，提升学习效果。需要强调的是，书中给出的是实例的重点步骤，实例的详细操作过程还需要读者通过视频来学习和领会。

## 五、关于作者

本书由 CAD/CAM/CAE 技术联盟组织编写。CAD/CAM/CAE 技术联盟是一个集 CAD/CAM/CAE 技术研讨、工程开发、培训咨询和图书创作于一体的工程技术人员协作联盟，拥有众多专职和兼职 CAD/CAM/CAE 工程技术专家。

CAD/CAM/CAE 技术联盟负责人由 Autodesk 中国认证考试中心首席专家担任，全面负责 Autodesk 中国官方认证考试大纲制订、题库建设、技术咨询和师资培训工作，成员精通 Autodesk 系列软件。其创作的很多教材已经成为国内具有引导性的旗帜作品，在国内相关专业方向图书创作领域具有举足轻重的地位。

## 六、致谢

在本书的写作过程中，编辑艾子琪女士给予了很大的帮助和支持，提出了很多中肯的建议，我们在此表示感谢。同时，我们还要感谢清华大学出版社的其他编辑人员为本书的出版所付出的辛勤劳动。本书的成功出版是大家共同努力的结果，谢谢所有给予支持和帮助的人。

编　者

配套视频

素材下载

技术支持

# 目　录

*contents*

第 1 章　AutoCAD 2026 基础 ·············· 1

1.1　操作界面 ·············· 1

1.1.1　标题栏 ·············· 2

1.1.2　绘图区 ·············· 3

1.1.3　坐标系图标 ·············· 4

1.1.4　菜单栏 ·············· 4

1.1.5　工具栏 ·············· 6

1.1.6　命令行窗口 ·············· 6

1.1.7　布局标签 ·············· 7

1.1.8　状态栏 ·············· 7

1.1.9　快速访问工具栏和交互信息

工具栏 ·············· 10

1.1.10　功能区 ·············· 10

1.1.11　导航栏 ·············· 11

1.2　设置绘图环境 ·············· 11

1.2.1　图形单位设置 ·············· 11

1.2.2　图形边界设置 ·············· 12

1.3　配置绘图系统 ·············· 13

1.4　文件管理 ·············· 14

1.4.1　新建文件 ·············· 14

1.4.2　打开文件 ·············· 15

1.4.3　保存文件 ·············· 16

1.4.4　另存为 ·············· 16

1.4.5　退出文件 ·············· 17

1.4.6　图形修复 ·············· 17

1.5　基本输入操作 ·············· 17

1.5.1　命令输入方式 ·············· 17

1.5.2　命令的重复、撤销与重做 ·············· 18

1.5.3　坐标系统 ·············· 18

1.5.4　按键定义 ·············· 19

1.6　缩放与平移 ·············· 19

1.6.1　缩放 ·············· 19

1.6.2　平移 ·············· 20

1.7　实践练习 ·············· 21

1.7.1　熟悉操作界面 ·············· 21

1.7.2　设置绘图环境 ·············· 21

1.7.3　管理图形文件 ·············· 22

1.7.4　数据输入 ·············· 22

第 2 章　简单二维绘图命令 ·············· 23

2.1　直线类图形的绘制 ·············· 23

2.1.1　绘制直线段 ·············· 23

**2.1.2　实例——在动态输入模式下绘制**
**五角星** ·············· **25**

2.1.3　数据的输入方法 ·············· 26

**2.1.4　实例——在非动态输入模式下绘制**
**五角星** ·············· **28**

2.1.5　绘制构造线 ·············· 28

2.2　圆类图形的绘制 ·············· 29

2.2.1　绘制圆 ·············· 29

**2.2.2　实例——绘制哈哈猪造型** ·············· **30**

2.2.3　绘制圆弧 ·············· 32

**2.2.4　实例——绘制开槽盘头螺钉** ·············· **33**

2.2.5　绘制圆环 ·············· 35

2.2.6　绘制椭圆与椭圆弧 ·············· 35

**2.2.7　实例——绘制茶几** ·············· **36**

2.3　平面图形的绘制 ·············· 37

2.3.1　绘制矩形 ·············· 37

**2.3.2　实例——绘制方头平键** ·············· **39**

2.3.3　绘制正多边形 ·············· 40

**2.3.4　实例——绘制螺母** ·············· **41**

2.4　圆心标记和中心线 ·············· 42

2.4.1　圆心标记 ·············· 42

**2.4.2　实例——绘制螺母的中心线** ·············· **43**

2.4.3　中心线 ·············· 43

**2.4.4　实例——绘制矩形的中心线** ·············· **44**

2.5　点的绘制 ·············· 45

2.5.1 绘制点 ················ 45
2.5.2 定数等分点 ············ 46
2.5.3 定距等分点 ············ 46
**2.5.4 实例——绘制棘轮** ········ **47**
**2.6 综合演练——绘制汽车简易造型** ···· **48**
2.7 实践练习 ················ 50
2.7.1 绘制粗糙度符号 ········ 50
2.7.2 绘制圆头平键 ·········· 50
2.7.3 绘制卡通造型 ·········· 51

**第3章 辅助工具** ············ **52**
3.1 图层设置 ················ 52
3.1.1 设置图层 ·············· 52
3.1.2 颜色的设置 ············ 56
3.1.3 线型的设置 ············ 57
3.1.4 线宽的设置 ············ 59
3.2 精确定位工具 ············ 59
3.2.1 正交模式 ·············· 59
3.2.2 栅格工具 ·············· 60
3.2.3 捕捉工具 ·············· 60
3.3 对象捕捉 ················ 61
3.3.1 特殊位置点捕捉 ········ 61
**3.3.2 实例——利用特殊位置点捕捉法**
**绘制开槽盘头螺钉** ···· **63**
3.3.3 对象捕捉设置 ·········· 65
**3.3.4 实例——绘制盘盖** ······ **66**
3.4 对象追踪 ················ 69
3.4.1 对象捕捉追踪 ·········· 69
**3.4.2 实例——绘制直线** ······ **70**
3.4.3 极轴追踪 ·············· 70
**3.4.4 实例——利用极轴追踪法绘制**
**方头平键** ············ **71**
3.5 动态输入 ················ 73
3.6 对象约束 ················ 74
3.6.1 建立几何约束 ·········· 75
3.6.2 几何约束设置 ·········· 75
**3.6.3 实例——绘制相切及同心圆** ·· **76**
3.6.4 建立尺寸约束 ·········· 78
3.6.5 尺寸约束设置 ·········· 78
**3.6.6 实例——绘制泵轴** ······ **79**
3.6.7 自动约束设置 ·········· 84

**3.6.8 实例——对未封闭三角形进行**
**约束控制** ············ **85**
3.7 实践练习 ················ 87
3.7.1 利用图层命令绘制螺栓 ·· 87
3.7.2 过四边形上下边延长线交点作四边形
右边平行线 ·········· 87
3.7.3 利用对象捕捉追踪功能绘制特殊位置
直线 ················ 88

**第4章 平面图形的编辑** ······ **89**
4.1 选择对象 ················ 89
4.2 复制类编辑命令 ·········· 92
4.2.1 复制链接对象 ·········· 92
**4.2.2 实例——链接图形** ······ **93**
4.2.3 "复制"命令 ·········· 94
**4.2.4 实例——绘制电冰箱** ···· **95**
4.2.5 "镜像"命令 ·········· 97
**4.2.6 实例——绘制整流桥电路** ·· **97**
4.2.7 "偏移"命令 ·········· 98
**4.2.8 实例——绘制门** ········ **100**
4.2.9 "移动"命令 ·········· 101
**4.2.10 实例——绘制电视柜** ···· **101**
4.2.11 "旋转"命令 ········ 102
**4.2.12 实例——绘制曲柄** ···· **103**
4.2.13 "阵列"命令 ········ 104
**4.2.14 实例——绘制齿圈** ···· **105**
4.2.15 "缩放"命令 ········ 107
**4.2.16 实例——绘制装饰盘** ·· **108**
4.3 改变几何特性类命令 ······ 109
4.3.1 "修剪"命令 ········ 109
**4.3.2 实例——绘制间歇轮** ·· **110**
4.3.3 "延伸"命令 ········ 112
**4.3.4 实例——绘制力矩式自整角**
**发送机** ············ **113**
4.3.5 "圆角"命令 ········ 114
**4.3.6 实例——绘制挂轮架** ·· **115**
4.3.7 "倒角"命令 ········ 119
**4.3.8 实例——绘制洗菜盆** ·· **120**
4.3.9 "拉伸"命令 ········ 122
**4.3.10 实例——绘制手柄** ·· **123**
4.3.11 "拉长"命令 ········ 125

4.3.12　实例——绘制挂钟 ················ **125**

4.3.13　"打断"命令 ····················· 126

**4.3.14　实例——绘制连接盘** ·········· **126**

4.3.15　"打断于点"命令 ··············· 129

**4.3.16　实例——绘制油标尺** ·········· **129**

4.3.17　"分解"命令 ····················· 132

**4.3.18　实例——绘制圆头平键** ······ **132**

4.3.19　"合并"命令 ····················· 134

4.3.20　"光顺曲线"命令 ··············· 135

4.4　删除及恢复类命令 ························ 135

4.4.1　"删除"命令 ······················· 135

4.4.2　"恢复"命令 ······················· 136

4.4.3　"清除"命令 ······················· 136

**4.5　综合演练——绘制电磁管压盖**

**螺钉** ············································ **136**

4.6　实践练习 ····································· 139

4.6.1　绘制紫荆花 ······················· 139

4.6.2　绘制均布结构图形 ·············· 139

4.6.3　绘制轴承座 ······················· 139

4.6.4　绘制阶梯轴 ······················· 140

**第5章　复杂二维绘图和编辑命令** ······· **141**

5.1　面域 ·········································· 141

5.1.1　创建面域 ·························· 141

5.1.2　布尔运算 ·························· 141

**5.1.3　实例——绘制法兰盘** ·········· **142**

5.2　图案填充 ····································· 144

5.2.1　基本概念 ·························· 144

5.2.2　图案填充的操作 ················· 144

5.2.3　编辑填充的图案 ················· 147

**5.2.4　实例——绘制旋钮** ·············· **148**

5.3　多段线 ······································· 151

5.3.1　绘制多段线 ······················ 151

**5.3.2　实例——绘制电磁管密封圈** ······ **152**

5.3.3　编辑多段线 ······················ 154

**5.3.4　实例——绘制支架** ·············· **155**

5.4　样条曲线 ····································· 157

5.4.1　绘制样条曲线 ···················· 157

**5.4.2　实例——绘制单人床** ·········· **158**

5.5　多线 ·········································· 160

5.5.1　绘制多线 ·························· 160

5.5.2　定义多线样式 ···················· 161

5.5.3　编辑多线 ·························· 162

**5.5.4　实例——绘制别墅墙体** ·········· **163**

5.6　对象编辑 ····································· 167

5.6.1　夹点编辑 ·························· 167

**5.6.2　实例——编辑图形** ·············· **168**

5.6.3　修改对象属性 ···················· 169

**5.6.4　实例——绘制花朵** ·············· **169**

5.6.5　特性匹配 ·························· 172

**5.7　综合演练——绘制足球** ·············· **172**

5.8　实践练习 ····································· 174

5.8.1　绘制浴缸 ·························· 174

5.8.2　绘制雨伞 ·························· 174

5.8.3　利用布尔运算绘制三角铁 ······ 174

5.8.4　绘制齿轮 ·························· 174

5.8.5　绘制阀盖 ·························· 175

**第6章　文字与表格** ························· **177**

6.1　文本样式 ····································· 177

6.2　文本标注 ····································· 179

6.2.1　单行文本标注 ···················· 179

6.2.2　多行文本标注 ···················· 181

**6.2.3　实例——在标注文字时插入**

**"±"** ·································· **185**

6.3　文本编辑 ····································· 186

6.3.1　文本编辑命令 ···················· 186

**6.3.2　实例——绘制机械制图样板图** ··· **186**

6.4　表格 ·········································· 192

6.4.1　定义表格样式 ···················· 192

6.4.2　创建表格 ·························· 194

6.4.3　编辑表格文字 ···················· 195

**6.4.4　实例——绘制明细表** ·········· **195**

6.5　实践练习 ····································· 197

6.5.1　标注技术要求 ···················· 197

6.5.2　绘制并填写标题栏 ·············· 198

6.5.3　绘制变速器组装图明细表 ······ 198

**第7章　尺寸标注** ···························· **199**

7.1　尺寸概述 ····································· 199

7.1.1　尺寸标注的规则 ················· 199

7.1.2　尺寸标注的组成 ················· 199

7.1.3　尺寸标注的注意事项 ············ 201

7.2 尺寸样式 ·············· 204
　　7.2.1 线 ············· 206
　　7.2.2 符号和箭头 ········· 207
　　7.2.3 文字 ············ 209
　　7.2.4 调整 ············ 210
　　7.2.5 主单位 ··········· 212
　　7.2.6 换算单位 ·········· 213
　　7.2.7 公差 ············ 214
7.3 标注尺寸 ············· 216
　　7.3.1 长度型尺寸标注 ······ 216
　　**7.3.2 实例——标注螺栓** ···· **217**
　　7.3.3 对齐标注 ·········· 219
　　7.3.4 坐标尺寸标注 ········ 219
　　7.3.5 直径标注 ·········· 220
　　7.3.6 半径标注 ·········· 220
　　7.3.7 角度尺寸标注 ········ 221
　　**7.3.8 实例——标注卡槽** ···· **222**
　　7.3.9 基线标注 ·········· 225
　　7.3.10 连续标注 ········· 226
　　**7.3.11 实例——标注挂轮架** · **227**
7.4 引线标注 ············· 228
　　7.4.1 一般引线标注 ········ 228
　　7.4.2 快速引线标注 ········ 230
　　**7.4.3 实例——标注齿轮轴套** · **231**
7.5 几何公差 ············· 235
**7.6 综合演练——标注阀盖尺寸** ··· **237**
7.7 实践练习 ············· 241
　　7.7.1 标注圆头平键线性尺寸 ··· 242
　　7.7.2 标注曲柄尺寸 ········ 242
　　7.7.3 绘制并标注泵轴尺寸 ···· 242
　　7.7.4 绘制并标注齿轮轴尺寸 ··· 243

**第 8 章 图块及其属性** ········ **244**
8.1 图块操作 ············· 244
　　8.1.1 定义图块 ·········· 244
　　8.1.2 图块的保存 ········· 245
　　**8.1.3 实例——定义"螺母"图块** ·· **246**
　　8.1.4 图块的插入 ········· 247
　　**8.1.5 实例——标注阀盖表面粗糙度** · **249**
　　8.1.6 动态块 ··········· 250
　　**8.1.7 实例——利用动态块功能标注阀盖**

　　　　粗糙度 ············ 255
　　8.1.8 搜索和转换 ········· 257
　　**8.1.9 实例——批量替换室内图中的**
　　　　马桶 ············· **258**
8.2 图块的属性 ············ 263
　　8.2.1 定义图块属性 ········ 263
　　8.2.2 修改属性的定义 ······· 264
　　8.2.3 编辑图块属性 ········ 264
　　**8.2.4 实例——利用属性功能标注阀盖**
　　　　粗糙度 ············ **265**
**8.3 综合演练——绘制组合机床液压系统**
　　原理图 ·············· **267**
　　**8.3.1 绘制液压缸** ········ **268**
　　**8.3.2 绘制单向阀** ········ **270**
　　**8.3.3 绘制机械式二位阀** ····· **271**
　　**8.3.4 绘制电磁式二位阀** ····· **273**
　　**8.3.5 绘制调速阀** ········ **273**
　　**8.3.6 绘制三位五通阀** ······ **274**
　　**8.3.7 绘制顺序阀** ········ **274**
　　**8.3.8 绘制油泵、滤油器和回油缸** · **275**
　　**8.3.9 完成绘制** ········· **276**
8.4 实践练习 ············· 277
　　8.4.1 标注齿轮表面粗糙度 ···· 277
　　8.4.2 标注穹顶展览馆立面图形的标高
　　　　符号 ············· 278

**第 9 章 AI 赋能 AutoCAD 智能开发** ···· **279**
9.1 AI 技术如何赋能 AutoCAD ······· 279
9.2 开发环境与工具 ·········· 280
　　9.2.1 AutoLISP、Visual LISP 开发
　　　　环境 ············· 280
　　**9.2.2 实例——用 LISP 在 AutoCAD 中**
　　　　输出文字 ··········· **283**
　　9.2.3 Python 与 AutoCAD 的结合 ··· 285
　　**9.2.4 实例——用 Python 在 AutoCAD 中**
　　　　绘图 ············· **298**
　　9.2.5 加载和使用 AI 工具或插件 ··· 300
9.3 人工智能在 AutoCAD 中的应用 ···· 303
　　9.3.1 在 2D 绘图中的应用 ······ 303
　　**9.3.2 实例——通过 AI 自动优化平面**
　　　　布局 ············· **305**

9.3.3　实例——AI辅助标注和尺寸校核·308

9.3.4　图纸数据分析与优化 ············ 312

9.3.5　实例——利用 AI 检测平面布局图
　　　　冲突 ······························ 312

9.3.6　实例——统计平面示意图的面积、
　　　　长度等数据并生成报告 ········· 314

9.4　综合演练——自动生成建筑
　　　平面图布局 ······················ 317

9.5　实践练习 ··························· 322

9.5.1　利用 AI 工具优化房间布局 ······ 322

9.5.2　通过 Python 脚本生成机械零件
　　　　模型 ····························· 323

# 3D 进阶专辑

第1章　绘制三维模型 ················· 1
1.1　三维模型的分类 ··············· 1
1.2　三维坐标系统 ················· 2
　　1.2.1　右手法则与坐标系 ······· 2
　　1.2.2　坐标系设置 ············· 2
　　1.2.3　创建坐标系 ············· 4
　　1.2.4　动态坐标系 ············· 5
1.3　视点设置 ····················· 6
　　1.3.1　利用对话框设置视点 ····· 6
　　1.3.2　利用罗盘确定视点 ······· 6
1.4　观察模式 ····················· 7
　　1.4.1　动态观察 ··············· 7
　　1.4.2　视图控制器 ············· 9
　　1.4.3　实例——观察阀体三维模型 ·· 9
1.5　绘制基本三维图形 ············· 11
　　1.5.1　绘制三维点 ············· 11
　　1.5.2　绘制三维多段线 ········· 11
　　1.5.3　绘制三维面 ············· 12
　　1.5.4　绘制多边网格面 ········· 12
　　1.5.5　绘制三维网格 ··········· 13
1.6　通过二维图形生成三维网格 ····· 13
　　1.6.1　直纹网格 ··············· 13
　　1.6.2　平移网格 ··············· 14
　　1.6.3　边界网格 ··············· 14
　　1.6.4　实例——绘制花篮 ······· 15
　　1.6.5　旋转网格 ··············· 17
　　1.6.6　实例——绘制弹簧 ······· 18
　　1.6.7　平面曲面 ··············· 21
1.7　绘制基本三维网格 ············· 21
　　1.7.1　绘制网格长方体 ········· 21
　　1.7.2　绘制网格圆柱体 ········· 22
　　1.7.3　实例——绘制足球门 ····· 23
1.8　综合演练——茶壶 ············· 25
　　1.8.1　绘制茶壶拉伸截面 ······· 26

1.8.2　拉伸茶壶截面 ··············· 27
1.8.3　绘制茶壶盖 ················· 29
1.9　实践练习 ····················· 30
　　1.1.1　利用三维动态观察器观察泵盖
　　　　　图形 ··················· 30
　　1.1.2　绘制小凉亭 ············· 30
第2章　绘制三维实体 ················· 31
2.1　创建基本三维实体单元 ········· 31
　　2.1.1　绘制多段体 ············· 31
　　2.1.2　绘制螺旋 ··············· 32
　　2.1.3　绘制长方体 ············· 33
　　2.1.4　实例——绘制单凸平梯块 ·· 34
　　2.1.5　绘制圆柱体 ············· 35
　　2.1.6　绘制球体 ··············· 36
　　2.1.7　绘制圆环体 ············· 36
　　2.1.8　实例——绘制深沟球轴承 ·· 36
2.2　通过二维图形生成三维实体 ····· 38
　　2.2.1　拉伸 ··················· 38
　　2.2.2　实例——绘制六角形拱顶 ·· 39
　　2.2.3　旋转 ··················· 41
　　2.2.4　实例——绘制带轮 ······· 42
　　2.2.5　扫掠 ··················· 45
　　2.2.6　实例——绘制锁 ········· 46
　　2.2.7　放样 ··················· 48
　　2.2.8　拖曳 ··················· 50
　　2.2.9　实例——绘制内六角螺钉 ·· 51
2.3　建模三维操作 ················· 53
　　2.3.1　倒角边 ················· 53
　　2.3.2　实例——绘制平键 ······· 54
　　2.3.3　圆角边 ················· 56
　　2.3.4　实例——绘制棘轮 ······· 57
2.4　综合演练——绘制轴承座 ······· 59
2.5　实践练习 ····················· 60
　　2.5.1　绘制透镜 ··············· 61

2.5.2　绘制绘图模板 ························ 61
2.5.3　绘制接头 ··························· 61

## 第3章　三维实体编辑 ·················· 63

3.1　剖切实体 ································ 63
3.1.1　剖切 ······························ 63
3.1.2　实例——绘制连接轴环 ········· 64
3.2　编辑三维实体 ························ 67
3.2.1　三维阵列 ······················· 67
3.2.2　实例——绘制转向盘 ··········· 68
3.2.3　三维镜像 ······················· 70
3.2.4　实例——绘制手推车小轮 ······ 70
3.2.5　对齐对象 ······················· 73
3.2.6　三维移动 ······················· 74
3.2.7　三维旋转 ······················· 74
3.2.8　实例——绘制三通管 ··········· 74
3.3　对象编辑 ······························ 76
3.3.1　拉伸面 ·························· 77
3.3.2　实例——绘制顶针 ············· 77
3.3.3　移动面 ·························· 79
3.3.4　偏移面 ·························· 80
3.3.5　删除面 ·························· 81
3.3.6　实例——绘制镶块 ············· 81
3.3.7　抽壳 ···························· 83
3.3.8　实例——绘制石桌 ············· 84
3.3.9　旋转面 ·························· 86
3.3.10　实例——绘制轴支架 ········· 87
3.3.11　倾斜面 ························ 89

3.3.12　实例——绘制台灯 ············ 90
3.3.13　复制面 ························ 94
3.3.14　着色面 ························ 94
3.3.15　实例——绘制双头螺柱立体图···· 94
3.3.16　复制边 ························ 97
3.3.17　实例——绘制支座 ············ 98
3.3.18　夹点编辑 ······················ 101
3.3.19　实例——绘制六角螺母 ········· 102
3.4　显示形式 ······························ 104
3.4.1　消隐 ···························· 104
3.4.2　视觉样式 ······················· 105
3.4.3　视觉样式管理器 ················ 106
3.4.4　实例——绘制固定板 ··········· 106
3.5　渲染实体 ······························ 108
3.5.1　设置光源 ······················· 108
3.5.2　渲染环境 ······················· 112
3.5.3　贴图 ···························· 112
3.5.4　材质 ···························· 114
3.5.5　渲染 ···························· 115
3.5.6　实例——绘制凉亭 ············· 116
3.6　综合演练——绘制战斗机 ·········· 123
3.6.1　机身与机翼 ····················· 124
3.6.2　附件 ···························· 127
3.6.3　细节完善 ······················· 131
3.7　实践练习 ······························ 138
3.7.1　创建轴 ·························· 138
3.7.2　创建壳体 ······················· 139

# AutoCAD 扩展学习内容

第1章　集成化绘图工具 ····················· 1

1.1　设计中心 ································· 1
　　1.1.1　启动设计中心 ················· 1
　　1.1.2　插入图块 ······················· 2
　　1.1.3　图形复制 ······················· 3
　　1.1.4　操作实例——给"房子"图形
　　　　　插入"窗户"图块 ············ 3
1.2　工具选项板 ····························· 4
　　1.2.1　打开工具选项板 ············· 4
　　1.2.2　工具选项板的显示控制 ····· 5
　　1.2.3　新建工具选项板 ············· 6
　　1.2.4　向工具选项板添加内容 ····· 6
　　1.2.5　操作实例——居室布置平面图 ··· 7
1.3　对象查询 ······························ 10
　　1.3.1　查询距离 ····················· 11
　　1.3.2　查询对象状态 ··············· 11
　　1.3.3　操作实例——查询法兰盘属性 ··· 12
1.4　CAD 标准 ····························· 14
　　1.4.1　创建 CAD 标准文件 ········ 15
　　1.4.2　关联标准文件 ··············· 15
　　1.4.3　使用 CAD 标准检查图形 ··· 16
　　1.4.4　操作实例——对齿轮轴套进行
　　　　　CAD 标准检验 ··············· 17
1.5　图纸集 ································· 21
　　1.5.1　创建图纸集 ·················· 22
　　1.5.2　打开图纸集管理器并放置视图 ··· 22
　　1.5.3　操作实例——创建体育馆建筑结构
　　　　　施工图图纸集 ··············· 25
1.6　标记集 ································· 31
　　1.6.1　打开标记集管理器 ·········· 31
　　1.6.2　标记相关操作 ··············· 32
　　1.6.3　操作实例——带标记的样品图纸 ·· 33
1.7　视口与空间 ···························· 35
　　1.7.1　视口 ··························· 36

　　1.7.2　模型空间与图纸空间 ········· 37
1.8　打印 ···································· 39
　　1.8.1　打印设备的设置 ·············· 39
　　1.8.2　创建布局 ······················ 42
　　1.8.3　页面设置 ······················ 45
　　1.8.4　从模型空间输出图形 ········· 47
　　1.8.5　从图纸空间输出图形 ········· 48
1.9　综合演练——日光灯的调节器
　　电路 ································· 50
　　1.9.1　设置绘图环境 ················ 51
　　1.9.2　绘制线路结构图 ············· 52
　　1.9.3　绘制各实体符号 ············· 53
　　1.9.4　将实体符号插入结构线路图中 · 58
　　1.9.5　添加文字和注释 ············· 60
1.10　动手练一练 ························ 61
　　1.10.1　利用工具选项板绘制轴承图形 ·· 61
　　1.10.2　利用设计中心绘制盘盖组装图 ·· 62
　　1.10.3　打印预览齿轮图形 ········· 62

第2章　数据交换 ··························· 63

2.1　Web 浏览器的启动及操作 ············ 63
　　2.1.1　在 AutoCAD 中启动 Web 浏览器 ·· 63
　　2.1.2　打开 Web 文件 ·············· 63
2.2　电子出图 ····························· 64
　　2.2.1　DWF 文件的输出 ··········· 65
　　2.2.2　浏览 DWF 文件 ············· 65
　　2.2.3　操作实例——对盘类图形进行
　　　　　电子出图 ····················· 66
2.3　电子传递与图形发布 ·················· 67
　　2.3.1　电子传递 ····················· 68
　　2.3.2　操作实例——对盘类图形进行
　　　　　电子传递 ····················· 68
　　2.3.3　图形发布 ····················· 71
　　2.3.4　操作实例——发布盘类零件图形 · 72
2.4　超链接 ································· 75

2.4.1　添加超链接 ················75
2.4.2　编辑和删除超链接 ··········77
2.4.3　操作实例——将明细表超链接到
　　　变速器组装图上 ············78
2.5　输入/输出其他格式的文件 ········79
2.5.1　输入不同格式的文件 ········79
2.5.2　输出不同格式的文件 ········80
2.6　综合演练——将住房布局 DWG 图形
　　转化成 BMP 图形 ··············81
2.7　动手练一练 ····················83
2.7.1　通过 AutoCAD 的网络功能进入 CAD
　　　共享资源网站 ··············84
2.7.2　对挂轮架图形文件进行电子出图，
　　　并进行电子传递和网上发布 ···84
2.7.3　将皮带轮图形输出成 BMP 文件 ···84

第 3 章　视图转换 ··················85
3.1　轴测图的基本知识 ··············85
3.1.1　轴测图的形成 ·············85
3.1.2　轴向伸缩系数和轴间角 ······85
3.1.3　轴测图的分类 ·············86
3.2　轴测图的一般绘制方法 ··········86

3.3　轴测图绘制综合实例 ············86
3.3.1　绘制轴承座的正等测图 ······86
3.3.2　绘制端盖的斜二测图 ········90
3.4　由三维实体生成三视图 ··········93
3.4.1　"创建实体视图"命令
　　　SOLVIEW ·················93
3.4.2　"创建实体图形"命令
　　　SOLDRAW ················94
3.4.3　"创建实体轮廓"命令
　　　SOLPROF ·················94
3.5　由三维实体生成三视图的综合
　　实例 ························95
3.5.1　将轴承座实体模型转换成
　　　三视图 ··················95
3.5.2　由泵盖实体生成剖视图实例 ···99
3.5.3　由泵轴实体生成剖面图实例 ··101
3.6　动手练一练 ···················104
3.6.1　绘制轴承支座轴测图 ·······105
3.6.2　将机座三维实体图转换成
　　　三视图 ·················105

# AutoCAD 疑难问题汇总

1. 如何替换找不到的原文字体? ……………1
2. 如何删除顽固图层? ………………………1
3. 打开旧图遇到异常错误而中断退出,
   怎么办? ……………………………………1
4. 在 AutoCAD 中插入 Excel 表格的方法 ………1
5. 在 Word 文档中插入 AutoCAD 图形的
   方法 …………………………………………1
6. 将 AutoCAD 中的图形插入 Word 中时,有时
   会发现圆变成了正多边形,怎么办? ………1
7. 将 AutoCAD 中的图形插入 Word 中时的
   线宽问题 ……………………………………1
8. 选择技巧 ……………………………………2
9. 样板文件的作用是什么? …………………2
10. 打开.dwg 文件时,系统弹出 AutoCAD
    Message 对话框,提示 Drawing file is
    not valid,告诉用户文件不能打开,
    怎么办? ……………………………………2
11. 在"多行文字(mtext)"命令中使用
    Word 编辑文本 ……………………………2
12. 将 AutoCAD 图导入 Photoshop 中的方法 …3
13. 修改完 Acad.pgp 文件后,不必重新启动
    AutoCAD,立刻加载刚刚修改过的
    Acad.pgp 文件的方法 ……………………3
14. 从备份文件中恢复图形 ……………………3
15. 图层有什么用处? …………………………3
16. 尺寸标注后,图形中有时出现一些
    小的白点,却无法删除,为什么? …………4
17. AutoCAD 中的工具栏不见了,
    怎么办? ……………………………………4
18. 如何关闭 AutoCAD 中的*.bak 文件? ……4
19. 如何调整 AutoCAD 中绘图区左下方显示
    坐标的框? …………………………………4
20. 绘图时没有虚线框显示,怎么办? …………4

21. 选取对象时拖动鼠标产生的虚框变为实框
    且选取后留下两个交叉的点,怎么办? ……4
22. 命令中的对话框变为命令提示行,
    怎么办? ……………………………………4
23. 为什么绘制的剖面线或尺寸标注线不是
    连续线型? …………………………………4
24. 目标捕捉(osnap)有用吗? ………………4
25. 在 AutoCAD 中有时有交叉点标记在鼠标
    单击处产生,怎么办? ……………………4
26. 怎样控制命令行回显是否产生? …………4
27. 快速查出系统变量的方法有哪些? ………4
28. 块文件不能打开及不能用另一些常用
    命令,怎么办? ……………………………5
29. 如何实现对中英文菜单进行切换使用? …5
30. 如何减少文件大小? ………………………5
31. 如何在标注时使标注离图有一定的
    距离? ………………………………………5
32. 如何将图中所有的 Standard 样式的标注
    文字改为 Simplex 样式? …………………5
33. 重合的线条怎样突出显示? ………………5
34. 如何快速变换图层? ………………………5
35. 在标注文字时,如何标注上下标? ………5
36. 如何标注特殊符号? ………………………6
37. 如何用 break 命令在一点打断对象? ……6
38. 使用编辑命令时多选了某个图元,如何
    去掉? ………………………………………6
39. "!"键的使用 ……………………………6
40. 图形的打印技巧 ……………………………6
41. 质量属性查询的方法 ………………………6
42. 如何计算二维图形的面积? ………………7
43. 如何设置线宽? ……………………………7
44. 关于线宽的问题 ……………………………7
45. Tab 键在 AutoCAD 捕捉功能中的巧妙利用…7

46. "椭圆"命令生成的椭圆是多段线还是
    实体？ ·········································· 8
47. 模拟空间与图纸空间 ···················· 8
48. 如何画曲线？ ······························· 8
49. 怎样使用"命令取消"键？ ············ 9
50. 为什么删除的线条又冒出来了？ ····· 9
51. 怎样用 trim 命令同时修剪多条线段？ ····· 9
52. 怎样扩大绘图空间？ ····················· 9
53. 怎样把图纸用 Word 打印出来？ ······ 9
54. 命令前加"-"与不加"-"的区别 ·········· 9
55. 怎样对两幅图进行对比检查？ ······· 10
56. 多段线的宽度问题 ······················ 10
57. 在模型空间里画的是虚线，打印出来
    也是虚线，可是怎么到了布局里打印
    出来就变成实线了呢？在布局里怎
    么打印虚线？ ····························· 10
58. 怎样把多条直线合并为一条？ ······· 10
59. 怎样把多条线合并为多段线？ ······· 10
60. 当 AutoCAD 发生错误强行关闭后重新启
    动 AutoCAD 时，出现以下现象：使用"文
    件"→"打开"命令无法弹出窗口，输出
    文件时也有类似情况，怎么办？ ······· 10
61. 如何在修改完 Acad.LSP 后自动加载？ ·····10
62. 如何修改尺寸标注的比例？ ··········· 10
63. 如何控制实体显示？ ··················· 10
64. 鼠标中键的用法 ························· 11
65. 多重复制总是需要输入 M，如何
    简化？ ······································· 11
66. 对圆进行打断操作时的方向是顺时针
    还是逆时针？ ····························· 11
67. 如何快速为平行直线作相切半圆？ ··· 11
68. 如何快速输入距离？ ··················· 11
69. 如何使变得粗糙的图形恢复平滑？ ··· 11
70. 怎样测量某个图元的长度？ ··········· 11
71. 如何改变十字光标尺寸？ ············· 11
72. 如何改变拾取框的大小？ ············· 11
73. 如何改变自动捕捉标记的大小？ ····· 12
74. 复制图形粘贴后总是离得很远，
    怎么办？ ···································· 12
75. 如何测量带弧线的多线段长度？ ····· 12

76. 为什么"堆叠"按钮不可用？ ········· 12
77. 面域、块、实体的概念分别是什么？ ······ 12
78. 什么是 DXF 文件格式？ ··············· 12
79. 什么是 AutoCAD "哑图"？ ··········· 12
80. 低版本的 AutoCAD 怎样打开
    高版本的图？ ····························· 12
81. 开始绘图要做哪些准备？ ············· 12
82. 如何使图形只能看而不能修改？ ····· 12
83. 如何修改尺寸标注的关联性？ ······· 13
84. 在 AutoCAD 中采用什么比例
    绘图好？ ···································· 13
85. 命令别名是怎么回事？ ················ 13
86. 绘图前，绘图界限（limits）一定
    要设好吗？ ································· 13
87. 倾斜角度与斜体效果的区别 ··········· 13
88. 为什么绘制的剖面线或尺寸标注线
    不是连续线型？ ·························· 13
89. 如何处理手工绘制的图纸，特别是有很多
    过去手画的工程图样？ ·················· 13
90. 如何设置自动保存功能？ ············· 14
91. 如何将自动保存的图形复原？ ······· 14
92. 误保存覆盖了原图时，如何恢复
    数据？ ······································· 14
93. 为什么提示出现在命令行而不是弹出
    Open 或 Export 对话框？ ················ 14
94. 为什么当一幅图被保存时，文件浏览器中
    该文件的日期和时间不被刷新？ ······· 14
95. 为什么不能显示中文？或输入的中文变成
    了问号？ ···································· 14
96. 为什么输入的文字高度无法改变？ ··· 14
97. 如何改变已经存在的字体格式？ ····· 14
98. 为什么工具条的按钮图标被一些笑脸
    代替了？ ···································· 15
99. 执行 plot 和 ase 命令后只能在命令行中
    出现提示，而没有弹出对话框，
    为什么？ ···································· 15
100. 打印出来的图效果非常差，线条有灰度
    的差异，为什么？ ······················ 15
101. 粘贴到 Word 文档中的 AutoCAD 图形，
    打印出的线条太细，怎么办？ ·········· 16

102. 为什么有些图形能显示，但打印
     不出来？ …………………………… 16
103. 按 Ctrl 键无效时怎么办？ ………… 16
104. 填充无效时怎么办？ ……………… 16
105. 加选无效时怎么办？ ……………… 16
106. AutoCAD 命令三键还原的方法
     是什么？ …………………………… 16
107. AutoCAD 表格制作的方法是什么？ …… 16
108. "旋转"命令的操作技巧是什么？ …… 17
109. 为什么在执行或不执行"圆角"和"斜角"
     命令时，图形没有变化？ ………… 17
110. 栅格工具的操作技巧是什么？ …… 17
111. 怎么改变单元格的大小？ ………… 17
112. 字样重叠，怎么办？ ……………… 17
113. 为什么有时要锁定块中的位置？ … 17
114. 制图比例的操作技巧是什么？ …… 17
115. 线型的操作技巧是什么？ ………… 18
116. 字体的操作技巧是什么？ ………… 18
117. 设置图层的几个原则是什么？ …… 18
118. 设置图层时应注意什么？ ………… 18
119. 样式标注应注意什么？ …………… 18
120. 使用"直线（line）"命令时的操作技巧 …… 18
121. 快速修改文字的方法是什么？ …… 19
122. 设计中心的操作技巧是什么？ …… 19
123. "缩放"命令应注意什么？ ………… 19
124. AutoCAD 软件的应用介绍 ………… 19
125. 块的作用是什么？ ………………… 19
126. 如何简便地修改图样？ …………… 19
127. 图块应用时应注意什么？ ………… 20
128. 标注样式的操作技巧是什么？ …… 20
129. 图样尺寸及文字标注时应注意什么？ …… 20
130. 图形符号的平面定位布置操作技巧
     是什么？ …………………………… 20
131. 如何核查和修复图形文件？ ……… 20
132. 中、西文字高不等，怎么办？ …… 21
133. ByLayer（随层）与 ByBlock（随块）的
     作用是什么？ ……………………… 21
134. 内部图块与外部图块的区别 ……… 21
135. 文件占用空间大，计算机运行速度慢，
     怎么办？ …………………………… 21

136. 怎么在 AutoCAD 的工具栏中添加可用
     命令？ ……………………………… 21
137. 图案填充的操作技巧是什么？ …… 22
138. 有时不能打开 DWG 文件，怎么办？ …… 22
139. AutoCAD 中有时出现的 0 或 1 是什么
     意思？ ……………………………… 22
140. "偏移（offset）"命令的操作技巧
     是什么？ …………………………… 22
141. 如何灵活使用动态输入功能？ …… 23
142. "镜像"命令的操作技巧是什么？ … 23
143. 多段线的编辑操作技巧是什么？ … 23
144. 如何快速调出特殊符号？ ………… 23
145. 使用"图案填充（hatch）"命令时找不到
     范围，怎么解决，尤其是 DWG 文件本身
     比较大的时候？ …………………… 23
146. 在使用复制对象时误选了不该选择的
     图元时，怎么办？ ………………… 24
147. 如何快速修改文本？ ……………… 24
148. 用户在使用鼠标滚轮时应注意
     什么？ ……………………………… 24
149. 为什么有时无法修改文字的高度？ …… 24
150. 文件安全保护具体的设置方法
     是什么？ …………………………… 24
151. AutoCAD 中鼠标各键的功能
     是什么？ …………………………… 25
152. 用 AutoCAD 制图时，若每次画图都要
     设定图层，这是很烦琐的，为此可以将
     其他图纸中设置好的图层复制过来，
     方法是什么？ ……………………… 25
153. 如何制作非正交 90° 轴线？ ……… 25
154. AutoCAD 中标准的制图要求
     是什么？ …………………………… 25
155. 如何编辑标注？ …………………… 25
156. 如何灵活运用空格键？ …………… 25
157. AutoCAD 中夹点功能是什么？ …… 25
158. 绘制圆弧时应注意什么？ ………… 26
159. 删除图元的 3 种方法是什么？ …… 26
160. "偏移"命令的作用是什么？ ……… 26
161. 如何处理复杂表格？ ……………… 26
162. 特性匹配功能是什么？ …………… 26

163. "编辑"→"复制"命令和"修改"→
　　 "复制"命令的区别是什么？⋯⋯⋯⋯26

164. 如何将直线改变为点画线线型？⋯⋯⋯26

165. "修剪"命令的操作技巧是什么？⋯⋯⋯27

166. 箭头的画法 ⋯⋯⋯⋯⋯⋯⋯⋯⋯⋯27

167. 对象捕捉的作用是什么？⋯⋯⋯⋯⋯27

168. 如何打开 PLT 文件？⋯⋯⋯⋯⋯⋯⋯27

169. 如何输入圆弧对齐文字？⋯⋯⋯⋯⋯27

170. 如何给图形文件"减肥"？⋯⋯⋯⋯⋯27

171. 如何在 AutoCAD 中用自定义图案
　　 进行填充？⋯⋯⋯⋯⋯⋯⋯⋯⋯⋯28

172. 关掉这个图层，却还能看到这个图层中
　　 的某些物体的原因是什么？⋯⋯⋯⋯28

173. 有时辛苦几天绘制的 AutoCAD 图会因为
　　 停电或其他原因突然打不开了，而且没有
　　 备份文件，怎么办？⋯⋯⋯⋯⋯⋯⋯ 28

174. 在建筑图中插入图框时如何调整图框
　　 大小？⋯⋯⋯⋯⋯⋯⋯⋯⋯⋯⋯⋯ 29

175. 为什么 AutoCAD 中两个标注使用相同的
　　 标注样式，但标注形式却不一样？⋯⋯ 29

176. 如何利用 Excel 在 AutoCAD 中
　　 绘制曲线？⋯⋯⋯⋯⋯⋯⋯⋯⋯⋯ 30

177. 在 AutoCAD 中怎样创建无边界的图案
　　 填充？⋯⋯⋯⋯⋯⋯⋯⋯⋯⋯⋯⋯ 30

178. 为什么我的 AutoCAD 打开一个文件就
　　 启动一个 AutoCAD 窗口？⋯⋯⋯⋯ 31

# AutoCAD 应用技巧大全

1. 选择技巧 ………………………………… 1
2. AutoCAD 裁剪技巧 ……………………… 1
3. 如何在 Word 表格中引用 AutoCAD 的形位 公差? …………………………………… 1
4. 如何给 AutoCAD 工具栏添加命令及相应 图标? …………………………………… 1
5. AutoCAD 中如何计算二维图形的 面积? …………………………………… 2
6. AutoCAD 中替换字体的技巧 …………… 2
7. AutoCAD 中特殊符号的输入 …………… 2
8. 模拟空间与图纸空间的介绍 …………… 3
9. Tab 键在 AutoCAD 捕捉功能中的巧妙 利用 …………………………………… 3
10. 在 AutoCAD 中导入 Excel 中的表格 … 4
11. 怎样扩大绘图空间? …………………… 4
12. 图形的打印技巧 ………………………… 4
13. "!" 键的使用 …………………………… 4
14. 在标注文字时,标注上下标的方法 …… 5
15. 如何快速变换图层? …………………… 5
16. 如何实现中英文菜单的切换和使用? … 5
17. 如何调整 AutoCAD 中绘图区左下方 显示坐标的框? ………………………… 5
18. 为什么输入的文字高度无法改变? …… 5
19. 在 AutoCAD 中怎么标注平方? ……… 5
20. 如何提高画图的速度? ………………… 5
21. 如何关闭 AutoCAD 中的*.bak 文件? … 6
22. 如何将视口的边线隐去? ……………… 6
23. 既然有 "分解" 命令,那反过来用什么 命令? …………………………………… 6
24. 为什么 "堆叠" 按钮不可用? ………… 6
25. 怎么将 AutoCAD 表格转换为 Excel 表格? …………………………………… 6
26. "↑" 和 "↓" 键的使用技巧 ………… 6

27. 如何减小文件体积? …………………… 6
28. 图形里的圆不圆了,怎么办? ………… 6
29. 打印出来的字体是空心的,怎么办? … 6
30. 怎样消除点标记? ……………………… 6
31. 如何保存图层? ………………………… 6
32. 如何快速重复执行命令? ……………… 7
33. 如何找回工具栏? ……………………… 7
34. 不是三键鼠标怎么进行图形缩放? …… 7
35. 如何设置自动保存功能? ……………… 7
36. 误保存覆盖了原图时,如何恢复数据? … 7
37. 怎样一次剪掉多条线段? ……………… 8
38. 为什么不能显示汉字? 或输入的汉字 变成了问号? …………………………… 8
39. 如何提高打开复杂图形的速度? ……… 8
40. 为什么鼠标中键不能平移图形? ……… 8
41. 如何将绘制的复合线、TRACE 或箭头 本应该实心的线变为空心? …………… 8
42. 如何快速实现一些常用的命令? ……… 8
43. 为什么输入的文字高度无法改变? …… 8
44. 如何快速替换文字? …………………… 8
45. 如何将打印出来的文字变为空心? …… 8
46. 如何将粘贴过来的图形保存为块? …… 8
47. 如何将 DWG 图形转换为图片形式? … 9
48. 如何查询绘制图形所用的时间? ……… 9
49. 如何给图形加上超链接? ……………… 9
50. 为什么有些图形能显示,但打印 不出来? ………………………………… 9
51. 巧妙标注大样图 ………………………… 9
52. 测量面积的方法? ……………………… 9
53. 被炸开的字体怎么修改样式及大小? … 9
54. 填充无效时之解决办法 ………………… 9
55. AutoCAD 命令三键还原 ………………… 9
56. 如何将自动保存的图形复原? ………… 10

57. 画完椭圆之后，椭圆是以多段线显示的，
  怎么办？ ·····················10

58. AutoCAD 中的动态块是什么？动态块有
  什么用？ ·····················10

59. AutoCAD 属性块中的属性文字不能显示，例
  如轴网的轴号不显示，为什么？ ·········10

60. 为什么在 AutoCAD 画图时光标不能连续
  移动？为什么移动光标时出现停顿和跳跃
  的现象？ ·····················10

61. 命令行不见了，怎么打开？ ···········11

62. 图层的冻结跟开关有什么区别？ ········11

63. 当从一幅图中将图块复制到另一幅图中时，
  AutoCAD 会提示：_pasteclip 忽略块***的
  重复定义，为什么？ ·············11

64. AutoCAD 中怎么将一幅图中的块插入另一
  幅图中（不用复制粘贴）？ ··········12

65. 在 AutoCAD 中插入外部参照时，并未改变比
  例或其他参数，但当双击外部参照弹出"参
  照编辑"对话框后，单击"确定"按钮，
  AutoCAD 却提示"选定的外部参照不可编
  辑"，这是为什么呢？ ···········12

66. 自己定义的 AutoCAD 图块，为什么插入
  图块时图形离插入点很远？ ·········12

67. AutoCAD 中的"分解"命令无效 ······12

68. 为什么在编辑 AutoCAD 参照时不能保存？
  编辑图块后不能保存，怎么办？ ······13

69. 为什么在 AutoCAD 中只能选中一个对象，
  而不能累加选择多个对象？ ·········13

70. AutoCAD 中的重生成（regen/re）是什么意
  思？重生成对画图速度有什么影响？ ···13

71. 为什么有些图块不能编辑？ ··········13

72. AutoCAD 的动态输入和命令行中输入坐标有
  什么不同？如何在 AutoCAD 中动态输入绝
  对坐标？ ·····················14

73. AutoCAD 中的捕捉和对象捕捉有什么
  区别？ ·····················14

74. 如何识别 DWG 的不同版本？如何
  判断 DWG 文件是否因为版本高而
  无法打开？ ···················14

75. AutoCAD 中怎么能提高填充的速度？ ···15

76. 怎样快速获取 AutoCAD 中图已有的填充
  图案及比例？ ·················15

77. 如何设置 AutoCAD 中十字光标的长度？
  怎样让十字光标充满图形窗口？ ······15

78. 如何测量带弧线的多线段与多段线的
  长度？ ·····················16

79. 如何等分几何形？如何将一个矩形内部等
  分为任意 N×M 个小矩形，或者将圆等分
  为 N 份，或者等分任意角？ ········16

80. 我用的是 A3 彩打，在某些修改图纸中要求
  输出修改，但用全选后刷黑的情况下，很多
  部位不能修改颜色，如轴线编号圈圈、门窗
  洞口颜色等，如何修改？ ···········16

81. AutoCAD 中如何把线改粗，并显示
  出来？ ·····················16

82. 在 AutoCAD 中选择了一些对象后如不小心释
  放了，如何通过命令重新选择？ ······16

83. 在 AutoCAD 中打开第一个施工图后，
  在打开第二个 AutoCAD 图时计算机死机，
  重新启动，第一个做的 AutoCAD 图打不
  开了，请问是什么原因，并有什么办法
  打开？ ·····················16

84. 为何我输入的文字都是"躺下"的，该怎么
  调整？ ·····················16

85. AutoCAD 中的"消隐"命令怎么用？ ···16

86. 如何实现图层上下叠放次序的切换？ ···17

87. 面域、块、实体的概念分别是什么？能否把
  几个实体合成一个实体，然后选择的时候
  一次性选择这个合并的实体？ ········17

88. 请介绍自定义 AutoCAD 的图案填充
  文件 ·······················17

89. 在建筑图中插入图框时不知怎样调整
  图框大小？ ···················17

90. 什么是矢量化？ ················17

91. 是否有一种方法可以输出定数等分的点的坐
  标，而不用逐个点检查和记录坐标？ ···17

92. 在图纸空间里将虚线比例设置好，并且能够
  看清，但是布局却是一条实线，打印出来也
  是实线，为什么？ ··············17

93. 在设置图形界限后，发现一个问题，有时即

使将界限设置得非常大，在作图时也会立即
到了边界，总是提示移动已到极限，是什么
原因？ ················································ 18

94. 如何绘制任一点的多段线的切线和
法线？ ··············································· 18

95. 请问有什么方法可以将矩形的图形变为平
行四边形？我主要是想反映一个多面体的
侧面，但又不想用三维的方法·············· 18

96. 向右选择和向左选择有何区别？ ··········· 18

97. 为什么 AutoCAD 填充后看不到填充效果？
为什么标注箭头变成了空心？ ·············· 18

98. 将 AutoCAD 图中的栅格打开了，却
看不到栅格是怎么回事？ ····················· 18

99. U 是 UNDO 的快捷键吗？U 和 UNDO
有什么区别？ ····································· 18

# 第1章

# AutoCAD 2026 基础

AutoCAD 2026 是美国 Autodesk 公司推出的新版本，该版本与 AutoCAD 2022 版的 DWG 文件及应用程序兼容，拥有很好的整合性。

从本章开始，读者将循序渐进地学习 AutoCAD 2026 绘图的有关基本知识。在本章中，读者将了解如何设置图形的系统参数、样板图，熟悉建立新的图形文件、打开已有文件的方法等。

## 1.1 操 作 界 面

AutoCAD 的操作界面（绘图窗口）是打开软件时显示的第一个画面，也是 AutoCAD 显示、编辑图形的区域。下面先对操作界面进行简要的介绍，帮助读者打开进入 AutoCAD 的大门。

图 1-1 显示了启动 AutoCAD 2026 后的默认界面。这个界面采用 AutoCAD 2009 以后出现的新界面风格，包括标题栏、绘图区、坐标系图标、菜单栏、工具栏、命令行窗口、布局标签、状态栏、快速访问工具栏和交互信息工具栏、功能区、导航栏、"开始"选项卡、Drawing1（图形文件）选项卡、十字光标等功能组件。

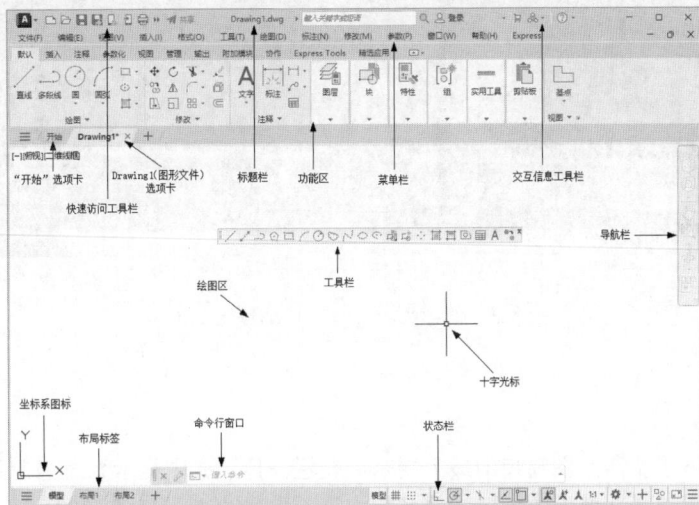

图 1-1　AutoCAD 2026 中文版操作界面

◀)) **注意**：安装 AutoCAD 2026 后，在绘图区中右击，打开快捷菜单，如图 1-2 所示。❶选择"选项"命令，打开"选项"对话框，选择"显示"选项卡，❷将"窗口元素"选项组中的"颜色主题"设置为"浅色"，如图 1-3 所示。❸单击"确定"按钮，退出该对话框，此时操作界面如图 1-4 所示。

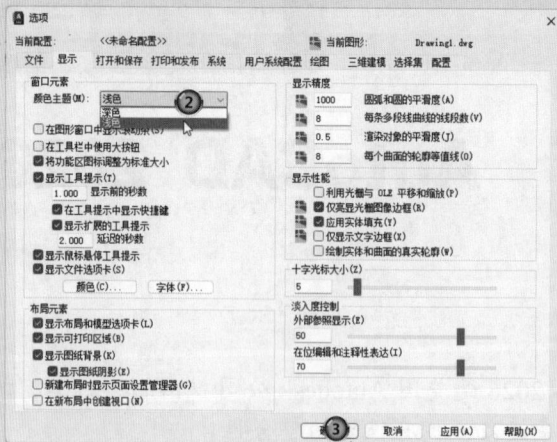

图 1-2 快捷菜单　　　　　　　　图 1-3 "选项"对话框

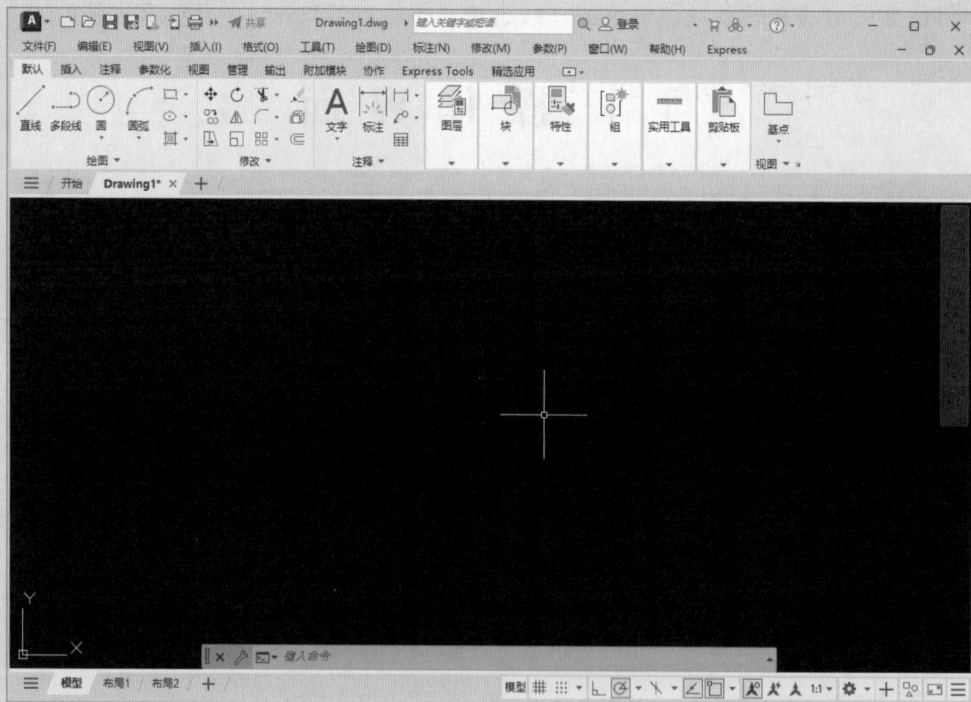

图 1-4 调整为"浅色"后的操作界面

## 1.1.1 标题栏

在 AutoCAD 2026 中文版绘图窗口的最上端是标题栏。标题栏中显示系统当前正在运行的应用程序（AutoCAD 2026）和用户正在使用的图形文件名称。第一次启动 AutoCAD 2026 时，在绘图窗口的标题栏中显示 AutoCAD 2026 启动时创建和打开的图形文件的名称 Drawing1.dwg，如图 1-1 所示。

## 1.1.2　绘图区

绘图区是指在标题栏下方的大片空白区域，它是用户使用 AutoCAD 绘制图形的区域，用户完成一张设计图的主要工作是在绘图区中进行的。

AutoCAD 绘图区中的光标呈十字线状，其交点反映光标在当前坐标系中的位置。十字线的方向与当前用户坐标系的 X 轴、Y 轴方向平行，系统预设十字线的长度为屏幕大小的 5%，如图 1-1 所示。

### 1．修改图形窗口中十字光标的大小

光标的长度系统预设为屏幕大小的 5%，用户可以根据绘图的实际需要更改其大小。改变光标大小的方法如下。

在绘图窗口中选择菜单栏中的"工具"→"选项"命令，打开"选项"对话框，选择"显示"选项卡，在"十字光标大小"选项组的文本框中直接输入数值，或者拖曳文本框后面的滑块，即可对十字光标的大小进行调整，如图 1-3 所示。"菜单栏"调用详见 1.1.4 节。

此外，用户还可以通过设置系统变量 CURSORSIZE 的值，实现对十字光标大小的更改，方法是在命令行中输入新值，命令行提示与操作如下。

```
命令：CURSORSIZE✓
输入 CURSORSIZE 的新值 <5>：
```

在上述命令行提示下输入新值即可，默认值为 5%。

### 2．修改绘图窗口的颜色

在默认情况下，AutoCAD 的绘图窗口是黑色背景、白色线条，这不符合大多数用户的习惯，因此修改绘图窗口颜色是大多数用户都需要进行的操作。

修改绘图窗口颜色的步骤如下。

（1）选择"工具"→"选项"命令，打开"选项"对话框，选择"显示"选项卡，单击"窗口元素"选项组中的"颜色"按钮，打开如图 1-5 所示的"图形窗口颜色"对话框。

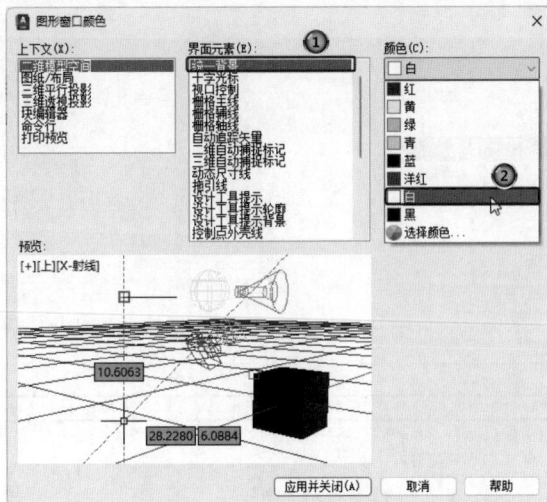

图 1-5　"图形窗口颜色"对话框

（2）❶在"界面元素"列表框中选择要更换颜色的元素，这里选择"统一背景"元素。❷在"颜

色"下拉列表框中选择需要的窗口颜色，然后单击"应用并关闭"按钮，此时 AutoCAD 的绘图窗口颜色就变成了所选择的颜色，按照通常视觉习惯，用户一般会选择白色为窗口颜色。

## 1.1.3　坐标系图标

在绘图区的左下角有一个直线指向图标，称为坐标系图标，表示用户绘图时正使用的是坐标系形式，如图 1-1 所示。坐标系图标的作用是为点的坐标确定一个参照系，1.5.3 节将介绍详细内容。根据工作需要，用户可以将其关闭，方法是选择菜单栏中的"视图"→"显示"→"UCS 图标"→"开"命令，如图 1-6 所示。

## 1.1.4　菜单栏

在 AutoCAD 的快速访问工具栏处调出菜单栏，如图 1-7 所示。调出后的菜单栏界面如图 1-8 所示。同其他 Windows 程序一样，AutoCAD 的菜单也是下拉形式，并在菜单中包含子菜单。AutoCAD 的菜单栏包含"文件""编辑""视图""插入""格式""工具""绘图""标注""修改""参数""窗口""帮助""Express"13 个菜单，这些菜单几乎包含 AutoCAD 的所有绘图命令，后面的章节将围绕这些菜单展开讲述，具体内容在此从略。

一般来讲，AutoCAD 下拉菜单中的命令有以下 3 种类型。

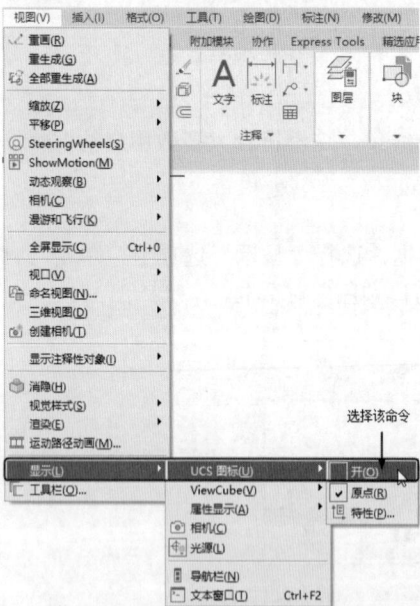

图 1-6　"视图"菜单

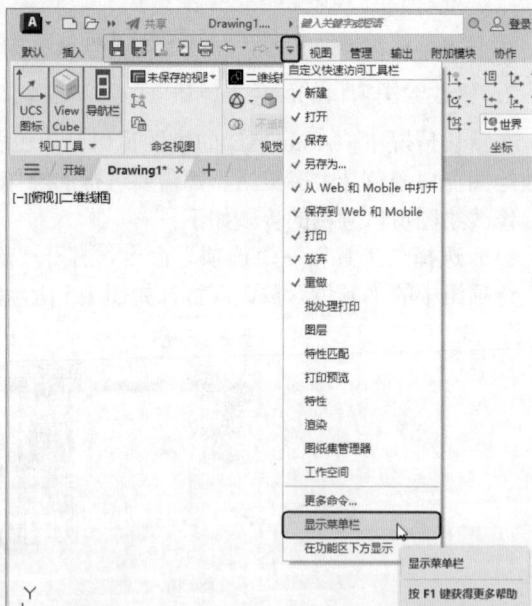

图 1-7　调出菜单栏

图 1-8　菜单栏显示界面

**1. 带有小三角形的菜单命令**

这种类型的命令后面带有子菜单。例如，选择菜单栏中的"绘图"→"圆"命令，屏幕上就会进一步下拉出"圆"子菜单包含的命令，如图 1-9 所示。

**2. 打开对话框的菜单命令**

这种类型的命令后面带有省略号。例如，选择菜单栏中的❶"格式"→❷"表格样式"命令（见图 1-10），屏幕上就会打开"表格样式"对话框，如图 1-11 所示。

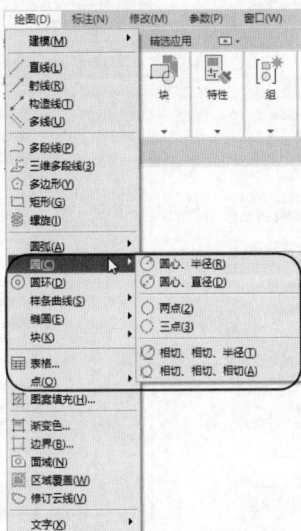

图 1-9　带有子菜单的菜单命令

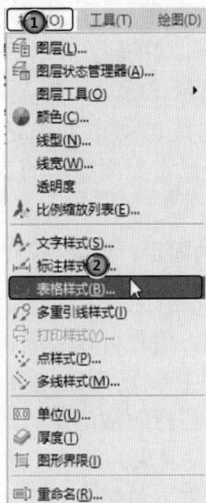

图 1-10　打开相应对话框的菜单命令

**3. 直接操作的菜单命令**

选择这种类型的命令将直接进行相应的绘图或其他操作。例如，选择菜单栏中的❶"视图"→❷"重画"命令，系统将刷新显示所有视口，如图 1-12 所示。

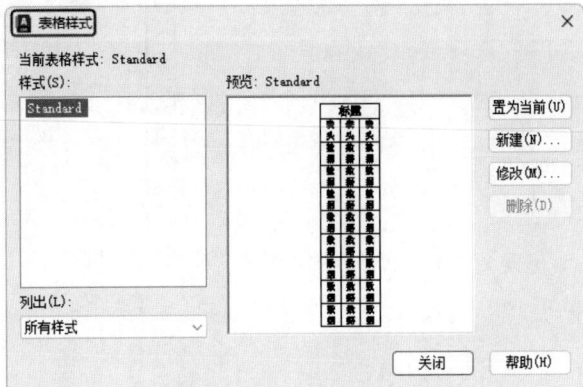

图 1-11　"表格样式"对话框

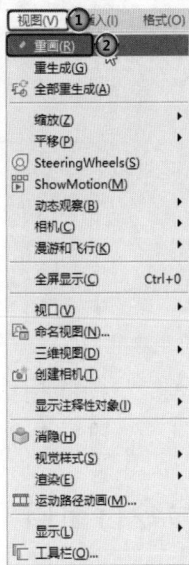

图 1-12　直接执行菜单命令

### 1.1.5　工具栏

工具栏是一组图标型工具的集合，选择菜单栏中的"工具"→"工具栏"→AutoCAD命令，调出所需要的工具栏，把光标移动到某个图标上，稍停片刻即在该图标一侧显示相应的工具提示，同时在状态栏中，显示对应的说明和命令名。此时，单击图标可以启动相应命令。

**1. 设置工具栏**

AutoCAD 2026的标准菜单提供了几十种工具栏，选择菜单栏中的①"工具"→②"工具栏"→③AutoCAD命令，系统会自动打开单独的工具栏标签列表，如图1-13所示。④单击某一个未在界面显示的工具栏标签名，则系统自动在工作界面打开该工具栏；反之，单击某一个已在界面显示的工具栏标签名，则系统自动关闭工具栏。

**2. 工具栏的固定、浮动与打开**

工具栏可以在绘图区浮动，如图1-14所示。此时显示该工具栏标题，用户可以关闭该工具栏，也可以用鼠标拖曳浮动工具栏到图形区边界，使其变为固定工具栏，这时该工具栏标题被隐藏。此外，用户还可以将固定工具栏拖出，使其成为浮动工具栏。

有些图标的右下角带有一个小三角，在该工具栏图标处长按鼠标左键会打开相应的工具栏，如图1-15所示；按住鼠标左键，将光标移动到某一图标上，然后松开鼠标，该图标就成为当前图标。单击当前图标，就会执行相应的命令。

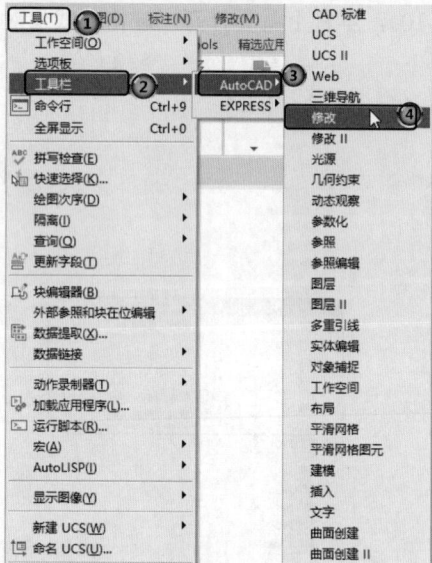

图1-13　单独的工具栏标签

图1-14　浮动工具栏

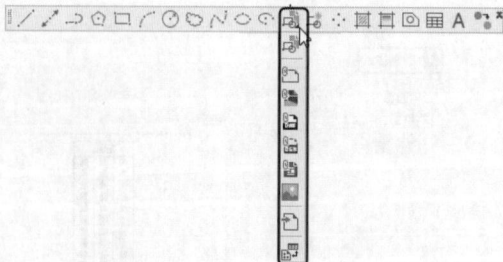

图1-15　"绘图"工具栏

### 1.1.6　命令行窗口

命令行窗口是输入命令名和显示命令提示的区域。默认情况下，命令行窗口布置在绘图区下方，是由若干文本行构成的。对于命令行窗口，有以下几点需要说明。

☑　移动拆分条，可以扩大与缩小命令行窗口。

☑　可以拖曳命令行窗口，将其布置在屏幕上的其他位置。

☑　在当前命令行窗口中输入的内容可以通过按 F2 键用文本编辑的方法进行编辑，如图 1-16 所示。AutoCAD 文本窗口和命令行窗口相似，可以显示当前 AutoCAD 进程中命令的输入和执行过程，在执行 AutoCAD 某些命令时，会自动切换到文本窗口，并列出有关信息。

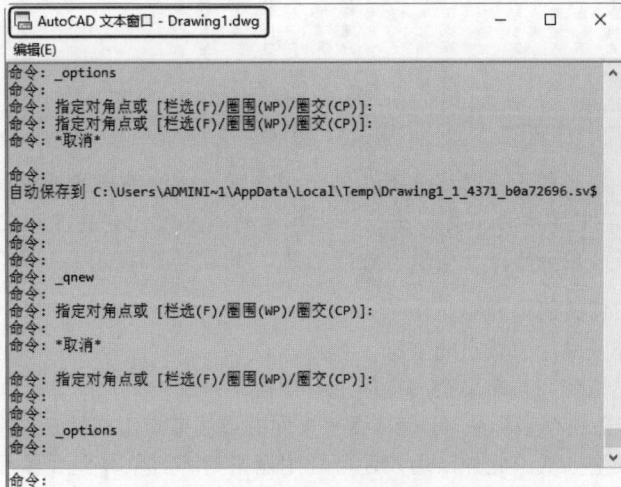

图 1-16　文本窗口

☑　AutoCAD 通过命令行窗口反馈各种信息，包括出错信息。因此，用户要时刻关注命令行窗口中出现的信息。

## 1.1.7　布局标签

AutoCAD 系统默认设定一个"模型"空间布局标签和"布局 1""布局 2"两个图样空间布局标签。

### 1. 模型

AutoCAD 的空间分为模型空间和图样空间。模型空间是通常绘图的环境，而在图样空间中，用户可以创建叫作"浮动视口"的区域，以不同视图显示所绘图形。用户可以在图样空间中调整浮动视口并决定所包含视图的缩放比例。用户如果选择图样空间，则可以打印任意布局的视图，也可以打印多个视图。

### 2. 布局

布局是系统为绘图设置的一种环境，包括图样大小、尺寸单位、角度设定、数值精确度等，在系统预设的 3 个标签中，这些环境变量都按默认方式设置。用户可以根据实际需要改变这些变量的值，也可以根据需要设置符合自己要求的新标签。

AutoCAD 系统默认打开模型空间，然而，用户可以通过单击"布局"标签选择需要的布局。

## 1.1.8　状态栏

状态栏在屏幕的底部，依次有"坐标""模型空间""栅格""捕捉模式""推断约束""动态输入""正交模式""极轴追踪""等轴测草图""对象捕捉追踪""二维对象捕捉""线宽""透明度""选择循

环""三维对象捕捉""动态 UCS""选择过滤""小控件""注释可见性""自动缩放""注释比例""切
换工作空间""注释监视器""单位""快捷特性""锁定用户界面""隔离对象""图形性能""全屏显示"
"自定义"30 个功能按钮，如图 1-17 所示。单击部分开关按钮，可以打开或关闭这些功能。此外，部
分按钮还可以用于控制图形或绘图区的状态。

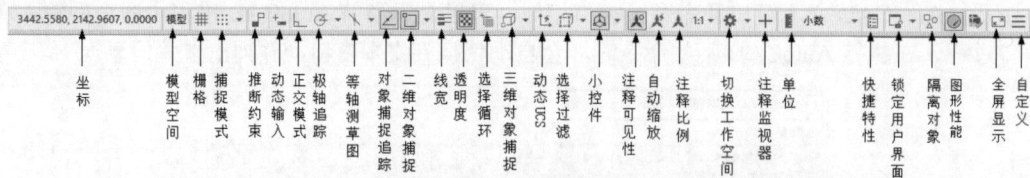

图 1-17　状态栏

> **注意**：默认情况下，状态栏不会显示所有工具，用户可以通过单击状态栏最右侧的按钮，选择要在
> "自定义"菜单中显示的工具。状态栏上显示的工具可能会发生变化，具体取决于当前的工
> 作空间以及当前显示的是"模型"空间还是"布局"图样空间。

下面对状态栏上的按钮做简单介绍。

☑ 坐标：显示工作区鼠标放置点的坐标。

☑ 模型空间：在模型空间与布局空间之间进行切换。

☑ 栅格：栅格是覆盖整个坐标系（UCS）XY 平面的直线或点组成的矩形图案。使用栅格类似于在
图形下放置一张坐标纸。此外，用户还可利用栅格对齐对象并直观显示对象之间的距离。

☑ 捕捉模式：对象捕捉对于在对象上指定精确位置非常重要。无论何时提示输入点，都可以指定
对象捕捉。默认情况下，当光标移到对象的捕捉位置时，将显示标记和工具提示。

☑ 推断约束：自动在正在创建或编辑的对象与对象捕捉的关联对象或点之间应用约束。

☑ 动态输入：在光标附近显示一个提示框（称之为"工具提示"），工具提示中显示对应的命令提
示和光标的当前坐标值。

☑ 正交模式：将光标限制在水平或垂直方向上移动，以便于精确地创建和修改对象。当创建或移
动对象时，可以使用正交模式将光标限制在相对于用户坐标系（UCS）的水平或垂直方向上。

☑ 极轴追踪：使用极轴追踪，光标将按指定角度进行移动。创建或修改对象时，可以使用极轴追
踪显示由指定的极轴角度定义的临时对齐路径。

☑ 等轴测草图：通过设定"等轴测捕捉/栅格"，可以很容易地沿 3 个等轴测平面之一对齐对象。
尽管等轴测图形看似是三维图形，但它实际上是由二维图形表示的。因此不能期望提取三维距
离和面积，也不能从不同视点显示对象或自动消除隐藏线。

☑ 对象捕捉追踪：使用对象捕捉追踪，可以沿着基于对象捕捉点的对齐路径进行追踪。已获取的
点将显示一个小加号（+），一次最多可以获取 7 个追踪点。获取点之后，在绘图路径上移动光
标，将显示相对于获取点的水平、垂直或极轴对齐路径。例如，可以基于对象的端点、中点或
者交点，沿着某个路径选择一点。

☑ 二维对象捕捉：使用执行对象捕捉设置（也称为对象捕捉），可以在对象的精确位置处指定捕
捉点。选择多个选项后，将应用选定的捕捉模式，以返回距离靶框中心最近的点。按 Tab 键可
以在这些选项之间循环。

☑ 线宽：分别显示对象所在图层中设置的不同宽度，而不是统一线宽。

☑ 透明度：使用该命令，调整绘图对象显示的明暗程度。

☑ 选择循环：当一个对象与其他对象彼此接近或重叠时，准确地选择某一个对象是很困难的。

这时，可以使用选择循环命令，单击"选择循环"按钮后，会弹出"选择集"列表框，其中列出了单击时周围的所有对象，然后在列表中选择所需的对象即可。

☑ 三维对象捕捉：三维中的对象捕捉与在二维中工作的方式类似，不同之处在于，在三维中可以投影对象捕捉。

☑ 动态 UCS：在创建对象时，使 UCS 的 XY 平面自动与实体模型上的平面临时对齐。

☑ 选择过滤：根据对象特性或对象类型对选择集进行过滤。当单击"选择过滤"按钮后，系统只选择满足指定条件的对象，其他对象将被排除在选择集之外。

☑ 小控件：帮助用户沿三维轴或平面移动、旋转或缩放一组对象。

☑ 注释可见性：当图标亮显时，表示显示所有比例的注释性对象；当图标变暗时，表示仅显示当前比例的注释性对象。

☑ 自动缩放：当注释比例被更改时，自动将比例添加到注释对象上。

☑ 注释比例：单击注释比例右下角的小三角符号，将弹出注释比例列表，如图 1-18 所示。用户可以根据需要选择适当的注释比例注释当前视图。

☑ 切换工作空间：进行工作空间转换。

☑ 注释监视器：打开仅用于所有事件或模型文档事件的注释监视器。

☑ 单位：指定线性和角度单位的格式和小数位数。

☑ 快捷特性：控制快捷特性面板的使用与禁用。

☑ 锁定用户界面：单击该按钮，可锁定工具栏、面板和可固定窗口的位置和大小。

☑ 隔离对象：当选择隔离对象时，在当前视图中显示选定对象，所有其他对象都暂时隐藏；当选择隐藏对象时，在当前视图中暂时隐藏选定对象，所有其他对象都可见。

☑ 图形性能：设定图形卡的驱动程序以及设置硬件加速的选项。

☑ 全屏显示：单击该按钮可以清除 Windows 窗口中的标题栏、功能区和选项板等界面元素，使 AutoCAD 的绘图窗口全屏显示，如图 1-19 所示。

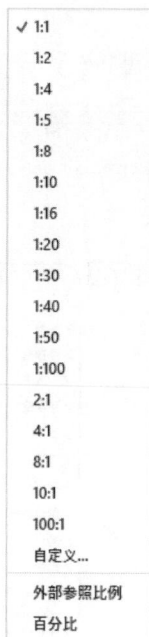

图 1-18　注释比例列表

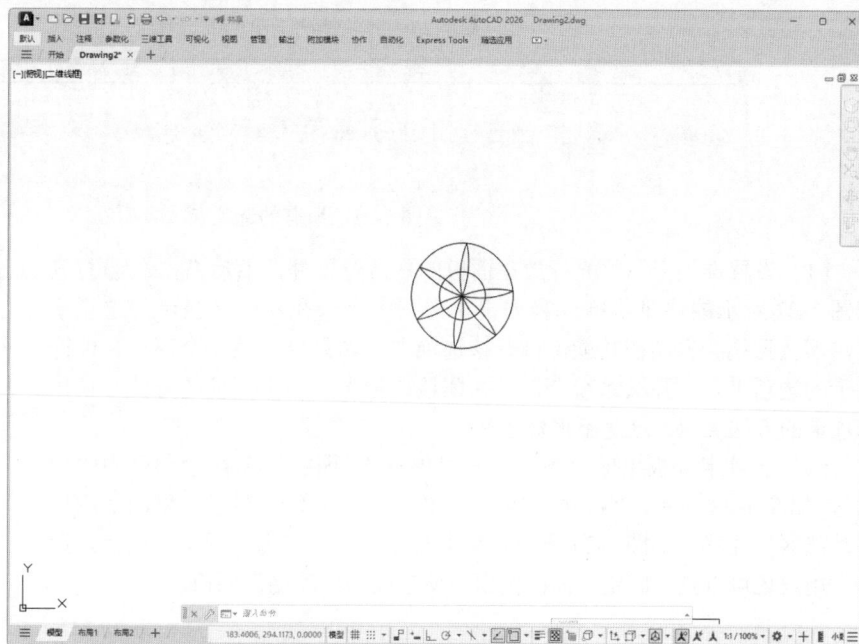

图 1-19　全屏显示

☑ 自定义：状态栏可以提供重要信息，而无须中断工作流。使用 MODEMACRO 系统变量可将应用程序能识别的大多数数据显示在状态栏中。使用该系统变量的计算、判断和编辑功能可以完全按照用户的要求构造状态栏。

## 1.1.9　快速访问工具栏和交互信息工具栏

### 1. 快速访问工具栏

快速访问工具栏包括"新建""打开""保存""另存为""从 Web 和 Mobile 中打开""保存到 Web 和 Mobile""打印""放弃""重做"等几个常用的工具。另外，用户也可以单击此工具栏后面的按钮展开下拉列表，然后选择所需的工具。

### 2. 交互信息工具栏

交互信息工具栏包括"搜索""Autodesk Account""Autodesk App Store""保持连接""单击此处访问帮助"等几个常用的数据交互访问工具按钮。

## 1.1.10　功能区

在默认情况下，功能区包括"默认""插入""注释""参数化""视图""管理""输出""附加模块""协作""Express Tools""精选应用"选项卡，如图 1-20 所示（所有选项卡显示面板如图 1-21 所示）。每个选项卡都集成了相关的操作工具，以方便用户使用。用户可以单击功能区选项后面的 ▲▼ 按钮，以控制功能的展开与收缩。

图 1-20　默认情况下出现的选项卡

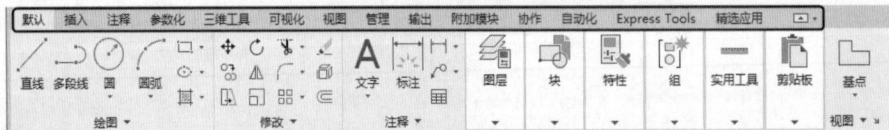

图 1-21　所有的选项卡

（1）设置选项卡。将光标放在面板的任意位置处，然后右击，❶打开如图 1-22 所示的快捷菜单。❷如果单击某一个未在功能区显示的选项卡名，那么系统会自动在功能区打开该选项卡；如果单击某一个已在功能区显示的选项卡名，那么系统会自动关闭该选项卡（调出面板的方法与调出选项卡的方法类似，这里不再赘述）。

（2）选项卡面板中的"固定"与"浮动"。面板可以在绘图区中"浮动"，如图 1-23 所示。将鼠标放到浮动面板的右上角，显示"将面板返回到功能区"注释，如图 1-24 所示。单击此处，使它变为"固定"面板。此外，用户还可以把"固定"面板拖出，使它成为"浮动"面板。

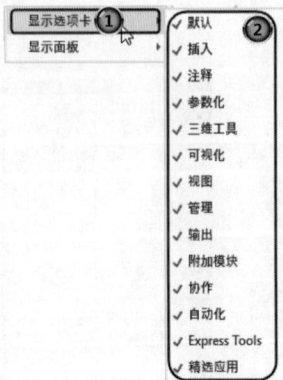

图 1-22　快捷菜单

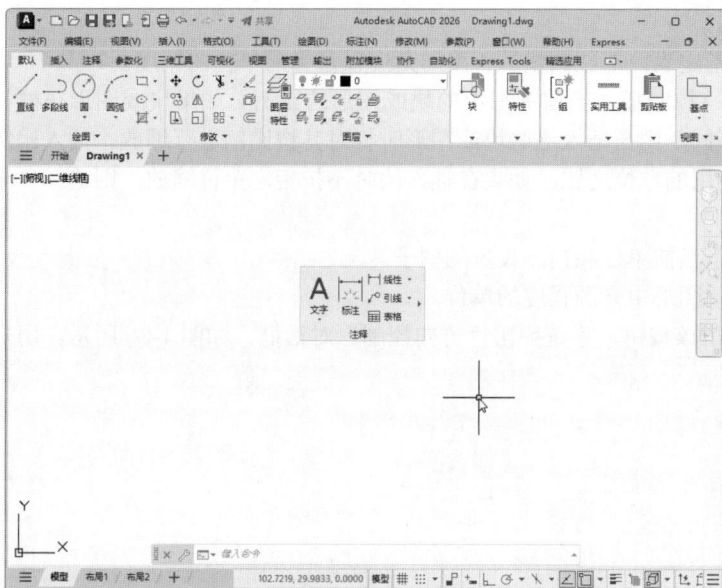

图 1-23　"浮动"面板　　　　　　　图 1-24　"绘图"面板

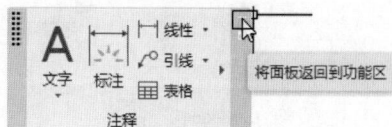

## 1.1.11　导航栏

导航栏是一种用户界面元素，用户可以从中访问通用导航工具和特定于产品的导航工具。

通用导航工具是指那些可在多种 Autodesk 产品中找到的工具。产品特定的导航工具为该产品所特有。导航栏在当前绘图区域的一个边上方沿该边浮动。

用户可以通过单击导航栏上的按钮之一，或者通过在单击分割按钮的较小部分时显示的列表中选择某个工具启动导航工具。

# 1.2　设置绘图环境

一般情况下，用户可以采用计算机默认的单位和图形边界，但有时要根据绘图的实际需要进行设置。在 AutoCAD 中，用户可以利用相关命令对图形单位和图形边界，以及工作文件进行具体设置。

## 1.2.1　图形单位设置

### 1. 执行方式

☑　命令行：DDUNITS（或 UNITS）。

☑　菜单栏：格式→单位。

### 2. 操作步骤

执行上述操作后，系统弹出"图形单位"对话框，如图 1-25 所示。该对话框用于定义单位和角度格式。

3. 选项说明

（1）"长度"与"角度"选项组：指定当前单位测量的长度与角度以及当前单位的精度。

（2）"插入时的缩放单位"选项组：控制插入当前图形中的块或图形的比例。如果块或图形在被创建时使用的单位与该选项指定的单位不同，则在插入这些块或图形时将对其按比例进行缩放。插入比例是源块或图形使用的单位与目标图形使用的单位之比。如果在插入块时不按指定单位缩放，则选择"无单位"选项。

（3）"输出样例"选项组：用于显示当前单位和角度设置的例子。

（4）"光源"选项组：用于指定当前图形中光源强度的单位。

（5）"方向"按钮 方向(D)... ：单击该按钮，系统弹出"方向控制"对话框，如图 1-26 所示。用户可以在该对话框中进行方向控制的设置。

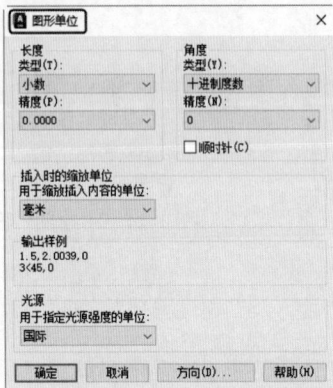

图 1-25  "图形单位"对话框

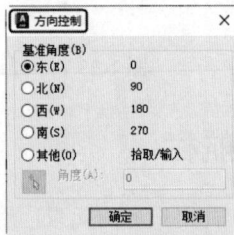

图 1-26  "方向控制"对话框

## 1.2.2  图形边界设置

1. 执行方式

☑  命令行：LIMITS。

☑  菜单栏：格式→图形界限。

2. 操作步骤

```
命令：LIMITS↙
重新设置模型空间界限：
指定左下角点或 [开(ON)/关(OFF)] <0.0000,0.0000>：（输入边界左下角的坐标后按 Enter 键）
指定右上角点 <12.0000,90000>：（输入图形边界右上角的坐标后按 Enter 键）
```

3. 选项说明

（1）开(ON)：使绘图边界有效。系统在绘图边界以外拾取的点被视为无效。

（2）关(OFF)：使绘图边界无效。用户可以在绘图边界以外拾取点或实体。

（3）动态输入角点坐标：可以实现直接在屏幕上输入角点坐标。首先输入横坐标值，然后按 ","键（英文逗号），接下来输入纵坐标值，最后按 Enter 键，完成角点坐标的输入，如图 1-27 所示。此外，用户还可以移动光标位置后直接单击确定角点位置。

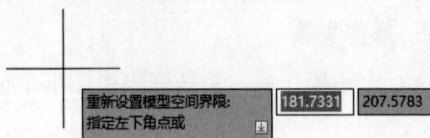

图 1-27  动态输入

# 1.3　配置绘图系统

不仅每台计算机所配置的显示器、输入设备和输出设备的类型可能会不同，而且用户喜好的风格及计算机的具体设置也可能不同。一般来讲，使用 AutoCAD 2026 的默认配置即可绘图，但为了使用用户的定点设备或打印机，以及提高绘图的效率，推荐用户在开始作图前先进行必要的配置。

1. 执行方式

☑　命令行：PREFERENCES。

☑　菜单栏：工具→选项。

☑　快捷菜单：在绘图区中右击，在弹出的快捷菜单中选择"选项"命令，如图 1-28 所示。

2. 操作步骤

执行上述操作后，系统弹出"选项"对话框。用户可以在该对话框中设置有关选项，以对绘图系统进行配置。

3. 选项说明

下面对"选项"对话框中两个主要的选项卡进行说明，其他配置选项在后面章节中再做具体说明。

（1）"系统"选项卡。

"选项"对话框中的第 5 个选项卡为"系统"选项卡，该选项卡用于设置 AutoCAD 系统的有关特性，如图 1-29 所示。其中，"常规选项"选项组确定是否选择系统配置的有关基本选项。

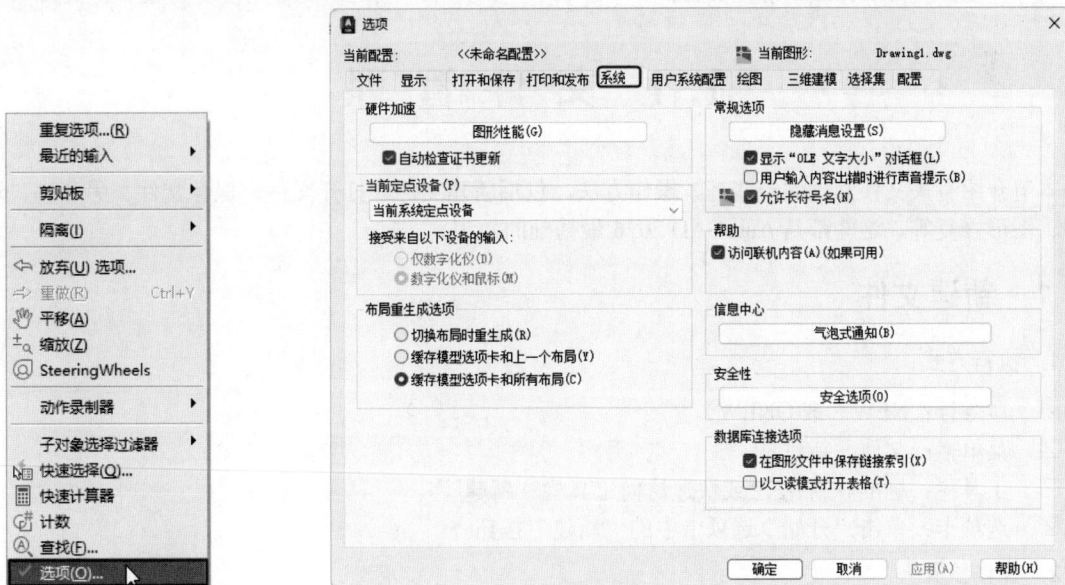

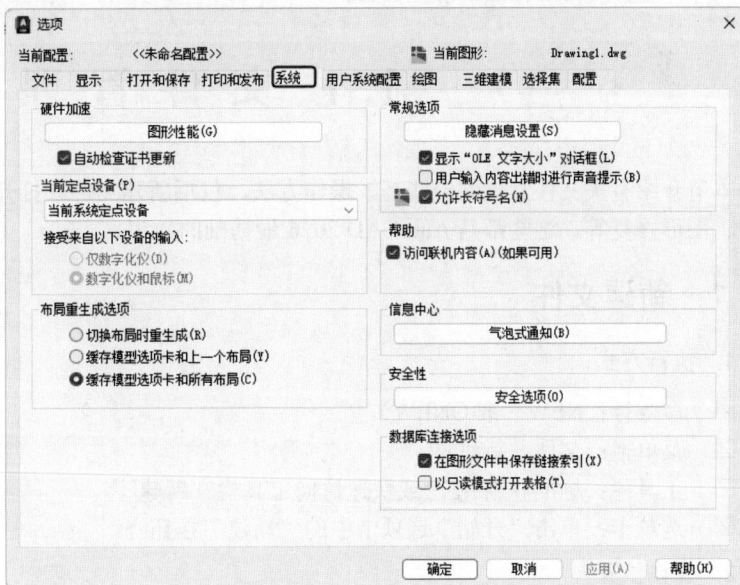

图 1-28　快捷菜单　　　　　　　　　　　图 1-29　"系统"选项卡

（2）"显示"选项卡。

"选项"对话框中的第二个选项卡为"显示"选项卡，该选项卡用于控制 AutoCAD 系统的外观，包括设定滚动条显示与否、绘图区颜色、十字光标大小、AutoCAD 的版面布局设置、各实体的显示精度等参数，如图 1-30 所示。

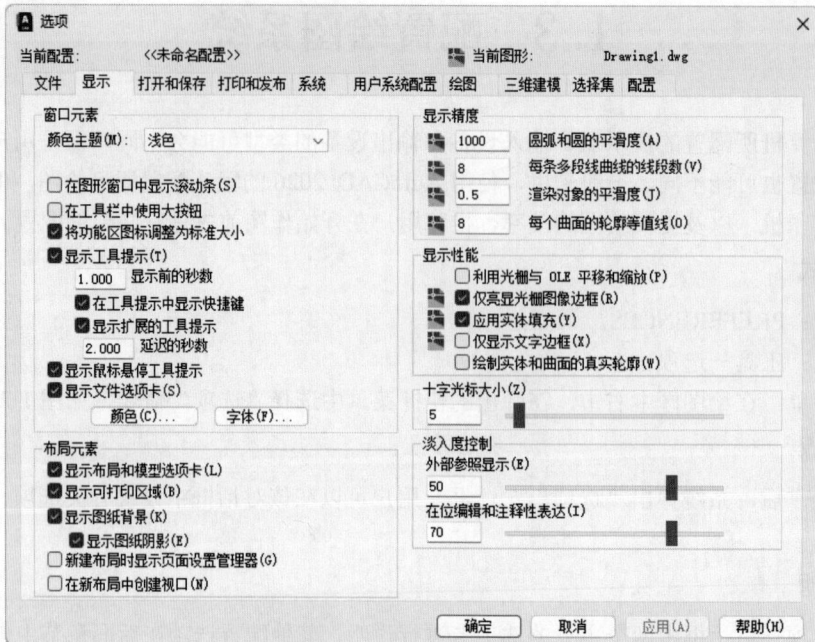

图 1-30  "显示"选项卡

📝 **技巧**：在设置实体显示分辨率时，请务必记住，显示质量越高，即分辨率越高，计算机计算的时间越长。因此将显示质量设置在一个合理水平上是很重要的，千万不要将其设置得太高。

# 1.4 文 件 管 理

本节介绍有关文件管理的一些基本操作方法，包括新建文件、打开文件、保存文件、另存为、退出文件、图形修复等，这些都是 AutoCAD 2026 最基础的知识。

## 1.4.1 新建文件

### 1. 执行方式

☑  命令行：NEW（或 QNEW）。

☑  菜单栏：文件→新建。

☑  工具栏：标准→新建□或快速访问工具栏→新建□。

☑  选项卡：单击"开始"选项卡中的"新建"按钮 新建 。

### 2. 操作步骤

执行上述操作后，❶系统弹出如图 1-31 所示的"选择样板"对话框，❷"文件类型"下拉列表框中有 3 种格式的图形样板，文件扩展名分别是.dwt、.dwg 和.dws。在一般情况下，.dwt 文件是标准的样板文件，通常将一些规定的标准样板文件设置成.dwt 文件；.dwg 文件是普通的样板文件；.dws 文件是包含标准图层、标注样式、线型和文字样式的样板文件。

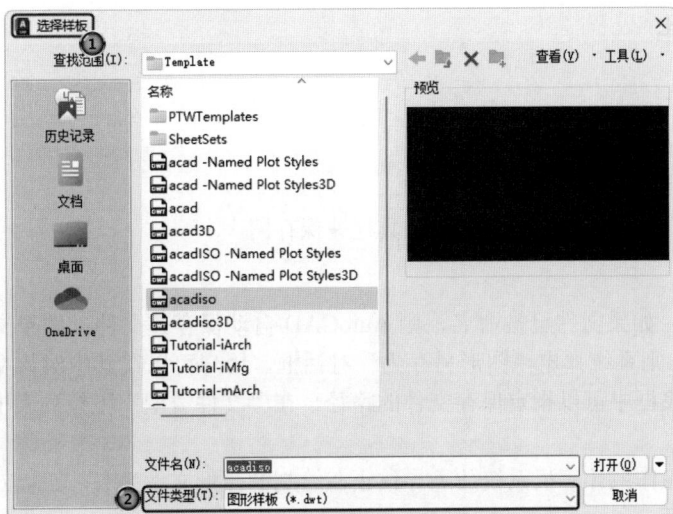

图 1-31　"选择样板"对话框

## 1.4.2　打开文件

### 1．执行方式

☑　命令行：OPEN。

☑　菜单栏：文件→打开。

☑　工具栏：标准→打开📂或快速访问工具栏→打开📂。

☑　选项卡：单击"开始"选项卡中的"打开"按钮 打开... 。

### 2．操作步骤

执行上述操作后，打开"选择文件"对话框，如图 1-32 所示。在"文件类型"下拉列表框中可以选择.dwg 文件、.dwt 文件、.dxf 文件或.dws 文件。其中，.dxf 文件是用文本形式存储的图形文件，这种格式的文件能够被其他程序读取，许多第三方应用软件都支持.dxf 格式的文件。

图 1-32　"选择文件"对话框

### 1.4.3　保存文件

1．执行方式

☑　命令行：QSAVE（或 SAVE）。

☑　菜单栏：文件→保存或主菜单→保存。

☑　工具栏：标准→保存█或快速访问工具栏→保存█。

2．操作步骤

执行上述操作后：如果文件已被命名，则 AutoCAD 自动保存该文件；如果文件未被命名（即为默认名 Drawing1.dwg），则系统弹出"图形另存为"对话框，用户可以在其中对该文件进行命名和保存。在"保存于"下拉列表框中可以指定保存文件的路径，在"文件类型"下拉列表框中可以指定保存文件的类型。

为了防止因意外操作或计算机系统故障导致正在绘制的图形文件丢失，可以对当前图形文件设置自动保存。操作步骤如下。

（1）利用系统变量 SAVEFILEPATH 设置所有"自动保存"文件的位置，如 D:\HU\。

（2）利用系统变量 SAVEFILE 存储"自动保存"文件名，用户可以从该系统变量中查询自动保存的文件的名称，该文件是只读文件。

（3）利用系统变量 SAVETIME 指定在使用"自动保存"功能时多长时间保存一次图形。

### 1.4.4　另存为

1．执行方式

☑　命令行：SAVEAS。

☑　菜单栏：文件→另存为。

☑　工具栏：快速访问工具栏→另存为█。

2．操作步骤

执行上述操作后，打开"图形另存为"对话框，如图 1-33 所示。此时，AutoCAD 用另存名进行保存，并重命名当前图形。

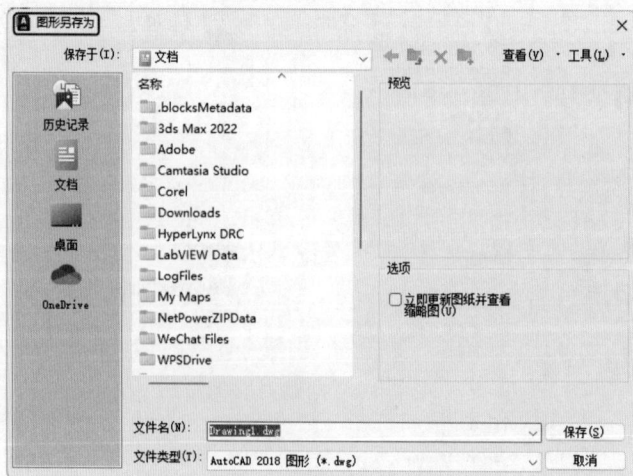

图 1-33　"图形另存为"对话框

## 1.4.5　退出文件

### 1. 执行方式

☑　命令行：QUIT（或 EXIT）。
☑　菜单栏：文件→关闭。
☑　按钮：AutoCAD 操作界面右上角的"关闭"按钮✖。

### 2. 操作步骤

命令:QUIT✓（或 EXIT✓）

执行上述命令后，若用户对图形所做的修改尚未保存，则会出现如图 1-34 所示的系统警告对话框。单击"是"按钮，系统将保存文件，然后退出；单击"否"按钮，系统将不保存文件。若用户对图形所做的修改已经保存，则直接退出。

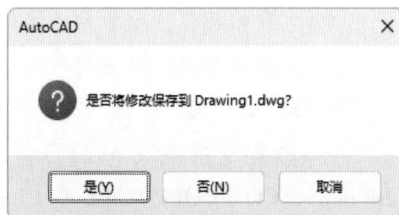

图 1-34　系统警告对话框

## 1.4.6　图形修复

### 1. 执行方式

☑　命令行：DRAWINGRECOVERY。
☑　菜单栏：文件→图形实用工具→图形修复管理器。

### 2. 操作步骤

命令:DRAWINGRECOVERY✓

执行上述操作后，❶系统弹出"图形修复管理器"选项板，如图 1-35 所示。❷打开"备份文件"列表中的文件，可以重新保存它们以进行图形修复。

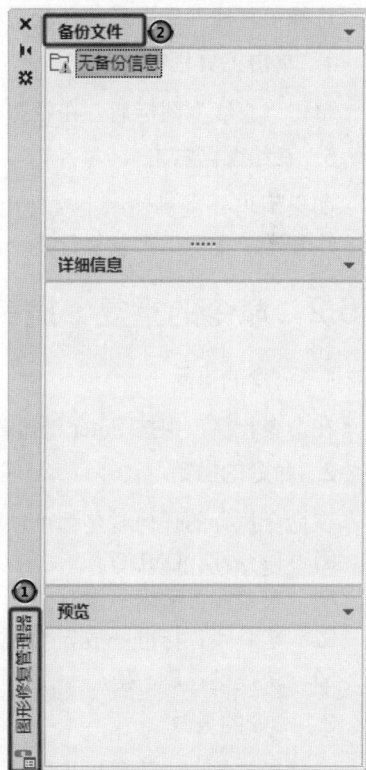

图 1-35　"图形修复管理器"选项板

# 1.5　基本输入操作

AutoCAD 有一些基本的输入操作方法，这些基本方法是进行 AutoCAD 绘图必备的基础知识，也是深入学习 AutoCAD 功能的前提。

## 1.5.1　命令输入方式

AutoCAD 交互绘图必须输入必要的指令和参数。AutoCAD 命令输入方式有多种（此处以画直线为例）。

### 1. 在命令行窗口中输入命令名

命令字符可以不区分大小写，如命令 LINE。执行命令时，在命令行提示中经常会出现命令选项。如输入绘制直线命令 LINE 后，命令行提示与操作如下。

命令: LINE✓
指定第一个点:（在屏幕上指定一点或输入一个点的坐标）
指定下一点或 ［放弃(U)］:

> 📢 **注意：** 选项中不带括号的提示为默认选项，因此可以直接输入直线段的起点坐标或在屏幕上指定一点作为起点坐标。如果要选择其他选项，则应该首先输入该选项的标识字符，如"放弃"选项的标识字符为 U，然后按系统提示输入数据即可。在命令选项的后面有时还带有尖括号，尖括号内的数值为默认数值。

**2. 在命令行窗口中输入命令缩写字母**

命令缩写字母包括 L（LINE）、C（CIRCLE）、A（ARC）、Z（ZOOM）、R（REDRAW）、M（MORE）、CO（COPY）、PL（PLINE）、E（ERASE）等。

**3. 选择"绘图"菜单中的"直线"命令**

选择"直线"命令后，在状态栏中可以看到对应的命令说明及命令名。

**4. 单击工具栏中的对应图标**

单击"直线"图标后，在状态栏中可以看到对应的命令说明及命令名。

**5. 在绘图区右击**

如果用户要重复使用上次使用的命令，可以直接在绘图区右击，系统立即重复执行上次使用的命令，这种方法适用于重复执行某个命令。

## 1.5.2 命令的重复、撤销与重做

**1. 命令的重复**

在命令行窗口中按 Enter 键可重复调用上一个命令，不管上一个命令是完成了，还是被取消了。

**2. 命令的撤销**

在命令执行的任何时刻都可以取消和终止命令的执行。执行方式如下。

- ☑ 命令行：UNDO。
- ☑ 菜单栏：编辑→放弃。
- ☑ 工具栏：标准→放弃 ⇦ ▾。
- ☑ 快捷键：Esc 键。

**3. 命令的重做**

已被撤销的命令还可以恢复重做。执行方式如下。

- ☑ 命令行：REDO。
- ☑ 菜单栏：编辑→重做。
- ☑ 工具栏：标准→重做 ⇨ ▾。

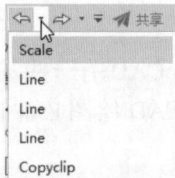

图 1-36　多重放弃或重做

工具栏命令可以一次执行多重放弃或重做的操作。单击 UNDO 或 REDO 列表箭头，可以选择要放弃或重做的操作，如图 1-36 所示。

## 1.5.3 坐标系统

AutoCAD 采用两种坐标系，即世界坐标系（WCS）和用户坐标系（UCS）。用户进入 AutoCAD 时的坐标系统就是世界坐标系，它是固定的坐标系统。世界坐标系是坐标系统中的基准，在绘制图形时，多数情况下都是在这个坐标系统下进行的。用户可根据需要切换到用户坐标系，执行方式如下。

- ☑ 命令行：UCS。

☑　菜单栏：工具→新建 UCS。

☑　工具栏：标准→坐标系。

AutoCAD 有两种视图显示方式，即模型空间和图样空间。模型空间是指单一视图显示法，用户通常使用这种显示方式；图样空间是指在绘图区域创建图形的多视图，用户可以对其中每一个视图进行单独操作。在默认情况下，当前 UCS 与 WCS 重合。图 1-37（a）为模型空间下的 UCS 坐标系图标，放在绘图区的左下角；图 1-37（b）为 UCS 坐标被指定放在当前 UCS 的实际坐标原点处的坐标系图标；图 1-37（c）为布局空间下的坐标系图标。

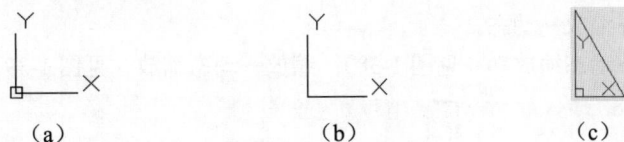

(a)　　　　　　　　　(b)　　　　　　　　　(c)

图 1-37　坐标系图标

## 1.5.4　按键定义

在 AutoCAD 中，除了可以在命令行窗口中输入命令、单击工具栏图标或选择菜单项来完成指定的功能，还可以使用键盘上的一组功能键或快捷键，快速实现指定的功能，如按 F1 键，系统会调用"AutoCAD 帮助"对话框。

系统使用 AutoCAD 传统标准（Windows 之前）或 Microsoft Windows 标准解释快捷键。

有些功能键或快捷键在 AutoCAD 的菜单中已经说明，如"粘贴"命令的快捷键为 Ctrl+V，对于这些功能键或快捷键，用户只要在使用的过程中多加留意，就会熟练掌握它们。快捷键的定义见菜单命令后面的说明。

# 1.6　缩放与平移

改变视图最一般的方法就是利用缩放和平移命令。它们可用于放大或缩小绘图区域内的图像显示，或改变图形的位置，这有利于作图和看图。

## 1.6.1　缩放

对于一个较为复杂的图形来说，在观察整幅图形时往往无法对其局部细节进行查看和操作，AutoCAD 根据用户的需求提供了各种缩放工具，这里介绍几个典型的工具。

1. 实时缩放

AutoCAD 2026 为交互式的缩放和平移提供了条件。实时缩放允许用户通过垂直向上或向下移动鼠标指针的方式放大或缩小图形，实时平移允许用户通过单击或移动鼠标指针的方式重新放置图形。

（1）执行方式。

☑　命令行：ZOOM。

☑　菜单栏：视图→缩放→实时。

☑　工具栏：标准→实时缩放 ±◦。

☑　功能区：视图→导航→实时 ±◦。

（2）操作步骤。

按住鼠标左键并垂直向上或向下移动鼠标指针，可以放大或缩小图形。

**2. 动态缩放**

如果打开"快速缩放"功能，就可以用动态缩放功能改变图形显示，而不会产生重新生成的效果。动态缩放会在当前视区中显示图形的全部。

（1）执行方式。

☑ 命令行：ZOOM。

☑ 菜单栏：视图→缩放→动态。

☑ 工具栏：标准→动态缩放 （见图1-38）；缩放→动态缩放（见图1-39）。

图 1-38  "缩放"下拉工具栏　　　　　　图 1-39  "缩放"工具栏

☑ 功能区：视图→导航→动态 。

（2）操作步骤。

命令：ZOOM↙
指定窗口的角点，输入比例因子（nX 或 nXP），或者[全部(A)/中心(C)/动态(D)/范围(E)/上一个(P)/比例(S)/窗口(W)/对象(O)] <实时>：D↙

执行上述命令后，系统弹出一个图框。选择动态缩放前，图形区呈绿色的点线框，如果动态缩放的图形显示范围与选择动态缩放前的范围相同，则此绿色点线框与白线框重合而不可见。重生成区域的四周有一个蓝色虚线框，用以标记虚拟图纸，此时如果线框中有一个"×"出现，就可以拖曳线框，把它平移到另一个区域。如果要放大图形到不同的放大倍数，单击"×"就会变成一个箭头，这时左右拖曳边界线可以重新确定视区的大小。

另外，缩放命令还包括窗口缩放、比例缩放、放大、缩小、中心缩放、全部缩放、对象缩放、缩放上一个和最大图形范围缩放等模式，其操作方法与动态缩放类似，此处不再赘述。

## 1.6.2　平移

平移是相对于缩放的另一种转换图形显示范围的工具，在绘图过程中经常使用。下面介绍两种平移的方式。

**1. 实时平移**

（1）执行方式。

☑ 命令行：PAN。

☑ 菜单栏：视图→平移→实时。

☑ 工具栏：标准→实时平移 。

☑ 功能区：视图→导航→平移 。

（2）操作步骤。

执行上述操作后，光标变为 🖐 形状，按住鼠标左键并移动手形光标即可平移图形。

另外，AutoCAD 2026 还为显示控制命令提供了一个快捷菜单。在"平移"状态下右击，系统弹出如图 1-40 所示的快捷菜单。在该菜单中，用户可以在显示命令执行的过程中透明地进行切换。

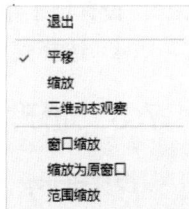

**2．定点平移**

除了最常用的"实时平移"命令，还有常用的"定点平移"命令。

（1）执行方式。

☑　命令行：-PAN。

☑　菜单栏：视图→平移→点。

（2）操作步骤。

```
命令：-pan↙
指定基点或位移：（指定基点位置或输入位移值）
指定第二点：（指定第二点确定位移和方向）
```

执行上述命令后，当前图形按指定的位移和方向进行平移。

图 1-40　快捷菜单

# 1.7　实　践　练　习

通过本章前面的学习，读者应该对 AutoCAD 的基础知识有了大体的了解。本节通过 4 个练习使读者进一步掌握本章知识要点。

## 1.7.1　熟悉操作界面

操作提示：

（1）启动 AutoCAD 2026，进入绘图界面。

（2）调整操作界面大小。

（3）设置绘图窗口颜色与十字光标大小。

（4）打开、移动、关闭工具栏。

（5）尝试同时利用命令行、下拉菜单和工具栏绘制一条线段。

## 1.7.2　设置绘图环境

操作提示：

（1）选择菜单栏中的"文件"→"新建"命令，系统弹出"选择样板"对话框，单击"打开"按钮，进入绘图界面。

（2）选择菜单栏中的"格式"→"图形界限"命令，在打开的对话框中设置图形界限为"(0,0)，(297,210)"，也可以在命令行中重新设置模型空间界限。

（3）选择菜单栏中的"格式"→"单位"命令，系统弹出"图形单位"对话框。设置长度类型为"小数"，精度为 0；设置角度类型为"十进制度数"，精度为 0；设置用于缩放插入内容的单位为"毫米"，设置用于指定光源强度的单位为"国际"；设置角度方向为"顺时针"。

（4）选择菜单栏中的"工具"→"工作空间"→"草图与注释"命令，进入工作空间。

## 1.7.3 管理图形文件

操作提示：

（1）启动 AutoCAD 2026，进入绘图界面。

（2）打开一张已经保存过的图形。

（3）进行自动保存设置。

（4）进行加密设置。

（5）将图形以新的名称保存。

（6）尝试在图形上绘制任意图线。

（7）退出该图形。

（8）尝试重新打开按新名称保存的图形。

## 1.7.4 数据输入

操作提示：

在图 1-41 中，利用平移工具和缩放工具移动和缩放图形。

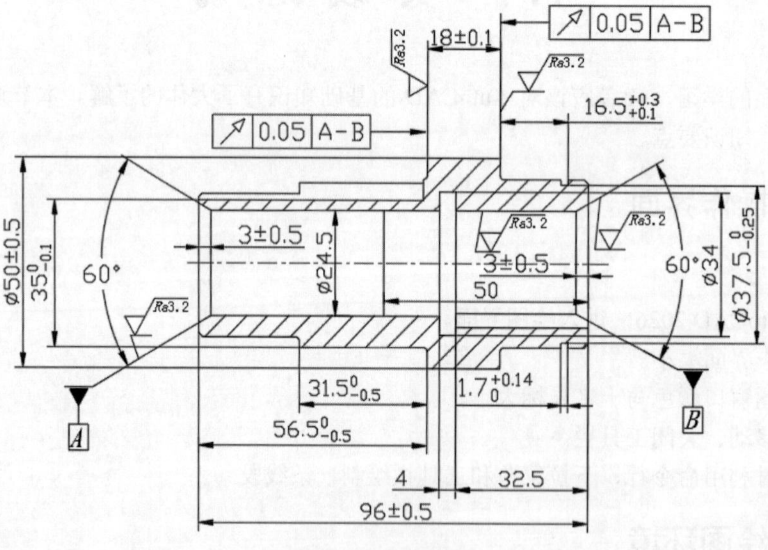

图 1-41 零件图

# 第2章

# 简单二维绘图命令

二维图形是指在二维平面绘制的图形，主要由一些图形元素组成，如点、直线、圆弧、圆、椭圆、矩形、多边形、多段线、样条曲线、多线等几何元素。AutoCAD 提供了大量的绘图工具，可以帮助用户完成二维图形的绘制。本章主要包括直线、圆和圆弧、椭圆和椭圆弧、平面图形和点命令的应用及图形绘制等内容。

## 2.1　直线类图形的绘制

直线类命令包括"直线""构造线""射线"命令，这几个命令是 AutoCAD 中最简单的绘图命令。

### 2.1.1　绘制直线段

无论图形有多么复杂，都是由点、直线、圆弧等元素按不同的粗细、间隔、颜色组合而成的。其中，直线是 AutoCAD 绘图中最简单、最基本的一种图形单元，连续的直线可以组成折线，直线与圆弧又可以组成多段线。直线在机械制图中常用于表达物体棱边或平面的投影，在建筑制图中则常用于表达建筑平面投影。这里暂时不关注直线段的颜色、粗细、间隔等属性，下面先简单讲述怎样开始绘制一条基本的直线段。

1. 执行方式

☑　命令行：LINE（快捷命令：L）。
☑　菜单栏：绘图→直线（见图 2-1）。
☑　工具栏：绘图→直线 ╱（见图 2-2）。
☑　功能区：❶默认→绘图→❷直线 ╱（见图 2-3）。

✎ 技巧：在 AutoCAD 中，任意一个命令或操作的执行方式一般有在命令行输入命令名、在菜单栏中选择相应命令或在工具栏中单击相应的按钮 3 种方式，这 3 种方式的执行结果一样。一般来说，采取工具栏方式操作起来比较方便快捷。对于那些需要长期大量作图的用户，还有一种操作方式更加方便快捷，那就是命令行快捷命令。AutoCAD 针对不同的命令设置了很多相应的快捷命令，只要在命令行中输入一两个字母，就可以快速执行命令，这种方式要求多练多用，长期使用就会记住各种快捷命令，形成一种快速绘图的技能。

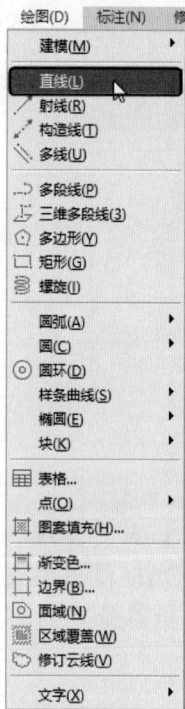

图 2-1　选择菜单命令　　　　图 2-2　单击工具栏按钮　　　　图 2-3　"绘图"面板

## 2. 操作步骤

命令：LINE✓
指定第一个点：（输入直线段的起点，用鼠标指定点或者给定点的坐标）
指定下一点或 [放弃(U)]：（输入直线段的端点，也可以用鼠标指定一定角度后，直接输入直线的长度）
指定下一点或 [放弃(U)]：（输入下一直线段的端点。输入 U 表示放弃前面的输入；右击或按 Enter 键，结束命令）
指定下一点或 [闭合(C)/放弃(U)]：（输入下一直线段的端点，或输入 C 使图形闭合，结束命令）

## 3. 选项说明

（1）若按 Enter 键响应"指定第一个点"提示，系统会把上次绘制图线的终点作为本次图线的起始点。若上次操作为绘制圆弧，那么按 Enter 键响应后就会绘出通过圆弧终点并与该圆弧相切的直线段，该线段的长度为光标在绘图区指定的一点与切点之间线段的距离。

（2）在"指定下一点"提示下，用户可以指定多个端点，从而绘出多条直线段。每一段直线也是一个独立的对象，可以进行单独的编辑操作。

（3）绘制两条以上的直线段后，若输入 C 响应"指定下一点"提示，系统会自动连接起始点和最后一个端点，从而绘出封闭的图形。

（4）若输入 U 响应提示，则会删除最近一次绘制的直线段。

（5）若设置正交方式（单击状态栏中的"正交模式"按钮），则只能绘制水平线段或垂直线段。

（6）若设置动态数据输入方式（单击状态栏中的"动态输入"按钮），则可以动态输入坐标或长度值，效果与非动态数据的输入方式类似。除了特别需要，以后不再强调，本书只按非动态数据输入方式输入相关数据。

## 2.1.2　实例——在动态输入模式下绘制五角星

本实例主要练习执行"直线"命令后，在动态输入模式下绘制五角星。绘制流程如图 2-4 所示。

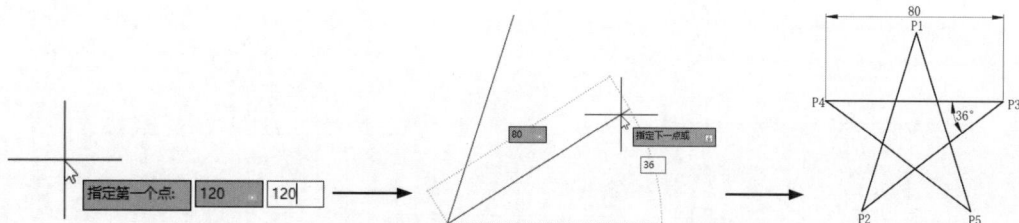

图 2-4　绘制五角星

（1）系统默认打开动态输入，如果动态输入没有被打开，单击状态栏中的"动态输入"按钮 ，打开动态输入。单击"默认"选项卡"绘图"面板中的"直线"按钮 ，在动态输入框中输入第一点坐标为（120,120），如图 2-5 所示。按 Enter 键确认 P1 点。

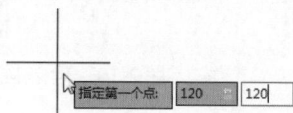

图 2-5　确定 P1 点

（2）拖动鼠标，然后在动态输入框中输入长度为 80，按 Tab 键切换到角度输入框，输入角度为 108，如图 2-6 所示。按 Enter 键确认 P2 点。

（3）拖动鼠标，然后在动态输入框中输入长度为 80，按 Tab 键切换到角度输入框，输入角度为 36，如图 2-7 所示。按 Enter 键确认 P3 点，也可以输入绝对坐标（#159.091,90.870），如图 2-8 所示。按 Enter 键确认 P3 点。

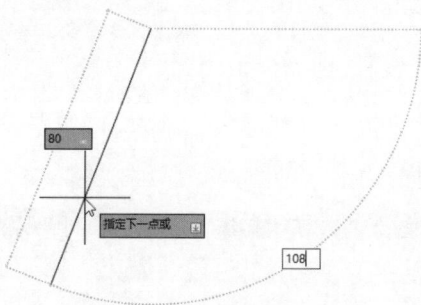

图 2-6　确定 P2 点

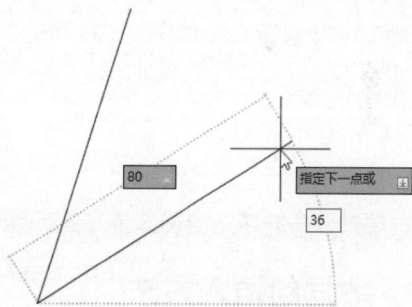

图 2-7　确定 P3 点

（4）拖动鼠标，然后在动态输入框中输入长度为 80，按 Tab 键切换到角度输入框，输入角度为 180，如图 2-9 所示。按 Enter 键确认 P4 点。

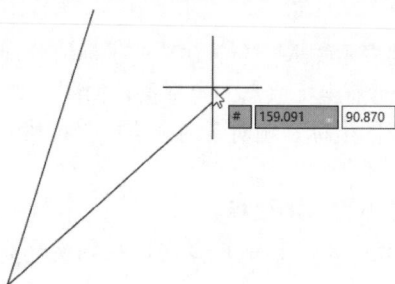

图 2-8　确定 P3 点（绝对坐标方式）

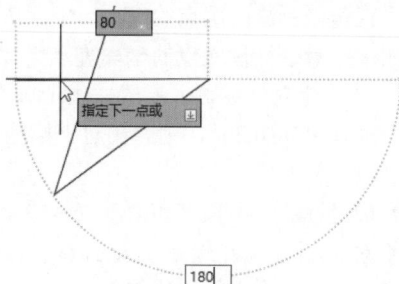

图 2-9　确定 P4 点

（5）拖动鼠标，然后在动态输入框中输入长度为 80，按 Tab 键切换到角度输入框，输入角度为 36，如图 2-10 所示。按 Enter 键确认 P5 点，也可以输入绝对坐标（#144.721,43.916），如图 2-11 所示。按 Enter 键确认 P5 点。

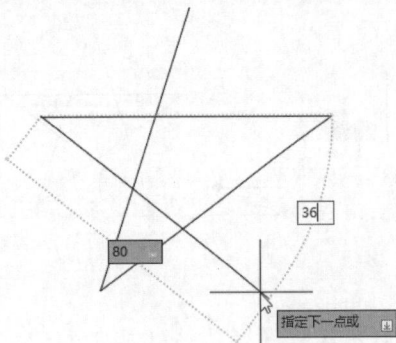

图 2-10　确定 P5 点

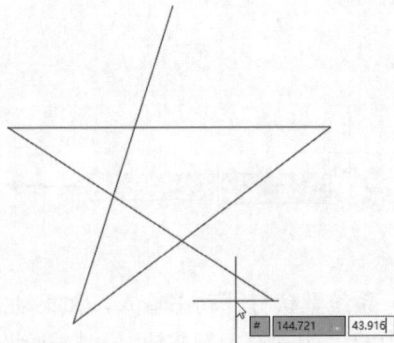

图 2-11　确定 P5 点（绝对坐标方式）

（6）拖动鼠标，直接捕捉 P1 点，如图 2-12 所示。也可以输入长度为 80，按 Tab 键切换到角度输入框，输入角度为 108，则完成绘制。

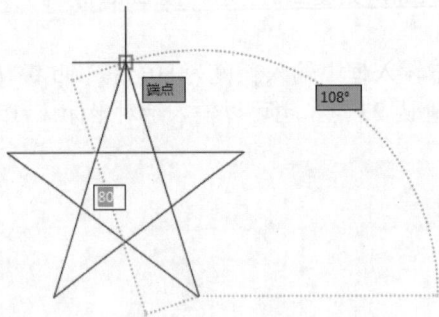

图 2-12　完成绘制

提示：这种方法并不是绘制五角星最简单的方法，这里只是为了练习"直线"命令而采用此方法。

## 2.1.3　数据的输入方法

在 AutoCAD 中，点的坐标可以用直角坐标、极坐标、球面坐标和柱面坐标表示，每一种坐标又分别具有两种坐标输入方式，即绝对坐标和相对坐标。其中，直角坐标和极坐标最为常用，下面主要介绍它们的输入方法。

（1）直角坐标法：用点的 X、Y 坐标值表示的坐标。

例如：在命令行输入点的坐标提示下，输入"15,18"，则表示输入一个 X、Y 的坐标值分别为 15、18 的点，此为绝对坐标输入方式，表示该点的坐标是相对于当前坐标原点的坐标值，如图 2-13（a）所示；如果输入"@10,20"，则为相对坐标输入方式，表示该点的坐标是相对于前一点的坐标值，如图 2-13（b）所示。

（2）极坐标法：用长度和角度表示的坐标，只能用来表示二维点的坐标。

在绝对坐标输入方式下，表示为"长度<角度"，如"25<50"，其中长度为该点到坐标原点的距离，角度为该点至原点的连线与 X 轴正向的夹角，如图 2-13（c）所示。

在相对坐标输入方式下，表示为"@长度<角度"，如"@25<45"，其中长度为该点到前一点的距离，角度为该点至前一点的连线与 X 轴正向的夹角，如图 2-13（d）所示。

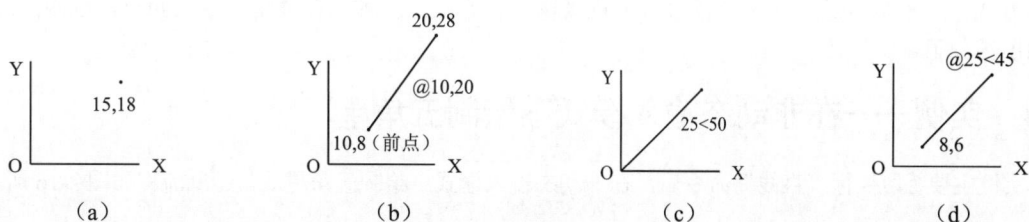

图 2-13　数据输入方法

（3）动态数据输入。

单击状态栏上的"动态输入"按钮 ，系统打开动态输入功能（默认情况下是打开的，如果不需要动态输入功能，单击"动态输入"按钮 ，关闭动态输入功能），此时可以在屏幕上动态地输入某些参数数据。例如，绘制直线时，在光标附近，系统会动态地显示"指定第一个点"及后面的坐标框，当前坐标框中显示的数据是光标所在位置，用户可以输入数据，两个数据之间以逗号"，"（在英文状态下输入）隔开，如图 2-14 所示。指定第一点后，系统动态地显示直线的角度，同时要求输入线段长度值，如图 2-15 所示。其输入效果与"@长度<角度"方式相同。

图 2-14　动态输入坐标值

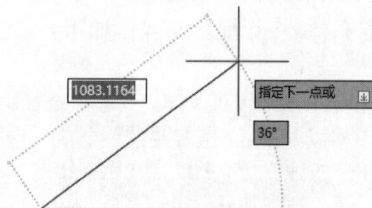

图 2-15　动态输入长度值

下面分别讲述点与距离值的输入方法。

（1）点的输入。

在绘图过程中常需要输入点的位置，AutoCAD 提供如下几种输入点的方式。

①直接在命令行窗口中输入点的坐标。笛卡儿坐标有两种输入方式，即"X,Y"（点的绝对坐标值，如"100,50"）和"@X,Y"（相对于上一点的相对坐标值，如"@50,-30"）。坐标值是相对于当前的用户坐标系的。

极坐标的输入方式为"长度<角度"（其中，长度为点到坐标原点的距离，角度为原点至该点连线与 X 轴的正向夹角，如"20<45"）或"@长度<角度"（相对于上一点的相对极坐标值，如"@50<-30"）。

提示：在动态输入功能下，第二个点和后续点的默认设置为相对极坐标，不需要输入"@"符号。如果需要使用绝对坐标，请使用"#"符号前缀，例如要将对象移到原点，请在提示输入第二个点时，输入"#0,0"。

②用鼠标等定标设备移动光标并单击，以在屏幕上直接取点。

③用目标捕捉方式捕捉屏幕上已有图形的特殊点（如端点、中点、中心点、插入点、交点、切点、垂足点等，详见第 4 章）。

④直接输入距离：先用光标拖拉出橡筋线确定方向，然后用键盘输入距离。这样有利于准确控制对象的长度等参数。

（2）距离值的输入。

在 AutoCAD 命令中，有时需要提供高度、宽度、半径、长度等距离值。AutoCAD 提供两种输入距离值的方式：一种是用键盘在命令行窗口中直接输入数值；另一种是在屏幕上拾取两点，以两点的距离值定出所需数值。

## 2.1.4 实例——在非动态输入模式下绘制五角星

本实例主要练习执行"直线"命令后，在非动态输入模式下绘制五角星，其绘制流程如图 2-16 所示。

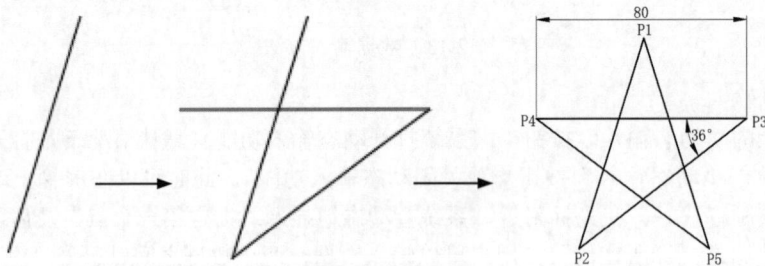

图 2-16 绘制五角星

单击状态栏中的"动态输入"按钮，关闭动态输入，单击"默认"选项卡"绘图"面板中的"直线"按钮，命令行提示与操作如下。

```
命令：_line
指定第一个点：120,120↙（在命令行中输入"120,120"，即顶点 P1 的位置，然后按 Enter 键，系统继续提示，用相似方法输入五角星的各个顶点）
    指定下一点或 [放弃(U)]：@80<252↙（P2 点）
    指定下一点或 [放弃(U)]：159.091,90.870↙（P3 点，也可以输入相对坐标"@80<36"）
    指定下一点或 [闭合(C)/放弃(U)]：@80,0↙（错位的 P4 点）
    指定下一点或 [闭合(C)/放弃(U)]：U↙（取消对 P4 点的输入）
    指定下一点或 [闭合(C)/放弃(U)]：@-80,0↙（P4 点）
    指定下一点或 [闭合(C)/放弃(U)]：144.721,43.916↙（P5 点，也可以输入相对坐标"@80<-36"）
    指定下一点或 [闭合(C)/放弃(U)]：C↙
```

绘制结果如图 2-16 所示。

提示：后面实例中，如果没有特别提示，则表示均在非动态输入模式下输入数据。

## 2.1.5 绘制构造线

构造线就是无穷长度的直线，用于模拟手工作图中的辅助作图线。构造线用特殊的线型显示，在图形输出时可不做输出。应用构造线作为辅助线绘制机械图中的三视图是构造线的主要用途，构造线的应用保证三视图之间"主、俯视图长对正，主、左视图高平齐，俯、左视图宽相等"的对应关系。图 2-17 为应用构造线作为辅助线绘制机械图中三视图的示例，该图中细线为构造线，粗线为三视图轮廓线。

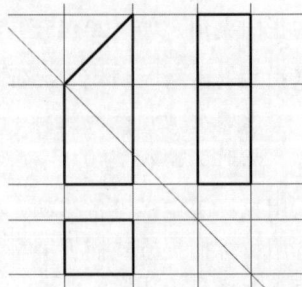

图 2-17 构造线辅助绘制三视图

构造线的绘制方法有"指定点""水平""垂直""角度""二等分""偏移"6 种，其示意图如图

2-18 所示。

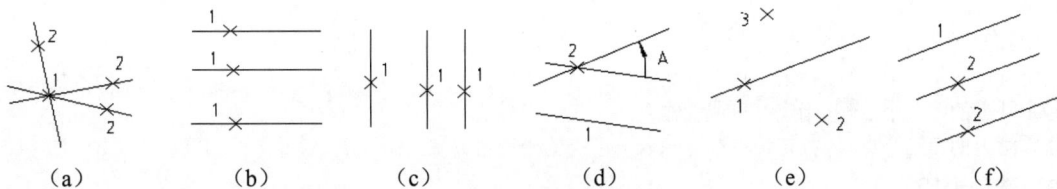

图 2-18　构造线

下面具体讲述构造线的绘制方法。

### 1. 执行方式

☑　命令行：XLINE（快捷命令：XL）。
☑　菜单栏：绘图→构造线。
☑　工具栏：绘图→构造线 ✎。
☑　功能区：默认→绘图→构造线 ✎。

### 2. 操作步骤

下面以"指定点"的绘制方法为例讲述具体的操作步骤。执行上述操作后，命令行提示与操作如下。

```
命令：XLINE✓
指定点或［水平(H)/垂直(V)/角度(A)/二等分(B)/偏移(O)］：（指定起点 1）
指定通过点：（指定通过点 2，绘制一条双向无限长直线）
指定通过点：（继续指定点，继续绘制直线，如图 2-18（a）所示。按 Enter 键结束命令）
```

其他 5 种绘制方法与此类似，这里不再赘述，读者可以根据命令行提示进行相应的操作。

# 2.2　圆类图形的绘制

圆类命令主要包括"圆""圆弧""圆环""椭圆""椭圆弧"命令，这些命令是 AutoCAD 中较简单的曲线命令。

## 2.2.1　绘制圆

圆是一种简单的封闭曲线，也是绘制工程图形时经常使用的图形单元。在 AutoCAD 中绘制圆的方法共有 6 种，如图 2-19 所示。在后面的绘制方法中及绘制"哈哈猪造型"实例中将全面讲述这 6 种方法，请读者注意体会。

### 1. 执行方式

☑　命令行：CIRCLE（快捷命令：C）。
☑　菜单栏：❶绘图→❷圆。
☑　工具栏：绘图→圆 ⊙。
☑　功能区：默认→绘图→圆 ⊙。

### 2. 操作步骤

下面以"三点"法为例讲述圆的绘制方法。执行上述操

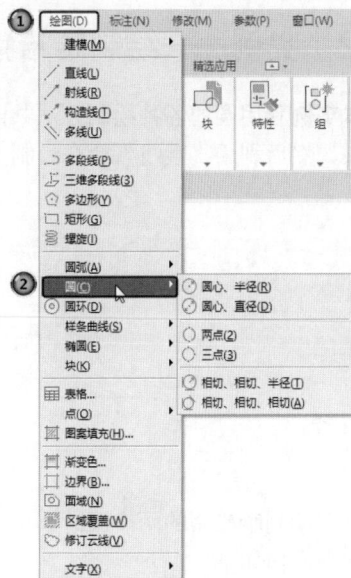

图 2-19　圆的绘制方法

作后，命令行提示与操作如下。

```
命令：CIRCLE↙
指定圆的圆心或 [三点(3P)/两点(2P)/切点、切点、半径(T)]:3P↙
指定圆上的第一个点：（指定一点或者输入一个点的坐标值）
指定圆上的第二个点：（指定一点或者输入一个点的坐标值）
指定圆上的第三个点：（指定一点或者输入一个点的坐标值）
```

3. 选项说明

（1）切点、切点、半径(T)：该方法通过先指定两个相切对象，再给出半径的方法绘制圆。图 2-20 给出以"切点、切点、半径"方式绘制圆的各种情形（加粗的圆为最后绘制的圆）。

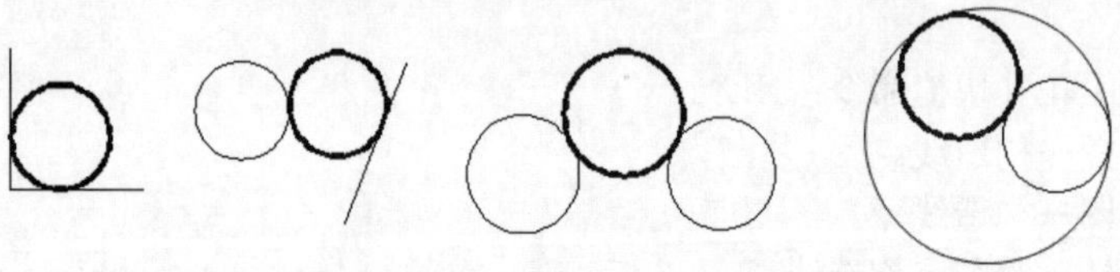

图 2-20　圆与另外两个对象相切

（2）选择菜单栏中的"绘图"→"圆"→"相切、相切、相切"命令（见图 2-19），命令行提示与操作如下。

```
指定圆上的第一个点：_tan 到：（选择相切的第一个圆弧）
指定圆上的第二个点：_tan 到：（选择相切的第二个圆弧）
指定圆上的第三个点：_tan 到：（选择相切的第三个圆弧）
```

提示：这种绘制方法只能通过菜单方式操作才能实现。命令行提示中的"_tan 到"是提示用户指定所相切的圆弧上的切点。有的读者会问，怎么能准确地找到切点呢？不用着急，这时系统会自动打开"自动捕捉"功能（在后面章节将具体讲述），用户只要大体指定所要相切的圆或圆弧，系统就会自动捕捉到切点，并且会根据后面指定的两个圆或圆弧的位置自动调整切点的具体位置。

## 2.2.2　实例——绘制哈哈猪造型

本实例利用圆的各种绘制方法共同完成哈哈猪造型的绘制。本实例首先绘制哈哈猪的眼睛、嘴巴，以及头，然后利用"直线"命令绘制上下颌分界线，最后绘制鼻孔，其绘制流程如图 2-21 所示。

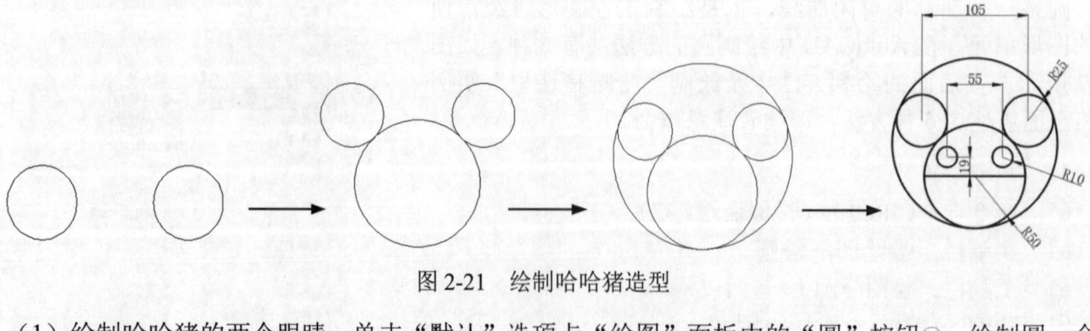

图 2-21　绘制哈哈猪造型

（1）绘制哈哈猪的两个眼睛。单击"默认"选项卡"绘图"面板中的"圆"按钮⊙，绘制圆，命令行提示与操作如下。

```
命令：_circle
```

指定圆的圆心或 ［三点(3P)/两点(2P)/切点、切点、半径(T)］: 200,200✓（输入左边小圆的圆心坐标）
指定圆的半径或 ［直径(D)］ <75.3197>: 25✓（输入圆的半径）
命令: C✓（输入"圆"命令的缩写名）
CIRCLE
指定圆的圆心或 ［三点(3P)/两点(2P)/切点、切点、半径(T)］: 2P✓（选择"两点"方式绘制右边小圆）
指定圆直径的第一个端点: 280,200✓（输入圆直径的左端点坐标）
指定圆直径的第二个端点: 330,200✓（输入圆直径的右端点坐标）

结果如图 2-22 所示。

（2）绘制哈哈猪的嘴巴。单击"默认"选项卡"绘图"面板中的"圆"按钮⊙，以"切点、切点、半径"方式捕捉两只眼睛的切点，绘制半径为 50 的圆，命令行提示与操作如下。

命令: ✓（直接按 Enter 键表示执行上次的命令）
CIRCLE
指定圆的圆心或 ［三点(3P)/两点(2P)/切点、切点、半径(T)］: T✓（选择"切点、切点、半径"方式绘制圆）
指定对象与圆的第一个切点:（指定左边圆的右下方）
指定对象与圆的第二个切点:（指定右边圆的左下方）
指定圆的半径 <25.00>: 50✓

结果如图 2-23 所示。

图 2-22　哈哈猪的眼睛　　　　　　　　　　图 2-23　哈哈猪的嘴巴

💡提示：这里，满足与绘制的两个圆相切且半径为 50 的圆有 4 个，分别与两个圆在上下方内外切，所以要指定切点的大致位置。系统会自动在大致指定的位置附近捕捉切点，这样所确定的圆才是读者想要的圆。

（3）绘制哈哈猪的头部。单击"默认"选项卡"绘图"面板中的"圆"下拉菜单中的"相切、相切、相切"按钮◯，命令行提示与操作如下。

命令: _circle
指定圆的圆心或 ［三点(3P)/两点(2P)/切点、切点、半径(T)］: _3p
指定圆上的第一个点: _tan 到:（指定 3 个圆中第一个圆的适当位置）
指定圆上的第二个点: _tan 到:（指定 3 个圆中第二个圆的适当位置）
指定圆上的第三个点: _tan 到:（指定 3 个圆中第三个圆的适当位置）

结果如图 2-24 所示。

💡提示：这里，指定 3 个圆的顺序可以任意选择，但大体位置要指定正确，因为满足和 3 个圆相切的圆有两个，切点的大体位置不同，绘制出的圆也不同。

（4）绘制哈哈猪的上下颌分界线。单击"默认"选项卡"绘图"面板中的"直线"按钮╱，以嘴巴的两个象限点为端点绘制直线，结果如图 2-25 所示。

（5）绘制哈哈猪的鼻孔。单击"默认"选项卡"绘图"面板中的"圆"按钮⊙，分别以（225,165）和（280,165）为圆心，绘制直径为 20 的圆，命令行提示与操作如下。

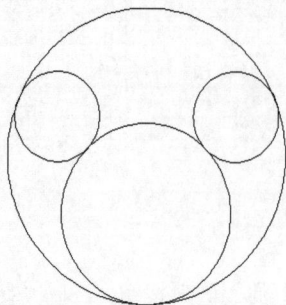

图 2-24　哈哈猪的头部

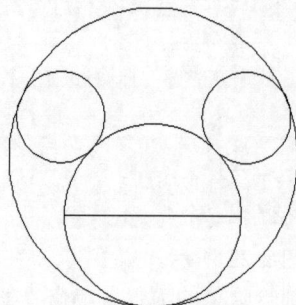

图 2-25　哈哈猪的上下颌分界线

```
命令：_circle
指定圆的圆心或 [三点(3P)/两点(2P)/切点、切点、半径(T)]：225,165↙（输入左边鼻孔圆的圆心坐标）
指定圆的半径或 [直径(D)]:D↙
指定圆的直径：20↙
```

用同样的方法绘制右边的小鼻孔，最终结果如图 2-21 所示。

📖 **归纳与总结**：请读者思考本实例中总共使用了几种圆的绘制方法，以及各种方法是否可以相互取代。

## 2.2.3　绘制圆弧

圆弧是圆的一部分。在工程造型中，圆弧的使用比圆更普遍。通常强调的"流线型"造型或圆润的造型实际上就是圆弧造型。圆弧的绘制方法共有 11 种，图 2-26 为各种绘制方法的示意图。具体绘制方法和利用菜单栏的"绘图"→"圆弧"中子菜单提供的 11 种方式相似。下面将在绘制方法和其后的实例中讲述几种具有代表性的绘制方法的具体操作过程。

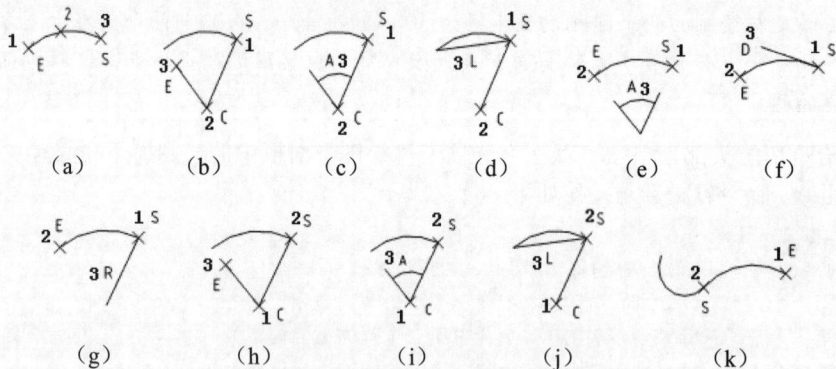

图 2-26　11 种圆弧绘制方法

### 1. 执行方式

☑　命令行：ARC（快捷命令：A）。

☑　菜单栏：绘图→圆弧。

☑　工具栏：绘图→圆弧 。

☑　功能区：默认→绘图→圆弧 。

**2. 操作步骤**

下面以"三点"法为例讲述圆弧的绘制方法。执行上述命令后，命令行提示与操作如下。

```
命令：ARC↙
指定圆弧的起点或［圆心(C)］:（指定起点）
指定圆弧的第二个点或［圆心(C)/端点(E)］:（指定第二点）
指定圆弧的端点:（指定末端点）
```

**3. 选项说明**

需要强调的是"继续"方式，该方式绘制的圆弧与上一线段或圆弧相切。继续绘制圆弧段，只提供端点即可，如图 2-26（k）所示。

## 2.2.4　实例——绘制开槽盘头螺钉

本实例利用圆弧的各种绘制方法共同完成开槽盘头螺钉的绘制。本实例首先利用"直线"命令绘制左视图螺杆，然后利用"圆弧"命令绘制左视图螺帽，最后利用"圆"和"圆弧"命令绘制主视图，其绘制流程如图 2-27 所示。

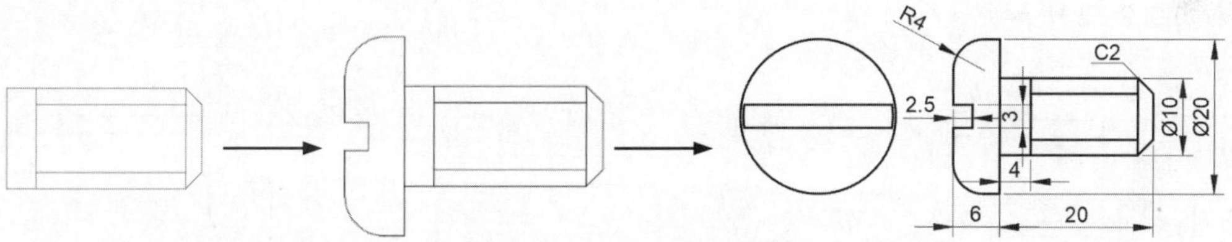

图 2-27　绘制开槽盘头螺钉

（1）单击"默认"选项卡"绘图"面板中的"直线"按钮 ∕ ，以坐标原点为起点，以点（@18, 0）、（@0, 10）、（@-18, 0）和（@0, -10）为下一点的坐标，绘制一个封闭的矩形。

（2）单击"默认"选项卡"绘图"面板中的"直线"按钮 ∕ ，绘制端点坐标分别为{（4, 0）、（@0, 10）}、{（4, 2）、（@14, 0）}、{（4, 8）、（@14, 0）}、{（18, 0）、（@2, 2）、（@0, 6）、（@-2, 2）}的直线，结果如图 2-28 所示。

（3）单击"默认"选项卡"绘图"面板中的"直线"按钮 ∕ ，绘制端点坐标分别为{（0, 0）、（@0, -5）、（@-2, 0）}和{（0, 10）、（@0, 5）、（@-2, 0）}的直线，结果如图 2-29 所示。

（4）单击"默认"选项卡"绘图"面板中的"直线"按钮 ∕ ，绘制端点坐标分别为{（-6, 11）、（-6, 6.5）、（-3.5, 6.5）、（-3.5, 3.5）、（-6, 3.5）、（-6, -1）}的直线，结果如图 2-30 所示。

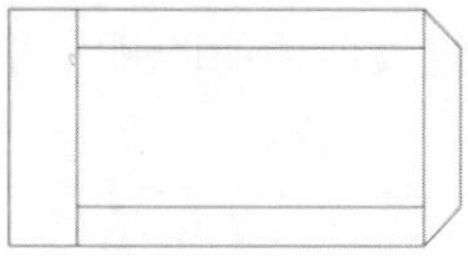

图 2-28　绘制直线 1 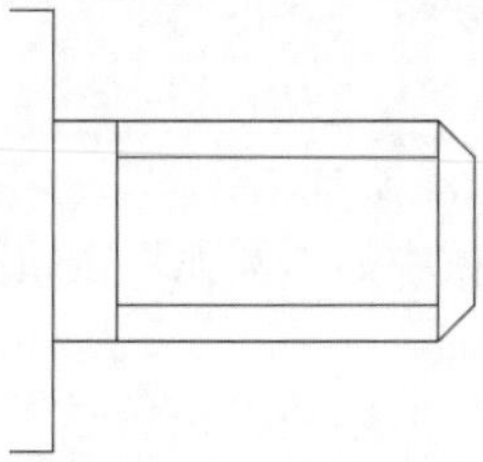　　　　　图 2-29　绘制直线 2 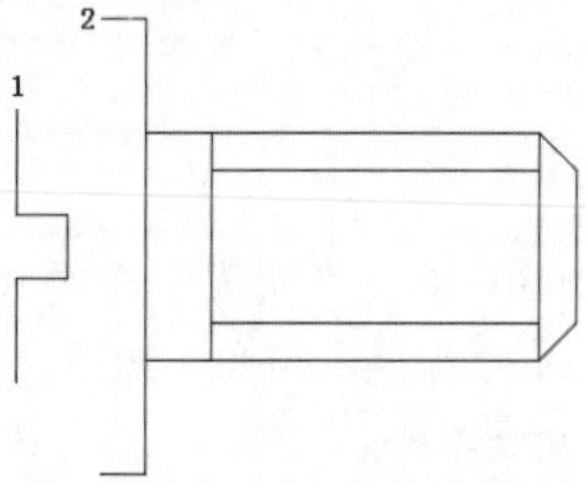　　　　　图 2-30　绘制直线 3

（5）单击"默认"选项卡"绘图"面板中的"圆弧"按钮 ∕ ，绘制圆弧，命令行提示与操作如下。

```
命令：_arc
```

指定圆弧的起点或 [圆心(C)]:（指定图 2-30 中的点 2）

指定圆弧的第二个点或 [圆心(C)/端点(E)]: E✓

指定圆弧的端点:（指定图 2-30 中的点 1）

指定圆弧的中心点(按住 Ctrl 键以切换方向)或 [角度(A)/方向(D)/半径(R)]: R✓

指定圆弧的半径(按住 Ctrl 键以切换方向): 4✓

使用相同方法绘制另一段圆弧，结果如图 2-31 所示。

（6）单击"默认"选项卡"绘图"面板中的"直线"按钮✏，指定直线的起点坐标分别为（-33,6.5）和（-33,3.5），绘制长度为 19 的两条水平直线，命令行提示与操作如下。

命令: _line

指定第一个点: -33,6.5✓

指定下一点或[放弃(U)]: 19✓（向右边水平拖动鼠标）

指定下一点或[放弃(U)]: ✓（直接按 Enter 键表示结束当前命令）

命令: ✓（直接按 Enter 键表示重复执行上一个命令）

指定第一个点: -33,3.5✓

指定下一点或[放弃(U)]: 19✓（向右边水平拖动鼠标）

指定下一点或[放弃(U)]: ✓

结果如图 2-32 所示。

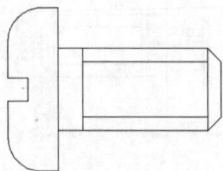

图 2-31　绘制圆弧

图 2-32　绘制直线 4

（7）单击"默认"选项卡"绘图"面板中的"圆"按钮⊙，以坐标点（-23.5,5）为圆心，绘制半径为 10 的圆，如图 2-33 所示。命令行提示与操作如下。

命令: CIRCLE✓

指定圆的圆心或 [三点(3P)/两点(2P)/切点、切点、半径(T)]: -23.5,5✓

指定圆的半径或 [直径(D)]: 10✓

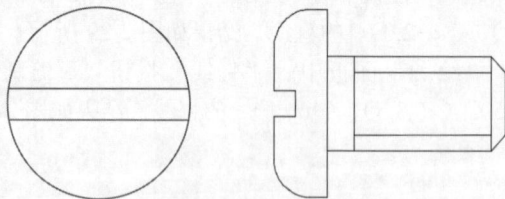

图 2-33　绘制圆

（8）单击"默认"选项卡"绘图"面板中的"圆弧"按钮，绘制水平直线两侧的圆弧，补全图形，命令行提示与操作如下。

命令: ARC✓

指定圆弧的起点或 [圆心(C)]: -33,6.5✓

指定圆弧的第二个点或 [圆心(C)/端点(E)]: C✓

指定圆弧的圆心: -23.5,5✓

指定圆弧的端点: -33,3.5✓

利用同样的方法绘制另一个圆弧，起点坐标为（-14,3.5），圆心坐标为（-23.5,5），端点坐标为（-14,6.5）结果如图 2-27 所示。

## ◆技术看板——准确把握圆弧的方向

绘制圆弧时，圆弧的曲率是遵循逆时针方向的，所以在选择指定圆弧两个端点和半径模式时，需要注意端点的指定顺序，否则有可能导致圆弧的凹凸形状与预期的相反。

### 2.2.5　绘制圆环

圆环可以被视为两个同心圆，利用"圆环"命令可以快速完成同心圆的绘制。

1. 执行方式

☑　命令行：DONUT（快捷命令：DO）。

☑　菜单栏：绘图→圆环。

☑　功能区：默认→绘图→圆环◎。

2. 操作步骤

命令：DONUT↙

指定圆环的内径 <0.5000>：（指定圆环内径）

指定圆环的外径 <1.0000>：（指定圆环外径）

指定圆环的中心点或 <退出>：（指定圆环的中心点）

指定圆环的中心点或 <退出>：（继续指定圆环的中心点，则继续绘制相同内外径的圆环）

按 Enter 键、Backspace 键或右击，结束命令，如图 2-34（a）所示。

3. 选项说明

（1）若指定内径为 0，则画出实心填充圆，如图 2-34（b）所示。

（2）FILL 命令可以用来控制是否填充圆环，具体方法如下。

命令：FILL↙

输入模式 [开(ON)/关(OFF)] <开>：（选择"开(ON)"选项表示填充，选择"关(OFF)"选项表示不填充，如图 2-34（c）所示）

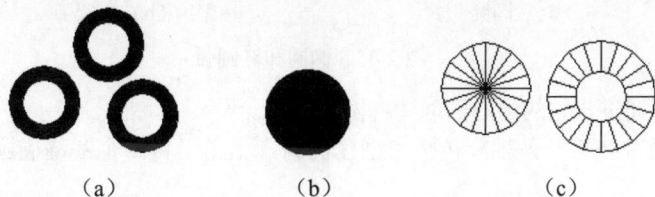

（a）　　　　　　　（b）　　　　　　　（c）

图 2-34　绘制圆环

### 2.2.6　绘制椭圆与椭圆弧

椭圆也是一种典型的封闭曲线图形，圆在某种意义上可以视为椭圆的特例。椭圆在工程图形中的应用不多，只在某些特殊造型（如室内设计单元中的浴盆、桌子等造型或机械造型中的杆状结构的截面形状等图形）中才会出现。

1. 执行方式

☑　命令行：ELLIPSE（快捷命令：EL）。

☑ 菜单栏：绘图→椭圆→圆弧。

☑ 工具栏：绘图→椭圆 ◯/椭圆弧 ◯。

☑ 功能区：默认→绘图→椭圆下拉菜单。

**2. 操作步骤**

命令：ELLIPSE↙
指定椭圆的轴端点或 [圆弧(A)/中心点(C)]：（指定轴端点 1，如图 2-35（a）所示）
指定轴的另一个端点：（指定轴端点 2，如图 2-35（a）所示）
指定另一条半轴长度或 [旋转(R)]：

**3. 选项说明**

（1）指定椭圆的轴端点：根据两个端点定义椭圆的第一条轴，第一条轴的角度确定整个椭圆的角度。第一条轴既可定义椭圆的长轴，也可定义其短轴。

（2）圆弧(A)：用于创建一段椭圆弧，与单击"默认"选项卡"绘图"面板中的"椭圆弧"按钮 ◯ 功能相同。其中，第一条轴的角度确定椭圆弧的角度。选择该项，系统命令行中后续提示与操作如下。

命令：_ellipse
指定椭圆的轴端点或 [圆弧(A)/中心点(C)]：_A
指定椭圆弧的轴端点或 [中心点(C)]：（指定端点或输入C↙）
指定轴的另一个端点：（指定另一端点）
指定另一条半轴长度或 [旋转(R)]：（指定另一条半轴长度或输入R↙）
指定起点角度或 [参数(P)]：（指定起始角度或输入P↙）
指定端点角度或 [参数(P)/夹角(I)]：（指定适当点↙）

其中，各选项含义如下。

☑ 起点角度：指定椭圆弧端点的两种方式之一，光标与椭圆中心点连线的夹角为椭圆端点位置的角度，如图 2-35（b）所示。

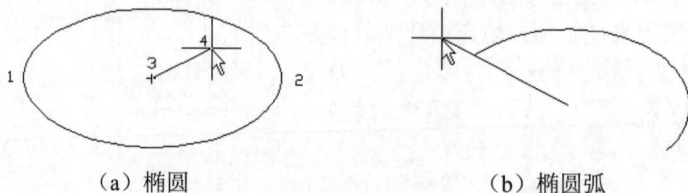

（a）椭圆　　　　　　　　　　　　　　（b）椭圆弧

图 2-35　椭圆和椭圆弧

☑ 中心点(C)：通过指定的中心点创建椭圆。

☑ 旋转(R)：通过绕第一条轴旋转圆来创建椭圆。相当于将一个圆绕椭圆轴翻转一个角度后的投影视图。

☑ 参数(P)：指定椭圆弧端点的另一种方式，该方式同样是指定椭圆弧端点的角度，但通过以下矢量参数方程式创建椭圆弧。

$$P(u)= c + a \times \cos(u) + b \times \sin(u)$$

其中，$c$ 是椭圆的中心点，$a$ 和 $b$ 分别是椭圆的长轴和短轴，$u$ 为光标与椭圆中心点连线的夹角。

☑ 夹角(I)：定义从起始角度开始的包含角度。

## 2.2.7　实例——绘制茶几

本实例利用"椭圆"命令绘制茶几，其绘制流程如图 2-36 所示。

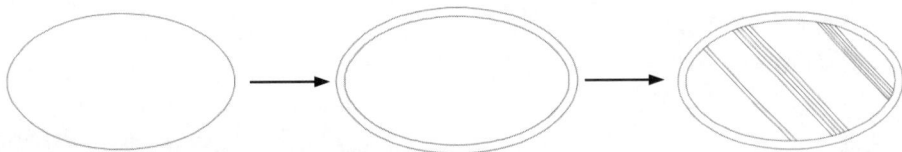

图 2-36　绘制茶几

（1）单击"默认"选项卡"绘图"面板中的"椭圆"按钮 ⊙，绘制茶几外沿，命令行提示与操作如下。

```
命令：_ellipse
指定椭圆的轴端点或［圆弧(A)/中心点(C)］：_c
指定椭圆的中心点：0,0↙
指定轴的端点：300,0↙
指定另一条半轴长度或［旋转(R)］：200,0↙
```

绘制结果如图 2-37 所示。

（2）单击"默认"选项卡"绘图"面板中的"椭圆"按钮 ⊙，绘制茶几内部椭圆，结果如图 2-38 所示。命令行提示与操作如下。

```
命令：ELLIPSE↙
指定椭圆的轴端点或［圆弧(A)/中心点(C)］：C↙
指定椭圆的中心点：0,0↙
指定轴的端点：270,0↙
指定另一条半轴长度或［旋转(R)］：170,0↙
```

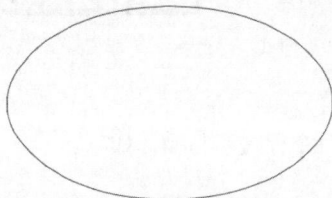

图 2-37　绘制茶几外轮廓　　　　　　　　图 2-38　绘制同心椭圆

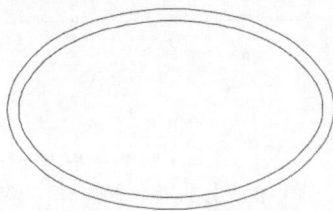

（3）单击"默认"选项卡"绘图"面板中的"直线"按钮 ╱，选取适当的尺寸（这里长度可以自行指定，不必跟实例完全一样），在茶几内部绘制多条斜向的直线。最终结果如图 2-36 所示。

# 2.3　平面图形的绘制

简单的平面图形命令包括"矩形"和"多边形"命令。

## 2.3.1　绘制矩形

矩形是一种简单的封闭直线图形，在机械制图中常用来表达平行投影平面的面，在建筑制图中常用来表达墙体平面。

1. 执行方式

☑　命令行：RECTANG（快捷命令：REC）。

- ☑ 菜单栏：绘图→矩形。
- ☑ 工具栏：绘图→矩形□。
- ☑ 功能区：默认→绘图→矩形□。

2．操作步骤

命令：RECTANG✓
指定第一个角点或 [倒角(C)/标高(E)/圆角(F)/厚度(T)/宽度(W)]：（指定角点）
指定另一个角点或 [面积(A)/尺寸(D)/旋转(R)]：

3．选项说明

（1）第一个角点：通过指定两个角点确定矩形，如图 2-39（a）所示。

（2）倒角(C)：指定倒角距离，绘制带倒角的矩形，如图 2-39（b）所示。每一个角点的逆时针和顺时针方向的倒角距离可以相同，也可以不同，其中第一个倒角距离是指角点逆时针方向的倒角距离，第二个倒角距离是指角点顺时针方向的倒角距离。

（3）标高(E)：指定矩形标高（Z 坐标），即把矩形放置在标高为 Z 并与 XOY 坐标面平行的平面上，并作为后续矩形的标高值。

（4）圆角(F)：指定圆角半径，绘制带圆角的矩形，如图 2-39（c）所示。

（5）厚度(T)：指定矩形的厚度，如图 2-39（d）所示。

（6）宽度(W)：指定线宽，如图 2-39（e）所示。

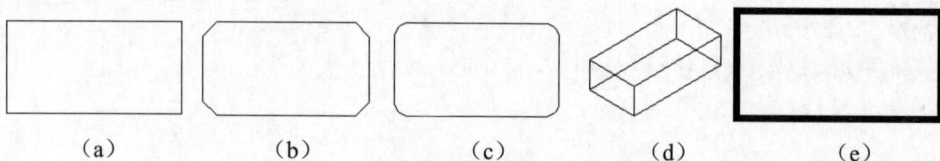

图 2-39　绘制矩形

（7）面积(A)：指定面积和长或宽创建矩形。选择该项后，命令行提示与操作如下。

输入以当前单位计算的矩形面积 <20.0000>：（输入面积值）
计算矩形标注时的依据 [长度(L)/宽度(W)] <长度>：（按 Enter 键或输入 W）
输入矩形长度 <4.0000>：（指定长度或宽度）

指定长度或宽度后，系统自动计算另一个维度，并绘制出矩形。如果矩形有倒角或圆角，则在长度或面积计算中也会考虑此设置，如图 2-40 所示。

（8）尺寸(D)：使用长和宽创建矩形，第二个指定点将矩形定位在与第一个角点相关的 4 个位置中的一个内。

（9）旋转(R)：使所绘制的矩形旋转一定角度。选择该项后，命令行提示与操作如下。

指定旋转角度或 [拾取点(P)] <135>：（指定角度）
指定另一个角点或 [面积(A)/尺寸(D)/旋转(R)]：（指定另一个角点或选择其他选项）

指定旋转角度后，系统按指定角度创建矩形，如图 2-41 所示。

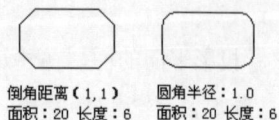

图 2-40　按面积绘制矩形

图 2-41　按指定旋转角度绘制矩形

## 2.3.2　实例——绘制方头平键

本实例主要介绍矩形的绘制方法，以及构造线绘制方法的具体应用。本实例首先利用"矩形""直线""构造线"命令绘制主视图，然后利用"矩形""直线""构造线"命令绘制俯视图与左视图，其绘制流程如图 2-42 所示。

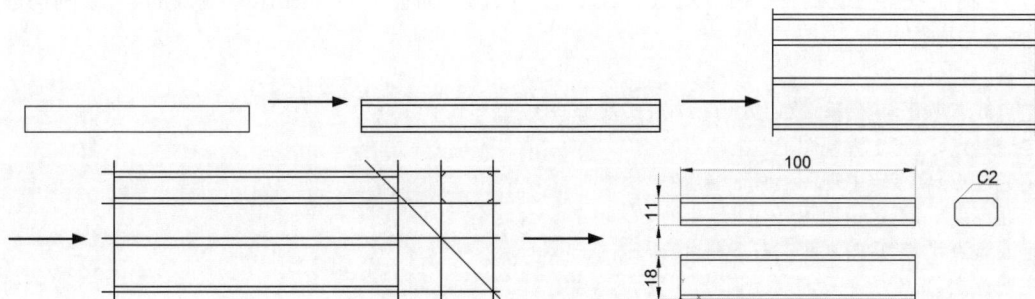

图 2-42　绘制方头平键

（1）绘制主视图外形。单击"默认"选项卡"绘图"面板中的"矩形"按钮▢，命令行提示与操作如下。

```
命令: _rectang
指定第一个角点或 [倒角(C)/标高(E)/圆角(F)/厚度(T)/宽度(W)]: 0,30↙
指定另一个角点或 [面积(A)/尺寸(D)/旋转(R)]: @100,11↙
```

绘制结果如图 2-43 所示。

（2）绘制主视图两条棱线。单击"默认"选项卡"绘图"面板中的"直线"按钮╱，绘制直线。一条棱线端点的坐标为（0,32）和（@100,0），另一条棱线端点的坐标为（0,39）和（@100,0），绘制结果如图 2-44 所示。

图 2-43　绘制主视图外形

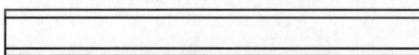

图 2-44　绘制主视图棱线

（3）绘制辅助线。单击"默认"选项卡"绘图"面板中的"构造线"按钮╱，绘制构造线，命令行提示与操作如下。

```
命令: _xline
指定点或 [水平(H)/垂直(V)/角度(A)/二等分(B)/偏移(O)]: (指定主视图左边竖线上一点)
指定通过点: (指定竖直位置上一点)
指定通过点: ↙
```

采用同样的方法绘制右边竖直构造线，绘制结果如图 2-45 所示。

（4）绘制俯视图。单击"默认"选项卡"绘图"面板中的"矩形"按钮▢，命令行提示与操作如下。

```
命令: _rectang
指定第一个角点或 [倒角(C)/标高(E)/圆角(F)/厚度(T)/宽度(W)]: (指定左边构造线上一点)
指定另一个角点或 [面积(A)/尺寸(D)/旋转(R)]: @100,18↙
```

（5）单击"默认"选项卡"绘图"面板中的"直线"按钮╱，接着绘制两条直线，端点坐标分别为{（0,2）、（@100,0）}和{（0,16）、（@100,0）}，绘制结果如图 2-46 所示。

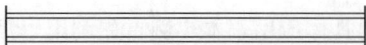

图 2-45　绘制竖直构造线　　　　　　　　　图 2-46　绘制俯视图

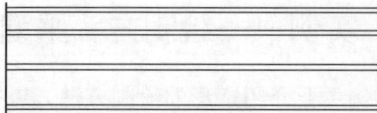

（6）绘制左视图构造线。单击"默认"选项卡"绘图"面板中的"构造线"按钮 ，绘制构造线，命令行提示与操作如下。

```
命令：_xline
指定点或［水平(H)/垂直(V)/角度(A)/二等分(B)/偏移(O)］：H↙
指定通过点：（指定主视图上右上端点）
指定通过点：（指定主视图上右下端点）
指定通过点：（指定俯视图上右上端点）
指定通过点：（指定俯视图上右下端点）
指定通过点：↙
命令：↙　XLINE（按 Enter 键表示重复"构造线"命令）
指定点或［水平(H)/垂直(V)/角度(A)/二等分(B)/偏移(O)］：A↙
输入构造线的角度(0)或［参照(R)］：-45↙
指定通过点：（任意指定一点）
指定通过点：↙
命令：↙XLINE
指定点或［水平(H)/垂直(V)/角度(A)/二等分(B)/偏移(O)］：V↙
指定通过点：（指定斜线与向下数第三条水平线的交点）
指定通过点：（指定斜线与向下数第四条水平线的交点）
```

绘制结果如图 2-47 所示。

（7）绘制左视图。单击"默认"选项卡"绘图"面板中的"矩形"按钮 ，设置矩形两个倒角距离均为 2，命令行提示与操作如下。

```
命令：_rectang
指定第一个角点或［倒角(C)/标高(E)/圆角(F)/厚度(T)/宽度(W)］：C↙
指定矩形的第一个倒角距离 <0.0000>：2↙
指定矩形的第二个倒角距离 <2.0000>：↙
指定第一个角点或［倒角(C)/标高(E)/圆角(F)/厚度(T)宽度(W)］：（选择图 2-47 中的点 1）
指定另一个角点或［面积(A)/尺寸(D)/旋转(R)］：（选择图 2-47 中的点 2）
```

绘制结果如图 2-48 所示。

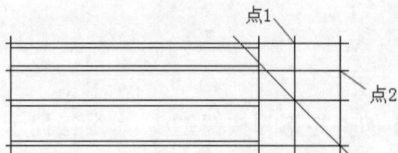

图 2-47　绘制左视图构造线　　　　　　　　　图 2-48　绘制左视图

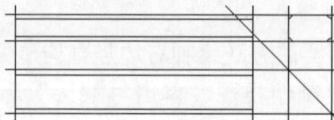

（8）删除构造线，最终绘制结果如图 2-42 所示。

## 2.3.3　绘制正多边形

正多边形是相对复杂的一种平面图形，人类曾经为准确地找到手工绘制正多边形的方法而长期求索。伟大数学家高斯将发现正十七边形的绘制方法视为毕生荣誉，以至于他的墓碑被设计成正十七边形。现在利用 AutoCAD 可以轻松地绘制任意边的正多边形。

1．执行方式

- ☑　命令行：POLYGON（快捷命令：POL）。
- ☑　菜单栏：绘图→多边形。
- ☑　工具栏：绘图→多边形⬠。
- ☑　功能区：默认→绘图→多边形⬠。

2．操作步骤

命令：POLYGON↙
输入侧面数 <4>：（指定多边形的边数，默认值为 4）
指定正多边形的中心点或 [边(E)]：（指定中心点）
输入选项 [内接于圆(I)/外切于圆(C)] <I>：（指定是内接于圆或外切于圆）
指定圆的半径：（指定外接圆或内切圆的半径）

3．选项说明

（1）边(E)：选择该选项，则只要指定多边形的一条边，系统就会按逆时针方向创建该正多边形，如图 2-49（a）所示。

（2）内接于圆(I)：选择该选项，绘制的多边形内接于圆，如图 2-49（b）所示。

（3）外切于圆(C)：选择该选项，绘制的多边形外切于圆，如图 2-49（c）所示。

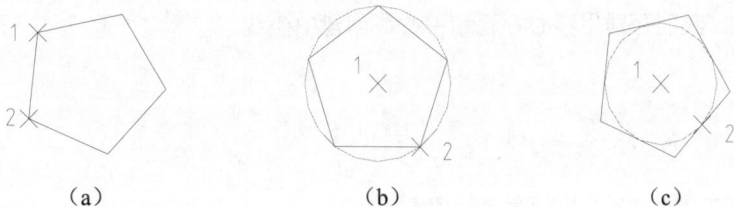

(a)　　　　　　　　(b)　　　　　　　　(c)

图 2-49　绘制正多边形

## 2.3.4　实例——绘制螺母

本实例首先利用"圆"命令绘制圆，然后利用"多边形"命令绘制正六边形，最后利用"圆"命令绘制孔，其绘制流程如图 2-50 所示。

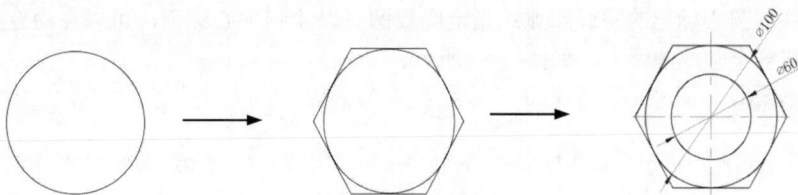

图 2-50　绘制螺母

（1）单击"默认"选项卡"绘图"面板中的"圆"按钮⊙，绘制一个圆心坐标为（150,150）、半径为 50 的圆，结果如图 2-51 所示。

（2）单击"默认"选项卡"绘图"面板中的"多边形"按钮⬠，绘制正六边形，命令行提示与操作如下。

```
命令: _polygon
输入侧面数 <4>: 6↙
指定正多边形的中心点或 [边(E)]: 150,150↙
输入选项 [内接于圆(I)/外切于圆(C)] <I>: C↙
指定圆的半径: 50↙
```

绘制结果如图 2-52 所示。

图 2-51　绘制圆

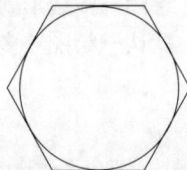

图 2-52　绘制正六边形

（3）单击"默认"选项卡"绘图"面板中的"圆"按钮⊙，绘制另一个圆，圆心为（150,150）、半径为30。至此，螺母绘制完成。

# 2.4　圆心标记和中心线

从 AutoCAD 2026 开始可以设定图层，不管当前图层是什么，都可以把中心线放到指定图层上。例如下面两个实例，我们分别用圆心标记和中心线创建中心线。

## 2.4.1　圆心标记

1. 执行方式

☑　命令行：CENTERMARK（快捷命令：CM）。

☑　功能区：注释→中心线→圆心标记⊕。

2. 操作步骤

```
命令:CENTERMARK
选择要添加圆心标记的圆或圆弧或 [图层(L)]:（单击圆形区域）
```

3. 选项说明

（1）选择要添加圆心标记的圆或圆弧：指定圆或圆弧以绘制中心标记，可以在命令执行期间将中心标记添加到一个或多个圆或圆弧上，如图 2-53 所示。

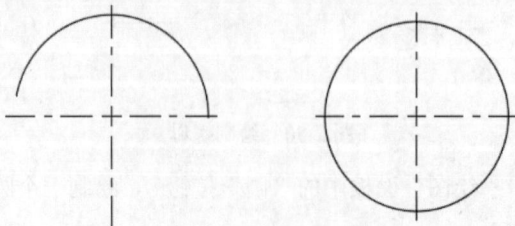

图 2-53　添加中心标记

（2）图层(L)：默认情况下，所有新对象都在当前图层上创建。对于新的中心线和中心标记对象，通过使用 CENTERLAYER 系统变量指定图层来指定与当前图层不同的默认图层。

## 2.4.2　实例——绘制螺母的中心线

本实例利用"圆心标记"绘制螺母的中心线，其绘制流程如图 2-54 所示。

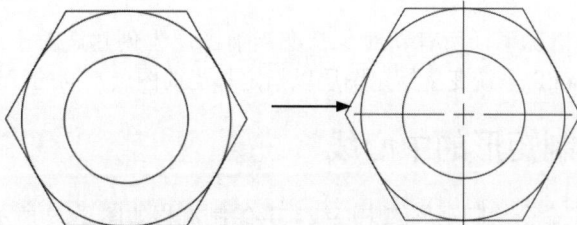

图 2-54　绘制螺母的中心线

（1）打开 2.3.4 节绘制的"螺母"，如图 2-55 所示。

（2）单击"注释"选项卡"中心线"面板中的"圆心标记"按钮⊕，选取螺母中最大的圆，如图 2-56 所示，生成中心线，如图 2-57 所示。

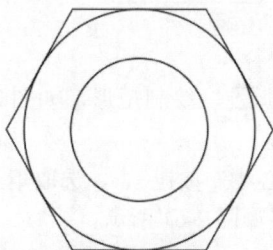

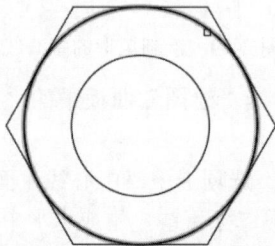

图 2-55　螺母　　　　图 2-56　螺母的外圆线　　　　图 2-57　圆心标记

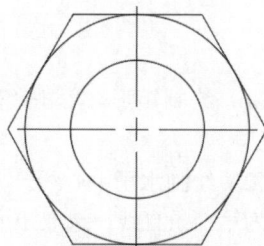

命令行提示与操作如下。

```
命令：_centermark
选择要添加圆心标记的圆或圆弧或 ［图层(L)］:选取螺母中最大的圆
```

## 2.4.3　中心线

1. 执行方式

☑　命令行：CENTERLINE（快捷命令：CL）。

☑　功能区：注释→中心线→中心线　。

2. 操作步骤

```
命令：CENTERLINE
选择第一条直线或 ［图层(L)］:（矩形的上边）
选择第二条直线:（矩形的底边）
```

3. 选项说明

（1）选择第一条直线和第二条直线：将在所选两条线的起始点和结束点的外观中点之间创建一条中心线，如图 2-58 所示。

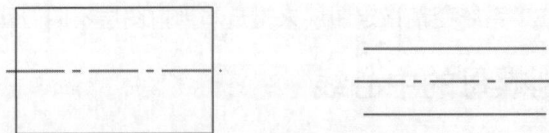

图 2-58　绘制中心线

（2）图层（L）：默认情况下，所有新对象都在当前图层上创建。对于新的中心线和中心标记对象，通过使用 CENTERLAYER 系统变量指定图层以指定与当前图层不同的默认图层。

## 2.4.4　实例——绘制矩形的中心线

本实例利用"中心线"命令绘制矩形的中心线，其绘制流程如图 2-59 所示。

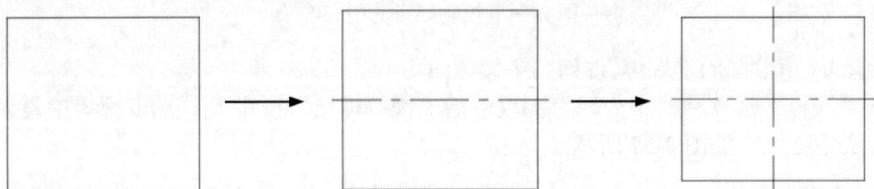

图 2-59　绘制矩形的中心线

（1）绘制矩形。单击"默认"选项卡"绘图"面板中的"矩形"按钮□，绘制矩形，如图 2-60 所示。

（2）绘制水平中心线。单击"注释"选项卡中"中心线"面板的"中心线"按钮≡，选取矩形的上边为第一条直线，选取矩形的底边为第二条直线，生成水平中心线，效果如图 2-61 所示。

命令行提示与操作如下。

```
命令：_centerline
选择第一条直线或［图层(L)］:选取矩形的上边
选择第二条直线：选取矩形的底边
```

（3）绘制竖直中心线。单击"注释"选项卡中"中心线"面板的"中心线"按钮≡，选取矩形的左边为第一条直线，选取矩形的右边为第二条直线，生成竖直中心线，效果如图 2-62 所示。

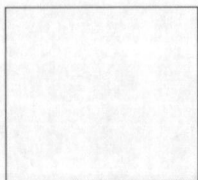

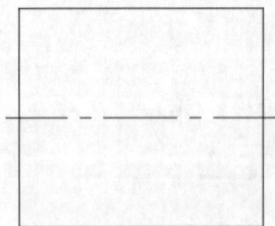

图 2-60　矩形　　　　　　　图 2-61　绘制水平中心线　　　　　　图 2-62　绘制竖直中心线

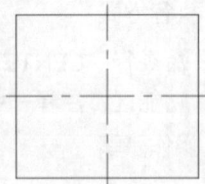

命令行提示与操作如下。

```
命令：CENTERLINE
选择第一条直线或［图层(L)］:选取矩形的左边
选择第二条直线：选取矩形的右边
```

# 2.5　点 的 绘 制

点在 AutoCAD 中有多种不同的表示方式，用户可以根据需要进行设置，也可以设置等分点和测量点。

## 2.5.1　绘制点

通常认为，点是最简单的图形单元。在工程图形中，点通常用来标定某个特殊的坐标位置，或者作为某个绘制步骤的起点和基础。为了使点更显眼，AutoCAD 为点设置了各种样式，用户可以根据需要进行选择。

**1. 执行方式**

- ☑　命令行：POINT（快捷命令：PO）。
- ☑　菜单栏：❶绘图→❷点。
- ☑　工具栏：绘图→点 ⋰。
- ☑　功能区：默认→绘图→多点 ⋰。

**2. 操作步骤**

> 命令：POINT✓
> 当前点模式：PDMODE=0　PDSIZE=0.0000
> 指定点：（指定点所在的位置）

**3. 选项说明**

（1）通过菜单方法操作，❸"单点"命令表示只输入一个点，"多点"命令表示可输入多个点，如图 2-63 所示。

（2）用户可以单击状态栏中的"对象捕捉"按钮 ，设置点捕捉模式，以便轻松选择点。

（3）点在图形中的表示样式共有 20 种。用户可以通过 DDPTYPE 命令或选择菜单栏中的"格式"→"点样式"命令，打开"点样式"对话框进行设置，如图 2-64 所示。

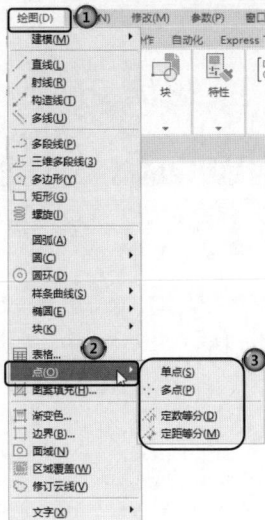

图 2-63　"点"子菜单

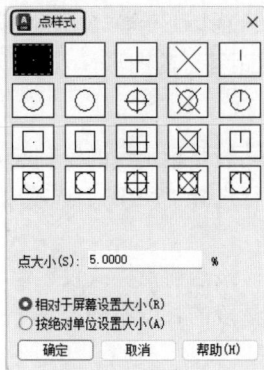

图 2-64　"点样式"对话框

## 2.5.2　定数等分点

有时需要把某个线段或曲线按一定的份数进行等分。这一点在手工绘图中很难实现，但在 AutoCAD 中可以通过相关命令轻松完成。

1．执行方式

☑　命令行：DIVIDE（快捷命令：DIV）。

☑　菜单栏：绘图→点→定数等分。

☑　功能区：默认→绘图→定数等分。

2．操作步骤

命令：DIVIDE↙
选择要定数等分的对象：
输入线段数目或［块(B)］：（指定实体的等分数）

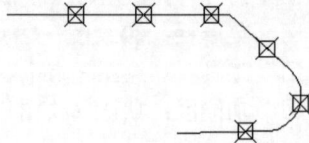

图 2-65 为绘制定数等分的图形。

3．选项说明

（1）等分数目为 2～32767。

（2）在等分点处，按当前点样式设置画出等分点。

（3）在第二提示行选择"块(B)"选项时，表示在等分点处插入指定的块。

图 2-65　定数等分的图形

## 2.5.3　定距等分点

和定数等分类似的是，有时需要把某个线段或曲线以给定的长度为单元进行等分。在 AutoCAD 中，这一操作可以通过相关命令来完成。

1．执行方式

☑　命令行：MEASURE（快捷命令：ME）。

☑　菜单栏：绘图→点→定距等分。

☑　功能区：默认→绘图→定距等分。

2．操作步骤

命令：MEASURE↙
选择要定距等分的对象：（选择要设置测量点的实体）
指定线段长度或［块(B)］：（指定分段长度）

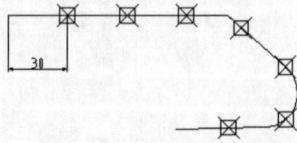

图 2-66 为绘制定距等分的图形。

3．选项说明

（1）设置的起点一般是指定线的绘制起点。

（2）在第二提示行选择"块(B)"选项时，表示在测量点处插入指定的块。

图 2-66　定距等分的图形

（3）在等分点处，按当前点样式设置绘制测量点。

（4）最后一个测量段的长度不一定等于指定分段长度。

## 2.5.4　实例——绘制棘轮

本实例利用"圆弧"命令的几种绘制方式及定数等分点创建棘轮图形，其绘制流程如图 2-67 所示。

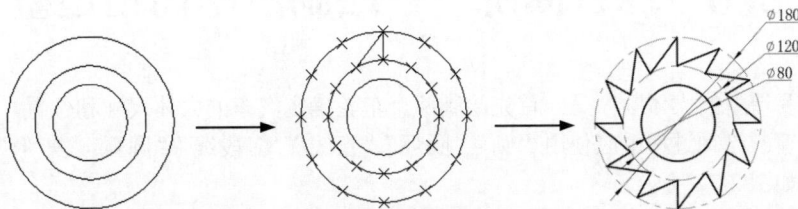

图 2-67　绘制棘轮

（1）绘制同心圆。单击"默认"选项卡"绘图"面板中的"圆"按钮⊙，绘制 3 个半径分别为 90、60、40 的同心圆，如图 2-68 所示。

（2）设置点样式。单击"默认"选项卡"实用工具"面板中的"点样式"按钮，❶在打开的"点样式"对话框中❷选择⊠样式，❸单击"确定"按钮，关闭对话框，如图 2-69 所示。

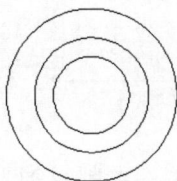

图 2-68　绘制同心圆

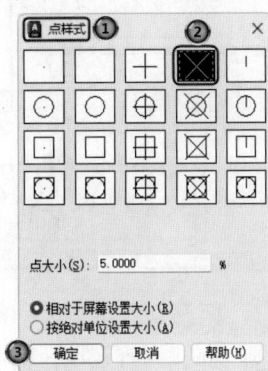

图 2-69　"点样式"对话框

（3）等分圆。单击"默认"选项卡"绘图"面板中的"定数等分"按钮，对步骤（1）中绘制的圆进行等分，命令行提示与操作如下。

```
命令：_divide
选择要定数等分的对象：（选择 R90 圆）
输入线段数目或 [块(B)]：12↙
```

采用同样的方法，等分 R60 圆，等分结果如图 2-70 所示。

（4）绘制棘轮轮齿。单击"默认"选项卡"绘图"面板中的"直线"按钮，连接 3 个等分点，绘制直线，如图 2-71 所示。

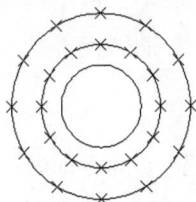

图 2-70　等分圆

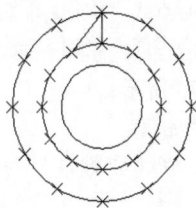

图 2-71　绘制棘轮轮齿

（5）绘制其余轮齿。采用相同的方法连接其他点，选择绘制的点和多余的圆及圆弧，按 Delete 键删除，则绘制完成。

# 2.6 综合演练——绘制汽车简易造型

绘制汽车简易造型的大体顺序是：首先绘制两个车轮确定汽车的大体尺寸和位置，然后绘制车体轮廓，最后绘制车窗。绘制过程中应使用"圆""圆环""直线""多段线""圆弧""矩形""多边形"等命令，其绘制流程如图 2-72 所示。

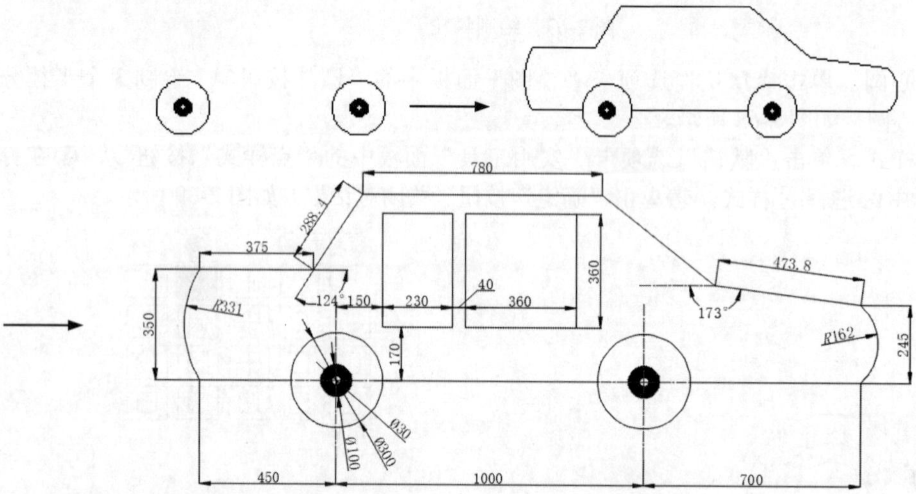

图 2-72　绘制汽车简易造型

（1）绘制车轮。单击"默认"选项卡"绘图"面板中的"圆"按钮⊙，绘制两个圆，命令行提示与操作如下。

```
命令：_circle
指定圆的圆心或 [三点(3P)/两点(2P)/切点、切点、半径(T)]：500,200↙
指定圆的半径或 [直径(D)] <163.7959>：150↙
```

用同样的方法指定圆心坐标为（1500,200）、半径为 150，绘制另一个圆。

单击"默认"选项卡"绘图"面板中的"圆环"按钮◎，绘制两个圆环，命令行提示与操作如下。

```
命令：_donut
指定圆环的内径 <10.0000>：30↙
指定圆环的外径 <80.0000>：100↙
指定圆环的中心点或 <退出>：500,200↙
指定圆环的中心点或 <退出>：1500,200↙
指定圆环的中心点或 <退出>：↙
```

结果如图 2-73 所示。

（2）绘制车体轮廓。

①绘制底板。单击"默认"选项卡"绘图"面板中的"直线"按钮／，命令行提示与操作如下。

```
命令：_line
指定第一个点：50,200↙
```

指定下一点或 [放弃(U)]: 350,200↙

指定下一点或 [退出(E)/放弃(U)]: ↙

　　用同样的方法分别指定端点坐标为{（650,200）、（1350,200）}和{（1650,200）、（2200,200）}，绘制两条线段，结果如图 2-74 所示。

图 2-73　绘制车轮　　　　　　　　　　　　　　　图 2-74　绘制底板

　　②绘制轮廓。单击"默认"选项卡"绘图"面板中的"多段线"按钮⤵（此命令将在后面章节中详细讲述），绘制多段线，命令行提示与操作如下。

命令: _pline

指定起点: 50,200↙

当前线宽为 0.0000

指定下一个点或 [圆弧(A)/半宽(H)/长度(L)/放弃(U)/宽度(W)]: A↙（在 AutoCAD 中执行命令时，采用大写字母与小写字母效果相同）

指定圆弧的端点(按住 Ctrl 键以切换方向)或[角度(A)/圆心(CE)/方向(D)/半宽(H)/直线(L)/半径(R)/第二个点(S)/放弃(U)/宽度(W)]: s↙

指定圆弧上的第二个点: 0,380↙

指定圆弧的端点: 50,550↙

指定圆弧的端点(按住 Ctrl 键以切换方向)或[角度(A)/圆心(CE)/闭合(CL)/方向(D)/半宽(H)/直线(L)/半径(R)/第二个点(S)/放弃(U)/宽度(W)]: l↙

指定下一点或 [圆弧(A)/闭合(C)/半宽(H)/长度(L)/放弃(U)/宽度(W)]: @375,0↙

指定下一点或 [圆弧(A)/闭合(C)/半宽(H)/长度(L)/放弃(U)/宽度(W)]: @160,240↙

指定下一点或 [圆弧(A)/闭合(C)/半宽(H)/长度(L)/放弃(U)/宽度(W)]: @780,0↙

指定下一点或 [圆弧(A)/闭合(C)/半宽(H)/长度(L)/放弃(U)/宽度(W)]: @365,-285↙

指定下一点或 [圆弧(A)/闭合(C)/半宽(H)/长度(L)/放弃(U)/宽度(W)]: @470,-60↙

指定下一点或 [圆弧(A)/闭合(C)/半宽(H)/长度(L)/放弃(U)/宽度(W)]: ↙

　　单击"默认"选项卡"绘图"面板中的"圆弧"按钮⌒，命令行提示与操作如下。

命令: _arc

指定圆弧的起点或 [圆心(C)]: 2200,200↙

指定圆弧的第二个点或 [圆心(C)/端点(E)]: 2256,322↙

指定圆弧的端点: 2200,445↙

　　结果如图 2-75 所示。

　　（3）绘制车窗。

　　①绘制车窗 1。单击"默认"选项卡"绘图"面板中的"矩形"按钮▭，命令行提示与操作如下。

图 2-75　绘制轮廓

命令: _rectang

指定第一个角点或 [倒角(C)/标高(E)/圆角(F)/厚度(T)/宽度(W)]: 650,730↙

指定另一个角点或 [面积(A)/尺寸(D)/旋转(R)]: 880,370↙

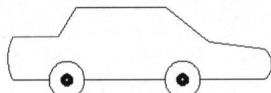

　　②绘制车窗 2。单击"默认"选项卡"绘图"面板中的"多边形"按钮⬠，绘制四边形，命令行提示与操作如下。

命令: _polygon

输入侧面数<4>:↙

指定正多边形的中心点或 [边(E)]：E↙
指定边的第一个端点：920,730↙
指定边的第二个端点：920,370↙

绘制结果如图 2-72 所示。

# 2.7 实 践 练 习

通过本章前面的学习，读者对直线类、圆类、平面图形和点命令的应用等知识有了大体的了解。本节通过 3 个练习使读者进一步掌握这些知识要点。

## 2.7.1 绘制粗糙度符号

本练习绘制如图 2-76 所示的粗糙度符号，其中主要涉及"直线"命令。为了使绘制过程准确无误，本练习要求读者通过坐标值的输入指定线段的端点。通过这些操作，读者可以灵活地掌握线段的绘制方法。

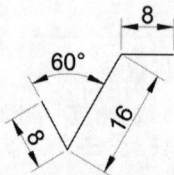

图 2-76 粗糙度符号

操作提示：

（1）计算好各个点的坐标。

（2）利用"直线"命令绘制各条线段。

## 2.7.2 绘制圆头平键

本练习绘制如图 2-77 所示的圆头平键，其中主要涉及"直线"和"圆弧"命令。本练习对尺寸要求不是很严格，在绘图时可以适当指定位置。通过本练习，读者可以掌握圆弧的绘制方法，同时巩固直线的绘制方法。

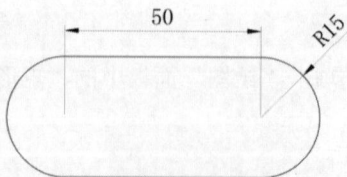

图 2-77 圆头平键

操作提示：

（1）利用"直线"命令绘制两条平行直线。

（2）利用"圆弧"命令绘制图形中圆弧部分，采用"起点、端点和包含角"方式。

## 2.7.3　绘制卡通造型

本练习绘制如图 2-78 所示的卡通造型，其中涉及各种命令。通过此练习，读者可以灵活地掌握各种图形的绘制方法。

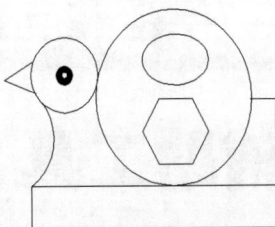

图 2-78　卡通造型

操作提示：

（1）利用"矩形"命令绘制底座。

（2）利用"圆""椭圆""多边形"命令绘制头和身体。

（3）利用"圆弧"和"直线"命令完善细节内容。

（4）利用"圆环"命令绘制眼睛。

# 第3章

# 辅助工具

为了快捷准确地绘制图形和方便高效地管理图形，AutoCAD 提供了多种必要和辅助的绘图工具，如工具条、对象选择工具、图层管理器、精确定位工具等。通过这些工具，用户可以方便、迅速、准确地实现图形的绘制和编辑，这不仅可以提高工作效率，而且能更好地保证图形的质量。

本章主要介绍图层设置和精确定位的有关知识。

# 3.1　图　层　设　置

图层的概念类似投影片，将不同属性的对象分别画在不同的投影片（图层）上。例如将图形的主要线段、中心线、标注等分别画在不同的图层上，并为每个图层设定不同的线型、线条颜色，然后把不同的图层堆叠在一起成为一张完整的视图，这样可以使视图层次更有条理，以方便对图形对象进行编辑与管理。一个完整的图形就是它所包含的所有图层上的对象叠加在一起的图形，如图 3-1 所示。

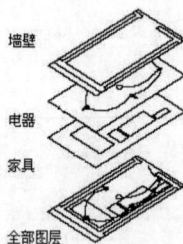

图 3-1　图层效果

## 3.1.1　设置图层

在用图层功能绘图之前，要对图层的各项特性进行设置，包括建立和命名图层、设置当前图层、设置图层的颜色和线型、图层是否关闭、图层是否冻结、图层是否锁定，以及图层删除等。本节主要对图层的这些相关操作进行介绍。

### 1. 利用对话框设置图层

AutoCAD 2026 提供了详细直观的"图层特性管理器"选项板，用户可以方便地对该选项板中的各选项及其二级对话框进行设置，从而实现建立新图层、设置图层颜色及线型等各种操作功能。

（1）执行方式。

☑　命令行：LAYER。

☑　菜单栏：格式→图层。

☑　工具栏：图层→图层特性管理器🔳。

☑　功能区：默认→图层→图层特性🔳。

（2）操作步骤。

命令：LAYER↙

系统弹出如图 3-2 所示的"图层特性管理器"选项板。

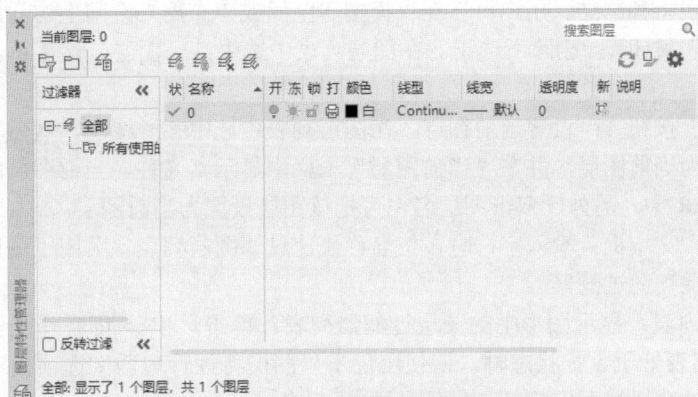

图 3-2　"图层特性管理器"选项板

（3）选项说明。

☑　"新建特性过滤器"按钮🔳：单击该按钮，显示"图层过滤器特性"对话框，如图 3-3 所示。在该对话框中，用户可以基于一个或多个图层特性创建图层过滤器。

☑　"新建组过滤器"按钮🔳：创建一个图层过滤器，其中包含用户选定并添加到该过滤器中的图层。

☑　"图层状态管理器"按钮🔳：显示"图层状态管理器"对话框，如图 3-4 所示。在该对话框中，用户可以设置图层的当前特性，并将这些设置保存到命名图层状态中，这些设置以后可以恢复。

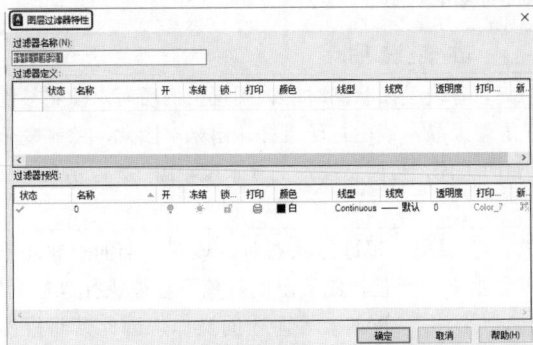

图 3-3　"图层过滤器特性"对话框

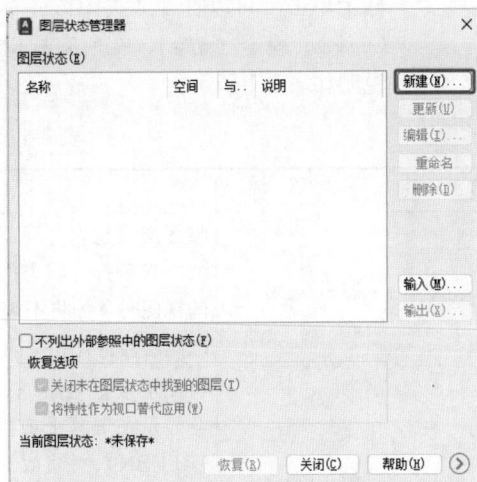

图 3-4　"图层状态管理器"对话框

☑　"新建图层"按钮🔳：建立新图层。单击此按钮，图层列表中将出现一个新的图层名称"图层 1"，用户可以使用此名称，也可以更改此名称。为同时产生多个图层，用户可以在选中一个图层名后输入多个名称，各名称之间用逗号"，"（英文状态下输入）分隔。图层的名称可以包含字母、数字、空格和特殊符号，AutoCAD 2026 支持长达 255 个字符的图层名称。新的图层继承建立新图层时所选中的已有图层的所有特性（如颜色、线型、ON/OFF 状态等），如果新建图层时没有图层被选中，则新图层具有默认的设置。

☑ "在所有视口中都被冻结的新图层视口"按钮：单击该按钮，将创建新图层，然后在所有现有布局视口中将其冻结。用户可以在"模型"空间或"布局"空间上访问此按钮。

☑ "删除图层"按钮：删除所选层。在图层列表中选中某一图层，然后单击此按钮，则可删除该层。

☑ "置为当前"按钮：设置当前图层。在图层列表中选中某一图层，然后单击此按钮，则可把该图层设置为当前图层，并在"当前图层"一栏中显示其名称。当前图层的名称被存储在系统变量 CLAYER 中。另外，双击图层名也可把该图层设置为当前图层。

☑ "搜索图层"文本框：输入字符时，按名称快速过滤图层列表。关闭"图层特性管理器"选项板时，并不保存此过滤器。

☑ "过滤器"列表：显示图形中的图层过滤器列表。单击《 和 》可展开或收拢过滤器列表。当"过滤器"列表处于收拢状态时，请使用位于"图层特性管理器"选项板左下角的"展开或收拢弹出图层过滤器树"按钮 来显示过滤器列表。

☑ "反转过滤器"复选框：选中此复选框，显示所有不满足选定"图层特性过滤器"中条件的图层。

☑ 图层列表区：显示已有的图层及其特性。当需要修改某一图层的某一特性时，可以单击它所对应的图标进行修改。右击空白区域或利用快捷菜单可快速选中所有图层。列表区中各列含义如下。

➤ 状态：指示项目的类型，有图层过滤器、正在使用的图层、空图层和当前图层 4 种。

➤ 名称：显示满足条件的图层的名称。如果要对某图层进行修改，首先选中该图层，使其逆反显示。

➤ 状态转换图标：在"图层特性管理器"选项板的名称栏中分别有一列图标，移动指针到图标上单击，可以打开或关闭该图标所代表的功能，或从详细数据区中选中或取消选中关闭（💡/💡）、锁定（🔓/🔒）、在所有视口内冻结（☀/❄）及不打印（🖶/🖶）等项目，各图标功能说明如表 3-1 所示。

表 3-1 状态转换图标功能说明

| 图 示 | 名 称 | 功 能 说 明 |
|---|---|---|
| 💡/💡 | 打开/关闭 | 将图层设定为打开或关闭状态。当呈现关闭状态时，该图层上的所有对象将被隐藏，只有打开状态的图层会在屏幕上显示或由打印机打印出来。因此，绘制复杂的视图时，先将不编辑的图层暂时关闭，可降低图形的复杂度。图 3-5 表示尺寸标注图层被打开和关闭的情形 |
| ☀/❄ | 解冻/冻结 | 将图层设定为解冻或冻结状态。当图层呈现冻结状态时，该图层上的对象均不会显示在屏幕上或由打印机打印出来，而且该图层上的对象不会被执行"重生"（REGEN）、"缩放"（ROOM）、"平移"（PAN）等命令的操作，因此若将视图中不编辑的图层暂时冻结，可加快执行绘图编辑的速度。💡/💡（打开/关闭）功能只是单纯将对象隐藏起来，因此并不会加快执行速度。值得注意的是，若图层被设置为当前图层，则其不能被冻结 |

续表

| 图 示 | 名 称 | 功 能 说 明 |
|---|---|---|
| 🔓/🔒 | 解锁/锁定 | 将图层设定为解锁或锁定状态。被锁定的图层仍然显示在画面上，但不能以编辑命令修改被锁定的对象，只能绘制新的对象，如此可以防止重要的图形被修改 |
| 🖨/🖨 | 打印/不打印 | 设定该图层是否可以被打印出来 |
| ▦/▦ | 新视口冻结 | 在新布局视口中冻结选定图层。例如，在所有新视口中冻结 DIMENSIONS 图层，将在所有新创建的布局视口中限制该图层上的标注显示，但不会影响现有视口中的 DIMENSIONS 图层。如果以后创建了需要标注的视口，则可以通过更改当前视口设置来替代默认设置 |

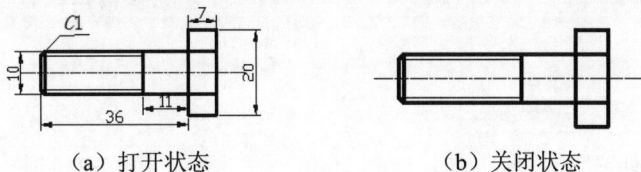

（a）打开状态　　　　　　　　（b）关闭状态

图 3-5　打开或关闭尺寸标注图层

➢ 颜色：显示和改变图层的颜色。如果要改变某一图层的颜色，则可单击其对应的颜色图标，AutoCAD 打开如图 3-6 所示的"选择颜色"对话框，用户可从中选取需要的颜色。

➢ 线型：显示和修改图层的线型。如果要修改某一图层的线型，则可单击该图层的"线型"项，打开"选择线型"对话框，如图 3-7 所示。其中列出了当前可用的线型，用户可以从中进行选取，具体内容将在 3.1.3 节详细介绍。

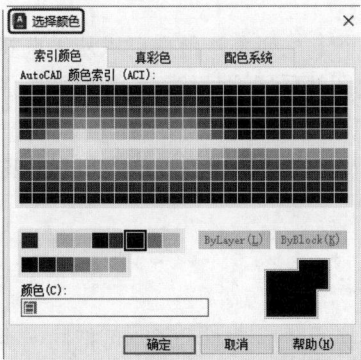

图 3-6　"选择颜色"对话框

图 3-7　"选择线型"对话框

➢ 线宽：显示和修改图层的线宽。如果要修改某一层的线宽，则可单击该图层的"线宽"项，打开"线宽"对话框，如图 3-8 所示。其中列出了 AutoCAD 设定的线宽，用户可以从中进行选取。其中："线宽"列表框显示可以选用的线宽值，包括一些绘图中经常使用的线宽，用户可从中选取需要的线宽，当建立一个新图层时，采用默认线宽（其值为 0.01in，即 0.25mm），默认线宽的值由系统变量 LWDEFAULT 设置；"旧的"显示行显示前面赋予图层的线宽；"新的"显示行显示赋予图层的新的线宽。

➢ 打印样式：修改图层的打印样式，所谓打印样式是指打印图形时各项属性的设置。

**2. 利用工具栏设置图层**

AutoCAD 提供了一个"特性"面板，如图 3-9 所示。用户可以利用面板上的图标快速地查看和改变所选对象的图层、颜色、线型和线宽等特性。"特性"面板上的图层颜色、线型、线宽和打印样式的控制增强了查看和编辑对象属性的命令。在绘图屏幕上选择任何对象都将在面板上自动显示它所在的图层、颜色、线型等属性。下面简单说明"特性"面板各部分的功能。

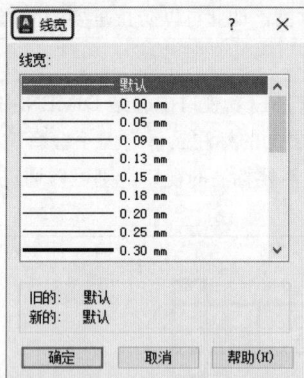

图 3-8　"线宽"对话框

图 3-9　"特性"面板

（1）"对象颜色"下拉列表框：单击右侧的下三角按钮，弹出一个下拉列表，用户可从中选择一种颜色，使之成为当前颜色。如果选择"更多颜色"选项，AutoCAD 将打开"选择颜色"对话框，用户可以从中选择其他颜色。修改当前颜色之后，不论在哪个图层上绘图都将采用这种颜色，但对各个图层的颜色设置没有影响。

（2）"线型"下拉列表框：单击右侧的下三角按钮，弹出一个下拉列表，用户可从中选择一种线型，使之成为当前线型。修改当前线型之后，无论在哪个图层上绘图都将采用这种线型，但对各个图层的线型设置没有影响。

（3）"线宽"下拉列表框：单击右侧的下三角按钮，弹出一个下拉列表，用户可以从中选择一种线宽使之成为当前线宽。修改当前线宽之后，无论在哪个图层上绘图都采用这种线宽，但对各个图层的线宽设置没有影响。

（4）"打印样式"下拉列表框：单击右侧的下三角按钮，弹出一个下拉列表，用户可以从中选择一种打印样式，使之成为当前打印样式。

## 3.1.2　颜色的设置

由 AutoCAD 绘制的图形对象都具有一定的颜色，为了使绘制的图形清晰明了，可把同一类的图形对象用相同的颜色绘制，而使不同类的对象具有不同的颜色，以示区分。为此，需要适当地对颜色进行设置。AutoCAD 允许用户为图层设置颜色，以及为新建的图形对象设置当前颜色，还可以改变已有图形对象的颜色。

### 1．执行方式

☑　命令行：COLOR。
☑　菜单栏：格式→颜色。
☑　功能区：默认→特性→对象颜色→更多颜色🔘。

### 2．操作步骤

命令：COLOR✓

单击相应的菜单项或在命令行中输入 COLOR 后，按 Enter 键，AutoCAD 打开"选择颜色"对话框；也可在图层操作中打开此对话框。具体方法在 3.1.1 节已讲述。

3．选项说明

（1）"索引颜色"选项卡。

在"索引颜色"选项卡中，用户可以在系统提供的 255 种索引颜色表中选择所需的颜色，如图 3-6 所示。

- ☑ "AutoCAD 颜色索引"列表框：依次列出 255 种索引颜色。可在此选择需要的颜色。
- ☑ "颜色"文本框：所选择颜色的代号值显示在"颜色"文本框中，也可以直接在该文本框中输入设定的代号值选择颜色。
- ☑ ByLayer 和 ByBlock 按钮：单击这两个按钮，颜色分别按图层和图块进行设置。这两个按钮只有在设定图层颜色和图块颜色后才可以使用。

（2）"真彩色"选项卡。

在"真彩色"选项卡中，用户可以选择所需的任意颜色，如图 3-10 所示。用户可以拖曳调色板中的颜色指示光标和"亮度"滑块选择颜色及其亮度，也可以通过"色调""饱和度""亮度"调节钮来选择需要的颜色。所选择颜色的红、绿、蓝值显示在下面的"颜色"文本框中，也可以直接在该文本框中输入设定的红、绿、蓝值选择颜色。

在"真彩色"选项卡的右边有一个"颜色模式"下拉列表框，默认的颜色模式为 HSL 模式。如果选择 RGB 模式（见图 3-11），则在该模式下选择颜色的方式与 HSL 模式下类似。

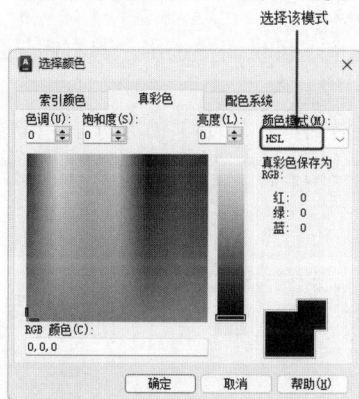

图 3-10　"真彩色"选项卡

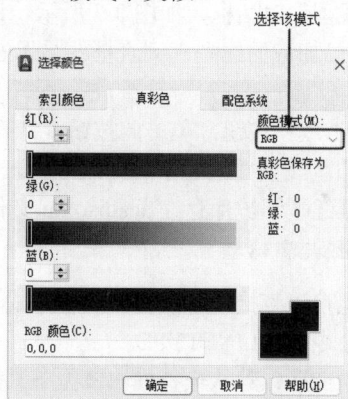

图 3-11　RGB 模式

（3）"配色系统"选项卡。

在"配色系统"选项卡中，用户可以从标准配色系统（如 pantone）中选择预定义的颜色，如图 3-12 所示。用户可以在"配色系统"下拉列表框中选择需要的系统，然后拖曳右边的滑块来选择具体的颜色，所选择的颜色编号显示在下面的"颜色"文本框中，也可以直接在该文本框中输入编号值选择颜色。

## 3.1.3　线型的设置

国家标准 GB/T 4457.4—2002 对机械图样中使用的各种图线的名称、线型、线宽及在图样中的应用做了规定，如表 3-2 所示。其中，常用的图线有 4 种，即粗实线、细实线、细点画

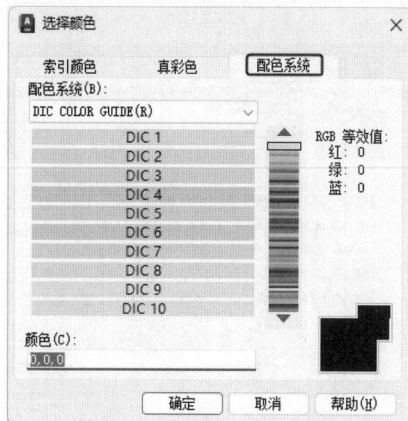

图 3-12　"配色系统"选项卡

线和虚线。

表 3-2　图线的线型及应用

| 图线名称 | 线型 | 线宽 | 主要用途 |
|---|---|---|---|
| 粗实线 | —————— | b | 可见轮廓线、可见过渡线 |
| 细实线 | —————— | 约 b/2 | 尺寸线、尺寸界线、剖面线、引出线、弯折线、牙底线、齿根圆、辅助线等 |
| 细点画线 | — · — · — | 约 b/2 | 轴线、对称中心线、齿轮节线等 |
| 虚线 | — — — — | 约 b/2 | 不可见轮廓线、不可见过渡线 |
| 波浪线 | ∿∿∿ | 约 b/2 | 断裂处的边界线、剖视图与视图的分界线 |
| 双折线 | ⌁⌁ | 约 b/2 | 断裂处的边界线 |
| 粗点画线 | ▬ · ▬ · ▬ | b | 有特殊要求的线或面的表示线 |
| 双点画线 | — ·· — ·· — | 约 b/2 | 相邻辅助零件的轮廓线、极限位置的轮廓线、假想投影的轮廓线 |

### 1. 在"图层特性管理器"选项板中设置线型

打开"图层特性管理器"选项板，如图 3-2 所示。在图层列表的"线型"项下单击线型名，系统弹出"选择线型"对话框，如图 3-7 所示。该对话框中各选项的含义如下。

（1）"已加载的线型"列表框：显示在当前绘图中加载的线型，可供用户选用，其右侧显示线型的形式。

（2）"加载"按钮：单击此按钮，打开"加载或重载线型"对话框，如图 3-13 所示。用户可以通过此对话框加载线型并把它添加到线型列表中，不过加载的线型必须在线型库（LIN）文件中被定义过。所有的标准线型都被保存在 acadiso.lin 文件中。

### 2. 直接设置线型

用户也可以直接设置线型，执行方式如下。

☑　命令行：LINETYPE。

☑　功能区：默认→特性→线型→其他。

在命令行中输入上述命令后，系统弹出"线型管理器"对话框，如图 3-14 所示。该对话框的功能与前面讲述的相关知识相同，这里不再赘述。

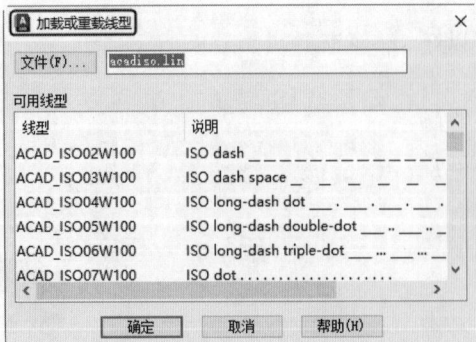

图 3-13　"加载或重载线型"对话框　　　　图 3-14　"线型管理器"对话框

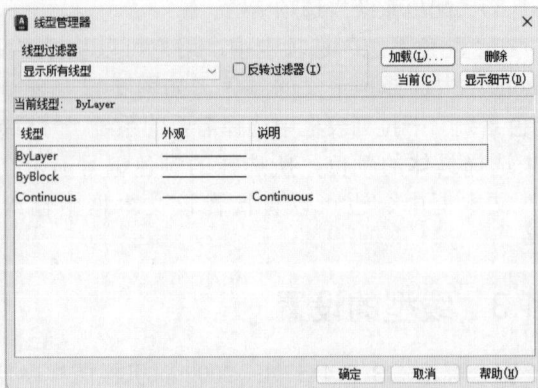

### 3.1.4 线宽的设置

在 3.1.3 节已经讲到，国家标准 GB/T 4457.4—2002 对机械图样中使用的各种图线的线宽做了规定，图线分为粗、细两种，粗线的宽度 b 应按图样的大小和图形的复杂程度选择 0.5mm～2mm，细线的宽度约为 b/2。AutoCAD 提供了相应的工具帮助用户来设置线宽。

#### 1. 在"图层特性管理器"选项板中设置线型

打开"图层特性管理器"选项板，单击该图层的"线宽"项，打开"线宽"对话框，其中列出了 AutoCAD 设定的线宽，用户可以从中选取所需的线宽。

#### 2. 直接设置线宽

用户也可以直接设置线型，执行方式如下。

- ☑ 命令行：LINEWEIGHT。
- ☑ 菜单栏：格式→线宽。
- ☑ 功能区：默认→特性→线宽→线宽设置。

执行上述方式后，系统弹出"线宽"对话框。该对话框的用法与前面讲述的相关知识相同，这里不再赘述。

> 提示：有的读者设置了线宽，但在图形中显示不出来，出现这种情况一般有两种原因。
> （1）没有打开状态栏上的"显示线宽"按钮。
> （2）线宽设置的宽度不够，AutoCAD 只能显示出 0.30mm 以上的线宽的宽度。如果线宽宽度小于 0.30mm，则无法显示出该线宽宽度的效果。

## 3.2 精确定位工具

从前面的简单绘图过程中可以发现，有时指定一个特殊位置或点很费力，例如绘制一条水平线或找到圆心。为了解决这个问题并提高绘图的效率，AutoCAD 提供了一系列的精确定位工具。精确定位工具是指能够帮助用户快速、准确地定位某些特殊点（如端点、中点、圆心等）和特殊位置（如水平位置、垂直位置）的工具。

精确定位工具主要集中在状态栏上，图 3-15 为默认状态下显示的状态栏按钮。

图 3-15 "状态栏"按钮

### 3.2.1 正交模式

在用 AutoCAD 绘图的过程中，经常需要绘制水平直线和垂直直线，但是用鼠标拾取线段的端点时，很难保证这两个点严格地处于水平或垂直方向上。为此，AutoCAD 提供了正交功能。如果启用正交模式，则在画线或移动对象时只能沿水平方向或垂直方向移动光标，因此只能画平行于坐标轴的正交线段。

#### 1. 执行方式

- ☑ 命令行：ORTHO。
- ☑ 状态栏：正交模式。
- ☑ 快捷键：F8 键。

### 2. 操作步骤

命令：ORTHO↙

输入模式［开(ON)/关(OFF)］<开>:（设置开或关）

## 3.2.2 栅格工具

用户可以应用显示栅格工具使绘图区域上出现可见的网格，它是一个形象的画图工具，就像传统的坐标纸一样，在绘图时提供参照，使绘图相对准确。本节介绍控制栅格的显示及设置栅格参数的方法。

### 1. 执行方式

☑ 菜单栏：工具→绘图设置。

☑ 状态栏：显示图形栅格（仅限于打开与关闭）。

☑ 快捷键：F7 键（仅限于打开与关闭）。

### 2. 操作步骤

按上述操作打开❶"草图设置"对话框，❷选择"捕捉和栅格"选项卡，如图 3-16 所示。

其中，"启用栅格"复选框控制是否显示栅格，"栅格间距"选项组用来设置栅格在水平与垂直方向的间距。如果"栅格 X 轴间距"和"栅格 Y 轴间距"都被设置为 0，则 AutoCAD 会自动将捕捉栅格间距应用于栅格，且其原点及角度总是和捕捉栅格的原点及角度相同。"栅格行为"选项组用来设置栅格显示时的有关特性，可通过 Grid 命令在命令行设置栅格间距。

◄» 注意：若在"栅格 X 轴间距"文本框中输入一个数值后，按 Enter 键，则 AutoCAD 自动传送这个值给"栅格 Y 轴间距"，这样可以减少工作量。

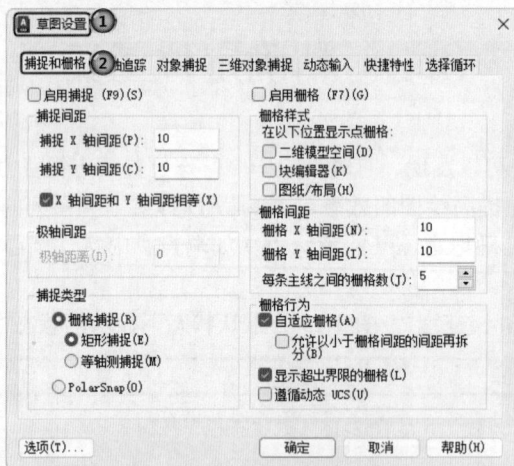

图 3-16 "草图设置"对话框

## 3.2.3 捕捉工具

为了准确地在屏幕上捕捉点，AutoCAD 提供了捕捉工具，可以在屏幕上生成一个隐含的栅格（捕捉栅格）。这个栅格能够捕捉光标，约束它只能落在栅格的某一个节点上，使使用户能够高精确度地捕捉和选择这个栅格上的点。本节介绍捕捉栅格的参数设置方法。

### 1. 执行方式

☑ 菜单栏：工具→绘图设置。

☑　状态栏：捕捉模式（仅限于打开与关闭）。

☑　快捷键：F9 键（仅限于打开与关闭）。

2．操作步骤

按上述操作打开"草图设置"对话框，选择"捕捉和栅格"选项卡，如图 3-16 所示。

3．选项说明

（1）"启用捕捉"复选框：控制捕捉功能的开关，与按 F9 键或单击状态栏中的"捕捉模式"按钮功能相同。

（2）"捕捉间距"选项组：设置捕捉的各参数。其中，"捕捉 X 轴间距"与"捕捉 Y 轴间距"确定捕捉栅格点在水平和垂直两个方向上的间距。

（3）"极轴间距"选项组：该选项组只有在"极轴捕捉"类型时才可用。用户可以在"极轴距离"文本框中输入距离值，也可以通过 SNAP 命令设置捕捉有关的参数。

（4）"捕捉类型"选项组：确定捕捉类型和样式。AutoCAD 提供两种捕捉栅格的方式，即"栅格捕捉"和"PolarSnap（极轴捕捉）"。"栅格捕捉"是指按正交位置捕捉位置点，而"PolarSnap（极轴捕捉）"则可以根据设置的任意极轴角捕捉位置点。

"栅格捕捉"又分为"矩形捕捉"和"等轴测捕捉"两种方式。在"矩形捕捉"方式下捕捉栅格是标准的矩形，在"等轴测捕捉"方式下捕捉栅格和光标十字线不再互相垂直，而是成绘制等轴测图时的特定角度，这种方式对于绘制等轴测图是十分方便的。

# 3.3　对象捕捉

在利用 AutoCAD 绘图时，经常使用一些特殊的点，如圆心、切点、线段或圆弧的端点、中点等，如果用鼠标拾取，那么要准确地找到这些点是十分困难的。为此，AutoCAD 提供了一些识别这些点的工具，用户可以通过这些工具轻松地构造新的几何体，从而精确地绘制要创建的对象，其结果比传统手工绘图更精确，更容易维护。

## 3.3.1　特殊位置点捕捉

在绘制 AutoCAD 图形时，有时需要指定一些特殊位置的点，如圆心、端点、中点、平行线上的点等，如表 3-3 所示。用户可以通过对象捕捉功能来捕捉这些点。

表 3-3　特殊位置点捕捉

| 名　称 | 命　令 | 含　义 |
|---|---|---|
| 临时追踪点 | TT | 建立临时追踪点 |
| 两点之间中点 | M2P | 捕捉两个独立点之间的中点 |
| 捕捉自 | FRO | 与其他捕捉方式配合使用建立一个临时参考点，作为指出后继点的基点 |
| 端点 | END | 线段或圆弧的端点 |
| 中点 | MID | 线段或圆弧的中点 |
| 交点 | INT | 线、圆弧或圆等对象的交点 |
| 外观交点 | APP | 图形对象在视图平面上的交点 |
| 延长线 | EXT | 指定对象延伸线上的点 |
| 圆心 | CET | 圆或圆弧的圆心 |

| 名　　称 | 命　　令 | 含　　义 |
|---|---|---|
| 象限点 | QUA | 距光标最近的圆或圆弧上可见部分象限点，即圆周上 0°、90°、180°、270° 位置点 |
| 切点 | TAN | 最后生成的一个点到选中的圆或圆弧上引切线的切点位置 |
| 垂足 | PER | 在线段、圆、圆弧或其延长线上捕捉一个点，使最后生成的对象线与原对象正交 |
| 平行线 | PAR | 指定对象平行的图形对象上的点 |
| 节点 | NOD | 捕捉用 Point 或 DIVIDE 等命令生成的点 |
| 插入点 | INS | 文本对象和图块的插入点 |
| 最近点 | NEA | 离拾取点最近的线段、圆、圆弧等对象上的点 |
| 无 | NON | 取消对象捕捉 |
| 对象捕捉设置 | OSNAP | 设置对象捕捉 |

AutoCAD 提供了 3 种执行特殊点对象捕捉的方法：命令行、工具栏和快捷菜单。

1. 命令行方式

绘图时，在命令行中提示输入一点时，输入相应的特殊位置点命令，然后根据提示进行操作即可。

提示：在 AutoCAD 对象捕捉功能中，捕捉垂足（perpendicular）和捕捉交点（intersection）等项有延伸捕捉的功能，即如果对象没有相交，则 AutoCAD 会假想把线或弧延长，以找出相应的点。

2. 工具栏方式

绘图时，用户可以使用如图 3-17 所示的"对象捕捉"工具栏更方便地捕捉点。当命令行提示输入一点时，在"对象捕捉"工具栏中单击相应的按钮。把鼠标指针放在某一图标上时，会显示出该图标功能的提示，然后根据提示进行操作即可。

3. 快捷菜单方式

快捷菜单可通过同时按 Shift 键和右击来激活菜单中列出的 AutoCAD 对象捕捉模式，如图 3-18 所示。操作方法与工具栏相似，只需在 AutoCAD 提示输入点时选择快捷菜单中相应的命令，然后按提示进行操作即可。

图 3-17　"对象捕捉"工具栏

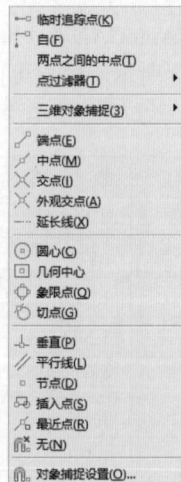

图 3-18　快捷菜单

## 3.3.2　实例——利用特殊位置点捕捉法绘制开槽盘头螺钉

本实例利用特殊位置点捕捉的方法绘制如图 3-19 所示的螺钉。绘制方法与 2.2.4 节类似，只是结合了对象捕捉功能，从而方便了绘制过程。绘制流程如图 3-19 所示。

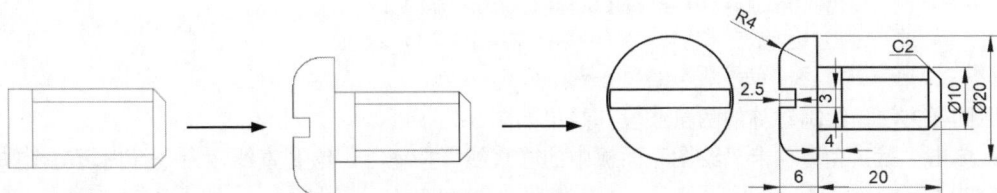

图 3-19　绘制开槽盘头螺钉

（1）单击"默认"选项卡"绘图"面板中的"矩形"按钮▭，以坐标原点为起点，以点（18，10）为角点的坐标，绘制一个封闭的矩形。

（2）单击"默认"选项卡"绘图"面板中的"直线"按钮╱，命令行提示与操作如下。

```
命令：_line
指定第一个点：FROM↙（"捕捉自"功能，快捷命令为 FRO）
基点：ENDP↙（移动鼠标到矩形左下角点附近，系统自动捕捉该点）
于 <偏移>：4,0↙
指定下一点或 [退出(E)/放弃(U)]：PER↙
到（用鼠标制定矩形上边，系统自动捕捉垂足）↙
指定下一点或 [退出(E)/放弃(U)]：↙
命令：↙（直接按 Enter 键表示重复执行上一个命令）
指定第一个点：FROM↙
基点：INT↙（移动鼠标到刚刚绘制的线段与矩形下边的交点附近，系统自动捕捉该点）
于 <偏移>：@0,2↙
指定下一点或 [退出(E)/放弃(U)]：PER↙
到（用鼠标指定矩形右边，系统自动捕捉垂足）↙
指定下一点或 [退出(E)/放弃(U)]：↙
命令：↙
指定第一个点：FROM↙
基点：INT↙（移动鼠标到刚刚绘制的竖直线段与矩形上边的交点附近，系统自动捕捉该点）
于 <偏移>：@0,-2↙
指定下一点或 [退出(E)/放弃(U)]：PER↙
到（用鼠标指定矩形右边，系统自动捕捉垂足）↙
指定下一点或 [退出(E)/放弃(U)]：↙
命令：↙
指定第一个点：ENDP↙（移动鼠标到矩形右下角点附近，系统自动捕捉该点）
于
指定下一点或 [退出(E)/放弃(U)]:@2,2↙
指定下一点或 [退出(E)/放弃(U)]：@0,6↙
指定下一点或 [退出(E)/放弃(U)]：ENDP↙
于（移动鼠标到矩形右上角点附近，系统自动捕捉该点）
指定下一点或 [退出(E)/放弃(U)]：↙
```

结果如图 3-20 所示。

（3）单击"默认"选项卡"绘图"面板中的"直线"按钮／，绘制直线，命令行提示与操作如下。

```
命令：_line
指定第一个点：ENDP✓
于（移动鼠标到矩形左上角点附近，系统自动捕捉该点）
指定下一点或 [退出(E)/放弃(U)]：5（鼠标向上指定方向）✓
指定下一点或 [退出(E)/放弃(U)]：2（鼠标向左指定方向）✓
指定下一点或 [退出(E)/放弃(U)]：✓
```

使用同样方法，绘制对称的两条线段，结果如图 3-21 所示。

（4）单击"默认"选项卡"绘图"面板中的"直线"按钮／，绘制直线，命令行提示与操作如下。

```
命令：_line
指定第一个点：FROM✓
基点：ENDP✓（移动鼠标到基点 1 附近，系统自动捕捉该点）
于<偏移>：@-4,-4✓
指定下一点或 [退出(E)/放弃(U)]：4.5（鼠标向下指定方向）✓
指定下一点或 [退出(E)/放弃(U)]：2.5（鼠标向右指定方向）✓
指定下一点或 [退出(E)/放弃(U)]：3（鼠标向下指定方向）✓
指定下一点或 [退出(E)/放弃(U)]：2.5（鼠标向左指定方向）✓
指定下一点或 [退出(E)/放弃(U)]：4.5（鼠标向下指定方向）✓
指定下一点或 [退出(E)/放弃(U)]：✓
```

结果如图 3-22 所示。

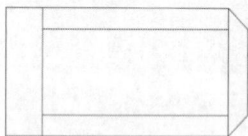

图 3-20　绘制直线（1）　　　　图 3-21　绘制直线（2）　　　　图 3-22　绘制直线（3）

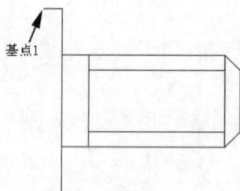

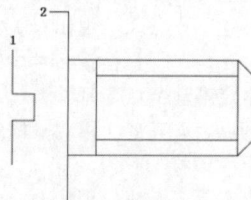

（5）单击"默认"选项卡"绘图"面板中的"圆弧"按钮／，绘制两段圆弧，命令行提示与操作如下。

```
命令：_arc
指定圆弧的起点或 [圆心(C)]：ENDP✓
于（移动鼠标到图 3-22 中的点 2 附近，系统自动捕捉该点）
指定圆弧的第二个点或 [圆心(C)/端点(E)]：E✓
指定圆弧的端点：ENDP✓
于（移动鼠标到图 3-22 中点 1 附近，系统自动捕捉该点）
指定圆弧的中心点(按住 Ctrl 键以切换方向)或[角度(A)/方向(D)/半径(R)]：R✓
指定圆弧的半径(按住 Ctrl 键以切换方向)：4✓
```

按照同样的方法绘制另一端圆弧。结果如图 3-23 所示。

（6）单击"默认"选项卡"绘图"面板中的"直线"按钮／，指定直线的起点坐标分别为（-33,6.5）和（-33,3.5），绘制长度为 19 的水平直线。结果如图 3-24 所示。

（7）单击"默认"选项卡"绘图"面板中的"圆"按钮⊙，以坐标点（-23.5,5）为圆心，绘制半径为 10 的圆，如图 3-25 所示。

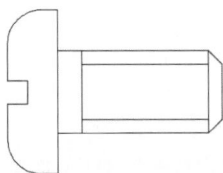

图 3-23　绘制圆弧

图 3-24　绘制直线

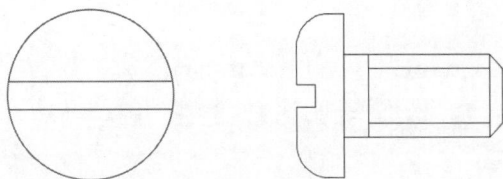

图 3-25　绘制圆

（8）单击"默认"选项卡"绘图"面板中的"圆弧"按钮，绘制水平直线两侧的圆弧，补全图形，命令行提示与操作如下。

命令：ARC↙
指定圆弧的起点或［圆心(C)］：（指定上水平线左端点）
指定圆弧的第二个点或［圆心(C)/端点(E)］：C↙
指定圆弧的圆心：CEN↙
于（用鼠标指定刚绘制的圆，系统自动捕捉该圆的圆心）
指定圆弧的端点：（指定下水平线左端点）

使用同样方法绘制另一个圆弧，结果如图 3-19 所示。

## 3.3.3　对象捕捉设置

在用 AutoCAD 绘图之前，可以根据需要设置并运行一些对象捕捉模式。在绘图时，AutoCAD 能自动捕捉这些特殊点，从而加快绘图速度，提高绘图质量。

1. 执行方式

☑　命令行：DDOSNAP。
☑　菜单栏：工具→绘图设置。
☑　工具栏：对象捕捉→对象捕捉设置。
☑　状态栏：对象捕捉（功能仅限于打开与关闭）。
☑　快捷键：F3 键（功能仅限于打开与关闭）。
☑　快捷菜单：对象捕捉设置（见图 3-18）。

2. 操作步骤

命令：DDOSNAP↙

①系统弹出"草图设置"对话框，②选择"对象捕捉"选项卡，在此可以设置对象的捕捉方式，如图 3-26 所示。

3. 选项说明

（1）"启用对象捕捉"复选框：打开或关闭对象捕捉方式。选中此复选框时，在"对象捕捉模式"选项组中被选中的捕捉模式处于激活状态。

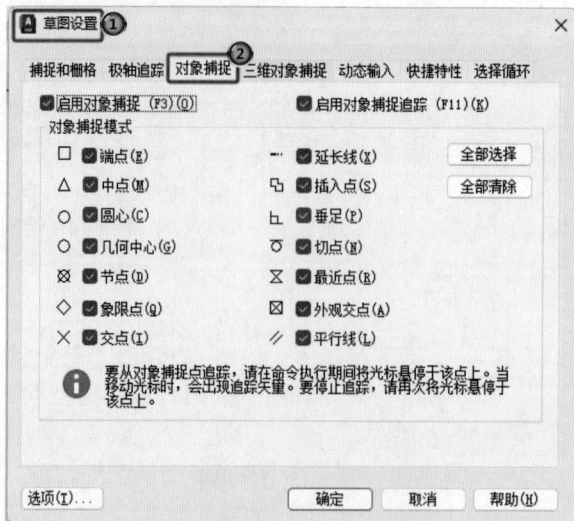

图 3-26　"对象捕捉"选项卡

（2）"启用对象捕捉追踪"复选框：打开或关闭自动追踪功能。

（3）"对象捕捉模式"选项组：该选项组列出各种捕捉模式的复选框，选中某一复选框，则该模式被激活。单击"全部选择"按钮，则所有模式均被选中；单击"全部清除"按钮，则所有模式均被清除。

另外，在对话框的左下角有一个"选项"按钮，单击它可以打开"选项"对话框中的"草图"选项卡，利用该对话框可以决定捕捉模式的各项设置。

> 📖 **操作与点拨**：有时用户无法按预定的设想捕捉到相应的特殊位置点，这里的主要原因是没有设置这些点作为捕捉的特殊位置点。只要重新设置，就可以解决此问题。

## 3.3.4　实例——绘制盘盖

本实例利用前面学过的特殊位置点捕捉功能，依次绘制不同半径、不同位置的圆。绘制盘盖的流程如图 3-27 所示。

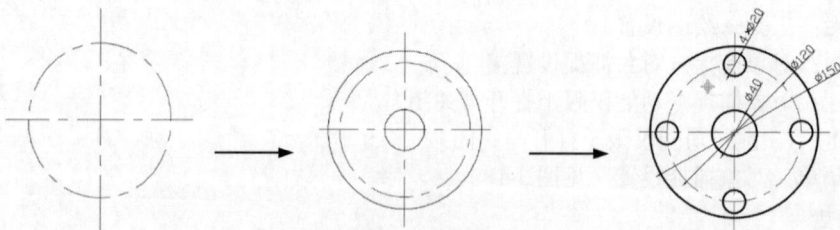

图 3-27　绘制盘盖

（1）单击"默认"选项卡"图层"面板中的"图层特性"按钮，打开"图层特性管理器"选项板，如图 3-28 所示。

（2）❶单击"新建"按钮，新建一个图层，❷将图层的名称设置为"中心线"，如图 3-29 所示。

（3）单击图层的颜色图标，打开"选择颜色"对话框，将颜色设置为红色，如图 3-30 所示。

（4）单击图层对应的线型图标，❶打开"选择线型"对话框，如图 3-31 所示。❷单击"加载"按钮，❶打开"加载或重载线型"对话框，如图 3-32 所示。可以看到 AutoCAD 提供了许多线型，❷选择

CENTER 线型，单击"确定"按钮，即可把该线型加载到"已加载的线型"列表框中，继续❸单击"确定"按钮，返回"图层特性管理器"选项板，这时可以看到设置的"中心线"图层，如图 3-33 所示。

（5）继续单击"新建"按钮，新建一个新的图层，并将图层的名称设置为"轮廓线"图层。

（6）单击图层所对应的线型图标，❶打开"选择线型"对话框，❷选择 Continuous 线型，如图 3-34 所示。❸单击"确定"按钮，返回"图层特性管理器"选项板，如图 3-35 所示。

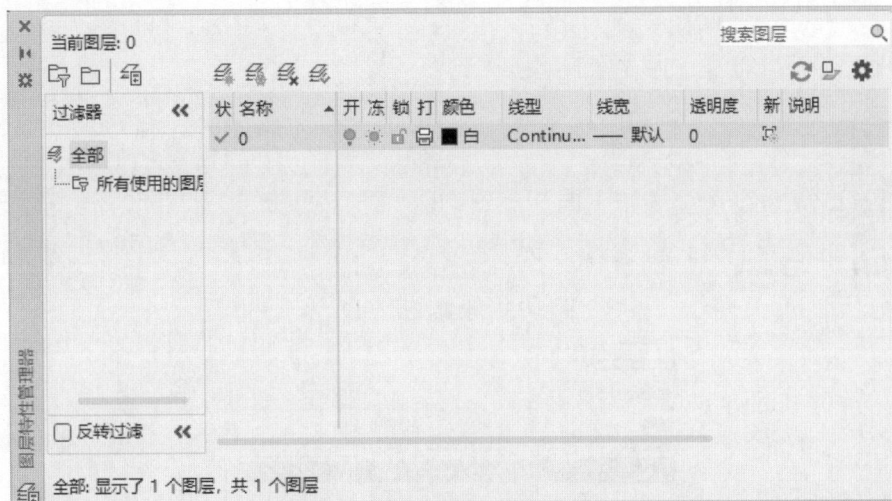

图 3-28 "图层特性管理器"选项板

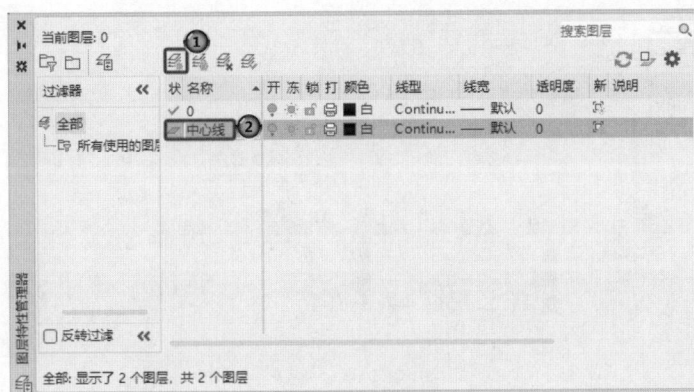

图 3-29 新建图层

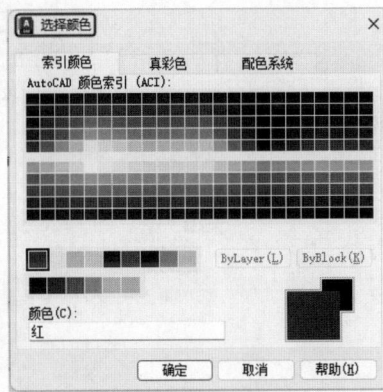

图 3-30 "选择颜色"对话框

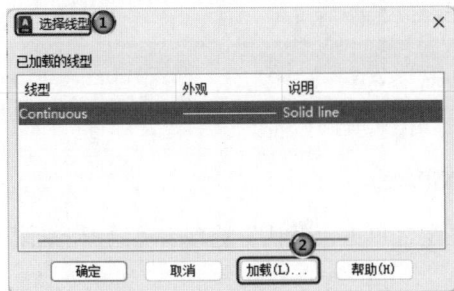

图 3-31 "选择线型"对话框（1）

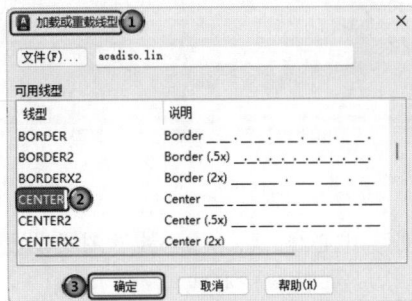

图 3-32 "加载或重载线型"对话框

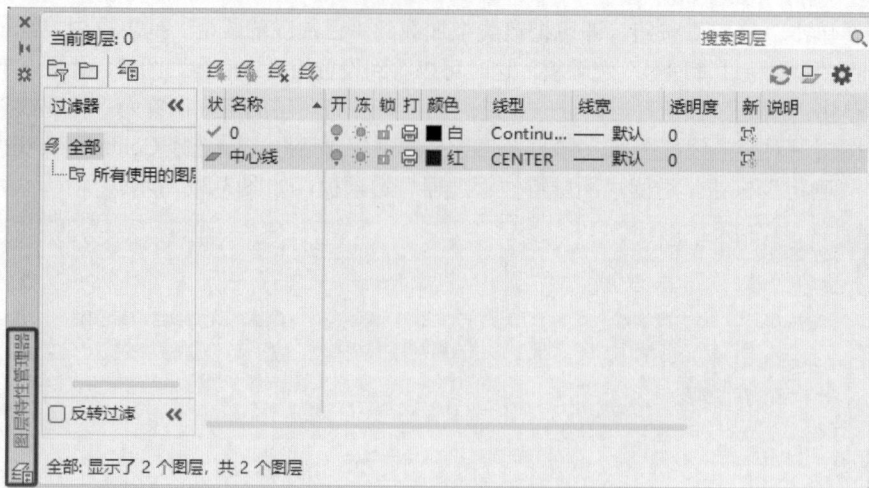

图 3-33　设置图层（1）

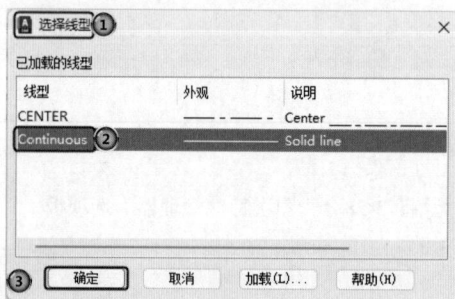

图 3-34　"选择线型"对话框（2）

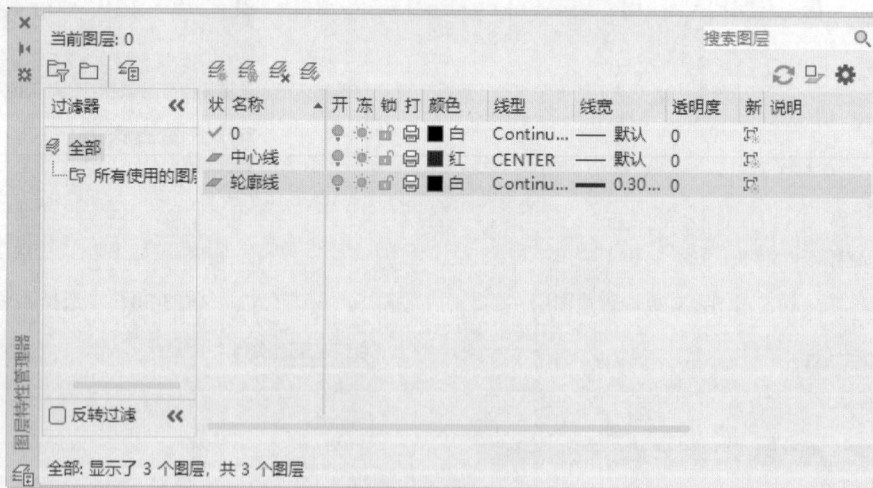

图 3-35　设置图层（2）

（7）绘制中心线。将"中心线"图层设置为当前图层，单击"默认"选项卡"绘图"面板中的"直线"按钮 ╱，绘制垂直中心线。

（8）绘制辅助圆。单击"默认"选项卡"绘图"面板中的"圆"按钮 ⊙，绘制圆形中心线。在指定圆心时，捕捉垂直中心线的交点，如图 3-36 所示。结果如图 3-37 所示。

（9）绘制外圆和内孔。转换到"轮廓线"图层，单击"默认"选项卡"绘图"面板中的"圆"按钮 ⊙，绘制两个同心圆。在指定圆心时，捕捉已绘制的圆的圆心，如图 3-38 所示。结果如图 3-39 所示。

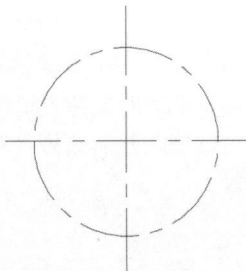

| 图 3-36　捕捉交点 | 图 3-37　绘制中心线 | 图 3-38　捕捉圆心 |

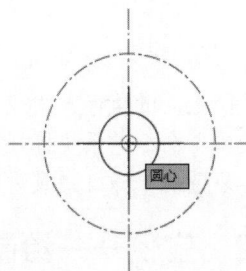

（10）绘制螺孔。单击"默认"选项卡"绘图"面板中的"圆"按钮 ⊙，绘制侧边小圆。在指定圆心时，捕捉圆形中心线与水平中心线或垂直中心线的交点，如图 3-40 所示。结果如图 3-41 所示。

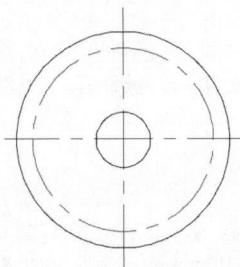

| 图 3-39　绘制同心圆 | 图 3-40　捕捉交点 | 图 3-41　绘制单个均布圆 |

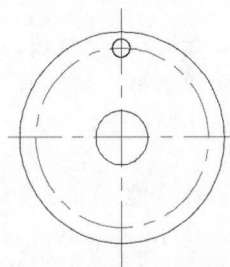

（11）绘制其余螺孔。使用同样的方法绘制其他 3 个螺孔，最终结果如图 3-27 所示。

# 3.4　对 象 追 踪

对象追踪是指按指定角度或与其他对象的指定关系绘制对象。在绘图时，它可以结合对象捕捉功能进行自动追踪。利用自动追踪功能，对象可以对齐路径，这有助于以精确的位置和角度创建对象。自动追踪包括两种追踪选项，即"对象捕捉追踪"和"极轴追踪"。用户可以指定临时点进行临时追踪。

## 3.4.1　对象捕捉追踪

对象捕捉追踪是指以捕捉到的特殊位置点为基点，按指定的极轴角或极轴角的倍数对齐要指定点的路径。

对象捕捉追踪必须配合对象捕捉功能一起使用，即同时打开状态栏上的"对象捕捉"和"对象捕捉追踪"开关。

### 1．执行方式

☑　命令行：DDOSNAP。

☑　菜单栏：工具→绘图设置。

☑　工具栏：对象捕捉→对象捕捉设置 🔂。

☑ 状态栏：对象捕捉+对象捕捉追踪。

☑ 快捷键：F11 键。

☑ 快捷菜单：对象捕捉设置（见图 3-26）。

2. 操作步骤

按照上面的执行方式或者在“对象捕捉”或“对象捕捉追踪”开关上右击，在弹出的快捷菜单中选择“设置”命令，系统打开“草图设置”对话框，然后选择“对象捕捉”选项卡，选中“启用对象捕捉追踪”复选框，即可完成对象捕捉追踪设置。

### 3.4.2 实例——绘制直线

本实例利用 3.4.1 节中学过的对象捕捉追踪功能绘制一条线段，使该线段的一个端点与另一条线段的端点在一条水平线上。

（1）设置捕捉。同时打开状态栏上的“对象捕捉”和“对象捕捉追踪”按钮，启动对象捕捉追踪功能。

（2）绘制第一条线段。单击“默认”选项卡“绘图”面板中的“直线”按钮╱，绘制第一条线段。

（3）绘制第二条线段。单击“默认”选项卡“绘图”面板中的“直线”按钮╱，绘制第二条线段，命令行提示与操作如下。

```
命令: _line
指定第一个点:(指定点 1，如图 3-42 (a) 所示)
指定下一点或 [放弃(U)]: (将鼠标指针移动到点 2 处，系统自动捕捉到第一条直线的端点 2，如图 3-42 (b) 所示。系统显示一条虚线为追踪线，移动鼠标指针，在追踪线的适当位置指定一点 3，如图 3-42 (c) 所示)
指定下一点或 [退出(E)/放弃(U)]: ↙
```

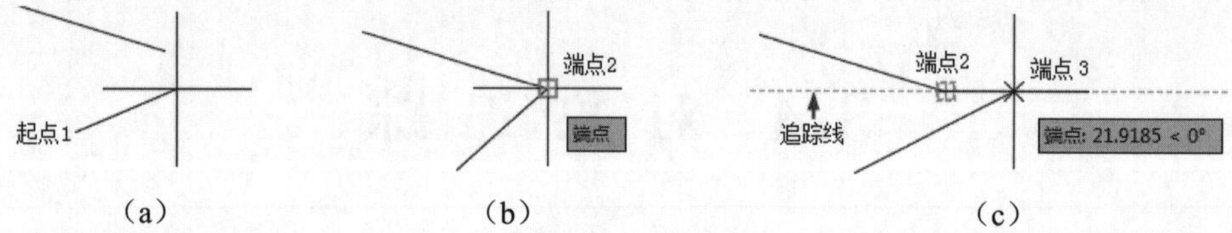


图 3-42 对象捕捉追踪

### 3.4.3 极轴追踪

极轴追踪是指按指定的极轴角或极轴角的倍数对齐要指定点的路径。极轴追踪必须配合对象捕捉追踪功能一起使用，即同时打开状态栏上的“极轴追踪”和“对象捕捉追踪”开关。

1. 执行方式

☑ 命令行：DDOSNAP。

☑ 菜单栏：工具→绘图设置。

☑ 工具栏：对象捕捉→对象捕捉设置⋒。

☑ 状态栏：极轴追踪。

☑ 快捷键：F10 键。

☑ 快捷菜单：极轴追踪设置。

### 2．操作步骤

按照上面的执行方式或者在"极轴追踪"开关上右击，在弹出的快捷菜单中选择"正在追踪设置"命令，❶系统弹出如图 3-43 所示的"草图设置"对话框，❷选择"极轴追踪"选项卡。

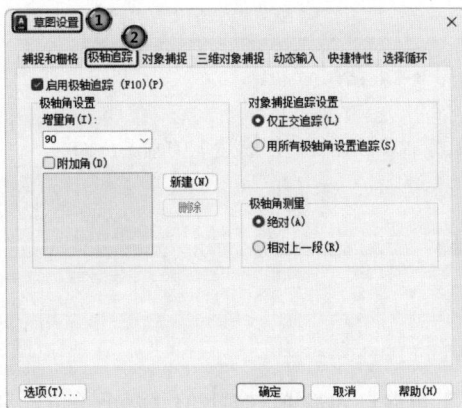

图 3-43　"极轴追踪"选项卡

### 3．选项说明

（1）"启用极轴追踪"复选框：选中该复选框，即启用极轴追踪功能。

（2）"极轴角设置"选项组：设置极轴角的值。用户可以在"增量角"下拉列表框中选择一种角度值，也可以选中"附加角"复选框，单击"新建"按钮设置任意附加角。系统可以在进行极轴追踪的过程中同时追踪增量角和附加角，用户可以设置多个附加角。

（3）"对象捕捉追踪设置"和"极轴角测量"选项组：按界面提示设置相应的单选按钮。

## 3.4.4　实例——利用极轴追踪法绘制方头平键

本实例利用前面学过的极轴追踪方法绘制如图 3-44 所示的方头平键。请读者注意体会和第 2 章讲述的方法有什么不同。

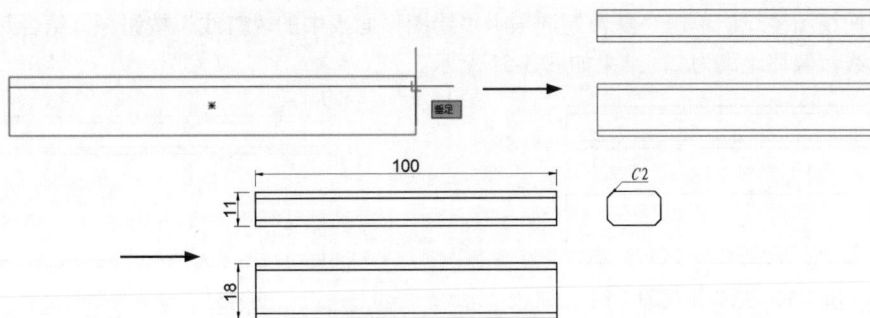

图 3-44　绘制方头平键

（1）绘制主视图。单击"默认"选项卡"绘图"面板中的"矩形"按钮▭，绘制矩形。首先在屏幕适当位置处指定一个角点，然后指定第二个角点为（@100,11），结果如图 3-45 所示。

图 3-45　绘制主视图外形

（2）绘制主视图棱线。同时打开状态栏上的"捕捉模式"和"对象捕捉追踪"按钮，启动对象捕捉追踪功能。单击"默认"选项卡"绘图"面板中的"直线"按钮 ╱，绘制直线，命令行提示与操作如下。

```
命令: _line
指定第一个点: FROM↙
基点: （捕捉矩形左上角点，如图 3-46 所示）
<偏移>: @0,-2↙
指定下一点或 [放弃(U)]: （鼠标右移，捕捉矩形右边上的垂足，如图 3-47 所示）
指定下一点或[退出(E)/放弃(U)]: ↙
```

图 3-46　捕捉端点　　　　　　　　　　图 3-47　捕捉垂足

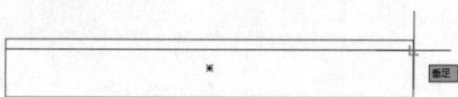

使用相同的方法，以矩形左下角端点为基点，向上偏移两个单位，利用基点捕捉绘制下边的另一条棱线，结果如图 3-48 所示。

（3）设置捕捉。打开如图 3-43 所示的"草图设置"对话框中的"极轴追踪"选项卡，将增量角设置为 90°，将对象捕捉追踪设置为"仅正交追踪"。

（4）绘制俯视图外形。单击"默认"选项卡"绘图"面板中的"矩形"按钮 ▭，捕捉上面绘制的矩形的左下角点，系统显示追踪线，这时，用户可以沿追踪线向下在适当位置指定一点为矩形角点，如图 3-49 所示。指定另一角点坐标为（@100,18），结果如图 3-50 所示。

图 3-48　绘制主视图棱线　　　　　　　图 3-49　追踪对象

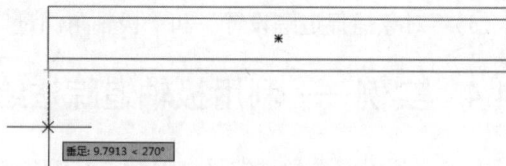

（5）绘制俯视图棱线。单击"默认"选项卡"绘图"面板中的"直线"按钮 ╱，结合基点捕捉功能绘制俯视图棱线，偏移距离为 2，结果如图 3-51 所示。

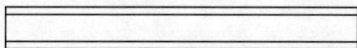

图 3-50　绘制俯视图　　　　　　　　　图 3-51　绘制俯视图棱线

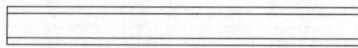

（6）绘制左视图构造线。单击"默认"选项卡"绘图"面板中的"构造线"按钮 ╱，首先指定适当一点绘制-45°构造线，继续绘制构造线，命令行提示与操作如下。

```
命令: XLINE
指定点或 [水平(H)/垂直(V)/角度(A)/二等分(B)/偏移(O)]: （捕捉俯视图右上角点，在水平追踪线上指定一点，如图 3-52 所示）
指定通过点: （打开状态栏上的"正交"开关，在水平方向指定斜线与第四条水平线的交点）
```

使用同样的方法绘制另一条水平构造线，再捕捉两条水平构造线与斜构造线交点为指定点，绘制两条竖直构造线，如图 3-53 所示。

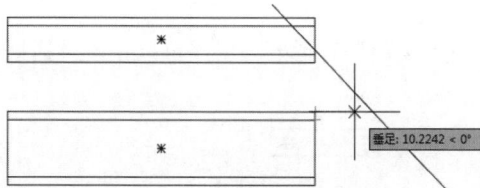

图 3-52　绘制左视图构造线

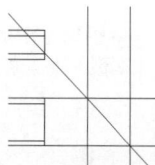

图 3-53　完成左视图构造线

（7）绘制左视图。单击"默认"选项卡"绘图"面板中的"矩形"按钮▭，绘制矩形，命令行提示与操作如下。

```
命令：_rectang
指定第一个角点或[倒角(C)/标高(E)/圆角(F)/厚度(T)/宽度(W)]：C↙
指定矩形的第一个倒角距离 <0.0000>：2↙
指定矩形的第一个倒角距离 <2.0000>：2↙
指定第一个角点或 [倒角(C)/标高(E)/圆角(F)/厚度(T)/宽度(W)]：（捕捉主视图矩形上边延长线与第一条竖直构造线交点，如图 3-54 所示）
指定另一个角点或 〔尺寸(D)〕：（捕捉主视图矩形下边延长线与第二条竖直构造线交点）
```

完成上述操作后结果如图 3-55 所示。

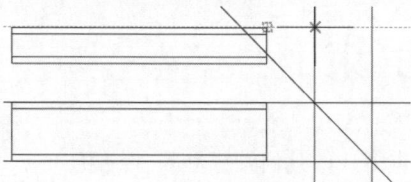

图 3-54　捕捉对象

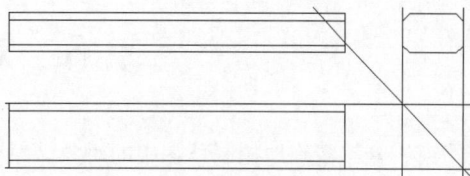

图 3-55　绘制左视图

（8）删除辅助线。单击"默认"选项卡"修改"面板中的"删除"按钮✎，删除构造线，最终结果如图 3-44 所示。

# 3.5　动 态 输 入

动态输入功能允许用户在绘图平面上直接动态地输入绘制对象的各种参数，使绘图变得直观简捷。

## 1. 执行方式

- ☑　命令行：DSETTINGS。
- ☑　菜单栏：工具→绘图设置。
- ☑　工具栏：对象捕捉→对象捕捉设置🧲。
- ☑　状态栏：动态输入✚（只限于打开与关闭）。
- ☑　快捷键：F12 键（只限于打开与关闭）。
- ☑　快捷菜单：对象捕捉设置。

## 2. 操作步骤

按照上面的执行方式或者在"动态输入"开关上右击，在弹出的快捷菜单中选择"动态输入设置"

命令，系统打开如图 3-56 所示的"草图设置"对话框的"动态输入"选项卡。其中，"启用指针输入"选项功能如下。

（1）启动指针输入：打开动态输入的指针输入功能。

（2）"设置"按钮：单击该按钮，系统弹出"指针输入设置"对话框，用户可以在该对话框中设置指针输入的格式和可见性，如图 3-57 所示。

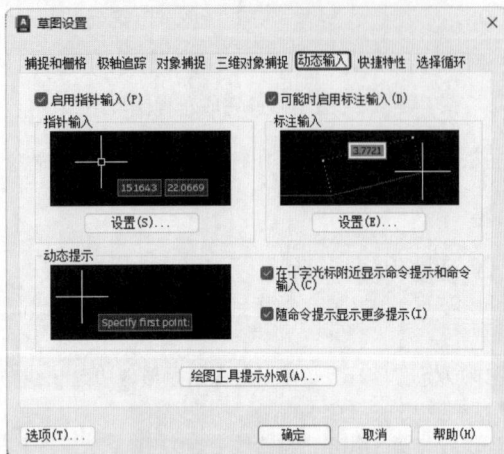

图 3-56　"动态输入"选项卡

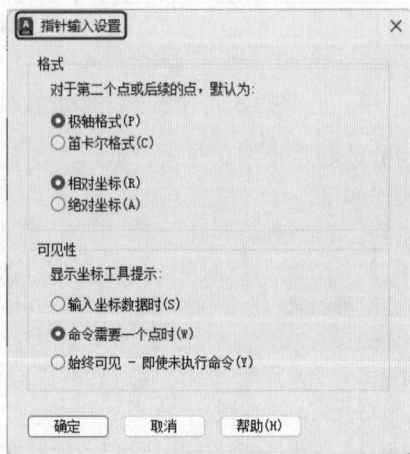

图 3-57　"指针输入设置"对话框

# 3.6　对 象 约 束

"约束"能够精确地控制草图中的对象。草图约束有两种类型，即几何约束和尺寸约束。

几何约束可以建立草图对象的几何特性（如要求某一直线具有固定长度）或两个及更多草图对象的关系类型（如要求两条直线垂直或平行，或几个弧具有相同的半径）。在图形区中，用户可以使用"参数化"选项卡中的"全部显示""全部隐藏"或"显示"选项显示有关信息，并显示代表这些约束的直观记（例如，图 3-58 中的水平标记 $\overline{\overline{}}$ 和共线标记 $\swarrow$）。

尺寸约束建立草图对象的大小（如直线的长度、圆弧的半径等），或两个对象之间的关系（如两点之间的距离）。图 3-59 为一个带有尺寸约束的示例。

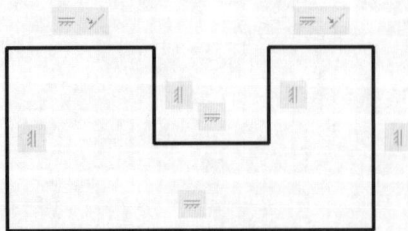

图 3-58　几何约束示意图

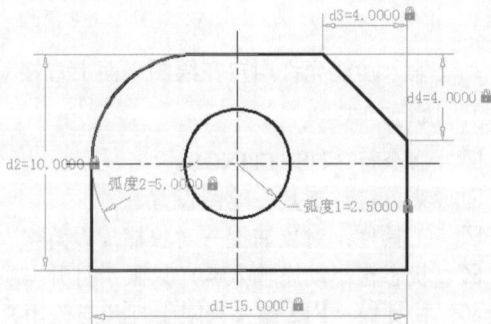

图 3-59　尺寸约束示意图

## 3.6.1　建立几何约束

使用几何约束可以指定草图对象必须遵守的条件，或是草图对象之间必须维持的关系。"几何"面板（选择① "参数化"选项卡，在该选项卡中可以看到② "几何"面板）及"几何约束"工具栏如图3-60所示。其主要几何约束选项功能如表3-4所示。

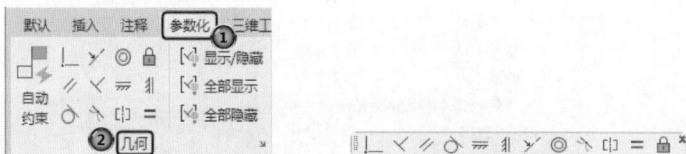

图 3-60　"几何"面板及"几何约束"工具栏

表 3-4　几何约束选项功能

| 约 束 模 式 | 功　　能 |
| --- | --- |
| 重合 | 约束两个点使其重合，或者约束一个点使其位于曲线（或曲线的延长线）上。可以使对象上的约束点与某个对象重合，也可以使其与另一对象上的约束点重合 |
| 共线 | 使两条或多条直线段沿同一直线方向分布 |
| 同心 | 将两个圆弧、圆或椭圆约束到同一个中心点。结果与将重合约束应用于曲线的中心点所产生的结果相同 |
| 固定 | 将几何约束应用于一对对象时，选择对象的顺序及选择每个对象的点可能会影响对象彼此间的放置方式 |
| 平行 | 使选定的直线位于彼此平行的位置。平行约束在两个对象之间应用 |
| 垂直 | 使选定的直线位于彼此垂直的位置。垂直约束在两个对象之间应用 |
| 水平 | 使直线或点对位于与当前坐标系的 X 轴平行的位置。默认选择类型为对象 |
| 竖直 | 使直线或点对位于与当前坐标系的 Y 轴平行的位置 |
| 相切 | 将两条曲线约束为保持彼此相切或其延长线保持彼此相切。相切约束在两个对象之间应用 |
| 平滑 | 将样条曲线约束为连续，并与其他样条曲线、直线、圆弧或多段线保持 G2 连续 |
| 对称 | 使选定对象受对称约束，相对于选定直线对称 |
| 相等 | 将选定圆弧和圆的尺寸重新调整为半径相同，或将选定直线的尺寸重新调整为长度相同 |

绘图中可指定二维对象或对象上的点之间的几何约束，之后编辑受约束的几何图形时，将保留约束。因此，通过使用几何约束，设计要求可以被包含在图形中。

## 3.6.2　几何约束设置

在用 AutoCAD 绘图时，可以控制约束栏的显示。使用如图 3-61 所示的"约束设置"对话框，可以控制约束栏上显示或隐藏的几何约束类型。几何约束和约束栏可单独或全局显示/隐藏，并可执行以下操作。

☑　显示（或隐藏）所有的几何约束。
☑　显示（或隐藏）指定类型的几何约束。
☑　显示（或隐藏）所有与选定对象相关的几何约束。

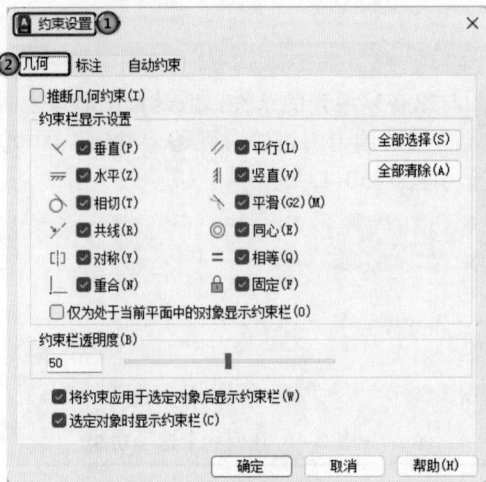

图 3-61　"约束设置"对话框

## 1. 执行方式

☑　命令行：CONSTRAINTSETTINGS（快捷命令：CSETTINGS）。

☑　菜单栏：参数→约束设置。

☑　工具栏：参数化→约束设置┅。

☑　功能区：参数化→几何→约束设置，几何↘。

## 2. 操作步骤

命令：CONSTRAINTSETTINGS↙

系统❶打开"约束设置"对话框，❷选择"几何"选项卡，如图 3-61 所示。利用此对话框可以控制约束栏上约束类型的显示。

## 3. 选项说明

（1）"约束栏显示设置"选项组：此选项组控制图形编辑器中是否为对象显示约束栏或约束点标记。例如，可以为水平约束和竖直约束隐藏约束栏的显示。

（2）"全部选择"按钮：选择几何约束类型。

（3）"全部清除"按钮：清除选定的几何约束类型。

（4）"仅为处于当前平面中的对象显示约束栏"复选框：仅为当前平面上受几何约束的对象显示约束栏。

（5）"约束栏透明度"选项组：设置图形中约束栏的透明度。

（6）"将约束应用于选定对象后显示约束栏"复选框：手动应用约束后或使用 AUTOCONSTRAIN命令时，显示相关约束栏。

（7）"选定对象时显示约束栏"复选框：临时显示选定对象的约束栏。

## 3.6.3　实例——绘制相切及同心圆

本实例利用前面学过的几何约束功能绘制如图 3-62 所示的相切及同心圆。

（1）绘制圆。单击"默认"选项卡"绘图"面板中的"圆"按钮⊙，以适当半径绘制 4 个圆，结果如图 3-63 所示。

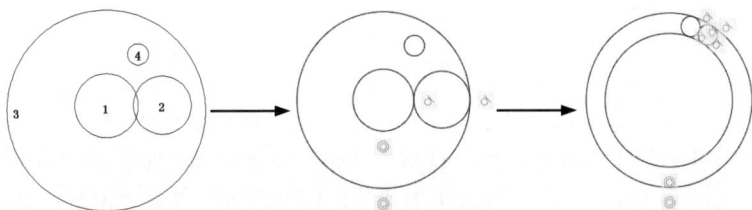

图 3-62　绘制相切及同心圆　　　　　　　　　　　图 3-63　绘制圆

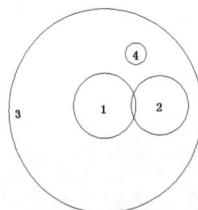

（2）设置圆约束关系。

①单击"参数化"选项卡"几何"面板中的"相切"按钮，使两个圆相切，命令行提示与操作如下。

```
命令：_GcTangent
选择第一个对象：（使用鼠标指针选择圆 1）
选择第二个对象：（使用鼠标指针选择圆 2）
```

系统自动将圆 2 向右移动与圆 1 相切，结果如图 3-64 所示。

②单击"参数化"选项卡"几何"面板中的"同心"按钮，使其中两个圆同心，命令行提示与操作如下。

```
命令：_GcConcentric
选择第一个对象：（选择圆 1）
选择第二个对象：（选择圆 3）
```

系统自动建立同心的几何关系，如图 3-65 所示。

③同样，使圆 3 与圆 2 建立相切几何约束，如图 3-66 所示。

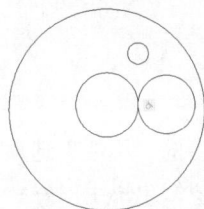

图 3-64　建立相切几何关系　　　　图 3-65　建立同心几何关系　　　　图 3-66　建立圆 3 与圆 2 相切几何关系

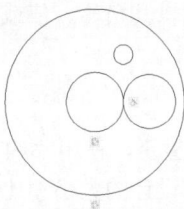

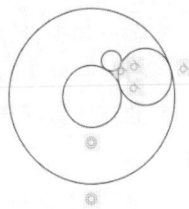

④同样，使圆 1 与圆 4 建立相切几何约束，如图 3-67 所示。

⑤同样，使圆 4 与圆 2 建立相切几何约束，如图 3-68 所示。

⑥同样，使圆 3 与圆 4 建立相切几何约束，最终结果如图 3-62 所示。

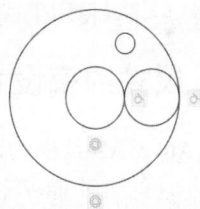

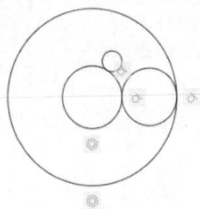

图 3-67　建立圆 1 与圆 4 相切几何关系　　　　　　图 3-68　建立圆 4 与圆 2 相切几何关系

### 3.6.4　建立尺寸约束

建立尺寸约束是限制图形几何对象的大小，也就是与在草图上标注的尺寸相似，同样设置尺寸标注线，同时再建立相应的表达式，不同的是可以在后续的编辑工作中实现尺寸的参数化驱动。"标注"面板（选择❶"参数化"选项卡，在该选项卡中可以看到❷"标注"面板）及工具栏如图 3-69 所示。

在生成尺寸约束时，用户可以选择草图曲线、边、基准平面或基准轴上的点，以生成水平、竖直、平行、垂直和角度尺寸。

生成尺寸约束时，系统会生成一个表达式，其名称和值显示在弹出的对话框文本区域中，如图 3-70 所示。用户可以接着编辑该表达式的名称和值。

图 3-69　"标注"面板及工具栏

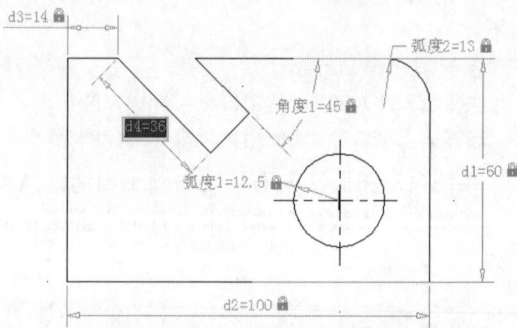

图 3-70　尺寸约束编辑示意图

生成尺寸约束时，只要选中几何体，其尺寸及其延伸线和箭头就会全部显示出来。将尺寸拖曳到位，然后单击完成尺寸约束。生成尺寸约束后，用户还可以随时更改尺寸约束，只需在图形区选中该值后双击，然后可以使用生成过程所采用的方式编辑其名称、值或位置。

### 3.6.5　尺寸约束设置

在用 AutoCAD 绘图时，可以控制约束栏的显示，使用"约束设置"对话框中的"标注"选项卡可控制显示标注约束时的系统配置，标注约束控制设计的大小和比例。标注约束可以约束以下内容。

☑　对象之间或对象上的点之间的距离。

☑　对象之间或对象上的点之间的角度。

1. 执行方式

☑　命令行：CONSTRAINTSETTINGS（快捷命令：CSETTINGS）。

☑　菜单栏：参数→约束设置。

☑　工具栏：参数化→约束设置 ⊠。

☑　功能区：参数化→标注→约束设置，标注 ⊠。

2. 操作步骤

命令：CONSTRAINTSETTINGS↙

系统❶打开"约束设置"对话框，❷选择"标注"选项卡，在此可以控制约束栏上约束类型的显示，如图 3-71 所示。

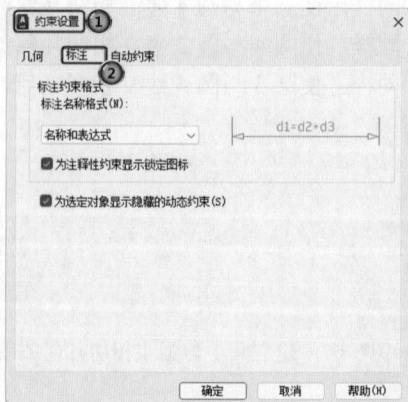

图 3-71　"约束设置"对话框

3．选项说明

（1）"标注约束格式"选项组：在该选项组内可以设置标注名称格式，同时锁定图标的显示。

☑　"标注名称格式"下拉列表框：为应用标注约束时显示的文字指定格式。将名称格式设置为"显示：名称、值"或"名称和表达式"。例如，宽度=长度/2。

☑　"为注释性约束显示锁定图标"复选框：针对已应用注释性约束的对象显示锁定图标。

（2）"为选定对象显示隐藏的动态约束"复选框：显示选定时已设置为隐藏的动态约束。

## 3.6.6　实例——绘制泵轴

本实例利用"直线""圆弧""多段线"命令绘制泵轴，并利用前面学过的与图层设置相关的功能设置标注约束。绘制流程如图 3-72 所示。

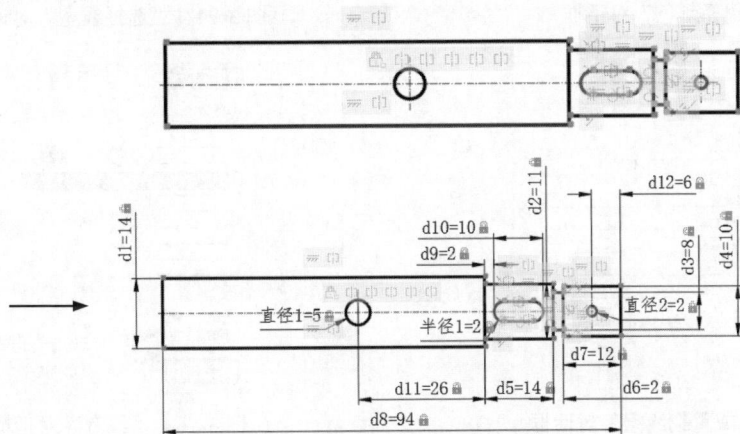

图 3-72　绘制泵轴

（1）设置绘图环境，命令行提示与操作如下。

```
命令：LIMITS✓
重新设置模型空间界限：
指定左下角点或 [开(ON)/关(OFF)] <0.0000,0.0000>：✓
指定右上角点 <420.0000,297.0000>：297,210✓
```

（2）图层设置。

①单击"默认"选项卡"图层"面板中的"图层特性"按钮🖾，打开"图层特性管理器"选项板。

②单击"新建图层"按钮🖾，创建一个新图层，并将该图层命名为"中心线"。

③单击"中心线"图层对应的"颜色"列，❶打开"选择颜色"对话框，如图 3-73 所示。❷选择红色作为该图层颜色，❸单击"确定"按钮，返回"图层特性管理器"选项板。

④单击"中心线"图层对应的"线型"列，❶打开"选择线型"对话框，如图 3-74 所示。

⑤在"选择线型"对话框中❷单击"加载"按钮，❸系统打开"加载或重载线型"对话框，❹选择 CENTER 线型，如图 3-75 所示。❺单击"确定"按钮退出。在"选择线型"对话框中选择 CENTER（点画线）为该图层线型，单击"确定"按钮，返回"图层特性管理器"选项板。

⑥单击"中心线"图层对应的"线宽"列，❶打开"线宽"对话框，如图 3-76 所示。❷选择 0.09mm 线宽，❸单击"确定"按钮。

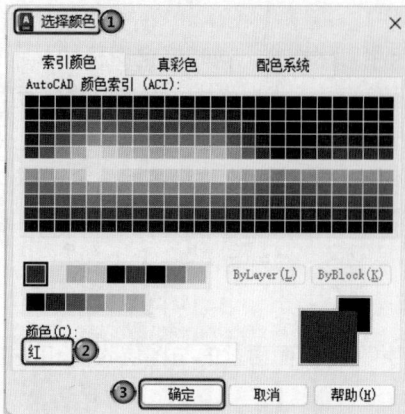

图 3-73 "选择颜色"对话框

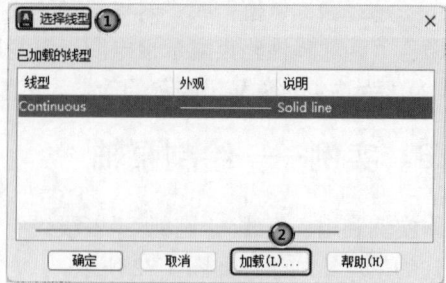

图 3-74 "选择线型"对话框

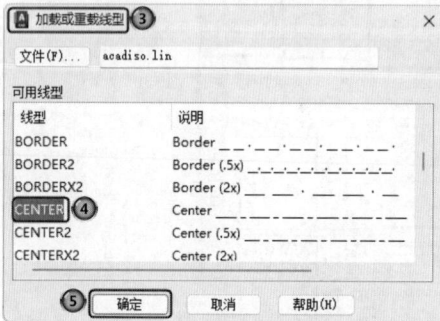

图 3-75 "加载或重载线型"对话框

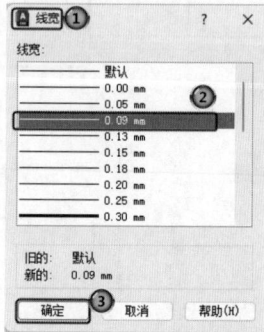

图 3-76 "线宽"对话框

⑦采用相同的方法再创建两个新图层，分别命名为"轮廓线"和"尺寸线"。将"轮廓线"图层的颜色设置为"白"，将线型设置为 Continuous（实线），将线宽设置为 0.30mm；将"尺寸线"图层的颜色设置为"蓝"，将线型设置为 Continuous，将线宽设置为 0.09mm。设置完成后，使 3 个图层均处于打开、解冻和解锁状态，各项设置如图 3-77 所示。

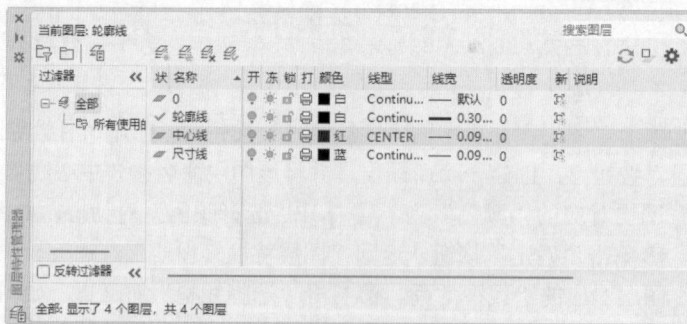

图 3-77 新建图层的各项设置

（3）绘制中心线。将当前图层设置为"中心线"图层，单击"默认"选项卡"绘图"面板中的"直线"按钮，绘制泵轴的水平中心线。

（4）绘制泵轴的外轮廓线。将当前图层设置为"轮廓线"图层。单击"默认"选项卡"绘图"面板中的"直线"按钮，绘制如图 3-78 所示的泵轴外轮廓线，尺寸无须绘制精确。

（5）添加约束。

①单击"参数化"选项卡"几何"面板中的"固定"按钮🔒，添加水平中心线的固定约束，结果如图 3-79 所示。

图 3-78　泵轴的外轮廓线　　　　　　图 3-79　添加固定约束

②单击"参数化"选项卡"几何"面板中的"重合"按钮└，选取左端竖直线的上端点和最上端水平直线的左端点添加重合约束，命令行提示与操作如下。

命令：_GcCoincident
选择第一个点或 [对象(O)/自动约束(A)] <对象>：（选取左端竖直线的上端点）
选择第二个点或 [对象(O)] <对象>：（选取最上端水平直线的左端点）

采用相同的方法，添加各个端点之间的重合约束，如图 3-80 所示。

③单击"参数化"选项卡"几何"面板中的"共线"按钮✕，添加轴肩竖直之间的共线约束，结果如图 3-81 所示。

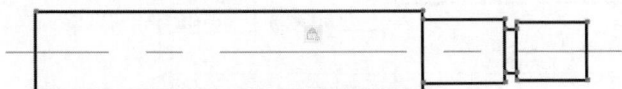

图 3-80　添加重合约束　　　　　　图 3-81　添加共线约束

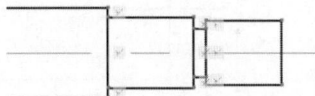

④单击"参数化"选项卡"标注"面板中的"竖直"按钮，选择左侧第一条竖直线的两端点进行尺寸约束，命令行提示与操作如下。

命令：_DcVertical
指定第一个约束点或 [对象(O)] <对象>：（选取竖直线的上端点）
指定第二个约束点：（选取竖直线的下端点）
指定尺寸线位置：（指定尺寸线的位置）
标注文字 = 19

更改尺寸值为 14，直线的长度根据尺寸变化。采用相同的方法，对其他线段进行竖直约束，结果如图 3-82 所示。

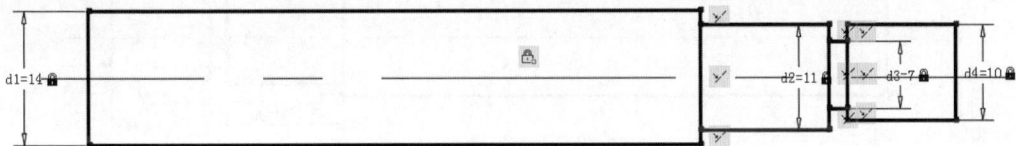

图 3-82　添加竖直尺寸约束

⑤单击"参数化"选项卡"标注"面板中的"水平"按钮，对泵轴外轮廓尺寸进行约束设置，命令行提示与操作如下。

命令：_DcHorizontal
指定第一个约束点或 [对象(O)] <对象>：（指定第一个约束点）
指定第二个约束点：（指定第二个约束点）
指定尺寸线位置：（指定尺寸线的位置）
标注文字 = 12.56

更改尺寸值为 12，直线的长度根据尺寸变化。采用相同的方法，对其他线段进行水平约束，绘制结果如图 3-83 所示。

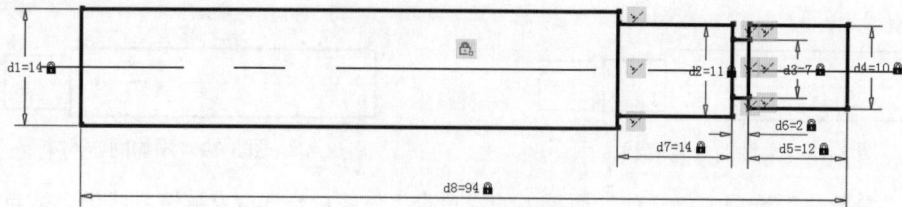

图 3-83　添加水平尺寸约束

⑥单击"参数化"选项卡"几何"面板中的"水平"按钮，添加水平约束，绘制结果如图 3-84 所示。

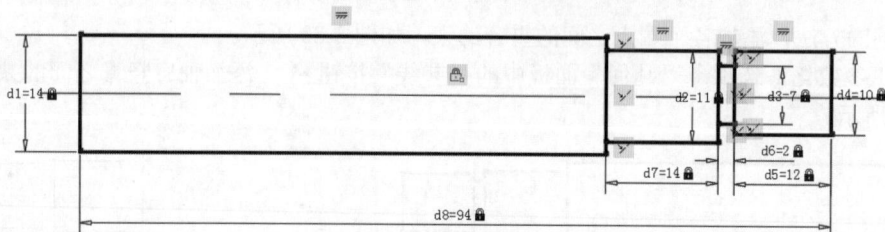

图 3-84　添加水平约束

⑦单击"参数化"选项卡"几何"面板中的"对称"按钮，添加上下两条水平直线相对于水平中心线的对称约束关系，命令行提示与操作如下。

```
命令：_GcSymmetric
选择第一个对象或 [两点(2P)] <两点>：（选取右侧上端水平直线）
选择第二个对象：（选取右侧下端水平直线）
选择对称直线：（选取水平中心线）
```

采用相同的方法，添加其他 3 个轴段相对于水平中心线的对称约束关系，结果如图 3-85 所示。

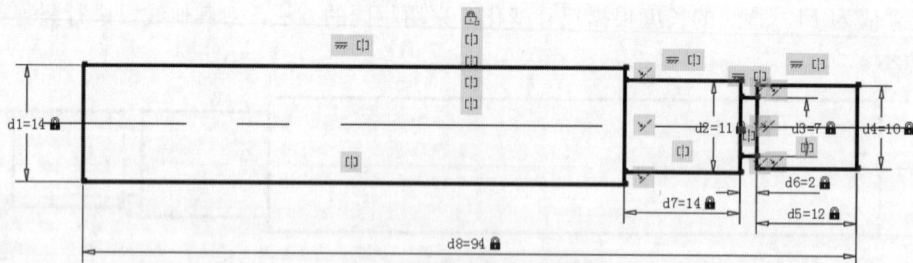

图 3-85　添加对称约束

（6）绘制泵轴的键槽。将"轮廓线"图层设置为当前图层。单击"默认"选项卡"绘图"面板中的"直线"按钮，在第二轴段内适当位置处绘制两条水平直线。

①单击"默认"选项卡"绘图"面板中的"圆弧"按钮，在直线的两端绘制圆弧，结果如图 3-86 所示。

②单击"参数化"选项卡"几何"面板中的"重合"按钮，分别添加直线端点与圆弧端点的重合约束关系。

③单击"参数化"选项卡"几何"面板中的"对称"按钮[ ]，添加键槽上下两条水平直线相对于水平中心线的对称约束关系。

④单击"参数化"选项卡"几何"面板中的"相切"按钮 ，添加直线与圆弧之间的相切约束关系，结果如图 3-87 所示。

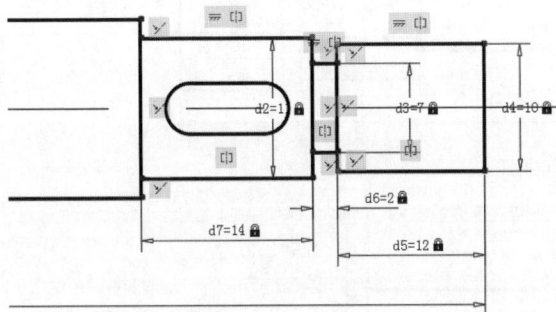

图 3-86　绘制键槽轮廓　　　　　　　图 3-87　添加键槽的几何约束

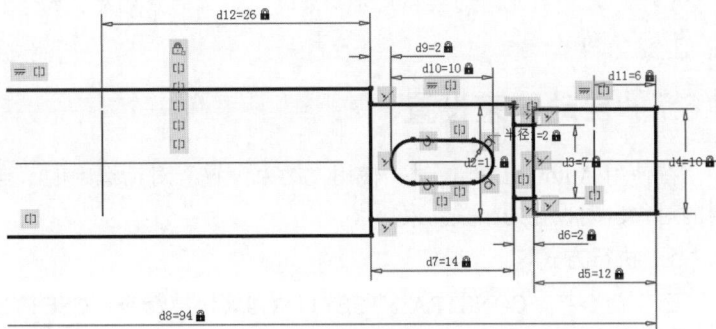

⑤单击"参数化"选项卡"标注"面板中的"线性"按钮[ ]，对键槽进行线性尺寸约束。

⑥单击"参数化"选项卡"标注"面板中的"半径"按钮 ，更改半径尺寸为 2，结果如图 3-88 所示。

（7）绘制孔。

①将当前图层设置为"中心线"图层，单击"默认"选项卡"绘图"面板中的"直线"按钮 ，在第一轴段和最后一轴段适当位置处绘制竖直中心线。

②单击"参数化"选项卡"标注"面板中的"线性"按钮[ ]，对竖直中心线进行线性尺寸约束，如图 3-89 所示。

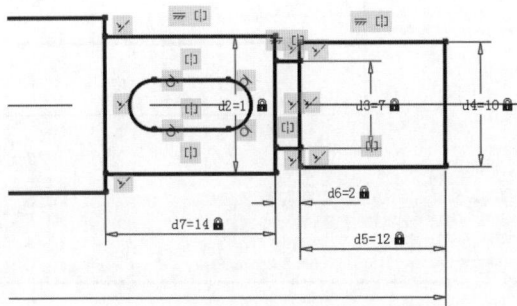

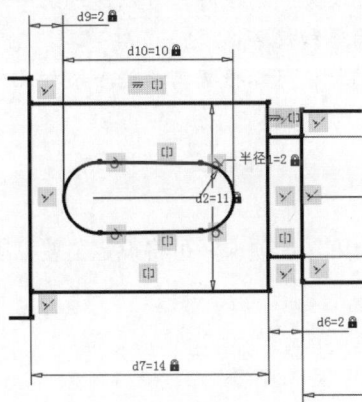

图 3-88　添加键槽的尺寸约束　　　　　　图 3-89　添加尺寸约束

③将当前图层设置为"轮廓线"图层，单击"默认"选项卡"绘图"面板中的"圆"按钮 ，在竖直中心线和水平中心线的交点处绘制圆，如图 3-90 所示。

④单击"参数化"选项卡"标注"面板中的"直径"按钮 ，对圆的直径进行尺寸约束，如图 3-91 所示。

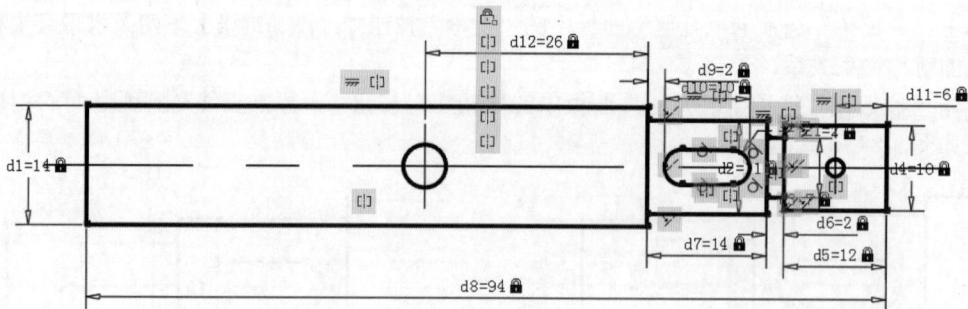

图 3-90　绘制圆

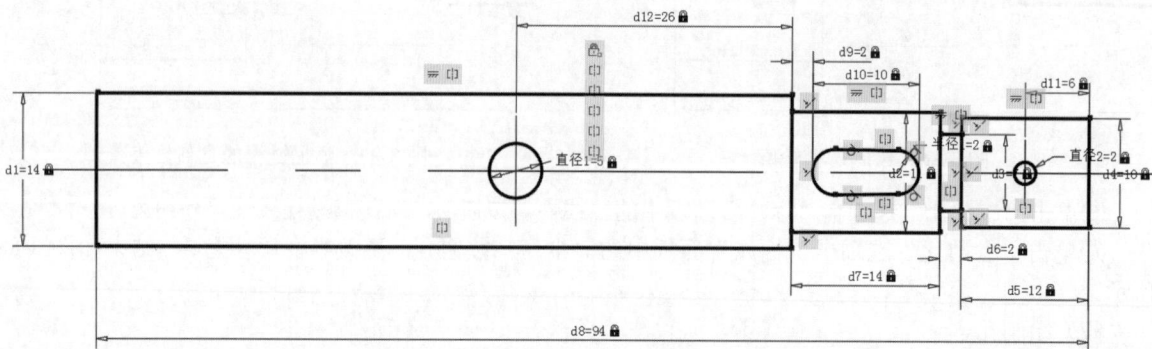

图 3-91　标注直径尺寸

> **注意：** 图层的使用技巧：在画图时，所有图元的各种属性都尽量与图层一致。不出现下列情况：这根线是 WA 层的，颜色却是黄色，线型又变成点画线。尽量保持图元的属性和图层属性一致，也就是说，尽可能使图元属性都是 ByLayer。在需要修改某一属性时，可以通过统一修改当前图层属性来完成。这样有助于提高图面清晰度、准确率和效率。
>
> 在进行几何约束和尺寸约束时，注意约束顺序，约束出错的话，可以根据需求适当添加几何约束。

## 3.6.7　自动约束设置

在使用 AutoCAD 绘图时，使用"约束设置"对话框中的"自动约束"选项卡，可将设定公差范围内的对象自动设置为相关约束。

### 1. 执行方式

☑ 命令行：CONSTRAINTSETTINGS（快捷命令：CSETTINGS）。
☑ 菜单栏：参数→约束设置。
☑ 工具栏：参数化→约束设置 ⊠。
☑ 功能区：参数化→标注→对话框启动器 ↘。

### 2. 操作步骤

命令：CONSTRAINTSETTINGS✓

❶系统弹出"约束设置"对话框，❷选择"自动约束"选项卡，在此选项卡中，用户可以控制自动约束的相关参数，如图 3-92 所示。

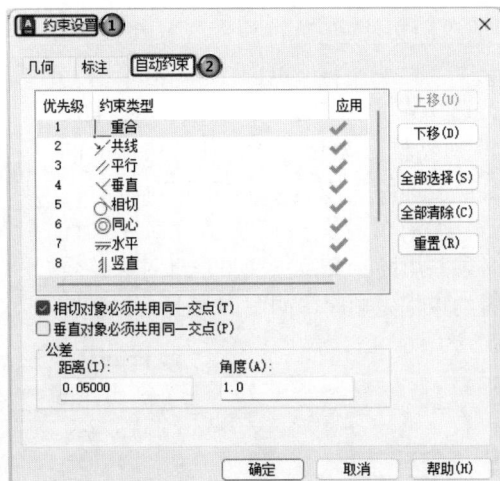

图 3-92　"自动约束"选项卡

3. 选项说明

（1）"约束类型"列表框：显示自动约束的约束类型及优先级。用户可以通过"上移"和"下移"按钮调整优先级的先后顺序。此外，用户还可以单击 ✔ 符号选择或去掉某约束类型是否作为自动约束类型。

（2）"相切对象必须共用同一交点"复选框：指定两条曲线必须共用一个点（在距离公差内指定），以便应用相切约束。

（3）"垂直对象必须共用同一交点"复选框：指定直线必须相交或者一条直线的端点必须与另一条直线或直线的端点重合（在距离公差内指定）。

（4）"公差"选项组：设置可接收的"距离"和"角度"公差以确定是否可以应用约束。

## 3.6.8　实例——对未封闭三角形进行约束控制

本实例利用前面学过的自动约束功能，对图 3-93 中的未封闭三角形进行约束控制。

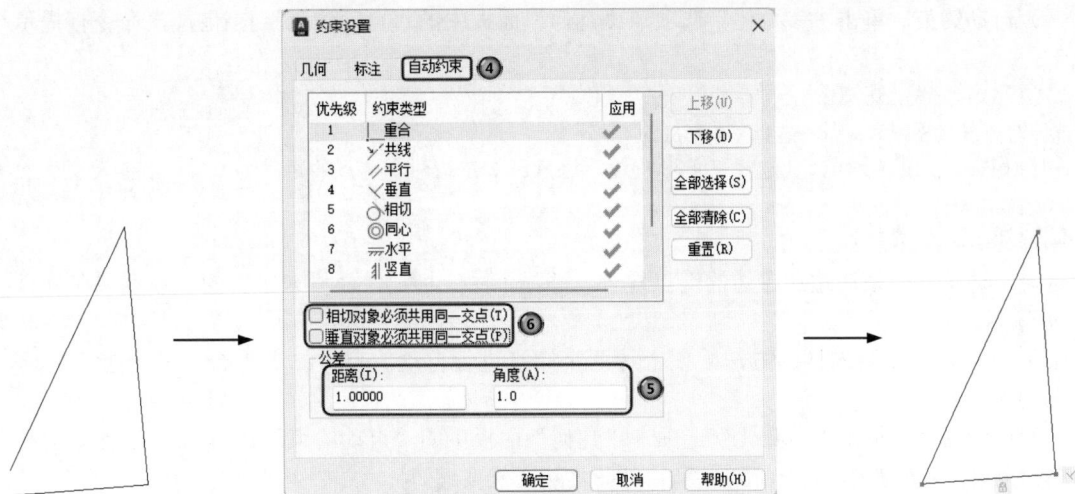

图 3-93　对未封闭三角形进行约束控制

（1）打开本书配套资源中的"源文件\第 3 章\原图"，如图 3-94 所示。

（2）设置约束与自动约束。选择菜单栏中的"参数"→"约束设置"命令，❶打开"约束设置"对话框。❷选择"几何"选项卡，❸单击"全部选择"按钮，选择全部约束方式，如图 3-95 所示。❹再选择"自动约束"选项卡，❺将"距离"和"角度"公差设置为 1，❻取消选中"相切对象必须共用同一交点"和"垂直对象必须共用同一交点"复选框，并设置约束优先顺序，如图 3-96 所示。

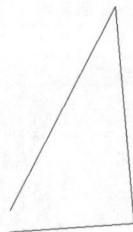

图 3-94　打开原图

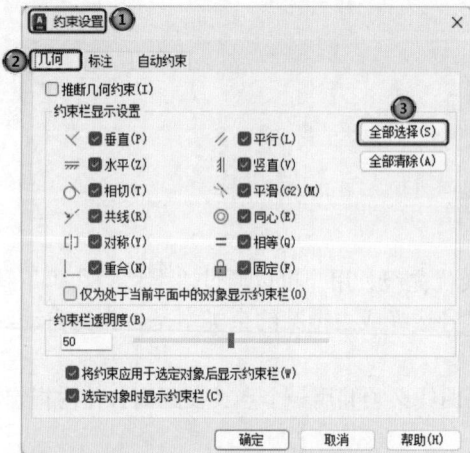

图 3-95　"几何"选项卡设置

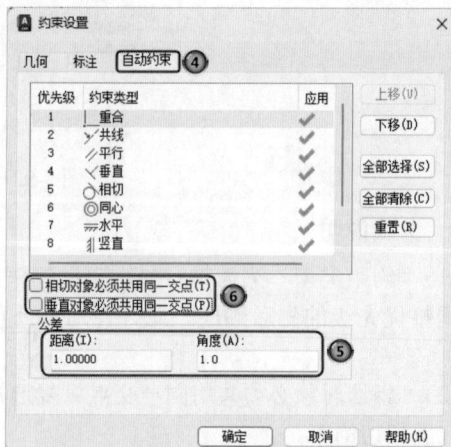

图 3-96　"自动约束"选项卡设置

（3）固定边。单击"参数化"选项卡"几何"面板中的"固定"按钮 🔒，选择三角形的底边，命令行提示与操作如下。

```
命令：_GcFix
选择点或 [对象(O)] <对象>：（选择三角形底边）
```

完成上述操作后底边被固定，并显示固定标记，如图 3-97 所示。

（4）自动约束。单击"参数化"选项卡"几何"面板中的"自动约束"按钮 ⬚，命令行提示与操作如下。

```
命令：_AutoConstrain
选择对象或 [设置(S)]：（选择三角形底边）
选择对象或 [设置(S)]：（选择三角形左边，这里已知左边两个端点的距离为 0.7，在自动约束公差范围内）
选择对象或 [设置(S)]：✓
```

这时左边下移，使底边和左边的端点重合，并显示固定标记，而原来重合的上顶点现在分离，如图 3-98 所示。

（5）点重合。使用同样的方法，使上边两个端点进行自动约束，二者重合并显示重合标记，如图 3-99 所示。

（6）自动约束。单击"参数化"选项卡"几何"面板中的"自动约束"按钮 ⬚，选择底边和右边为自动约束对象，如图 3-100 所示（注意：这里右边必然要缩短）。

💡提示：如果实际距离超过自动约束设置的公差距离，就无法自动约束。

图 3-97　固定约束　　图 3-98　自动重合约束 1　　图 3-99　自动重合约束 2　　图 3-100　自动重合约束 3

# 3.7　实　践　练　习

通过本章前面的学习，读者对精确绘图知识有了大体的了解。本节通过 3 个练习使读者进一步掌握本章知识要点。

## 3.7.1　利用图层命令绘制螺栓

操作提示：

（1）设置 3 个新图层，绘制如图 3-101 所示的图形。

（2）绘制中心线。

（3）绘制螺栓轮廓线。

（4）绘制螺纹牙底线。

## 3.7.2　过四边形上下边延长线交点作四边形右边平行线

操作提示：

（1）基本图如图 3-102 所示，打开"对象捕捉"工具栏。

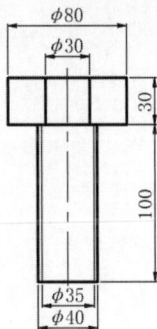

图 3-101　螺栓

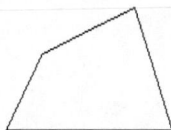

图 3-102　四边形

（2）利用"对象捕捉"工具栏中的"交点"工具捕捉四边形上下边的延长线交点作为直线起点。

（3）利用"对象捕捉"工具栏中的"平行线"工具捕捉一点作为直线终点。

### 3.7.3　利用对象捕捉追踪功能绘制特殊位置直线

基本图如图 3-103（a）所示，结果图如图 3-103（b）所示。

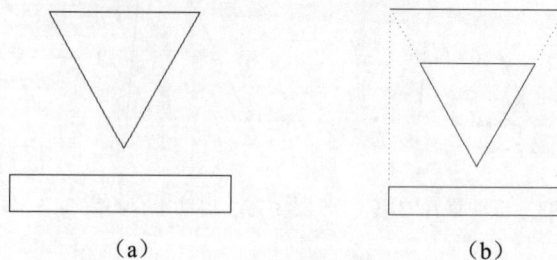

（a）　　　　　　　　　　　　　（b）

图 3-103　绘制直线

操作提示：

（1）设置对象捕捉追踪与对象捕捉功能。

（2）在三角形左边延长线上捕捉一点作为直线起点。

（3）结合对象捕捉追踪与对象捕捉功能在三角形右边延长线上捕捉一点作为直线终点。

# 第4章

# 平面图形的编辑

　　图形绘制完毕后，经常要进行复审，找出疏漏或根据变化来修改图形，力求准确与完美，这就是图形的编辑与修改。AutoCAD 2026立足实践，对图形的一些技术要求提供了丰富的图形编辑修改功能，最大限度地满足用户在工程技术方面的指标要求。

　　这些编辑命令配合绘图命令，可以进一步完成对复杂图形对象的绘制工作，并可使用户合理安排和组织图形，保证作图准确，提高设计和绘图的效率。

　　本章主要讲述复制类编辑命令、改变几何特性类命令与删除及恢复类命令等知识。

## 4.1 选 择 对 象

　　选择对象是进行编辑的前提。AutoCAD提供了多种选择对象的方法，如点取方法、用选择窗口选择对象、用选择线选择对象、用对话框选择对象等。

　　AutoCAD可以把选择的多个对象组成整体，如对选择集和对象组进行整体编辑与修改。

　　AutoCAD提供了两种执行效果相同的途径编辑图形。

　　☑　先执行编辑命令，然后选择要编辑的对象。

　　☑　先选择要编辑的对象，然后执行编辑命令。

　　无论使用哪种方法，AutoCAD都将提示用户选择对象，并且光标的形状由十字光标变为拾取框。

　　下面结合SELECT命令说明选择对象的方法。

　　SELECT命令可以被单独使用，即在命令行中输入SELECT后按Enter键，也可以在执行其他编辑命令时被自动调用。此时，屏幕出现如下提示。

选择对象：

　　等待用户以某种方式选择对象作为回答。AutoCAD提供了多种选择方式，用户可以输入"?"查看这些选择方式。选择该选项后，出现如下提示。

需要点或窗口(W)/上一个(L)/窗交(C)/框选(BOX)/全部(ALL)/栏选(F)/圈围(WP)/圈交(CP)/编组(G)/添加(A)/删除(R)/多个(M)/上一个(P)/放弃(U)/自动(AU)/单选(SI)/子对象(SU)/对象(O)

选择对象：

　　上面部分选项含义如下。

（1）点：该选项表示直接通过点取的方式选择对象。这是较常用也是系统默认的一种对象选择方法。用鼠标或键盘移动拾取框，使其框住要选取的对象，然后单击，就会选中该对象并高亮显示。该点的选定也可以使用键盘输入一个点坐标值来实现。选定点后，系统立即扫描图形，搜索并且选择穿过该点的对象。

用户可以利用"工具"→"选项"命令，在打开的"选项"对话框中设置拾取框的大小。选择"选择"选项卡，移动"拾取框大小"选项组的滑动标尺可以调整拾取框的大小。左侧的空白区中会显示相应的拾取框的尺寸大小。

（2）窗口(W)：用由两个对角顶点确定的矩形窗口选取位于其范围内部的所有图形，与边界相交的对象不会被选中。指定对角顶点时应该遵照从左向右的顺序。

在"选择对象："提示下输入 W 后按 Enter 键，出现如下提示。

指定第一个角点：（输入矩形窗口的第一个对角点的位置）
指定对角点：（输入矩形窗口的另一个对角点的位置）

指定两个对角顶点后，位于矩形窗口内部的所有图形被选中并高亮显示，如图 4-1 所示。

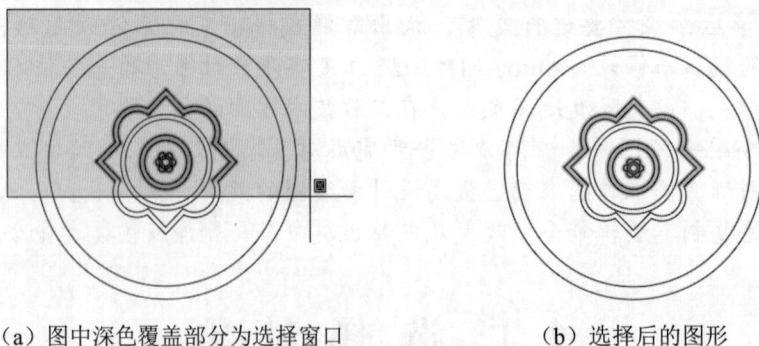

（a）图中深色覆盖部分为选择窗口　　　　　　（b）选择后的图形

图 4-1　"窗口"对象选择方式

（3）上一个(L)：在"选择对象："提示下输入 L 后按 Enter 键，系统会自动选取最后绘出的一个对象。

（4）窗交(C)：该方式与上述"窗口"方式类似，区别在于，它不但选择矩形窗口内部的对象，而且还选中与矩形窗口边界相交的对象。

在"选择对象："提示下输入 C 后按 Enter 键，系统提示如下。

指定第一个角点：（输入矩形窗口的第一个对角点的位置）
指定对角点：（输入矩形窗口的另一个对角点的位置）

选择的对象如图 4-2 所示。

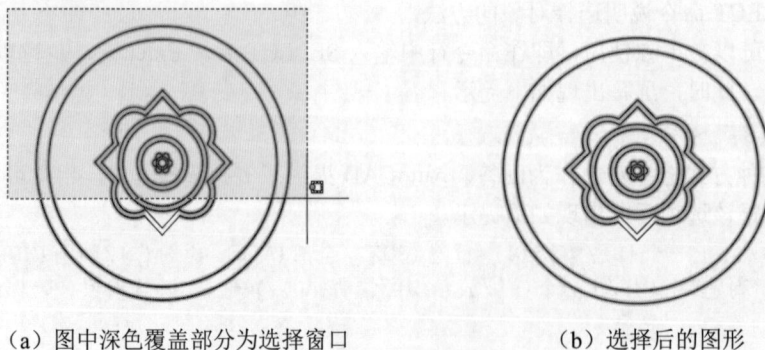

（a）图中深色覆盖部分为选择窗口　　　　　　（b）选择后的图形

图 4-2　"窗交"对象选择方式

（5）框(BOX)：该方式没有命令缩写字。使用该方式时，系统会根据用户在屏幕上给出的两个对角点的位置，自动引用"窗口"或"窗交"选择方式。若从左向右指定对角点，则为"窗口"方式；反之，为"窗交"方式。

（6）全部(ALL)：选取图面上所有对象。在"选择对象："提示下输入 ALL 后按 Enter 键。此时，绘图区域内的所有对象均被选中。

（7）栏选(F)：用户临时绘制一些直线，这些直线不必构成封闭图形，凡是与这些直线相交的对象均被选中。这种方式对选择相距较远的对象比较有效，交线可以穿过本身。在"选择对象："提示下输入 F 后按 Enter 键，出现如下提示。

指定第一个栏选点或拾取/拖动光标：（指定交线的第一点）
指定下一个栏选点或 [放弃(U)]：（指定交线的第二点）
指定下一个栏选点或 [放弃(U)]：（指定下一条交线的端点）
…
指定下一个栏选点或 [放弃(U)]：（按 Enter 键结束操作）

执行结果如图 4-3 所示。

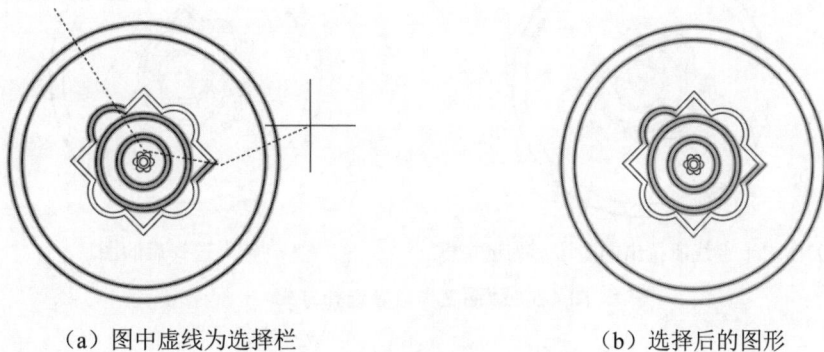

（a）图中虚线为选择栏　　　　　　　　（b）选择后的图形

图 4-3　"栏选"对象选择方式

（8）圈围(WP)：使用一个不规则的多边形选择对象。在"选择对象："提示下输入 WP，系统提示如下。

第一个圈围点或拾取/拖动光标：（输入不规则多边形的第一个顶点坐标）
指定直线的端点或 [放弃(U)]：（输入第二个顶点坐标）
指定直线的端点或 [放弃(U)]：（按 Enter 键结束操作）

根据提示，用户依次输入构成多边形所有顶点的坐标，直到最后按 Enter 键做出空回答结束操作，系统将自动连接第一个顶点与最后一个顶点并形成封闭的多边形。多边形的边不能接触或穿过本身。若输入 U，则取消已定义的坐标点并且重新指定。凡是被多边形围住的对象均被选中（不包括边界），执行结果如图 4-4 所示。

（9）圈交(CP)：类似于"圈围"方式，在提示后输入 CP，后续操作与 WP 方式相同。区别在于，与多边形边界相交的对象也被选中，如图 4-5 所示。

其他几种选择方式与前面讲述的方式类似，这里不再赘述。

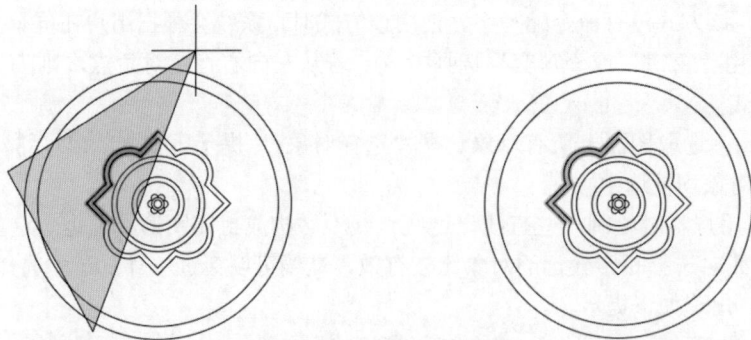

（a）图中十字线所拉出的多边形为选择框　　　　　（b）选择后的图形

图 4-4　"圈围"对象选择方式

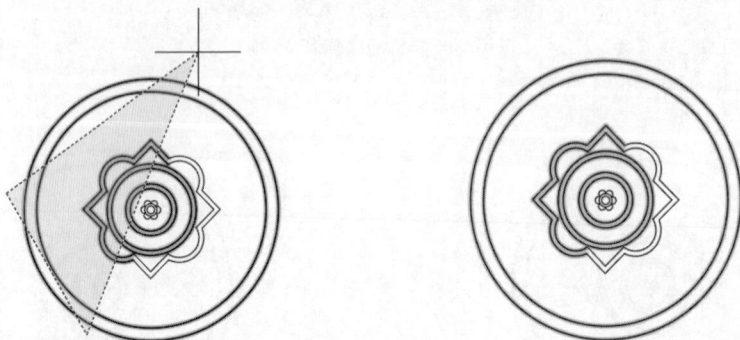

（a）图中十字线所拉出的多边形为选择框　　　　　（b）选择后的图形

图 4-5　"圈交"对象选择方式

# 4.2　复制类编辑命令

在 AutoCAD 中，一些编辑命令不改变编辑对象的形状和大小，只是改变对象的相对位置和数量。利用这些编辑命令，可以方便地编辑绘制的图形。

## 4.2.1　复制链接对象

### 1．执行方式

☑　命令行：COPYLINK。
☑　菜单栏：编辑→复制链接。

### 2．操作步骤

命令：COPYLINK✓

对象链接和嵌入的操作过程与用剪贴板粘贴的操作类似，但其内部运行机制却有很大的差异。链接对象及其创建应用程序始终保持联系。例如，Word 文档中包含一个 AutoCAD 图形对象，在 Word 中双击该对象，Windows 自动将其装入 AutoCAD 中，以供用户进行编辑。如果用户对原始 AutoCAD 图形做了修改，则 Word 文档中的图形将随之发生相应的变化。如果 Word 文档中的图形是用剪贴板粘贴的，则此操作只是对 AutoCAD 图形进行了一次复制，粘贴之后，Word 文档中的图形就不再与 AutoCAD 图形保持任何联系，也就是说，原始图形的变化不会对 Word 文档中的图形产生任何作用。

## 4.2.2　实例——链接图形

本实例利用 4.2.1 节中学过的复制链接功能，在 Word 文档中链接 AutoCAD 图形对象，链接图形过程如图 4-6 所示。

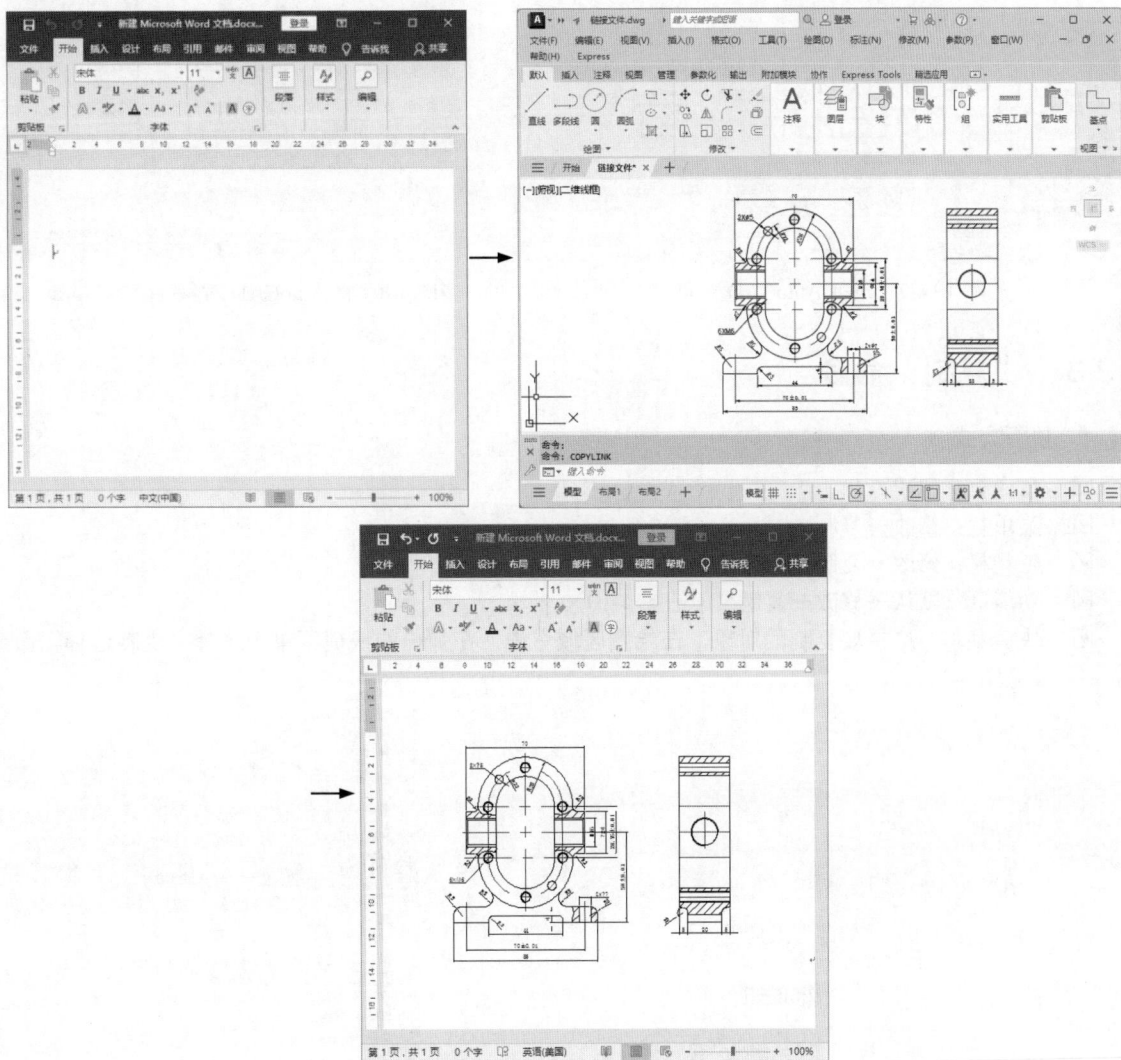

图 4-6　链接图形过程

（1）打开文件。启动 Word 软件，打开一个文件，在编辑窗口将光标移到要插入 AutoCAD 图形的位置处。

（2）打开 AutoCAD。启动 AutoCAD，打开或绘制一个 DWG 文件。

（3）链接对象。在命令行中输入 COPYLINK，如图 4-7 所示。

（4）粘贴对象。重新切换到 Word 文档中，单击"开始"选项卡"剪切板"面板中的"粘贴"按钮，AutoCAD 图形即可粘贴到 Word 文档中，如图 4-8 所示。

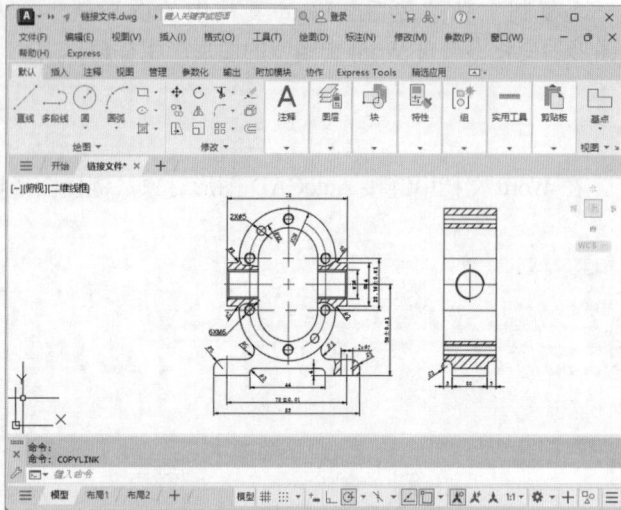

图 4-7　选择 AutoCAD 对象

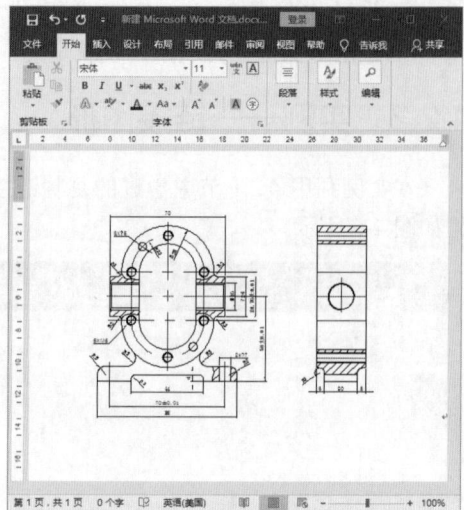

图 4-8　将 AutoCAD 对象链接到 Word 文档

## 4.2.3　"复制"命令

### 1. 执行方式

☑　命令行：COPY。

☑　菜单栏：修改→复制。

☑　工具栏：修改→复制 🖫（见图 4-9）。

☑　功能区：默认→修改→复制 🖫（见图 4-10）。

☑　快捷菜单：选择要复制的对象，在绘图区域右击，在弹出的快捷菜单中选择"复制选择"命令（见图 4-11）。

图 4-9　"修改"工具栏

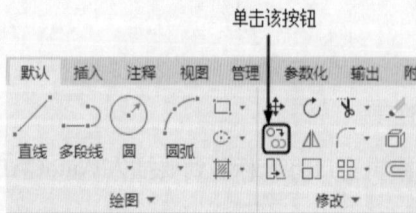

图 4-10　"修改"面板

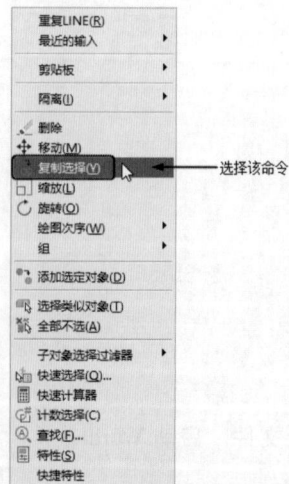

图 4-11　"修改"菜单

### 2. 操作步骤

命令：COPY✓

选择对象：（选择要复制的对象）

用前面介绍的选择对象的方法选择一个或多个对象，按 Enter 键结束选择操作。系统提示如下。

当前设置：复制模式 = 多个
指定基点或〔位移(D)/模式(O)〕<位移>：（指定基点或位移）

**3. 选项说明**

（1）指定基点。

指定一个坐标点后，AutoCAD 2026 把该点作为复制对象的基点，并提示如下。

指定第二个点或〔阵列(A)〕<使用第一点作为位移>：

指定第二个点后，系统将根据这两点确定的位移矢量把选择的对象复制到第二点处。如果此时直接按 Enter 键，即选择默认的"使用第一点作为位移"，则第一个点被当作相对于 X、Y、Z 的位移。例如，如果指定基点为（2,3）并在下一个提示下按 Enter 键，则该对象从它当前的位置开始在 X 方向上移动 2 个单位，在 Y 方向上移动 3 个单位。

复制完成后，系统会继续提示如下。

指定第二个点或〔阵列(A)/退出(E)/放弃(U)〕<退出>：

这时，可以不断指定新的第二点，从而实现多重复制。

（2）位移。

直接输入位移值，表示以选择对象时的拾取点为基准，以拾取点坐标为移动方向纵横比移动指定位移后确定的点为基点。例如，选择对象时拾取点坐标为（2,3），设置位移为 5，则表示以点（2,3）为基准，沿纵横比为 3：2 的方向移动 5 个单位所确定的点为基点。

（3）模式。

控制是否自动重复该命令。选择该项后，系统提示如下。

输入复制模式选项〔单个(S)/多个(M)〕<多个>：

可以设置复制模式是单个或多个。

## 4.2.4 实例——绘制电冰箱

本实例利用"矩形"和"直线"命令绘制基本形状，再利用 4.2.3 节中学过的"复制"命令绘制如图 4-12 所示的电冰箱。

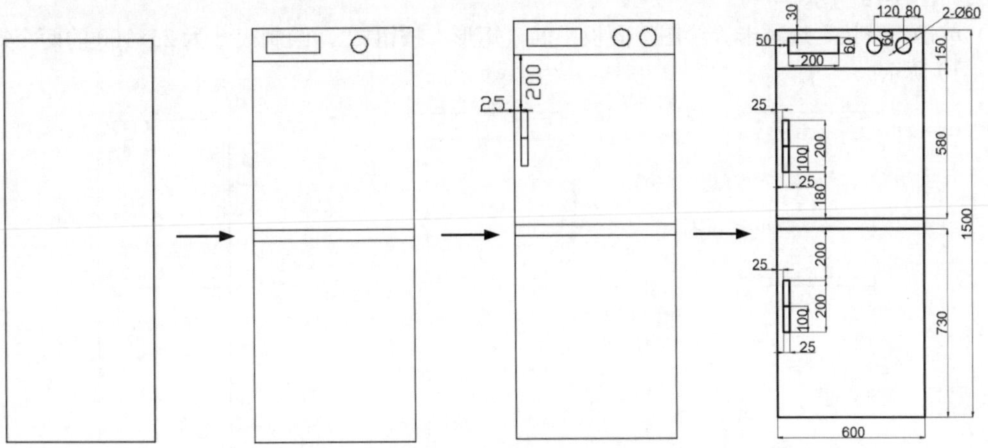

图 4-12 绘制电冰箱

（1）单击"默认"选项卡"绘图"面板中的"矩形"按钮口，指定矩形的长度为600，宽度为1500，绘制矩形，结果如图4-13所示。

（2）单击"默认"选项卡"绘图"面板中的"直线"按钮╱，以矩形的右上角点为基点，偏移量为（@0,-150），绘制一条水平直线，结果如图4-14所示。

（3）单击"默认"选项卡"绘图"面板中的"直线"按钮╱，绘制另外两条水平直线，它们距离矩形左上基点分别为730和770，结果如图4-15所示。

（4）单击"默认"选项卡"绘图"面板中的"矩形"按钮口，绘制长度为200，宽度为60，以矩形的左上角点为基点，偏移量为（@50,-30），绘制的矩形如图4-16所示。

  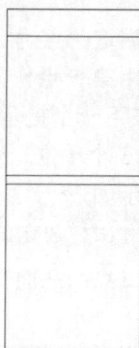 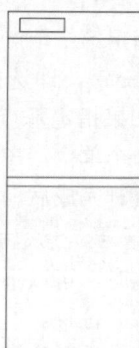

图4-13　绘制矩形（1）　　　图4-14　绘制直线　　　图4-15　继续绘制直线　　　图4-16　绘制矩形（2）

（5）单击"默认"选项卡"绘图"面板中的"圆"按钮⊙，以左上角点为基点，以偏移量为（@400,-60）为圆心，绘制半径为30的圆，如图4-17所示。

（6）单击"默认"选项卡"修改"面板中的"复制"按钮，复制圆，命令行提示与操作如下。

```
命令：_copy
选择对象：（选择圆）
当前设置：复制模式 = 多个
指定基点或 [位移(D)/模式(O)] <位移>：（指定一点为基点）
指定第二个点或 [阵列(A)]或 <用第一点作位移>：（打开状态栏上的"正交"开关，将鼠标指针向右移动，
并在适当位置处指定一点）
指定第二个点或 [阵列(A)/退出(E)/放弃(U)] <退出>：（将鼠标指针向右移动，并在适当位置处指定一点）
```

结果如图4-18所示。

（7）单击"默认"选项卡"绘图"面板中的"矩形"按钮口，绘制尺寸为25×100的两个矩形，位置如图4-19所示。

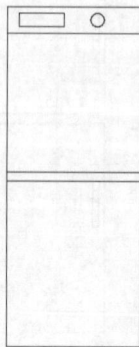 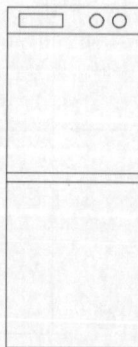 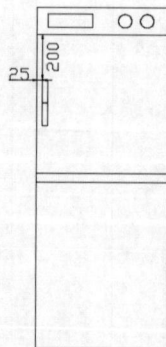

图4-17　绘制圆　　　　　图4-18　复制圆　　　　　图4-19　绘制矩形

（8）单击"默认"选项卡"修改"面板中的"复制"按钮，复制矩形，命令行提示与操作如下。

```
命令：_copy
选择对象：（选择矩形）
选择对象：↙
当前设置：复制模式 = 多个
指定基点或 [位移(D)/模式(O)] <位移>：（指定第二条水平直线的起点为基点）
指定第二个点或 [阵列(A)]或 <用第一点作位移>：（打开状态栏上的"正交"开关，选择第四条水平直线的
起点为复制的第二点）
```

最终结果如图 4-12 所示。

## 4.2.5　"镜像"命令

镜像对象是指把选择的对象围绕一条镜像线进行对称复制。镜像操作完成后，可以保留或删除源对象。

### 1．执行方式

- ☑　命令行：MIRROR。
- ☑　菜单栏：修改→镜像。
- ☑　工具栏：修改→镜像⚠。
- ☑　功能区：默认→修改→镜像⚠。

### 2．操作步骤

```
命令：MIRROR↙
选择对象：（选择要镜像的对象）
选择对象：↙
指定镜像线的第一点：（指定镜像线的第一个点）
指定镜像线的第二点：（指定镜像线的第二个点）
要删除源对象吗？[是(Y)/否(N)] <否>：（确定是否删除源对象）
```

两点确定一条镜像线，所选择的对象则以该线为镜像线进行镜像操作。包含该线的镜像平面与用户坐标系的 XY 平面垂直，即镜像操作工作在与用户坐标系的 XY 平面平行的平面上。

## 4.2.6　实例——绘制整流桥电路

本实例利用"直线"命令绘制二极管及一侧导线，再利用 4.2.5 节中学过的"镜像"命令绘制如图 4-20 所示的整流桥电路。

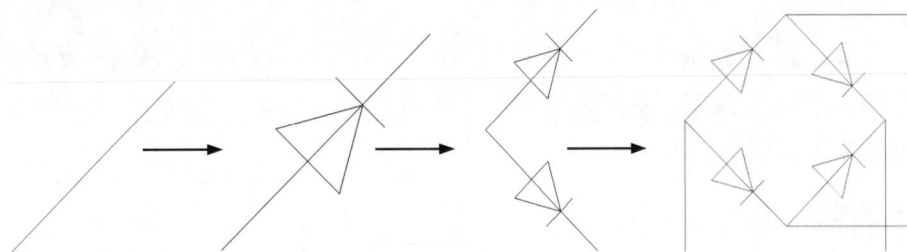

图 4-20　绘制整流桥电路

（1）绘制导线。单击"默认"选项卡"绘图"面板中的"直线"按钮／，绘制一条 45°斜线，如图

4-21 所示。

（2）绘制二极管。

①单击"默认"选项卡"绘图"面板中的"多边形"按钮⬠，绘制一个三角形，捕捉斜直线中点为三角形中心点，并指定三角形一个顶点在斜线上，如图 4-22 所示。

②利用"直线"命令打开状态栏上的"对象捕捉追踪"按钮，捕捉三角形在斜线上的顶点为端点，绘制一条与斜线垂直的短直线，完成二极管符号的绘制，如图 4-23 所示。

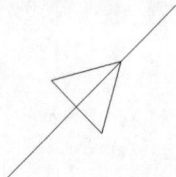

图 4-21　绘制直线　　　　　图 4-22　绘制三角形　　　　　图 4-23　二极管符号

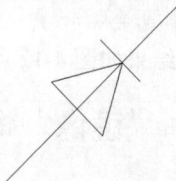

（3）镜像二极管。

①单击"修改"工具栏中的"镜像"按钮⚎，命令行提示与操作如下。

```
命令: _mirror
选择对象:（选择上一步绘制的对象）
选择对象: ✓
指定镜像线的第一点:（捕捉斜线下端点）
指定镜像线的第二点:（指定水平方向任意一点）
要删除源对象吗？[是(Y)/否(N)] <N>: ✓
```

结果如图 4-24 所示。

②单击"默认"选项卡"修改"面板中的"镜像"按钮⚎，以过左下斜线中点并与本斜线垂直的直线为镜像线，不删除源对象，镜像左上角二极管符号。使用同样的方法，镜像左下角二极管符号，结果如图 4-25 所示。

图 4-24　镜像二极管　　　　　　　　图 4-25　再次镜像二极管

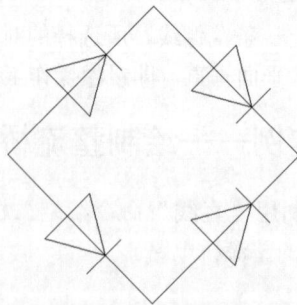

（4）利用"直线"命令绘制 4 条导线。

最终结果如图 4-20 所示。

## 4.2.7　"偏移"命令

偏移对象是指保持选择的对象的形状、在不同的位置以不同的尺寸新建一个对象。

## 1. 执行方式

☑　命令行：OFFSET。

☑　菜单栏：修改→偏移。

☑　工具栏：修改→偏移 ⊂。

☑　功能区：默认→修改→偏移 ⊂。

## 2. 操作步骤

命令：OFFSET↙
当前设置：删除源=否　图层=源　OFFSETGAPTYPE=0
指定偏移距离或 [通过(T)/删除(E)/图层(L)] <通过>：（指定距离值）
选择要偏移的对象，或 [退出(E)/放弃(U)] <退出>：（选择要偏移的对象。按 Enter 键结束操作）
指定要偏移的那一侧上的点，或 [退出(E)/多个(M)/放弃(U)] <退出>：（指定偏移方向）
选择要偏移的对象，或 [退出(E)/放弃(U)] <退出>：

## 3. 选项说明

（1）指定偏移距离：输入一个距离值，或按 Enter 键使用当前的距离值，系统把该距离值作为偏移距离，如图 4-26 所示。

（2）通过(T)：指定偏移的通过点。选择该选项后出现如下提示。

选择要偏移的对象或 <退出>：（选择要偏移的对象。按 Enter 键结束操作）
指定通过点：（指定偏移对象的一个通过点）

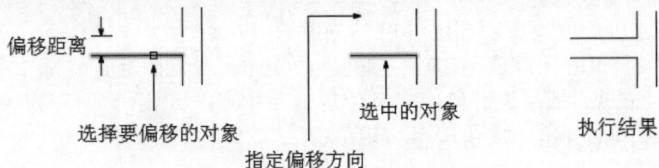

图 4-26　指定距离偏移对象

执行上述操作后，系统根据指定的通过点绘制出偏移对象，如图 4-27 所示。

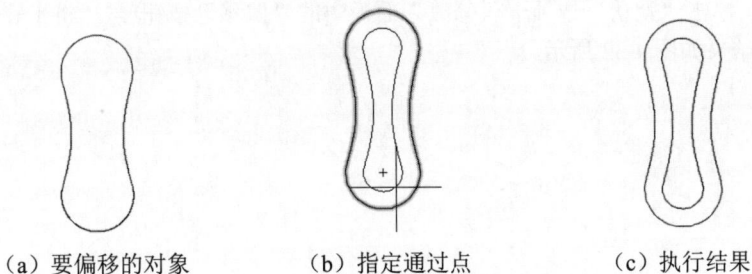

（a）要偏移的对象　　　　　（b）指定通过点　　　　　（c）执行结果

图 4-27　指定通过点偏移对象

（3）图层(L)：确定将偏移对象创建在当前图层上还是源对象所在的图层上。选择该选项后出现如下提示。

输入偏移对象的图层选项 [当前(C)/源(S)] <源>：

执行上述操作后，系统根据指定的图层绘出偏移对象。

### 4.2.8 实例——绘制门

本实例利用"矩形"命令绘制门框，再利用 4.2.7 节中学过的"偏移"命令绘制如图 4-28 所示的门。

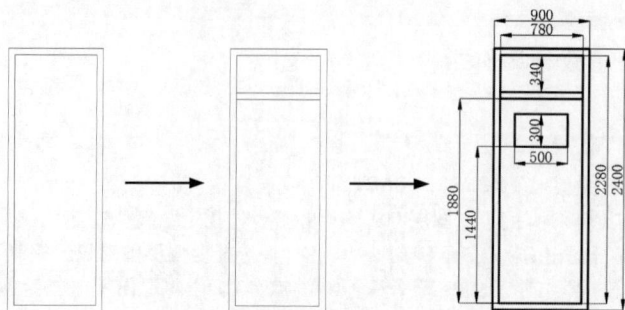

图 4-28 绘制门

（1）绘制门框。单击"默认"选项卡"绘图"面板中的"矩形"按钮▭，绘制第一角点为（0,0）、第二角点为（@900,2400）的矩形，绘制结果如图 4-29 所示。

（2）偏移门框。单击"默认"选项卡"修改"面板中的"偏移"按钮⊑，将步骤（1）绘制的矩形向内偏移 60，命令行提示与操作如下。

```
命令：_offset
当前设置：删除源=否    图层=源    OFFSETGAPTYPE=0
指定偏移距离或［通过(T)/删除(E)/图层(L)］<通过>：60✓
选择要偏移的对象，或［退出(E)/放弃(U)］<退出>：（选择已绘制的矩形）
指定要偏移的那一侧上的点，或［退出(E)/多个(M)/放弃(U)］<退出>：（指定矩形内侧）
选择要偏移的对象，或［退出(E)/放弃(U)］<退出>：✓
```

结果如图 4-30 所示。

（3）绘制门棱。单击"默认"选项卡"绘图"面板中的"直线"按钮╱，绘制坐标点为{（60,2000），（@780,0）}的直线，绘制结果如图 4-31 所示。

（4）偏移门棱。单击"默认"选项卡"修改"面板中的"偏移"按钮⊑，将步骤（3）绘制的直线向下偏移 60，绘制结果如图 4-32 所示。

图 4-29 绘制矩形　　　图 4-30 偏移矩形　　　图 4-31 绘制直线　　　图 4-32 偏移操作

（5）绘制其余部分。单击"默认"选项卡"绘图"面板中的"矩形"按钮▭，绘制角点坐标为{（200,1500），（700,1800）}的矩形，绘制结果如图 4-28 所示。

📢 注意：一般在绘制结构相同并且要求保持恒定的相对位置时，可以采用"偏移"命令来实现。

## 4.2.9　"移动"命令

1. 执行方式

- ☑　命令行：MOVE。
- ☑　菜单栏：修改→移动。
- ☑　工具栏：修改→移动✛。
- ☑　功能区：默认→修改→移动✛。
- ☑　快捷菜单：选择要移动的对象，在绘图区域右击，在弹出的快捷菜单中选择"移动"命令。

2. 操作步骤

命令：MOVE✓

选择对象：（选择对象）

选择对象：

使用前面介绍的选择对象的方法选择要移动的对象，按 Enter 键结束选择。系统继续提示如下。

指定基点或[位移(D)] <位移>：（指定基点或移至点）

指定第二个点或 <使用第一个点作为位移>：

各选项功能与 COPY 命令相关选项功能相同，所不同的是对象被移动后，原位置处的对象消失。

## 4.2.10　实例——绘制电视柜

本实例分别打开从本书配套资源中下载的"电视柜"与"电视机"源文件，并将两个图形放置到一个图形文件中，再利用 4.2.9 节中学过的"移动"命令绘制如图 4-33 所示的电视柜。

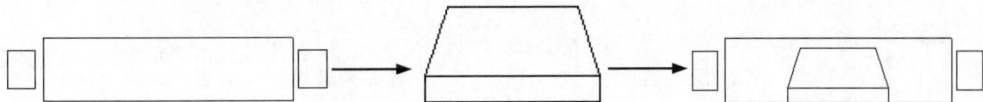

图 4-33　绘制电视柜

（1）打开"电视柜"图形。打开本书配套资源中的"源文件\图库\电视柜"图形文件，如图 4-34 所示。

（2）打开"电视机"图形。打开本书配套资源中的"源文件\图库\电视机"图形文件，如图 4-35 所示。选中对象后右击，在弹出的快捷菜单中选择"带基点复制"命令，选择适当的点为基点，打开"电视柜"图形文件，在适当位置处右击，在弹出的快捷菜单中选择"粘贴"命令。

图 4-34　"电视柜"图形

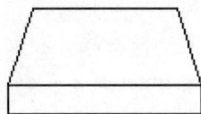

图 4-35　"电视机"图形

（3）移动"电视机"图形。单击"修改"工具栏中的"移动"按钮✛，移动"电视机"到"电视柜"图形上，命令行提示与操作如下。

命令：_move

选择对象：指定对角点：找到 1 个

选择对象：（选择"电视机"图形）✓

指定基点或 [位移(D)] <位移>：（指定"电视机"图形外边的中点）

指定第二个点或 <使用第一个点作为位移>：（F8 关闭正交）<正交 关>（选取"电视柜"外边中点）

绘制结果如图 4-33 所示。

## 4.2.11 "旋转"命令

### 1. 执行方式

- ☑ 命令行：ROTATE。
- ☑ 菜单栏：修改→旋转。
- ☑ 工具栏：修改→旋转 ↻。
- ☑ 功能区：默认→修改→旋转 ↻。
- ☑ 快捷菜单：选择要旋转的对象，在绘图区域右击，在弹出的快捷菜单中选择"旋转"命令。

### 2. 操作步骤

命令：ROTATE↙
UCS 当前的正角方向：ANGDIR=逆时针　ANGBASE=0
选择对象：（选择要旋转的对象）
选择对象：↙
指定基点：（指定旋转的基点。在对象内部指定一个坐标点）
指定旋转角度，或 [复制(C)/参照(R)] <0>：（指定旋转角度或其他选项）

### 3. 选项说明

（1）复制(C)：选择该选项，可在旋转对象的同时保留源对象，如图 4-36 所示。

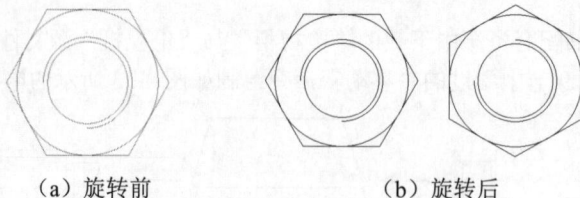

（a）旋转前　　　　　　（b）旋转后

图 4-36　复制旋转

（2）参照(R)：采用参考方式旋转对象时，系统提示如下。

指定参照角 <0>：（指定要参考的角度，默认值为 0）
指定新角度或 [点(P)] <0>：（输入旋转后的角度值）

执行上述操作后，对象被旋转至指定的角度位置。

📢 注意：用户可以用拖曳鼠标的方法旋转对象。选择对象并指定基点后，从基点到当前光标位置会出现一条连线，移动鼠标时选择的对象会动态地随着该连线与水平方向的夹角的变化而旋转，按 Enter 键以确认旋转操作，如图 4-37 所示。

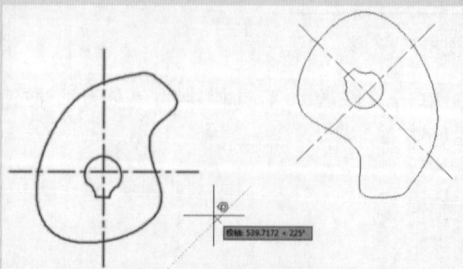

图 4-37　拖曳鼠标旋转对象

## 4.2.12　实例——绘制曲柄

本实例首先利用"直线"和"圆"命令绘制一侧曲柄，然后利用 4.2.11 节中学过的"旋转"命令绘制如图 4-38 所示的曲柄。

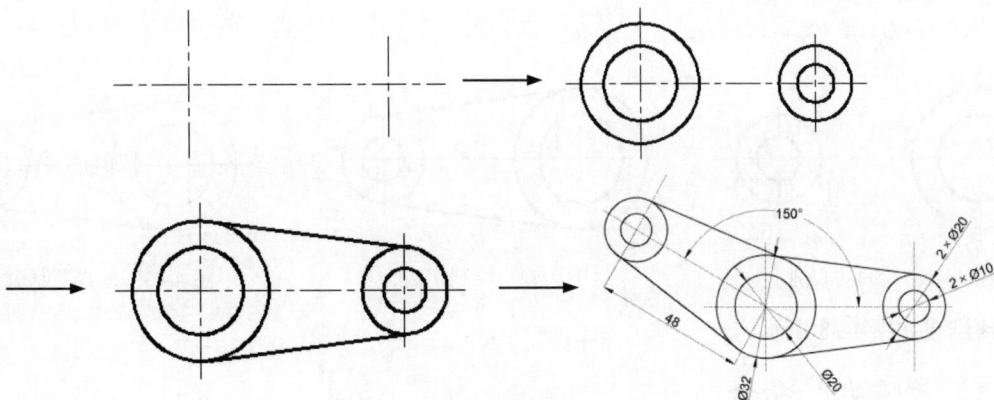

图 4-38　绘制曲柄

（1）新建图层。单击"默认"选项卡"图层"面板中的"图层特性"按钮，打开"图层特性管理器"选项板，新建图层如下："中心线"图层，线型为 CENTER，其余属性默认；"粗实线"图层，线宽为 0.30mm，其余属性默认。

（2）绘制中心线。将"中心线"图层设置为当前图层，单击"默认"选项卡"绘图"面板中的"直线"按钮，绘制中心线。坐标分别为{（100,100），（180,100）}和{（120,120），（120,80）}，结果如图 4-39 所示。

（3）偏移中心线。单击"默认"选项卡"修改"面板中的"偏移"按钮，绘制另一条中心线，偏移距离为 48，结果如图 4-40 所示。

图 4-39　绘制中心线

图 4-40　偏移中心线

（4）绘制圆。转换到"粗实线"图层，单击"默认"选项卡"绘图"面板中的"圆"按钮，绘制图形轴孔部分。绘制圆时：以水平中心线与左边竖直中心线交点为圆心，分别以 32 和 20 为直径绘制同心圆；以水平中心线与右边竖直中心线交点为圆心，分别以 20 和 10 为直径绘制同心圆。结果如图 4-41 所示。

（5）绘制连接线。单击"默认"选项卡"绘图"面板中的"直线"按钮，绘制连接板。分别捕捉左右外圆的切点为端点，绘制上下两条连接线，结果如图 4-42 所示。

（6）旋转复制曲柄。单击"默认"选项卡"修改"面板中的"旋转"按钮，对所绘制的图形进行旋转复制，命令行提示与操作如下。

```
命令: _rotate
UCS 当前的正角方向: ANGDIR=逆时针　ANGBASE=0
选择对象:（选择图形中要旋转的部分，如图 4-43 所示）
```

找到 1 个，总计 6 个
选择对象：✓
指定基点：_int 于（捕捉左边中心线的交点）
指定旋转角度，或 [复制(C)/参照(R)] <0>：C✓
旋转一组选定对象。
指定旋转角度，或 [复制(C)/参照(R)] <0>：150✓

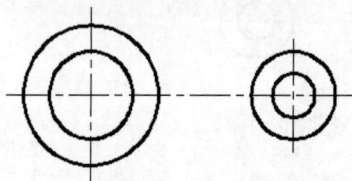

图 4-41　绘制同心圆　　　　　图 4-42　绘制切线　　　　　图 4-43　选择复制对象

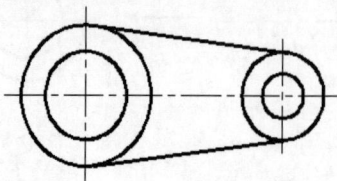

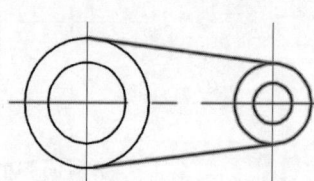

最终结果如图 4-38 所示。

## 4.2.13　"阵列"命令

阵列是指多重复制所选择的对象并把这些副本按矩形、路径或环形进行排列。把副本按矩形进行排列被称为建立矩形阵列，把副本按路径进行排列被称为建立路径阵列，把副本按环形进行排列被称为建立极阵列。建立矩形阵列时，应该控制行和列的数量及对象副本之间的距离；建立极阵列时，应该控制复制对象的次数和对象是否被旋转。

### 1. 执行方式

☑　命令行：ARRAY。

☑　菜单栏：修改→阵列。

☑　工具栏：修改→阵列 ⊞ ○° ⚬°。

☑　功能区：默认→修改→矩形阵列 ⊞ /路径阵列 ○° /环形阵列 ⚬° 。

### 2. 操作步骤

命令：ARRAY✓（在命令行中输入 ARRAY）
选择对象：（使用选择对象的方法）
输入阵列类型 [矩形(R)/路径(PA)/极轴(PO)]<矩形>：PA✓
类型=路径　关联=是
选择路径曲线：（使用一种选择对象的方法）
选择夹点以编辑阵列或 [关联(AS)/方法(M)/基点(B)/切向(T)/项目(I)/行(R)/层(L)/对齐项目(A)/Z方向(Z)/退出(X)] <退出>：I✓
指定沿路径的项目之间的距离或 [表达式(E)] <1293.769>：（指定距离）✓
最大项目数 = 5
指定项目数或 [填写完整路径(F)/表达式(E)] <5>：（输入数目）✓
选择夹点以编辑阵列或 [关联(AS)/方法(M)/基点(B)/切向(T)/项目(I)/行(R)/层(L)/对齐项目(A)/Z方向(Z)/退出(X)] <退出>：✓

### 3. 选项说明

（1）关联(AS)：指定是否在阵列中创建项目作为关联阵列对象，或作为独立对象。

（2）方法(M)：设定定位对象所用的方法。此设置控制哪些"方法和值"字段可用于指定值。例如，如果方法为"要填充的项目和角度总数"，则可以使用相关字段来指定值；"项目间的角度"字段不可用。

（3）基点(B)：指定阵列的基点。

（4）切向(T)：控制选定对象是否将相对于路径的起始方向重定向（旋转），然后移动到路径的起点。

（5）项目(I)：编辑阵列中的项目数。

（6）行(R)：指定阵列中的行数和行间距，以及它们之间的增量标高。

（7）层(L)：指定阵列中的层数和层间距。

（8）对齐项目(A)：指定是否对齐每个项目以与路径的方向相切。对齐相对于第一个项目的方向。

（9）Z 方向(Z)：控制是否保持项目的原始 Z 方向或沿三维路径自然倾斜项目。

（10）退出(X)：退出命令。

（11）表达式(E)：使用数学公式或方程式获取值。

## 4.2.14　实例——绘制齿圈

本实例利用"圆"和"直线"命令绘制基本形状，再利用"圆弧"命令绘制齿形，接着利用"镜像"和"阵列"命令复制轮齿，最后利用"圆弧"和"阵列"命令补全齿形，绘制流程如图 4-44 所示。

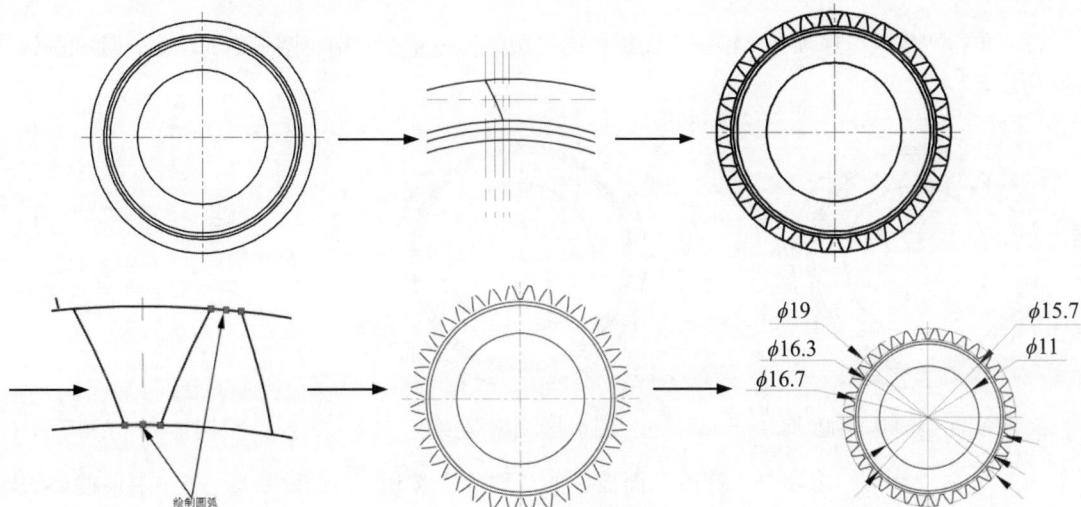

图 4-44　绘制齿圈

（1）单击"默认"选项卡"图层"面板中的"图层特性"按钮，打开"图层特性管理器"选项板，新建两个图层，分别为"粗实线"和"中心线"图层，各个图层属性如图 4-45 所示。

（2）将"中心线"图层设置为当前图层。单击"默认"选项卡"绘图"面板中的"直线"按钮，绘制十字交叉的辅助线，其中水平直线和竖直直线的长度为 20.5，如图 4-46 所示。

（3）将"粗实线"图层设置为当前图层。单击"默认"选项卡"绘图"面板中的"圆"按钮，以交点为圆心，绘制多个同心圆，其中圆的半径分别为 5.5、7.85、8.15、8.37 和 9.5，结果如图 4-47 所示。

（4）单击"默认"选项卡"修改"面板中的"偏移"按钮，将水平中心线向上侧偏移 8.94，将竖直中心线向左侧分别偏移 0.18、0.23 和 0.27，结果如图 4-48 所示。命令行提示与操作如下。

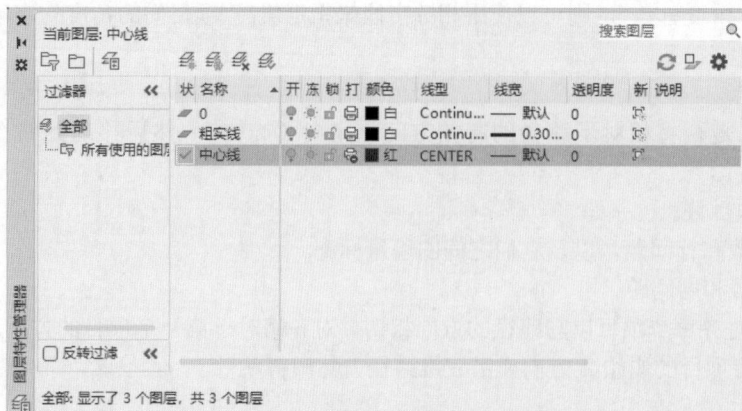

图 4-45　"图层特性管理器"选项板

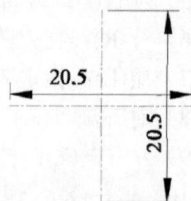

图 4-46　绘制中心线

命令: _offset
当前设置: 删除源=否　图层=源　OFFSETGAPTYPE=0
指定偏移距离或〔通过(T)/删除(E)/图层(L)〕<通过>: 8.94✓
选择要偏移的对象, 或〔退出(E)/放弃(U)〕<退出>: (选择水平中心线)
指定要偏移的那一侧上的点, 或〔退出(E)/多个(M)/放弃(U)〕<退出>: (指定直线上方一点)
……

（5）单击"默认"选项卡"绘图"面板中的"圆弧"按钮 ，指定圆弧的 3 个点，绘制圆弧，如图 4-49 所示。

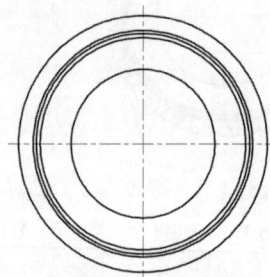

图 4-47　绘制同心圆

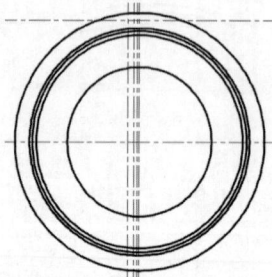

图 4-48　偏移直线

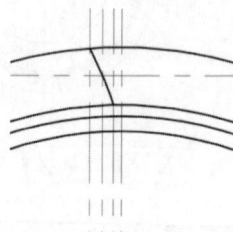

图 4-49　绘制圆弧

（6）单击"默认"选项卡"修改"面板中的"删除"按钮 ，删除步骤（5）中偏移后的辅助直线，如图 4-50 所示。

（7）单击"默认"选项卡"修改"面板中的"镜像"按钮 ，对圆弧进行镜像，其中镜像线为竖直的中心线，结果如图 4-51 所示。

（8）单击"默认"选项卡"修改"面板中的"环形阵列"按钮 ，对绘制的圆弧进行环形阵列，其中圆心为阵列的中心点，阵列的项目数为 36，结果如图 4-52 所示。命令行提示与操作如下。

命令: _arraypolar
类型 = 极轴　关联 = 是
指定阵列的中心点或〔基点(B)/旋转轴(A)〕: (捕捉圆心)
选择夹点以编辑阵列或〔关联(AS)/基点(B)/项目(I)/项目间角度(A)/填充角度(F)/行(ROW)/层(L)/旋转项目(ROT)/退出(X)〕<退出>: I✓
输入阵列中的项目数或〔表达式(E)〕<6>: 36✓

选择夹点以编辑阵列或 [关联(AS)/基点(B)/项目(I)/项目间角度(A)/填充角度(F)/行(ROW)/层(L)/旋转项目(ROT)/退出(X)] <退出>:↙

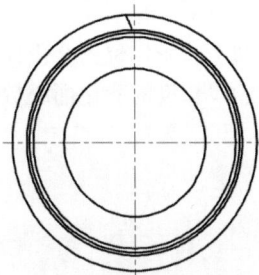

图 4-50 删除辅助线　　　　图 4-51 镜像圆弧　　　　图 4-52 环形阵列圆弧

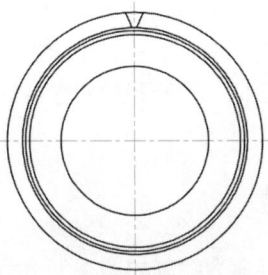

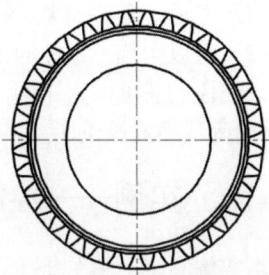

（9）单击"默认"选项卡"绘图"面板中的"圆弧"按钮，绘制两段圆弧，如图 4-53 所示。

（10）单击"默认"选项卡"修改"面板中的"删除"按钮，删除最外侧的两个同心圆，结果如图 4-54 所示。

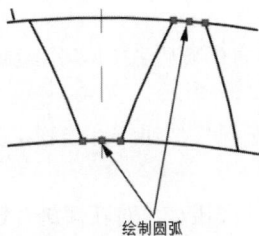

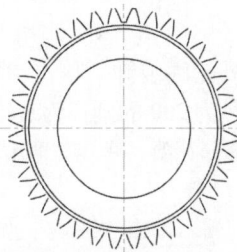

图 4-53 绘制圆弧　　　　图 4-54 删除同心圆

（11）单击"默认"选项卡"修改"面板中的"环形阵列"按钮，对绘制的圆弧进行环形阵列，其中圆心为阵列的中心点，阵列的项目数为 36，结果如图 4-44 所示。

## 4.2.15 "缩放"命令

### 1. 执行方式

☑ 命令行：SCALE。
☑ 菜单栏：修改→缩放。
☑ 工具栏：修改→缩放。
☑ 功能区：默认→修改→缩放。
☑ 快捷菜单：选择要缩放的对象，在绘图区域右击，在弹出的快捷菜单中选择"缩放"命令。

### 2. 操作步骤

命令：SCALE↙
选择对象：（选择要缩放的对象）
指定基点：（指定缩放操作的基点）
指定比例因子或 [复制(C)/参照(R)] <1.0000>:

### 3. 选项说明

（1）采用参考方向缩放对象。系统提示如下。

指定参照长度 <1>:（指定参考长度值）

指定新的长度或[点(P)]<1.0000>：（指定新长度值）

若新长度值大于参考长度值，则放大对象，否则缩小对象。操作完毕后，系统以指定的基点按指定比例因子缩放对象。如果选择"点(P)"选项，则指定两点来定义新的长度。

（2）可以用拖曳鼠标的方法缩放对象。选择对象并指定基点后，从基点到当前光标位置会出现一条连线，线段的长度即为比例大小。移动鼠标，所选择的对象会动态地随着该连线长度的变化而缩放，按Enter键确认缩放操作。

## 4.2.16　实例——绘制装饰盘

本实例利用"圆""圆弧""阵列"等命令绘制如图 4-55 所示的装饰盘。

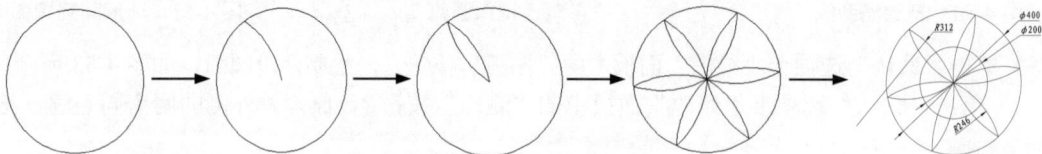

图 4-55　绘制装饰盘

（1）绘制外轮廓装饰。单击"默认"选项卡"绘图"面板中的"圆"按钮 ⊙，绘制一个圆心为(100,100)、半径为 200 的圆作为装饰盘外轮廓线，如图 4-56 所示。

（2）绘制部分花瓣。单击"默认"选项卡"绘图"面板中的"圆弧"按钮 ⌒，绘制花瓣，如图 4-57 所示。

（3）镜像花瓣。单击"默认"选项卡"修改"面板中的"镜像"按钮 ⚏，对花瓣进行镜像，如图 4-58 所示。

（4）阵列花瓣。单击"默认"选项卡"修改"面板中的"环形阵列"按钮 ⸭，选择花瓣为源对象，以圆心为阵列中心点阵列花瓣，如图 4-59 所示。

图 4-56　绘制圆形　　　图 4-57　绘制花瓣　　　图 4-58　镜像花瓣　　　图 4-59　阵列花瓣

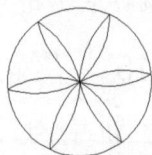

（5）缩放装饰盘。单击"默认"选项卡"修改"面板中的"缩放"按钮 🔲，缩放一个圆作为装饰盘内装饰圆，命令行提示与操作如下。

```
命令：_scale
选择对象：（选择圆）
选择对象：✓
指定基点：（指定圆心）
指定比例因子或 [复制(C)/参照(R)]<1.0000>：C✓
指定比例因子或 [复制(C)/参照(R)]<1.0000>：0.5✓
```

绘制完成，效果如图 4-55 所示。

# 4.3　改变几何特性类命令

这一类编辑命令在对指定对象进行编辑后，使编辑对象的几何特性发生变化。这类命令包括"修剪""延伸""圆角""倒角""拉伸""拉长""打断""打断于点""分解"等。

## 4.3.1　"修剪"命令

### 1. 执行方式

- ☑ 命令行：TRIM。
- ☑ 菜单栏：修改→修剪。
- ☑ 工具栏：修改→修剪 ✂。
- ☑ 功能区：默认→修改→修剪 ✂。

### 2. 操作步骤

命令：TRIM↙
当前设置：投影=UCS，边=无，模式=标准
选择修剪边…
选择对象或 [模式(O)] <全部选择>：（选择一个或多个对象并按 Enter 键，或者按 Enter 键选择所有显示的对象）

按 Enter 键结束对象选择，系统提示如下。

选择要修剪的对象，或按住 Shift 键选择要延伸的对象或[剪切边(T)/栏选(F)/窗交(C)/模式(O)/投影(P)/边(E)/删除(R)]：

### 3. 选项说明

（1）在选择对象时，如果按住 Shift 键，系统就自动将"修剪"命令转换成"延伸"命令。4.3.3 节将对"延伸"命令进行介绍。

（2）选择"边(边)"选项时，可以选择对象的修剪方式。

- ☑ 延伸(E)：延伸边界修剪对象。在此方式下，如果修剪边没有与要修剪的对象相交，则系统会延伸修剪边，直至与对象相交，然后修剪，如图 4-60 所示。

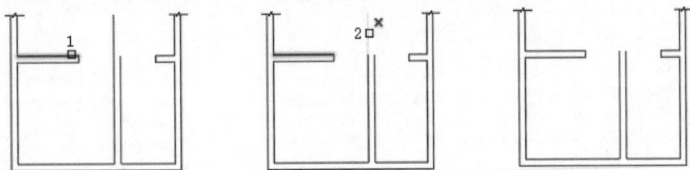

（a）选择剪切边　　（b）选择要修剪的对象　　（c）修剪后的结果

图 4-60　延伸方式修剪对象

- ☑ 不延伸(N)：不延伸边界修剪对象，只修剪与修剪边相交的对象。

（3）选择"栏选(F)"选项时，系统以栏选的方式选择被修剪对象，如图 4-61 所示。

（4）选择"窗交(C)"选项时，系统以窗交的方式选择被修剪对象，如图 4-62 所示。

（5）被选择的对象可以和被修剪对象互为边界，此时系统会在选择的对象中自动判断边界。

（a）选定修剪边      （b）使用栏选选定要修剪的对象      （c）修剪结果

图 4-61   栏选修剪对象

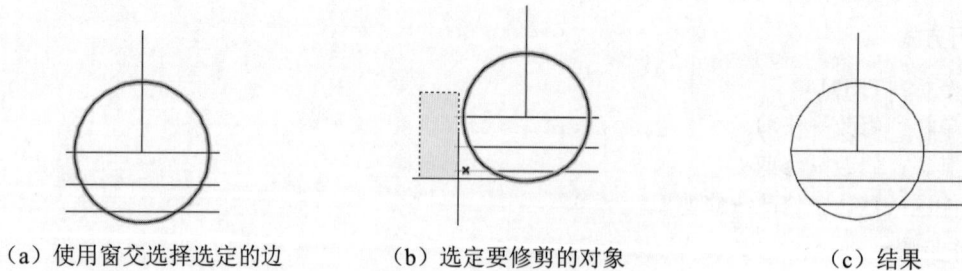

（a）使用窗交选择选定的边      （b）选定要修剪的对象      （c）结果

图 4-62   窗交选择修剪对象

## 4.3.2   实例——绘制间歇轮

间歇机构是机械机构中一种重要而非连续运动的机构。本实例利用 4.3.1 节中学过的"修剪"命令绘制间歇机构的核心零件，即间歇轮，绘制流程如图 4-63 所示。

（1）设置图层。单击"默认"选项卡"图层"面板中的"图层特性"按钮，打开"图层特性管理器"选项板，新建两个图层。

①将第一个图层命名为"轮廓线"，线宽属性为 0.30mm，其余属性默认。

②将第二个图层命名为"中心线"，颜色设为红色，线型加载为 CENTER，其余属性默认。

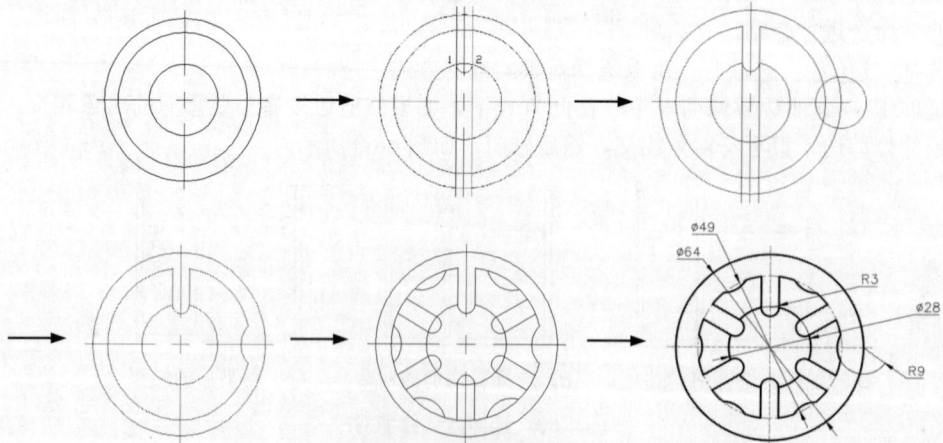

图 4-63   绘制间歇轮

（2）绘制直线。将当前图层设置为"中心线"图层，单击"默认"选项卡的"绘图"面板中的"直线"按钮，绘制从点（165,200）到点（235,200）的直线。

按 Enter 键，重复"直线"命令绘制从点（200,165）到点（200,235）的直线，结果如图 4-64

所示。

（3）绘制圆。将当前图层设置为"轮廓线"图层。单击"默认"选项卡"绘图"面板中的"圆"按钮⊙，绘制以点（200,200）为圆心、半径为 32 的圆。

按 Enter 键，重复"圆"命令，绘制以点（200,200）为圆心、分别以 24.5 和 14 为半径的同心圆，结果如图 4-65 所示。

（4）绘制直线。在竖直中心线左右两边均为 3 的距离处绘制两条与其平行的直线，结果如图 4-66 所示。

（5）绘制圆弧。单击"默认"选项卡"绘图"面板中的"圆弧"按钮，绘制以点 1 为起点、点 2 为端点、半径为 3 的圆弧，结果如图 4-67 所示。

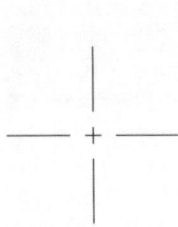

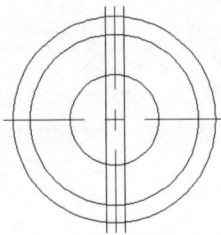

图 4-64　绘制中心线　　　图 4-65　绘制圆　　　图 4-66　绘制直线　　　图 4-67　绘制圆弧

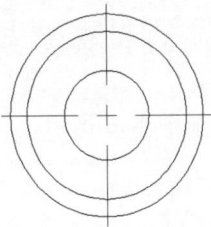

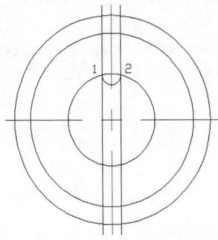

（6）修剪处理。单击"默认"选项卡"修改"面板中的"修剪"按钮，命令行提示与操作如下。

```
命令：_trim
当前设置：投影=UCS,边=延伸,模式=标准
选择剪切边…
选择对象或 [模式(O)] <全部选择>：（选择如图 4-68 所示的图形）
选择对象：✓
选择要修剪的对象，或按住 Shift 键选择要延伸的对象或[剪切边(T)/栏选(F)/窗交(C)/模式(O)/投影(P)/边(E)/删除(R)]：（选择要修剪的图形）
选择要修剪的对象，或按住 Shift 键选择要延伸的对象或[剪切边(T)/栏选(F)/窗交(C)/模式(O)/投影(P)/边(E)/删除(R)/放弃(U)]：✓
```

结果如图 4-69 所示。

（7）绘制圆。单击"默认"选项卡"绘图"面板中的"圆"按钮⊙，绘制以大圆与水平直线的交点为圆心、半径为 9 的圆，结果如图 4-70 所示。

图 4-68　选择修剪边　　　图 4-69　修剪处理　　　图 4-70　绘制圆

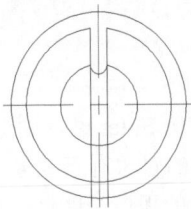

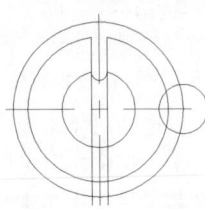

（8）修剪处理。单击"默认"选项卡"修改"面板中的"修剪"按钮，对图 4-70 中的图形进行修剪，结果如图 4-71 所示。

（9）阵列处理。单击"默认"选项卡"修改"面板中的"环形阵列"按钮，以已修剪的圆弧与步骤（6）中修剪的两竖线及其相连的圆弧为阵列对象，以圆中心线交点为阵列中心点，阵列项目数为 6，对所选择的阵列对象进行环形阵列，得到轮片，结果如图 4-72 所示。

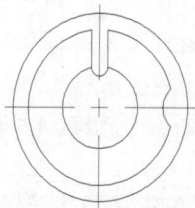

| 图 4-71 修剪处理 | 图 4-72 阵列结果 |

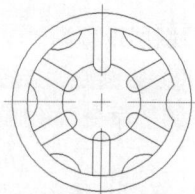

（10）修剪处理。单击"默认"选项卡"修改"面板中的"修剪"按钮▼，对图 4-72 中的图形进行修剪，结果如图 4-63 所示。

## 4.3.3 "延伸"命令

"延伸"命令用于延伸对象到另一个对象的边界线，如图 4-73 所示。

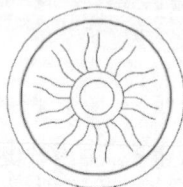

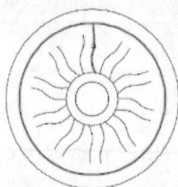

（a）选择边界　　　（b）选择要延伸的对象　　　（c）执行结果

图 4-73　延伸对象

### 1. 执行方式

☑　命令行：EXTEND。

☑　菜单栏：修改→延伸。

☑　工具栏：修改→延伸━┥。

☑　功能区：默认→修改→延伸━┥。

### 2. 操作步骤

```
命令：EXTEND✓
当前设置：投影=UCS，边=延伸，模式=标准
选择边界的边…
选择对象或 [模式(O)] <全部选择>：
选择对象：（选择边界对象）
```

此时可以选择对象来定义边界。若直接按 Enter 键，则选择所有对象作为边界对象。

AutoCAD 2026 规定可以用作边界对象的对象有直线段、射线、双向无限长线、圆弧、圆、椭圆、二维和三维多段线、样条曲线、文本、浮动的视口、区域。如果选择二维多段线作为边界对象，系统会忽略其宽度而把对象延伸至多段线的中心线。

选择边界对象后，系统继续提示如下。

```
选择要延伸的对象，或按住 Shift 键选择要修剪的对象或[边界边(B)/栏选(F)/窗交(C)/模式(O)/投影(P)/边(E)]：
```

### 3. 选项说明

选择对象时，如果按住 Shift 键，系统会自动将"延伸"命令转换成"修剪"命令。

## 4.3.4　实例——绘制力矩式自整角发送机

本实例绘制力矩式自整角发送机。在本实例中，读者将重点学习"偏移"命令的使用。本实例首先绘制圆和直线，然后添加注释以完成绘图，绘制流程如图 4-74 所示。

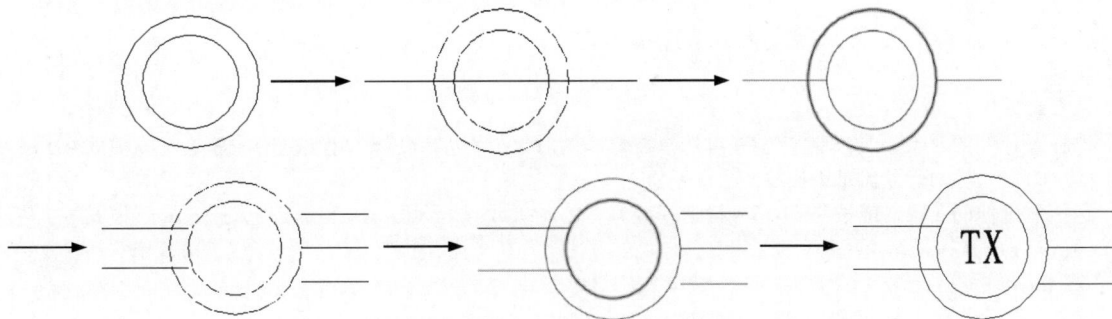

图 4-74　绘制力矩式自整角发送机

（1）绘制圆。单击"默认"选项卡"绘图"面板中的"圆"按钮⊙，绘制以点（100,100）为圆心、半径为 10 的外圆。

（2）偏移外圆。单击"默认"选项卡"修改"面板中的"偏移"按钮⊆，将外圆向内偏移 3，绘制内圆，偏移后的效果如图 4-75 所示。

（3）绘制两端引线，其中左边 2 条，右边 3 条。

①单击"默认"选项卡"绘图"面板中的"直线"按钮╱，从点（80,100）到点（120,100）绘制一条直线，如图 4-76 所示。

②单击"默认"选项卡"修改"面板中的"修剪"按钮下，以内圆为修剪参考，修剪直线，结果如图 4-77 所示。

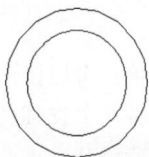

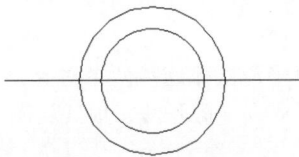

图 4-75　偏移效果　　　　　　图 4-76　绘制直线　　　　　　图 4-77　内圆修剪

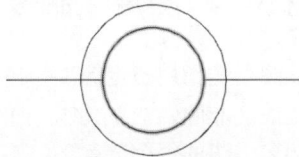

③单击"默认"选项卡"修改"面板中的"修剪"按钮下，以外圆为修剪参考，修剪直线，结果如图 4-78 所示。

④单击"默认"选项卡"修改"面板中的"复制"按钮🕀，分别向上、向下复制移动右引线，移动距离均为 5，结果如图 4-79 所示。

⑤单击"默认"选项卡"修改"面板中的"移动"按钮✢，向上移动左边引线，移动距离为 3；单击"默认"选项卡"修改"面板中的"复制"按钮🕀，向下复制移动左引线，移动距离为 6，如图 4-80 所示。

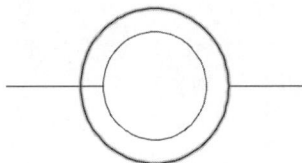

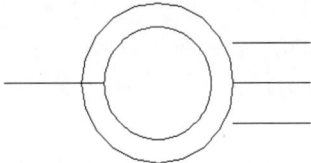

图 4-78　外圆修剪　　　　　　图 4-79　右引线复制和移动　　　　图 4-80　左引线移动和复制

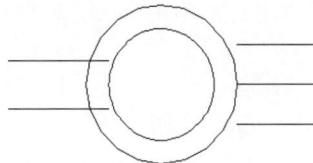

⑥单击"默认"选项卡"修改"面板中的"延伸"按钮━━|，以内圆为延伸边界，延伸左边两条引线，命令行提示与操作如下。

```
命令：_extend
当前设置：投影=UCS,边=延伸,模式=标准
选择边界的边…
选择对象或［模式(O)］<全部选择>:（选择内圆）
找到 1 个
选择对象：✓
选择要延伸的对象，或按住 Shift 键选择要修剪的对象或[边界边(B)/栏选(F)/窗交(C)/模式(O)/投影
(P)/边(E)]:（选择已绘制的细实线）
选择要延伸的对象，或按住 Shift 键选择要修剪的对象或[边界边(B)/栏选(F)/窗交(C)/模式(O)/投影
(P)/边(E)/放弃(U)]:✓
```

结果如图 4-81 所示。

⑦单击"默认"选项卡"修改"面板中的"延伸"按钮━━|，以外圆为延伸参考，延伸右边 3 条引线，结果如图 4-82 所示。

⑧单击"默认"选项卡"注释"面板中的"多行文字"按钮A（此命令将在后面章节中详细讲述），在内圆中心输入 TX，力矩式自整角发送机符号如图 4-74 所示。

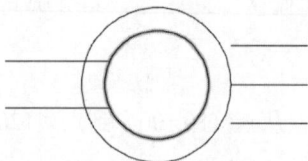

图 4-81  左引线延伸　　　　　　　　　图 4-82  右引线延伸

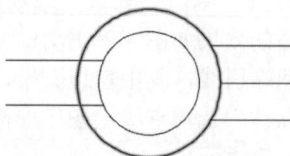

## 4.3.5  "圆角"命令

圆角是指用指定的半径决定的一段平滑圆弧连接两个对象。AutoCAD 2026 规定可以圆滑连接一对直线段、非圆弧的多义线、样条曲线、双向无限长线、射线、圆、圆弧和椭圆，并可以在任何时刻圆滑连接多义线的每个节点。

### 1.  执行方式

☑  命令行：FILLET。
☑  菜单栏：修改→圆角。
☑  工具栏：修改→圆角 ╭ 。
☑  功能区：默认→修改→圆角 ╭ 。

### 2.  操作步骤

```
命令：FILLET✓
当前设置：模式 = 修剪，半径 = 0.0000
选择第一个对象或 [放弃(U)/多段线(P)/半径(R)/修剪(T)/多个(M)]:（选择第一个对象或别的选项）
选择第二个对象，或按住 Shift 键选择对象以应用角点或 [半径(R)]:（选择第二个对象）
```

### 3.  选项说明

（1）多段线(P)：在一条二维多段线的两段直线段节点处插入圆滑的弧。选择多段线后，系统会根据指定的圆弧半径把多段线各顶点用圆滑的弧连接起来。

（2）修剪(T)：当决定圆滑连接两条边时，是否修剪这两条边，如图 4-83 所示。

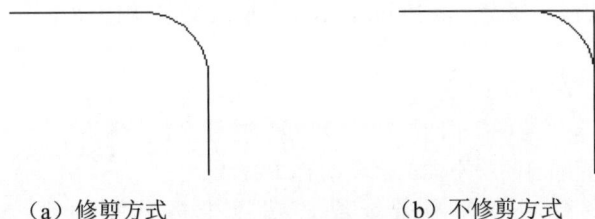

（a）修剪方式　　　　　　　　　（b）不修剪方式

图 4-83　圆角连接

（3）多个(M)：同时对多个对象进行圆角编辑，而不必重新使用命令。

（4）快速创建零距离倒角或零半径圆角：按住 Shift 键并选择两条直线，可以快速创建零距离倒角或零半径圆角。

## 4.3.6　实例——绘制挂轮架

本实例利用 4.3.5 节中学过的"圆角"命令绘制挂轮架，绘制流程如图 4-84 所示。

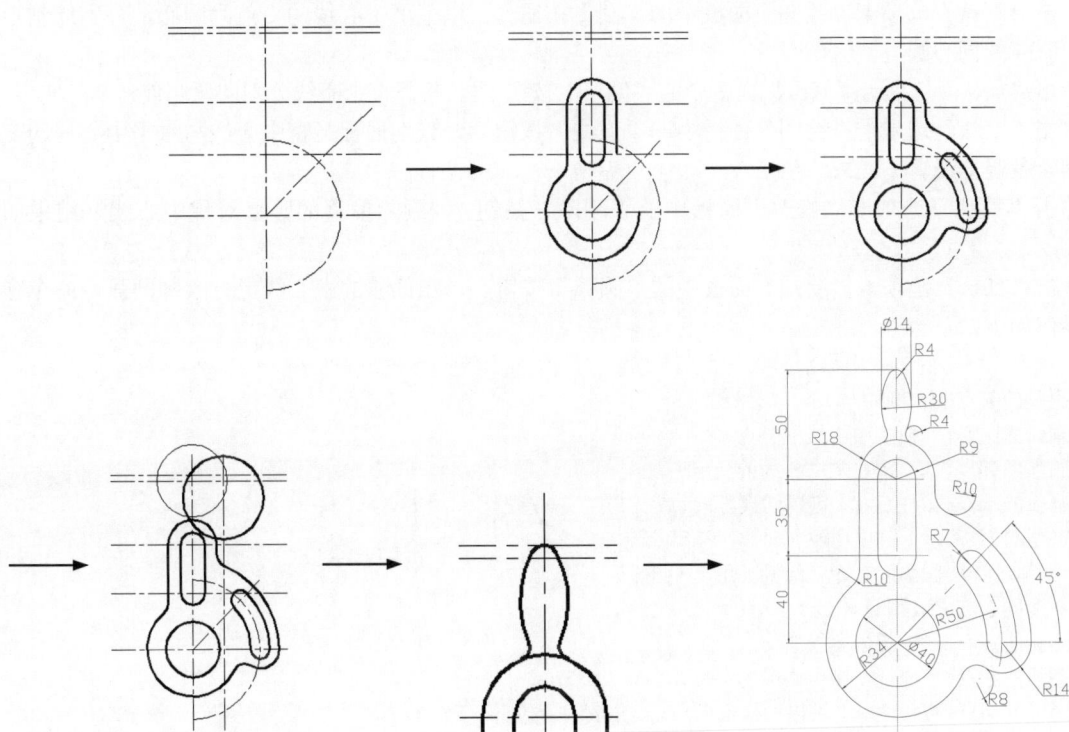

图 4-84　绘制挂轮架

由图 4-84 可知：该挂轮架主要由直线、相切的圆及圆弧组成，因此可以用"直线""圆""圆弧"命令，并配合"修剪"命令进行绘制；挂轮架的上部是对称的结构，因此可以使用"镜像"命令进行操作；其中的圆角如 R10、R8、R4 等均可以采用"圆角"命令进行绘制。

（1）设置绘图环境。

①利用 LIMITS 命令设置图幅，即 297mm×210mm。

②单击"默认"选项卡"图层"面板中的"图层特性"按钮 ，打开"图层特性管理器"选项板。设置 CSX 图层的线型为实线，线宽为 0.30mm，其他默认；设置 XDHX 图层的线型为 CENTER，线宽为 0.09mm，其他默认。

（2）绘制对称中心线。将 XDHX 图层设置为当前图层。

①单击"默认"选项卡"绘图"面板中的"直线"按钮 ，绘制端点坐标为{（80,70），（210,70）}的最下面的水平对称中心线。

重复"直线"命令绘制另外两条线段，端点坐标分别为{（140,210），（140,12）}、{（中心线的交点），（@70<45）}。

②单击"默认"选项卡"修改"面板中的"偏移"按钮 ，将水平中心线分别向上偏移 40、35、50、4，依次以偏移形成的水平对称中心线为偏移对象。

③单击"默认"选项卡"绘图"面板中的"圆"按钮 ，以下部中心线的交点为圆心绘制半径为 50 的中心线圆。

④单击"默认"选项卡"修改"面板中的"修剪"按钮 ，修剪中心线圆，结果如图 4-85 所示。

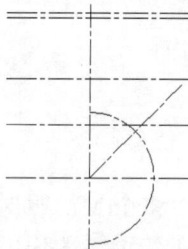

图 4-85　修剪后的图形

（3）绘制挂轮架中部。将 CSX 图层设置为当前图层。

①单击"默认"选项卡"绘图"面板中的"圆"按钮 ，以下部中心线的交点为圆心，分别绘制半径为 20 和 34 的同心圆。

②单击"默认"选项卡"修改"面板中的"偏移"按钮 ，将竖直中心线分别向两侧偏移 9、18。

③单击"默认"选项卡"绘图"面板中的"直线"按钮 ，分别捕捉竖直中心线与水平中心线的交点并绘制 4 条竖直线。

④单击"默认"选项卡"修改"面板中的"删除"按钮 ，删除偏移的竖直对称中心线，结果如图 4-86 所示。

⑤单击"默认"选项卡"绘图"面板中的"圆弧"按钮 ，在偏移的中心线上方绘制圆弧，命令行提示与操作如下。

```
命令: _arc（绘制 R18 圆弧）
指定圆弧的起点或 [圆心(C)]: C↙
指定圆弧的圆心: (捕捉中心线的交点)
指定圆弧的起点: (捕捉左侧中心线的交点)
指定圆弧的端点(按住 Ctrl 键以切换方向)或 [角度(A)/弦长(L)]: A↙
指定夹角(按住 Ctrl 键以切换方向): -180↙
命令: _arc（"圆弧"命令，绘制上部 R9 圆弧）
指定圆弧的起点或 [圆心(C)]: C↙
指定圆弧的圆心: (捕捉中心线的交点)
指定圆弧的起点: (捕捉左侧中心线的交点)
指定圆弧的端点(按住 Ctrl 键以切换方向)或 [角度(A)/弦长(L)]: A↙
指定夹角(按住 Ctrl 键以切换方向): -180↙
```

同理，绘制下部 R9 圆弧和左端 R10 圆角，命令行提示与操作如下。

```
命令: _arc（按 Backspace 键继续执行"圆弧"命令，绘制下部 R9 圆弧）
指定圆弧的起点或 [圆心(C)]: C↙
指定圆弧的圆心: (捕捉中心线的交点)
指定圆弧的起点: (捕捉左侧中心线的交点)
指定圆弧的端点(按住 Ctrl 键以切换方向)或 [角度(A)/弦长(L)]: A ↙
指定夹角(按住 Ctrl 键以切换方向): 180↙
```

```
命令：_fillet（"圆角"命令，绘制左端 R10 圆角）
当前设置：模式 = 修剪，半径 = 0.0000
选择第一个对象或 [放弃(U)/多段线(P)/半径(R)/修剪(T)/多个(M)]：R↙
指定圆角半径 <0.0000>：10↙
选择第一个对象或 [放弃(U)/多段线(P)/半径(R)/修剪(T)/多个(M)]：T↙
输入修剪模式选项 [修剪(T)/不修剪(N)] <修剪>：T↙
选择第一个对象或 [放弃(U)/多段线(P)/半径(R)/修剪(T)/多个(M)]：（选择中间最左侧的竖直线的
下部）
选择第二个对象，或按住 Shift 键选择对象以应用角点或 [半径(R)]：（选择下部 R34 圆）
选择第二个对象，或按住 Shift 键选择对象以应用角点或 [半径(R)]：↙
```

⑥单击"默认"选项卡"修改"面板中的"修剪"按钮，修剪 R34 圆，结果如图 4-87 所示。

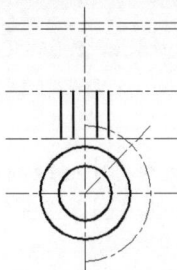

图 4-86　绘制中间的竖直线　　　　　　　　图 4-87　挂轮架的中部图形

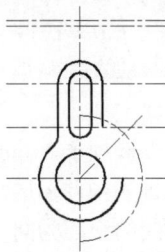

（4）绘制挂轮架右部。

①分别捕捉圆弧 R50 与倾斜中心线、水平中心线的交点为圆心，以 7 为半径绘制圆。捕捉 R34 圆的圆心，分别绘制半径为 43、57 的圆弧，命令行提示与操作如下。

```
命令：_arc（绘制 R43 圆弧）
指定圆弧的起点或 [圆心(C)]：C↙
指定圆弧的圆心：（捕捉 R34 圆弧的圆心）
指定圆弧的起点：（捕捉下部 R7 圆与水平对称中心线的左交点）
指定圆弧的端点(按住 Ctrl 键以切换方向)或 [角度(A)/弦长(L)]：_int 于（捕捉上部 R7 圆与倾斜对称
中心线的左交点）
命令：_arc（绘制 R57 圆弧）
指定圆弧的起点或 [圆心(C)]：C↙
指定圆弧的圆心：（捕捉 R34 圆弧的圆心）
指定圆弧的起点：（捕捉下部 R7 圆与水平对称中心线的右交点）
指定圆弧的端点(按住 Ctrl 键以切换方向)或 [角度(A)/弦长(L)]：（捕捉上部 R7 圆与倾斜对称中心线的
右交点）
```

②单击"默认"选项卡"修改"面板中的"修剪"按钮，修剪 R7 圆。

③单击"默认"选项卡"绘图"面板中的"圆"按钮，以 R34 圆弧的圆心为圆心，绘制半径为 64 的圆。

④单击"默认"选项卡"修改"面板中的"圆角"按钮，绘制上部 R10 圆角。

⑤单击"默认"选项卡"修改"面板中的"修剪"按钮，修剪 R64 圆。

⑥单击"默认"选项卡"绘图"面板中的"圆弧"按钮，绘制 R14 圆弧，命令行提示与操作如下。

```
命令：_arc（绘制下部 R14 圆弧）
指定圆弧的起点或 [圆心(C)]：C↙
```

```
指定圆弧的圆心：_cen 于（捕捉下部 R7 圆的圆心）
指定圆弧的起点：_int 于（捕捉 R64 圆与水平对称中心线的交点）
指定圆弧的端点(按住 Ctrl 键以切换方向)或 [角度(A)/弦长(L)]：A↙
指定夹角(按住 Ctrl 键以切换方向)：-180↙
```

⑦单击"默认"选项卡"修改"面板中的"圆角"按钮，绘制下部 R8 圆角，结果如图 4-88 所示，命令行提示与操作如下。

```
命令：_fillet
当前设置：模式 = 修剪，半径 = 10.0000
选择第一个对象或 [放弃(U)/多段线(P)/半径(R)/修剪(T)/多个(M)]：R ↙
指定圆角半径 <10.0000>：8↙
选择第一个对象或 [放弃(U)/多段线(P)/半径(R)/修剪(T)/多个(M)]：T↙
输入修剪模式选项 [修剪(T)/不修剪(N)] <修剪>：T↙
选择第一个对象或 [放弃(U)/多段线(P)/半径(R)/修剪(T)/多个(M)]：
选择第二个对象，或按住 Shift 键选择对象以应用角点或 [半径(R)]：
```

（5）绘制挂轮架上部。

①单击"默认"选项卡"修改"面板中的"偏移"按钮，将竖直对称中心线向右偏移 22。

②将 0 图层设置为当前图层，单击"默认"选项卡"绘图"面板中的"圆"按钮，以第二条水平中心线与竖直中心线的交点为圆心，绘制 R26 辅助圆。

③将 CSX 图层设置为当前图层，单击"默认"选项卡"绘图"面板中的"圆"按钮，以 R26 圆与偏移的竖直中心线的交点为圆心，绘制 R30 圆，结果如图 4-89 所示。

④单击"默认"选项卡"修改"面板中的"删除"按钮，分别选择偏移形成的竖直中心线及 R26 圆。

⑤单击"默认"选项卡"修改"面板中的"修剪"按钮，修剪 R30 圆。

⑥单击"默认"选项卡"修改"面板中的"镜像"按钮，以竖直中心线为镜像线，镜像所绘制的 R30 圆弧，结果如图 4-90 所示。单击"默认"选项卡"修改"面板中的"圆角"按钮，绘制 R4 圆角，命令行提示与操作如下。

```
命令：_fillet（绘制最上部 R4 圆角）
当前设置：模式 = 修剪，半径 = 8.0000
选择第一个对象或[放弃(U)/多段线(P)/半径(R)/修剪(T)/多个(M)]：R↙
指定圆角半径 <8.0000>：4↙
选择第一个对象或 [放弃(U)/多段线(P)/半径(R)/修剪(T)/多个(M)]：T↙
输入修剪模式选项 [修剪(T)/不修剪(N)] <修剪>：T↙
选择第一个对象或[放弃(U)/多段线(P)/半径(R)/修剪(T)/多个(M)]：（选择左侧 R30 圆弧的上部）
选择第二个对象，或按住 Shift 键选择对象以应用角点或 [半径(R)]：（选择右侧 R30 圆弧的上部）
命令：_fillet（绘制左边 R4 圆角）
当前设置：模式 = 修剪，半径 = 4.0000
选择第一个对象或[放弃(U)/多段线(P)/半径(R)/修剪(T)/多个(M)]：T↙（更改修剪模式）
输入修剪模式选项 [修剪(T)/不修剪(N)] <修剪>：N↙（选择修剪模式为"不修剪"）
选择第一个对象或[放弃(U)/多段线(P)/半径(R)/修剪(T)/多个(M)]：（选择左侧 R30 圆弧的下端）
选择第二个对象，或按住 Shift 键选择对象以应用角点或 [半径(R)]：（选择 R18 圆弧的左侧）
命令：_fillet（绘制右边 R4 圆角）
当前设置：模式 = 不修剪，半径 = 4.0000
选择第一个对象或[放弃(U)/多段线(P)/半径(R)/修剪(T)/多个(M)]：（选择右侧 R30 圆弧的下端）
选择第二个对象，或按住 Shift 键选择对象以应用角点或 [半径(R)]：（选择 R18 圆弧的右侧）
```

⑦单击"默认"选项卡的"修改"面板中的"修剪"按钮，修剪 R30 圆，结果如图 4-91 所示。

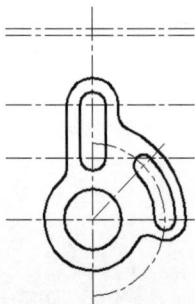

图 4-88　绘制完成挂轮架右部图形　　图 4-89　绘制 R30 圆　　图 4-90　镜像 R30 圆　　图 4-91　挂轮架的上部

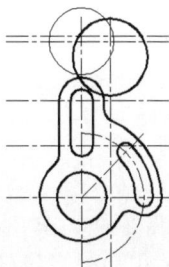

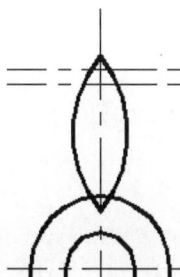

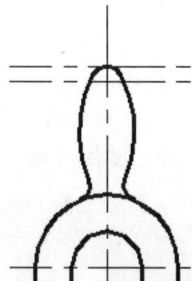

（6）整理并保存图形。单击"默认"选项卡"修改"面板中的"拉长"按钮（此命令将在 4.3.11 节中详细讲述），调整中心线长度。单击"默认"选项卡"修改"面板中的"删除"按钮，删除最上边的两条水平中心线。单击快速访问工具栏中的"保存"按钮，将绘制完成的图形以"挂轮架.dwg"为文件名保存在指定的路径中。命令行提示与操作如下。

命令：_lengthen（"拉长"命令，对图 4-91 中的中心线进行调整）
选择要测量的对象或 [增量(DE)/百分数(P)/全部(T)/动态(DY)]：DY↙（选择动态调整）
选择要修改的对象或 [放弃(U)]：（分别选择打算调整的中心线）
指定新端点：（将选择的中心线调整到新的长度）
选择要修改的对象或 [放弃(U)]：↙

提示：使用"圆角"命令操作时，需要注意设置圆角半径，否则圆角操作后看起来好像没有效果，因为系统默认的圆角半径是 0。

## 4.3.7　"倒角"命令

倒角是指用斜线连接两个不平行的线型对象，可以用斜线连接直线段、双向无限长线、射线和多义线。

AutoCAD 采用两种方法确定连接两个线型对象的斜线，即指定斜线距离、指定斜线角度和一个斜线距离。下面分别介绍这两种方法。

（1）指定斜线距离。

斜线距离是指从被连接的对象与斜线的交点到被连接的两对象可能的交点距离，如图 4-92 所示。

（2）指定斜线角度和一个斜线距离。

采用这种方法斜线连接对象时，需要输入两个参数，即斜线与一个对象的斜线距离和斜线与该对象的夹角，如图 4-93 所示。

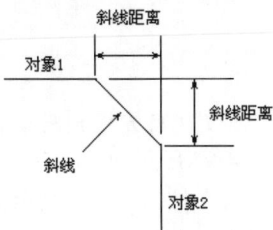

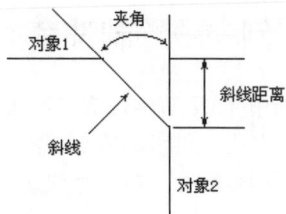

图 4-92　斜线距离　　　　　　　　　　　图 4-93　斜线距离与夹角

1. 执行方式

☑ 　命令行：CHAMFER。
☑ 　菜单栏：修改→倒角。
☑ 　工具栏：修改→倒角⌐。
☑ 　功能区：默认→修改→倒角⌐。

2. 操作步骤

命令：CHAMFER✓
（"不修剪"模式）当前倒角距离 1 = 0.0000，距离 2 = 0.0000
　　选择第一条直线或 [放弃(U)/多段线(P)/距离(D)/角度(A)/修剪(T)/方式(E)/多个(M)]：（第一条直线或别的选项）
　　选择第二条直线，或按住 Shift 键选择直线以应用角点或 [距离(D)/角度(A)/方法(M)]：（选择第二条直线）

🔊 注意：有时用户在执行"圆角"和"倒角"命令时，发现不执行或执行命令没什么变化，那是因为系统默认圆角半径和倒角距离均为 0。如果不事先设定圆角半径或倒角距离，系统就以默认值执行命令，所以好像没有执行命令。

3. 选项说明

（1）多段线(P)：对多段线的各个交叉点倒斜角。为了得到最好的连接效果，一般设置斜线是相等的值。系统根据指定的斜线距离把多段线的每个交叉点都做斜线连接，连接的斜线成为多段线新添加的构成部分，如图 4-94 所示。

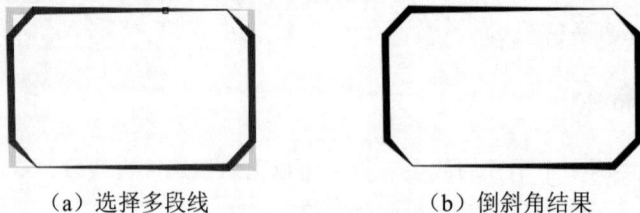

（a）选择多段线　　　　　　　（b）倒斜角结果

图 4-94　斜线连接多段线

（2）距离(D)：选择倒角的两个斜线距离。这两个斜线距离可以相同或不相同，若二者均为 0，则系统不绘制连接的斜线，而是把两个对象延伸至相交并修剪超出的部分。

（3）角度(A)：选择第一条直线的斜线距离和第一条直线的倒角角度。

（4）修剪(T)：与圆角连接命令 FILLET 相同，该选项决定连接对象后是否修剪源对象。

（5）方式(E)：决定采用"距离"方式，还是"角度"方式来倒斜角。

（6）多个(M)：同时对多个对象进行倒斜角编辑。

## 4.3.8　实例——绘制洗菜盆

本实例利用 4.3.7 节学过的"倒角"命令绘制厨房用的洗菜盆。本实例首先绘制洗菜盆的外轮廓，再依次绘制水龙头、出水口等小部件，最后绘制倒角。绘制流程如图 4-95 所示。

（1）绘制初步轮廓。单击"默认"选项卡"绘图"面板中的"直线"按钮╱，绘制矩形，大约尺寸如图 4-96 所示。

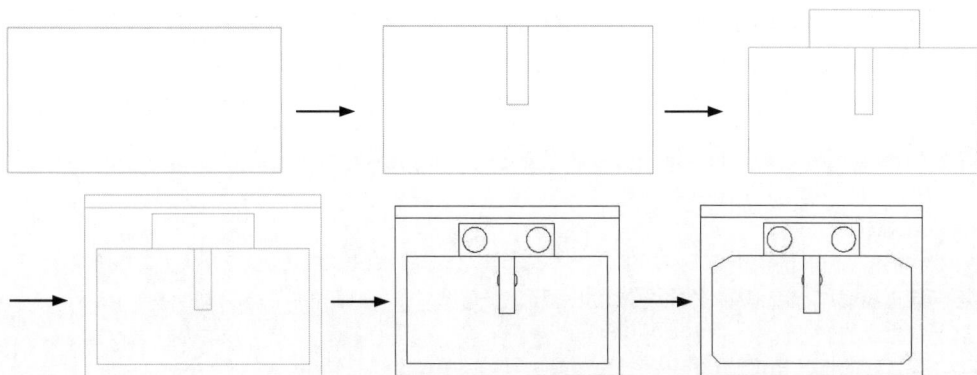

图 4-95　绘制洗菜盆

（2）绘制水龙头和出水口。单击"默认"选项卡"绘图"面板中的"圆"按钮⊙，在图 4-96 中，指定矩形 1 约左中位置处一点为圆心，以 35 为半径绘制圆。单击"默认"选项卡"修改"面板中的"复制"按钮%，复制绘制的圆，命令行提示与操作如下。

```
命令：_copy
选择对象：找到 1 个
选择对象：↙
当前设置：复制模式 = 多个
指定基点或［位移(D)/模式(O)］<位移>：D↙
指定位移 <60.0000, 0.0000, 0.0000>：120,0↙
```

单击"默认"选项卡"绘图"面板中的"圆"按钮⊙，在图 4-96 中，指定矩形 2 正中位置一点为圆心，以 25 为半径绘制出水口。

（3）修剪图形。单击"默认"选项卡"修改"面板中的"修剪"按钮，将绘制的出水口圆修剪成如图 4-97 所示的样式。

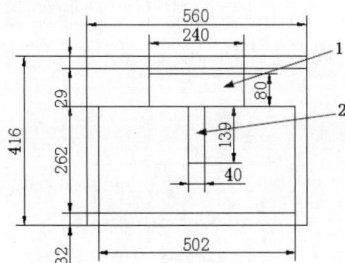

图 4-96　初步轮廓

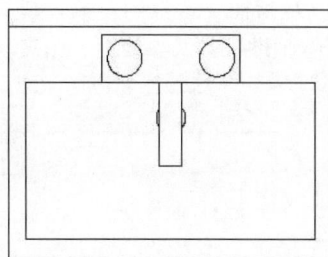

图 4-97　绘制水龙头和出水口

（4）绘制倒角。单击"默认"选项卡"修改"面板中的"倒角"按钮，绘制水盆四角，命令行提示与操作如下。

```
命令：_chamfer
（"修剪"模式）当前倒角距离 1 = 0.0000，距离 2 = 0.0000
选择第一条直线或［放弃(U)/多段线(P)/距离(D)/角度(A)/修剪(T)/方式(E)/多个(M)］：D↙
指定第一个倒角距离 <0.0000>：50↙
指定第二个倒角距离 <50.0000>：30↙
选择第一条直线或［放弃(U)/多段线(P)/距离(D)/角度(A)/修剪(T)/方式(E)/多个(M)］：M↙
选择第一条直线或［放弃(U)/多段线(P)/距离(D)/角度(A)/修剪(T)/方式(E)/多个(M)］：（选择右上角横线段）
```

选择第二条直线，或按住 Shift 键选择直线以应用角点或 [距离(D)/角度(A)/方法(M)]：（选择右上角竖线段）

选择第一条直线或 [放弃(U)/多段线(P)/距离(D)/角度(A)/修剪(T)/方式(E)/多个(M)]：（选择左上角横线段）

选择第二条直线，或按住 Shift 键选择直线以应用角点或 [距离(D)/角度(A)/方法(M)]：（选择左上角竖线段）

命令：_chamfer

（"修剪"模式）当前倒角距离 1 = 50.0000，距离 2 = 30.0000

选择第一条直线或 [放弃(U)/多段线(P)/距离(D)/角度(A)/修剪(T)/方式(E)/多个(M)]：A↙

指定第一条直线的倒角长度 <20.0000>：↙

指定第一条直线的倒角角度 <0>：45↙

选择第一条直线或 [放弃(U)/多段线(P)/距离(D)/角度(A)/修剪(T)/方式(E)/多个(M)]：M↙

选择第一条直线或 [放弃(U)/多段线(P)/距离(D)/角度(A)/修剪(T)/方式(E)/多个(M)]：（选择左下角横线段）

选择第二条直线，或按住 Shift 键选择直线以应用角点或 [距离(D)/角度(A)/方法(M)]：（选择左下角竖线段）

选择第一条直线或 [放弃(U)/多段线(P)/距离(D)/角度(A)/修剪(T)/方式(E)/多个(M)]：（选择右下角横线段）

选择第二条直线，或按住 Shift 键选择直线以应用角点或 [距离(D)/角度(A)/方法(M)]：（选择右下角竖线段）

至此，洗菜盆绘制完成，结果如图 4-95 所示。

📢 **注意**："倒角"命令和"圆角"命令类似，需要注意设置倒角距离，否则倒角操作后没有效果，因为系统默认的倒角距离是 0。

## 4.3.9 "拉伸"命令

"拉伸"是指拖曳选择的对象，使其形状发生变化的过程。拉伸对象时应指定拉伸的基点和移至点。利用一些辅助工具（如捕捉、钳夹功能及相对坐标等）可以提高拉伸的精度，如图 4-98 所示。

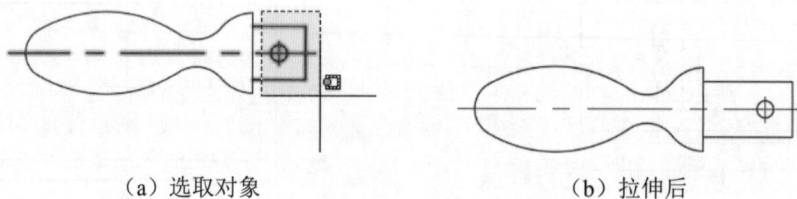

（a）选取对象　　　　　　　（b）拉伸后

图 4-98　拉伸对象

### 1. 执行方式

☑　命令行：STRETCH。

☑　菜单栏：修改→拉伸。

☑　工具栏：修改→拉伸🔲。

☑　功能区：默认→修改→拉伸🔲。

### 2. 操作步骤

命令：STRETCH↙

以交叉窗口或交叉多边形选择要拉伸的对象…

选择对象：C✓
指定第一个角点：指定对角点：找到 2 个（采用交叉窗口的方式选择要拉伸的对象）
选择对象：✓
指定基点或 [位移(D)]<位移>：（指定拉伸的基点）
指定第二个点或 <使用第一个点作为位移>：（指定拉伸的移至点）

此时，若指定第二个点，系统将根据这两点决定矢量拉伸对象。若直接按 Enter 键，系统会把第一个点的坐标值作为 X 和 Y 轴的分量值。

📢 **注意**：用交叉窗口选择拉伸对象后，落在交叉窗口内的端点被拉伸，落在外部的端点保持不动。

## 4.3.10 实例——绘制手柄

本实例利用 4.3.9 节中学过的"拉伸"命令绘制手柄。本实例首先绘制中心线，再利用"圆"与"直线"命令绘制外轮廓，最后依次修剪图形。绘制流程如图 4-99 所示。

（1）设置图层。单击"默认"选项卡"图层"面板中的"图层特性"按钮🗐，打开"图层特性管理器"选项板，新建两个图层："轮廓线"图层，线宽属性为 0.3mm，其余属性默认；"中心线"图层，颜色设为红色，线型加载为 CENTER，其余属性默认。

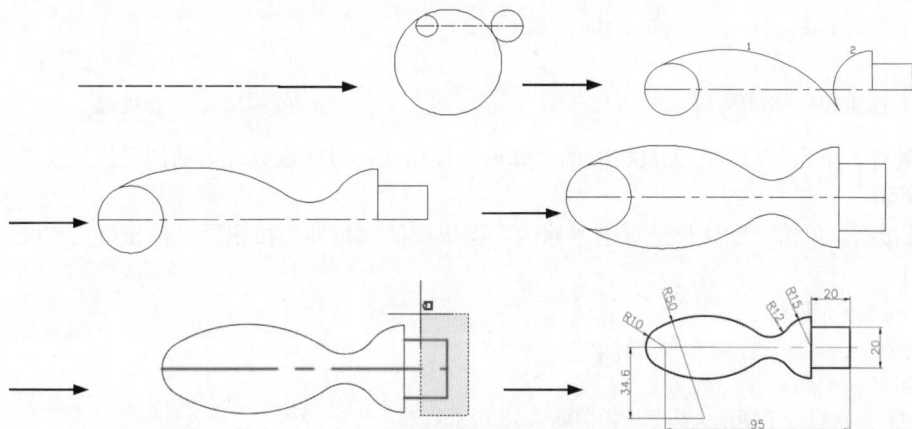

图 4-99　绘制手柄

（2）绘制中心线。将"中心线"图层设置为当前图层。单击"默认"选项卡"绘图"面板中的"直线"按钮╱，绘制直线，直线的两个端点坐标分别是（150,150）和（@100,0），结果如图 4-100 所示。

（3）绘制外轮廓。将"轮廓线"图层设置为当前图层。单击"默认"选项卡"绘图"面板中的"圆"按钮⊘，以点（160,150）为圆心、半径为 10 绘制圆；以点（235,150）为圆心、半径为 15 绘制圆；再绘制半径为 50 的圆与前两个圆相切，结果如图 4-101 所示。

（4）绘制直线。单击"默认"选项卡"绘图"面板中的"直线"按钮╱，绘制直线，各端点坐标为{（250,150），（@10<90），（@15<180）}。重复"直线"命令，绘制从点（235,165）到点（235,150）的直线，结果如图 4-102 所示。

图 4-100　绘制直线（1）

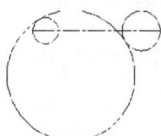

图 4-101　绘制圆

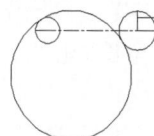

图 4-102　绘制直线（2）

（5）修剪处理。单击"默认"选项卡"修改"面板中的"修剪"按钮，将图4-102修剪成如图4-103所示的样式。

（6）绘制圆。单击"默认"选项卡"绘图"面板中的"圆"按钮，绘制与圆弧1和圆弧2相切的圆，半径为12，结果如图4-104所示。

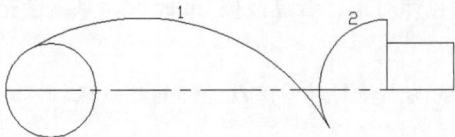

图 4-103　修剪处理　　　　　　　　　　　　　图 4-104　绘制圆

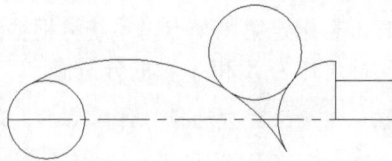

（7）修剪处理。单击"默认"选项卡"修改"面板中的"修剪"按钮，将多余的圆弧修剪掉，结果如图4-105所示。

（8）镜像处理。单击"修改"工具栏中的"镜像"按钮，以中心线为镜像线，不删除源对象，将绘制的位于中心线以上的对象镜像到中心线下面，结果如图4-106所示。

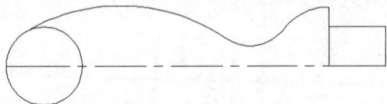

图 4-105　修剪处理　　　　　　　　　　　　　图 4-106　镜像处理

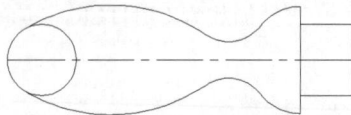

（9）修剪处理。单击"修改"工具栏中的"修剪"按钮，对镜像处理后的图形进行修剪处理，结果如图4-107所示。

（10）拉长接头。单击"默认"选项卡"修改"面板中的"拉伸"按钮，拉长接头部分，命令行提示与操作如下。

```
命令: _stretch
以交叉窗口或交叉多边形选择要拉伸的对象…
选择对象: C↙
指定第一个角点:（框选手柄接头部分，如图4-108所示）
指定对角点: 找到6个
选择对象: ↙
指定基点或 [位移(D)] <位移>: 100,100↙
指定位移的第二个点或 <用第一个点作位移>:105,100↙
```

结果如图4-109所示。

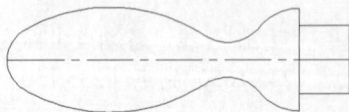

图 4-107　修剪结果　　　　　　图 4-108　选择对象　　　　　　图 4-109　拉伸结果

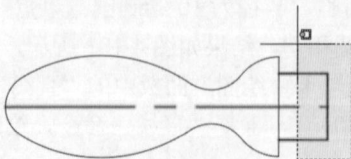

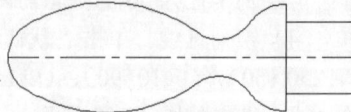

（11）拉长中心线。利用夹点编辑命令调整中心线长度，结果如图4-99所示。

## 4.3.11　"拉长"命令

### 1. 执行方式

- ☑　命令行：LENGTHEN。
- ☑　菜单栏：修改→拉长。
- ☑　功能区：默认→修改→拉长／。

### 2. 操作步骤

命令：LENGTHEN↙
选择要测量的对象或 ［增量(DE)/百分比(P)/总计(T)/动态(DY)］ <总计(T)>：（选定对象）

### 3. 选项说明

（1）增量(DE)：用指定增量的方法改变对象的长度或角度。

（2）百分比(P)：用指定占总长度百分比的方法改变圆弧或直线段的长度。

（3）总计(T)：用指定新的总长度或总角度值的方法来改变对象的长度或角度。

（4）动态(DY)：打开动态拖曳模式。在这种模式下，可以使用拖曳鼠标的方法动态地改变对象的长度或角度。

## 4.3.12　实例——绘制挂钟

本实例利用 4.3.11 节中学过的"拉长"命令绘制挂钟。本实例首先利用"圆"命令绘制挂钟外壳，再利用"直线"命令绘制指针，最后利用"拉长"命令拉伸秒针，绘制流程如图 4-110 所示。

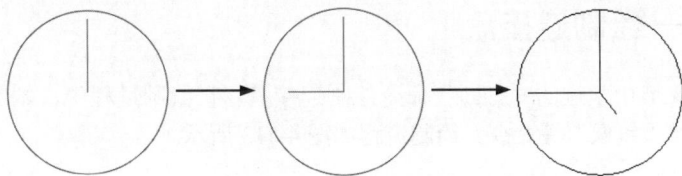

图 4-110　绘制挂钟

（1）绘制外轮廓线。单击"默认"选项卡"绘图"面板中的"圆"按钮☉，以端点（100,100）为圆心，绘制半径为 20 的圆形作为挂钟的外轮廓线，如图 4-111 所示。

（2）绘制指针。单击"默认"选项卡"绘图"面板中的"直线"按钮／，分别绘制坐标为｛（100,100），（100,118）｝、｛（100,100），（86,100）｝、｛（100,100），（105,94）｝的 3 条直线作为挂钟的指针，如图 4-112 所示。

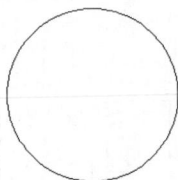

图 4-111　绘制圆形　　　　　图 4-112　绘制指针

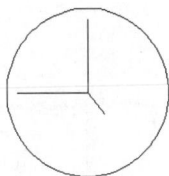

（3）拉长秒针。单击"默认"选项卡"修改"面板中的"拉长"按钮／，将秒针拉长至圆的边，命令行提示与操作如下。

命令：_lengthen

选择要测量的对象或 [增量(DE)/百分比(P)/总计(T)/动态(DY)] <增量(DE)>：DE✓
输入长度增量或 [角度(A)] <0.0000>：2✓
选择要修改的对象或 [放弃(U)]：选择秒针✓
选择要修改的对象或 [放弃(U)]：✓

绘制挂钟完成，效果如图 4-110 所示。

## 4.3.13 "打断"命令

### 1. 执行方式

- ☑ 命令行：BREAK。
- ☑ 菜单栏：修改→打断。
- ☑ 工具栏：修改→打断凸。
- ☑ 功能区：默认→修改→打断凸。

### 2. 操作步骤

命令：BREAK✓
选择对象：（选择要打断的对象）
指定第二个打断点或 [第一点(F)]：（指定第二个断开点或输入 F）

### 3. 选项说明

如果选择"第一点(F)"，AutoCAD 2026 将丢弃前面的第一个选择点，重新提示用户指定两个断开点。

## 4.3.14 实例——绘制连接盘

本实例利用 4.3.13 节中学过的"打断"命令绘制连接盘。在绘制过程中，本实例主要使用"圆弧""偏移""阵列""修剪""镜像"等命令。绘制流程如图 4-113 所示。

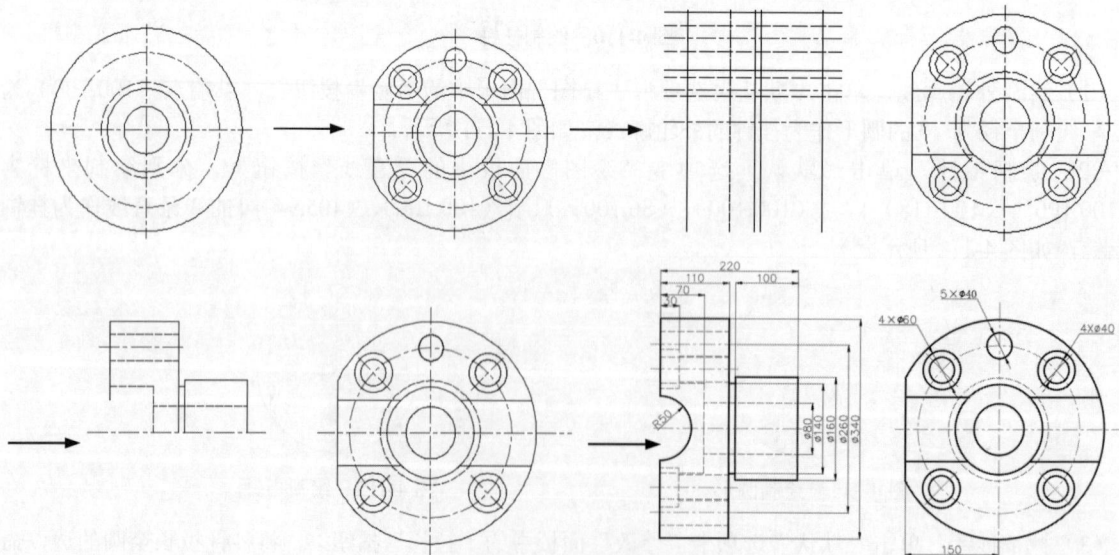

图 4-113 绘制连接盘

（1）设置图层。单击"默认"选项卡"图层"面板中的"图层特性"按钮🖳，打开"图层特性管理器"选项板，新建 3 个图层。

①第一个图层命名为"轮廓线"，线宽属性为 0.30mm，其余属性默认。

②第二个图层命名为"中心线"，颜色设为红色，线型加载为 CENTER，其余属性默认。

③第三个图层命名为"虚线"，线型加载为 ACAD_ISO02W100，其余属性默认。

（2）绘制中心线。将"中心线"图层设置为当前图层。单击"默认"选项卡"绘图"面板中的"直线"按钮╱，绘制两条垂直的中心线。单击"默认"选项卡"绘图"面板中的"圆"按钮⊙，以两条中心线交点为圆心绘制 R130 圆，结果如图 4-114 所示。

（3）绘制圆。将"轮廓线"图层设置为当前图层。单击"默认"选项卡"绘图"面板中的"圆"按钮⊙，分别绘制半径为 170、80、70、40 的同心圆，并将半径为 80 的圆放置在"虚线"图层上，结果如图 4-115 所示。

（4）绘制辅助直线。将"中心线"图层设置为当前图层。单击"默认"选项卡"绘图"面板中的"直线"按钮╱，绘制与水平方向成 45°的辅助直线。单击"默认"选项卡"修改"面板中的"打断"按钮🗆，或者在命令行中输入 BREAK 后按 Enter 键（快捷命令为 BR），选择斜线，对其进行打断操作，命令行提示与操作如下。

```
命令: _break
选择对象:（选择斜点画线上适当一点）
指定第二个打断点或［第一点(F)］:（选择圆心点）
```

结果如图 4-116 所示。

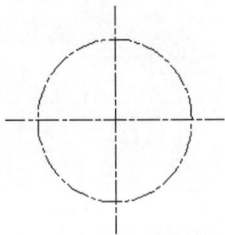

图 4-114  绘制中心线          图 4-115  绘制圆          图 4-116  绘制辅助直线

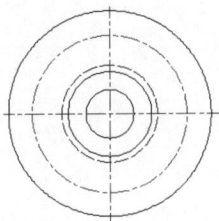

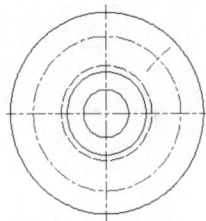

（5）绘制圆。将"轮廓线"图层设置为当前图层。单击"默认"选项卡"绘图"面板中的"圆"按钮⊙，以辅助直线与半径为 130 的圆的交点为圆心，分别绘制半径为 20 和 30 的圆。重复上述命令，以竖直中心线与半径为 130 的圆的交点为圆心，绘制半径为 20 的圆，结果如图 4-117 所示。

（6）阵列处理。单击"默认"选项卡"修改"面板中的"环形阵列"按钮❀，其中阵列项目数为 4，在绘图区域选择半径分别为 20 和 30 的圆，以及其斜中心线，阵列的中心点为两条中心线的交点，结果如图 4-118 所示。

（7）偏移处理。单击"默认"选项卡"修改"面板中的"偏移"按钮⊏，将竖直中心线向左偏移 150。

重复上述命令，将水平中心线分别向两侧偏移 50。选取偏移后的直线，将其所在层修改为"轮廓线"图层，结果如图 4-119 所示。

（8）修剪处理。单击"默认"选项卡"修改"面板中的"修剪"按钮✂，将多余的线段修剪掉，结果如图 4-120 所示。

（9）绘制辅助直线。转换图层，单击"默认"选项卡"绘图"面板中的"直线"按钮╱，绘制辅助直线，结果如图 4-121 所示。

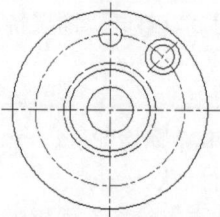

图 4-117　绘制圆

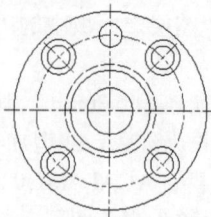

图 4-118　阵列处理

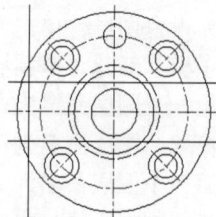

图 4-119　偏移处理

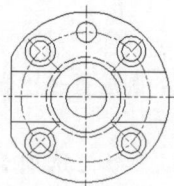

图 4-120　修剪处理

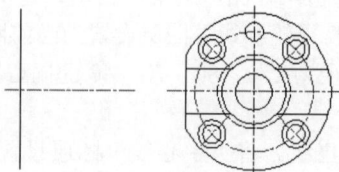

图 4-121　绘制辅助直线

（10）偏移处理。单击"默认"选项卡"修改"面板中的"偏移"按钮⊏，将水平辅助直线分别向右偏移 70、110、120 和 220，再将竖直辅助直线向上分别偏移 40、50、70、80、110、130、150 和170。选取偏移后的直线，将其所在图层修改为"轮廓线"或"虚线"图层，结果如图 4-122 所示。

（11）修剪处理。单击"默认"选项卡"修改"面板中的"修剪"按钮↘，对图形进行修剪，并且将轴槽处的图线转换成粗实线，结果如图 4-123 所示。

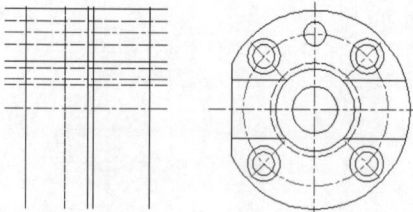

图 4-122　偏移处理

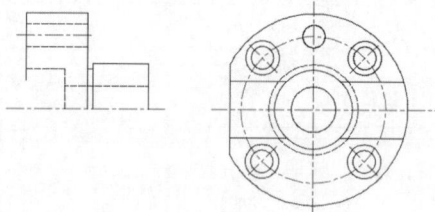

图 4-123　修剪处理

（12）绘制投影孔。

①单击"默认"选项卡"绘图"面板中的"直线"按钮╱，绘制左视图中半径分别为 30 和 20 的阶梯孔投影，并将绘制好的直线放置在"虚线"图层上。然后捕捉孔的中心向右引出中心线，并将其放置在"中心线"图层上。

②单击"默认"选项卡"修改"面板中的"偏移"按钮⊏，将左侧竖直直线向右偏移 30，并将偏移后的直线替换到"虚线"图层上，如图 4-124 所示。

③单击"默认"选项卡"修改"面板中的"修剪"按钮↘，修剪辅助线，完成投影孔的绘制，结果如图 4-125 所示。

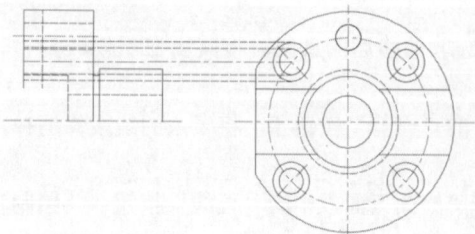

图 4-124　绘制辅助线

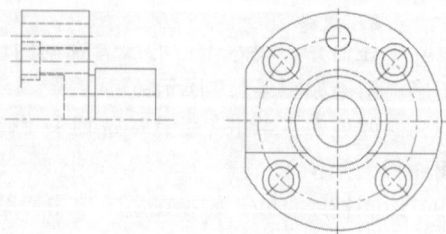

图 4-125　绘制投影孔

（13）镜像处理。单击"默认"选项卡"修改"面板中的"镜像"按钮⚠，选中中心线上方除半径为 20 的通孔外的所有图线，以水平线作为镜像线对图形进行镜像，结果如图 4-126 所示。

（14）绘制圆弧。将"轮廓线"图层设置为当前图层，单击"默认"选项卡"绘图"面板中的"圆弧"按钮，以点 2 为起点、点 1 为端点绘制半径为 50 的圆弧，结果如图 4-127 所示。

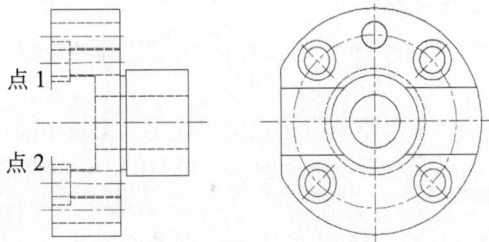

图 4-126　镜像处理　　　　　　图 4-127　绘制圆弧

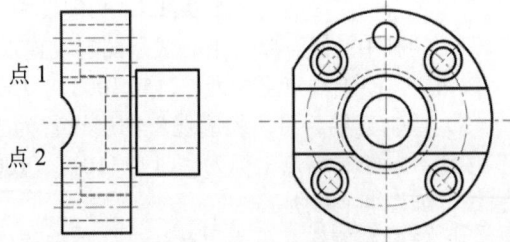

## 4.3.15　"打断于点"命令

"打断于点"命令是指在对象上指定一点，从而把对象在此点拆分成两部分，此命令与"打断"命令类似。

### 1. 执行方式

- ☑　工具栏：修改→打断于点□。
- ☑　功能区：默认→修改→打断于点□。

### 2. 操作步骤

```
命令：_breakatpoint↙
选择对象：（选择要打断的对象）
指定打断点：
```

## 4.3.16　实例——绘制油标尺

本实例利用 4.3.15 节中学过的"打断于点"命令，绘制变速箱的油标尺。本实例主要利用"直线"和"圆弧"命令。绘制流程如图 4-128 所示。

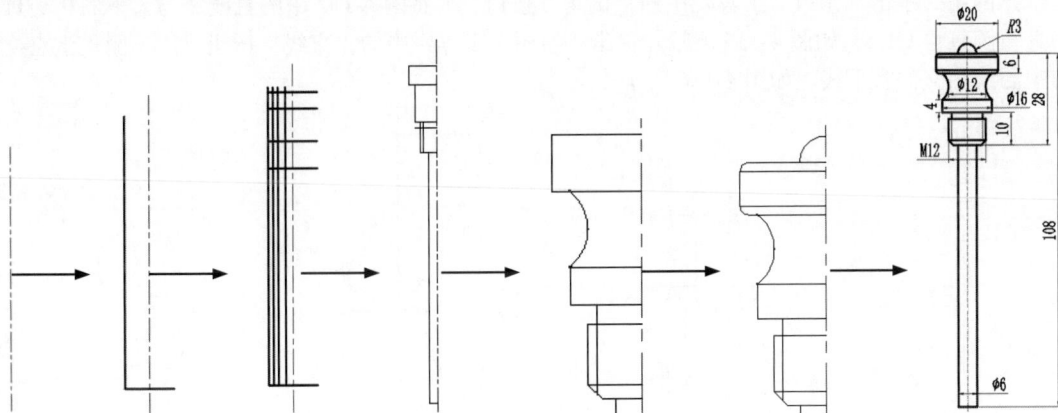

图 4-128　绘制油标尺

（1）设置图层。单击"默认"选项卡"图层"面板中的"图层特性"按钮，打开"图层特性管理器"选项板，新建 3 个图层。

①第一个图层命名为"轮廓线"，线宽属性为 0.30mm，其余属性默认。

②第二个图层命名为"中心线"，颜色设为红色，线型加载为 CENTER，其余属性默认。

③第三个图层命名为"细实线"，颜色设为蓝色，其余属性默认。

（2）绘制中心线。将"中心线"图层设置为当前图层。单击"默认"选项卡"绘图"面板中的"直线"按钮，绘制端点坐标为{（150,100），（150,250）}的直线，如图 4-129 所示。

（3）绘制直线。将"轮廓线"图层设置为当前图层。单击"默认"选项卡"绘图"面板中的"直线"按钮，绘制端点坐标为{（140,110），（160,110）}的直线与端点坐标为{（140,110），（140,220）}的直线，如图 4-130 所示。

（4）绘制轮廓线。单击"默认"选项卡"修改"面板中的"偏移"按钮，将水平直线向上分别偏移 80、90、102 和 108，将竖直直线向右分别偏移 2、4 和 7，结果如图 4-131 所示。

（5）修剪图形。单击"默认"选项卡"修改"面板中的"修剪"按钮，对图形进行修剪，结果如图 4-132 所示。

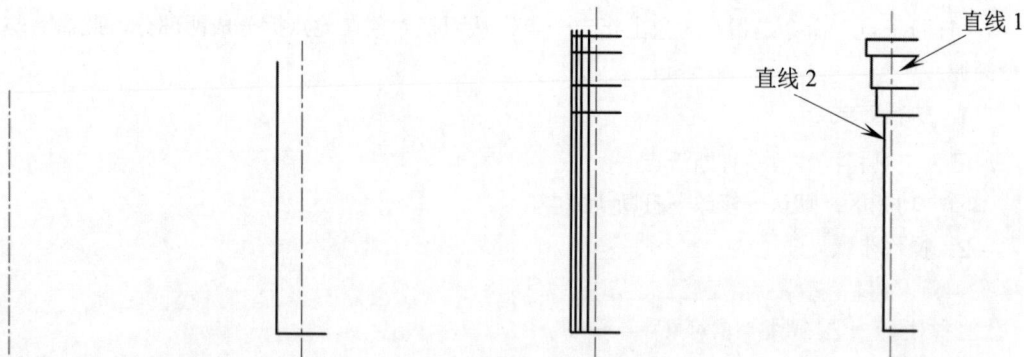

图 4-129　绘制中心线　　　图 4-130　绘制边界线　　　图 4-131　绘制偏移线　　　图 4-132　图形修剪

（6）绘制螺纹。单击"默认"选项卡"修改"面板中的"偏移"按钮，将直线 1 向下偏移 2，将直线 2 向右偏移 1；单击"默认"选项卡"修改"面板中的"修剪"按钮，将中心线右边的图线修剪掉，结果如图 4-133 所示。继续修剪偏移生成的直线，结果如图 4-134 所示。

（7）倒角。单击"修改"工具栏中的"倒角"按钮，将图 4-132 中的直线 2 与其下面相交直线形成的夹角倒直角 C1.5，如图 4-135 所示。单击"绘图"工具栏中的"直线"按钮，在倒角交点绘制一条与中心线相交的水平线，如图 4-136 所示。

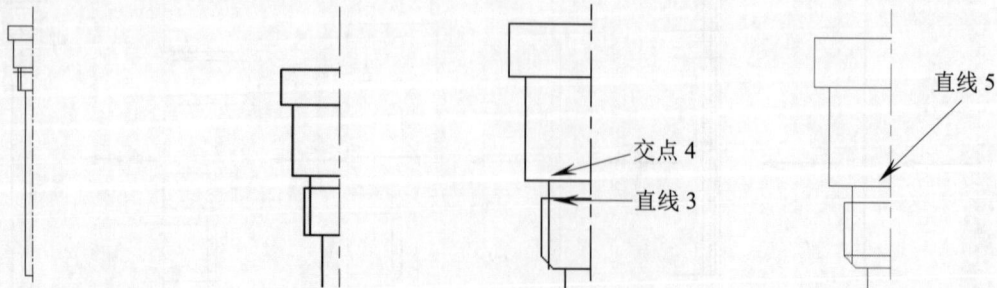

图 4-133　偏移与修剪　　　图 4-134　修剪　　　图 4-135　倒角　　　图 4-136　打断直线

（8）打断直线。单击"默认"选项卡"修改"面板中的"打断于点"按钮，命令行提示与操作如下。

```
命令：_break
选择对象：（选择直线 3）
指定第二个打断点 或 ［第一点(F)］：_f
指定第一个打断点：（指定交点 4）
指定第二个打断点：@
```

将直线 3 的图层属性更改为"细实线"图层，如图 4-136 所示。

（9）绘制偏移直线和圆弧。单击"默认"选项卡"修改"面板中的"偏移"按钮，将水平直线 5 向上分别偏移 4 和 8，将中心线向左偏移 6；单击"默认"选项卡"绘图"面板中的"圆弧"按钮，使用 3 点绘制方式，选择交点 6、7、8 绘制圆弧，结果如图 4-137 所示。

（10）修剪图形。单击"默认"选项卡"修改"面板中的"修剪"按钮和"删除"按钮，对图形进行修剪编辑，结果如图 4-138 所示。

（11）绘制偏移直线和倒圆角。单击"默认"选项卡"修改"面板中的"偏移"按钮，将图 4-138 中最上面的两条水平线分别向内偏移 1；单击"默认"选项卡"修改"面板中的"圆角"按钮，将图 4-138 中最上面的两条水平线与左边竖线夹角倒圆角，圆角半径为 1，绘制结果如图 4-139 所示。

（12）绘制圆弧。单击"默认"选项卡"绘图"面板中的"圆"按钮，以中心线与顶面交点为圆心绘制半径为 3 的圆；修剪为左上 1/4 圆弧，如图 4-140 所示。

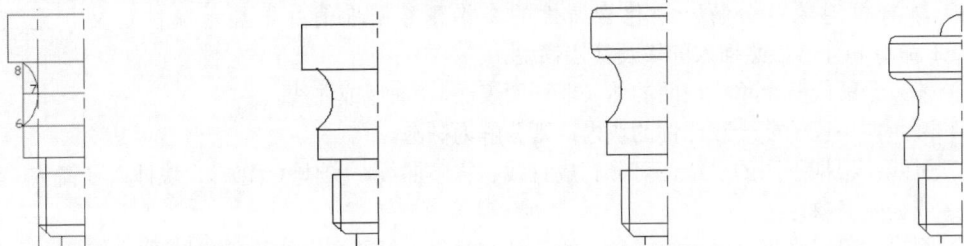

图 4-137　绘制偏移直线和圆弧　　图 4-138　修剪图形　　图 4-139　偏移直线和倒圆角　　图 4-140　绘制圆弧

（13）镜像图形。单击"默认"选项卡"修改"面板中的"镜像"按钮，以中心线为镜像线，将中心线左侧图形镜像到中心线右侧，最终结果如图 4-128 所示。

## ▲技巧与提示——巧用"打断"命令

如果指定的第二断点在所选对象的外部，则分为以下两种情况。

（1）如果所选对象为直线或圆弧，则对象的该端被切掉，如图 4-141（a）和图 4-141（b）所示。

（2）如果所选对象为圆，则从第一断点逆时针方向到第二断点的部分被切掉，如图 4-141（c）所示。

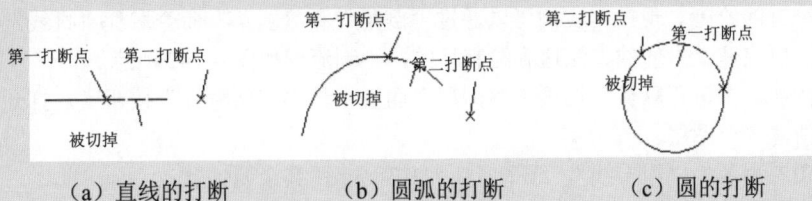

（a）直线的打断　　　　（b）圆弧的打断　　　　（c）圆的打断

图 4-141　打断点在对象外部

### 4.3.17  "分解"命令

**1. 执行方式**

- ☑ 命令行：EXPLODE。
- ☑ 菜单栏：修改→分解。
- ☑ 工具栏：修改→分解🗗。
- ☑ 功能区：默认→修改→分解🗗。

**2. 操作步骤**

命令：EXPLODE✓
选择对象：（选择要分解的对象）

选择一个对象后，该对象会被分解。系统将继续提示该行信息，允许分解多个对象。

**3. 选项说明**

选择的对象不同，分解的结果也不同，下面列出几种对象的分解结果。

（1）二维和优化多段线：放弃所有关联的宽度或切线信息。对于宽多段线，系统将沿多段线中心放置结果直线和圆弧。

（2）三维多段线：分解成直线段。

（3）三维实体：将平整面分解成面域，将非平整面分解成曲面。

（4）注释性对象：分解一个包含属性的块将删除属性值并重显示属性定义。无法分解使用MINSERT命令和外部参照插入的块及其依赖块。

（5）体：分解成一个单一表面的体（非平面表面）、面域或曲线。

（6）圆：如果位于非一致比例的块内，则分解为椭圆。

（7）引线：根据不同的引线，可分解成直线、样条曲线、实体（箭头）、块插入（箭头、注释块）、多行文字或公差对象。

（8）网格对象：将每个面分解成独立的三维面对象，保留指定的颜色和材质。

（9）多行文字：分解成文字对象。

（10）多行：分解成直线和圆弧。

（11）多面网格：单顶点网格分解成点对象，双顶点网格分解成直线，三顶点网格分解成三维面。

（12）面域：分解成直线、圆弧或样条曲线。

### 4.3.18  实例——绘制圆头平键

圆头平键是机械零件中的标准件，结构虽然很简单，但在绘制时，其尺寸一定要遵守《平键键槽的剖面尺寸》（GB/T 1095-2003）中的相关规定。

本实例绘制的圆头平键的结构很简单。按照以前学习的方法，本实例可以使用"直线"和"圆弧"命令完成圆头平键的绘制。现在本实例可以通过"倒角"和"圆角"命令取代"直线"和"圆弧"命令绘制圆头结构，以快速、方便的方法达到绘制目的，绘制流程如图 4-142 所示。

（1）新建图层。单击"默认"选项卡"图层"面板中的"图层特性"按钮🖍，打开"图层特性管理器"选项板，新建 3 个图层。

①第一个图层命名为"粗实线"，线宽属性为 0.30mm，其余属性默认。

②第二个图层命名为"中心线"，颜色为红色，线型为 CENTER，其余属性默认。

③第三个图层命名为"标注"，颜色为绿色，其余属性默认。

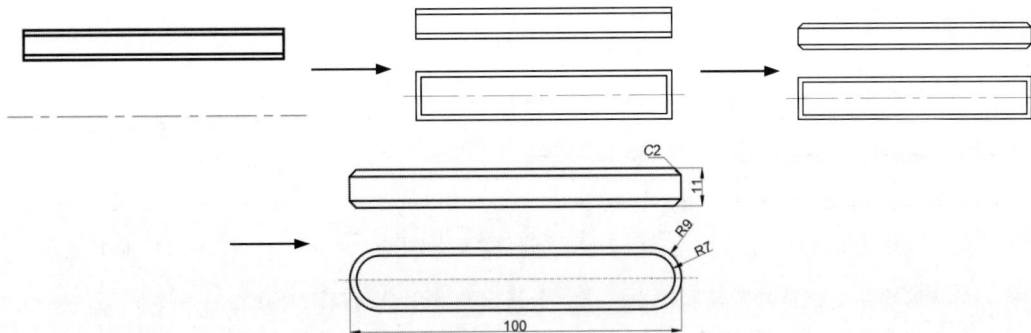

图 4-142　绘制圆头平键

打开线宽显示。

（2）绘制中心线。将"中心线"图层设置为当前图层，单击"默认"选项卡"绘图"面板中的"直线"按钮╱，绘制中心线，端点坐标为{（-5,-21），（@110,0）}。

（3）绘制平键主视图。将"粗实线"图层设置为当前图层，单击"默认"选项卡"绘图"面板中的"矩形"按钮▭，绘制矩形，两个角点坐标为{（0,0），（@100,11）}。

单击"默认"选项卡"绘图"面板中的"直线"按钮╱，绘制线段，端点坐标为{（0,2），（@100,0）}。

重复"直线"命令，绘制线段，端点坐标为{（0,9），（@100,0）}。绘制结果如图 4-143 所示。

（4）绘制平键俯视图。单击"默认"选项卡"绘图"面板中的"矩形"按钮▭，绘制矩形，两个角点坐标为{（0,-30），（@100,18）}；单击"默认"选项卡"修改"面板中的"偏移"按钮⊆，将绘制的矩形向内偏移 2。绘制结果如图 4-144 所示。

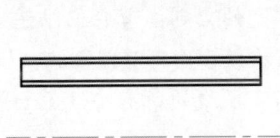

图 4-143　绘制主视图

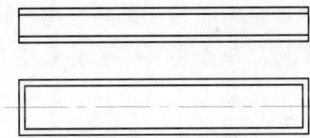

图 4-144　绘制轮廓线

（5）分解矩形。单击"默认"选项卡"修改"面板中的"分解"按钮📑，分解矩形，命令行提示与操作如下。

```
命令：_explode
选择对象：（框选主视图图形）
指定对角点：
找到 3 个
2 个不能分解。
选择对象：
```

这样，主视图矩形被分解成 4 条直线。

💡 思考：为什么要分解矩形？"分解"命令是将合成对象分解为其部件对象，可以分解的对象包括矩形、尺寸标注、块体、多边形等。将矩形分解成线段是为下一步倒角做准备。

（6）倒角处理。单击"默认"选项卡"修改"面板中的"倒角"按钮╱，选择如图 4-145 所示的直线绘制倒角，倒角距离为 2，结果如图 4-146 所示。

重复"倒角"命令对其他边进行倒角，将图形绘制成如图 4-147 所示的样式。

选择倒角直线

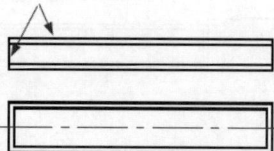

图 4-145　选择要倒角的两条直线　　图 4-146　倒角之后的图形　　图 4-147　倒角处理

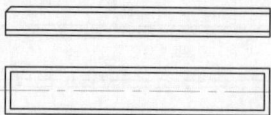

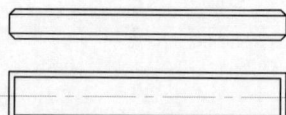

**注意**：倒角需要指定倒角的距离和倒角对象。如果需要加倒角的两个对象在同一图层上，则 AutoCAD 将在这个图层上创建倒角；否则，AutoCAD 在当前图层上创建倒角线。倒角的颜色、线型和线宽也是如此。

（7）圆角处理。单击"默认"选项卡"修改"面板中的"圆角"按钮，对图 4-148 俯视图中的外矩形进行圆角操作，圆角半径为 9，结果如图 4-149 所示。

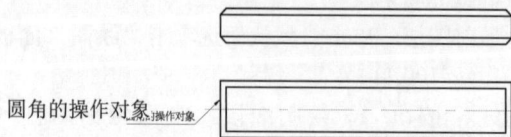

圆角的操作对象

图 4-148　圆角的操作对象　　　　　图 4-149　执行"圆角"命令后的图形

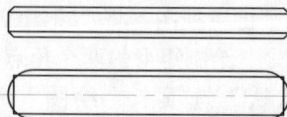

重复"圆角"命令，对图 4-148 俯视图中的内矩形进行圆角操作，圆角半径为 7，结果如图 4-142 所示。

**注意**：可以给多段线的直线加圆角，这些直线可以相邻、不相邻、相交或由线段隔开。如果多段线的线段不相邻，则延伸它们以适应圆角；如果它们是相交的，则修剪它们以适应圆角。打开图形界限检查后，若要创建圆角，则多段线的线段必须收敛于图形界限之内。

结果是包含圆角（作为弧线段）的单个多段线。这条新多段线的所有特性（如图层、颜色和线型）将继承所选的第一个多段线的特性。

## 4.3.19　"合并"命令

"合并"命令可以将直线、圆、椭圆弧和样条曲线等独立的线段合并为一个对象，如图 4-150 所示。

### 1. 执行方式

☑　命令行：JOIN。
☑　菜单栏：修改→合并。
☑　工具栏：修改→合并。
☑　功能区：默认→修改→合并。

图 4-150　合并对象

### 2. 操作步骤

```
命令：JOIN↙
选择源对象或要一次合并的多个对象：（选择一个对象）
找到 1 个
选择要合并的对象：（选择另一个对象）
```

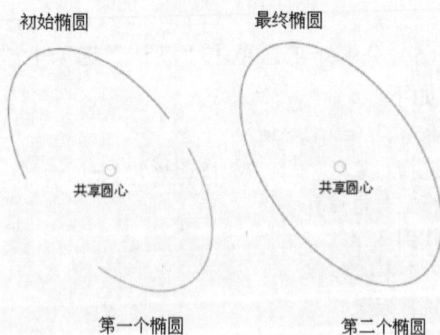

找到 1 个，总计 2 个
选择要合并的对象：✓
2 条直线已合并为 1 条直线

### 4.3.20　"光顺曲线"命令

在两条开放曲线的端点之间创建相切或平滑的样条曲线。

1. 执行方式

☑　命令行：BLEND。
☑　菜单栏：修改→光顺曲线。
☑　工具栏：修改→光顺曲线～。
☑　功能区：默认→修改→光顺曲线～。

2. 操作步骤

命令：BLEND✓
连续性=相切
选择第一个对象或 [连续性(CON)]：CON✓
输入连续性[相切(T)/平滑(S)] <相切>：✓
选择第一个对象或 [连续性(CON)]：
选择第二个点：

3. 选项说明

（1）连续性(CON)：在两种过渡类型中指定一种。
（2）相切(T)：创建一条三阶样条曲线，在选定对象的端点处具有相切（G1）连续性。
（3）平滑(S)：创建一条五阶样条曲线，在选定对象的端点处具有曲率（G2）连续性。
如果使用"平滑"选项，勿将显示从控制点切换为拟合点。此操作将样条曲线更改为三阶，这会改变样条曲线的形状。

## 4.4　删除及恢复类命令

这一类命令主要用于删除图形的某部分或对已被删除的部分进行恢复，包括"删除""恢复""清除"等命令。

### 4.4.1　"删除"命令

如果绘制的图形不符合要求或不小心绘制了错误的图形，可以使用"删除"命令删除它。

1. 执行方式

☑　命令行：ERASE。
☑　菜单栏：修改→删除。
☑　工具栏：修改→删除。
☑　功能区：默认→修改→删除。
☑　快捷菜单：选择要删除的对象，在绘图区域右击，在弹出的快捷菜单中选择"删除"命令。

2. 操作步骤

可以先选择对象后调用"删除"命令，也可以先调用"删除"命令，然后选择对象。选择对象时可以使用前面介绍的选择对象的各种方法。

若选择了多个对象，则这些对象都将被删除；若选择的对象属于某个对象组，则该对象组的所有对象都将被删除。

### 4.4.2  "恢复"命令

若不小心误删了图形，可以使用"恢复"命令恢复误删的对象。

1. 执行方式

☑  命令行：OOPS 或 U。
☑  工具栏：标准→放弃。
☑  快捷键：Ctrl+Z。

2. 操作步骤

在命令行窗口中输入 OOPS 后按 Enter 键。

### 4.4.3  "清除"命令

此命令与"删除"命令功能完全相同。

1. 执行方式

☑  菜单栏：编辑→删除。
☑  快捷键：Delete。

2. 操作步骤

用菜单或快捷键执行上述操作后，系统提示如下。

选择对象：（选择要清除的对象，按 Enter 键执行"清除"命令）

# 4.5  综合演练——绘制电磁管压盖螺钉

本练习绘制电磁管压盖螺钉，首先通过"直线""圆""圆弧"命令绘制俯视图基本形状，然后对其进行镜像处理得到俯视图，接下来通过"直线"和"偏移"命令绘制主视图基本形状，最后通过镜像和修剪处理得到最终图形，绘制流程如图 4-151 所示。

（1）单击"默认"选项卡"图层"面板中的"图层特性"按钮🖴，打开"图层特性管理器"选项板，新建 3 个图层，如图 4-152 所示。

（2）将"中心线"图层设置为当前图层。单击"默认"选项卡"绘图"面板中的"直线"按钮／，绘制互相垂直的两条中心线，长度为 8。

（3）将"粗实线"图层设置为当前图层。单击"默认"选项卡"绘图"面板中的"圆"按钮⊙，绘制以中心线交点为圆心、半径为 2.9 的圆。

（4）单击"默认"选项卡"修改"面板中的"偏移"按钮⊏，将水平直线和竖直直线分别向上侧和左侧偏移，偏移的距离分别为 0.5、1 和 0.5，结果如图 4-153 所示。

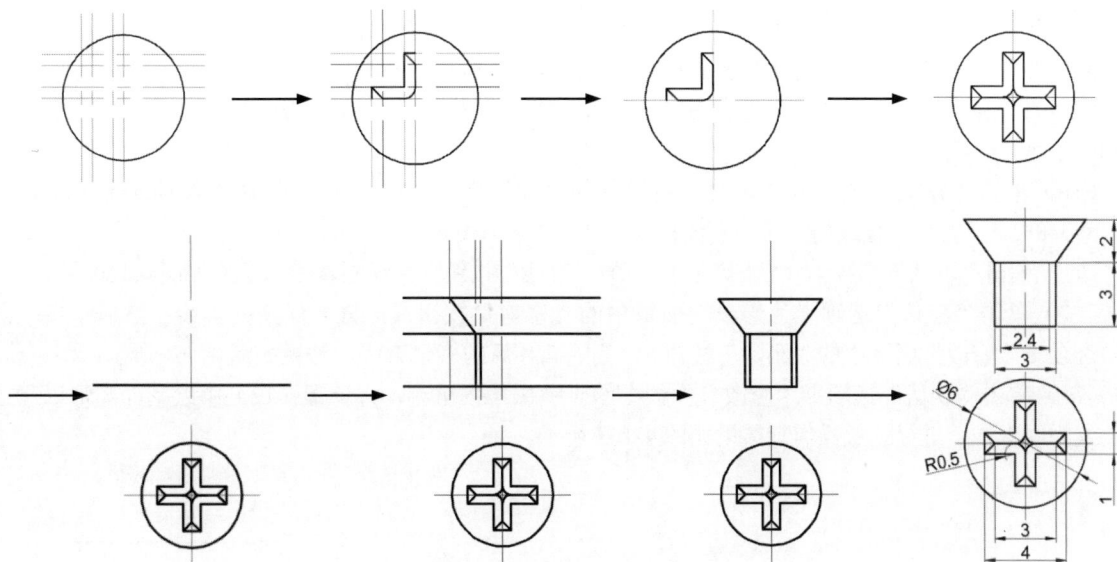

图 4-151　绘制电磁管压盖螺钉

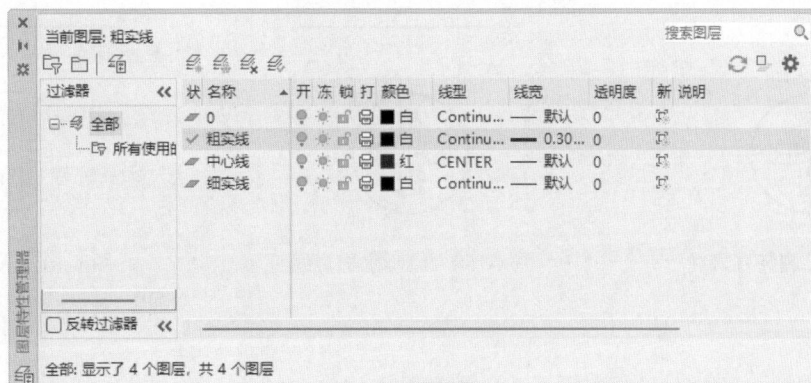

图 4-152　设置图层

（5）单击"默认"选项卡"绘图"面板中的"直线"按钮/和"圆弧"按钮，绘制直线和圆弧，结果如图 4-154 所示。

（6）单击"默认"选项卡"修改"面板中的"删除"按钮，删除偏移后的水平和竖直辅助直线，结果如图 4-155 所示。

（7）单击"默认"选项卡"修改"面板中的"镜像"按钮，分别以水平中心线和竖直中心线为镜像线，对图形进行镜像，如图 4-156 所示。

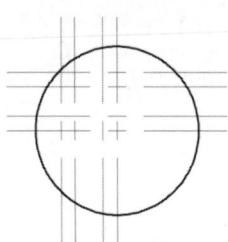

图 4-153　绘制中心线和圆　　图 4-154　绘制直线和圆弧　　图 4-155　删除辅助线　　图 4-156　镜像图形

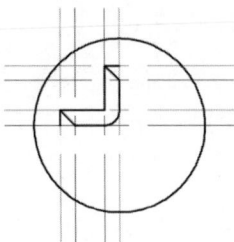

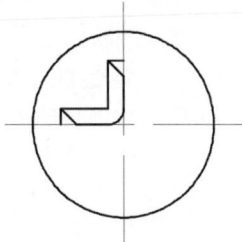

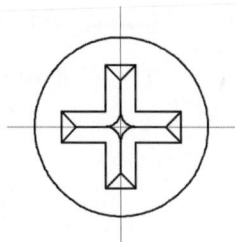

（8）将"中心线"图层设置为当前图层。单击"默认"选项卡"绘图"面板中的"直线"按钮╱，在竖直中心线正上方绘制长度为 9 的竖直直线，如图 4-157 所示。

（9）将"粗实线"图层设置为当前图层。单击"默认"选项卡"绘图"面板中的"直线"按钮╱，绘制一条水平直线，如图 4-158 所示。

（10）单击"默认"选项卡"修改"面板中的"偏移"按钮⊑，将竖直中心线向左侧分别偏移 1.2、0.3 和 1.5，将水平直线向上侧分别偏移 3 和 2，结果如图 4-159 所示。

（11）单击"默认"选项卡"绘图"面板中的"直线"按钮╱，绘制直线，结果如图 4-160 所示。

（12）单击"默认"选项卡"修改"面板中的"修剪"按钮，修剪多余的直线，然后单击"默认"选项卡"修改"面板中的"删除"按钮，删除偏移后的多余直线，结果如图 4-161 所示。

（13）单击"默认"选项卡"修改"面板中的"镜像"按钮，将步骤（12）中绘制的图形以竖直中心线为镜像线，进行镜像操作，结果如图 4-162 所示。

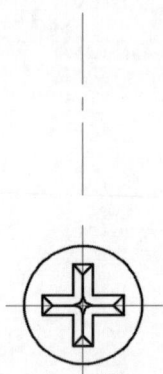

图 4-157　绘制竖直直线　　　　图 4-158　绘制水平直线　　　　图 4-159　偏移直线

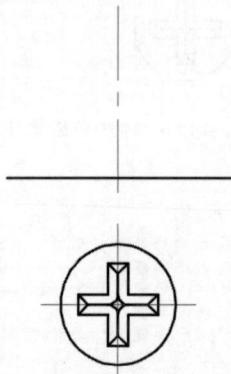

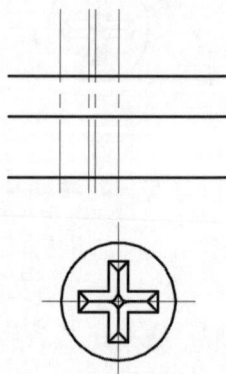

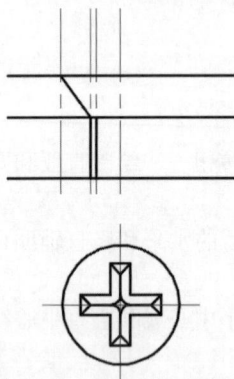

图 4-160　绘制直线　　　　图 4-161　修剪图形　　　　图 4-162　镜像图形

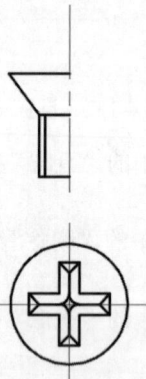

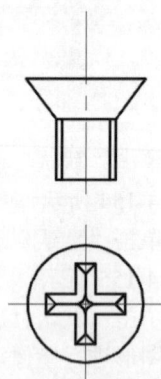

（14）选择图 4-162 中内侧的两条竖直直线，并将它们的图层转换到"细实线"图层，然后利用"打断"命令对过长的中心线进行修剪，结果如图 4-151 所示。

# 4.6 实 践 练 习

通过本章前面的学习，读者对平面图形编辑的相关知识有了大体的了解。本节通过 4 个练习使读者进一步掌握本章知识要点。

## 4.6.1 绘制紫荆花

本练习要求读者绘制紫荆花的图形，如图 4-163 所示。

操作提示：

（1）利用"多段线"和"圆弧"命令绘制花瓣外框。

（2）利用"多边形""直线""修剪"等命令绘制五角星。

（3）阵列花瓣。

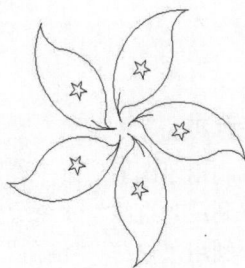

图 4-163　紫荆花

## 4.6.2 绘制均布结构图形

本练习要求读者绘制一种常见的机械零件图形，如图 4-164 所示。在绘制过程中，除了要使用"直线""圆"等基本绘图命令，还要使用"修剪"和"阵列"命令。通过本练习，读者可以熟练掌握"修剪"和"阵列"命令的用法。

操作提示：

（1）设置新图层。

（2）绘制中心线和基本轮廓。

（3）对图形进行阵列编辑。

（4）对图形进行修剪编辑。

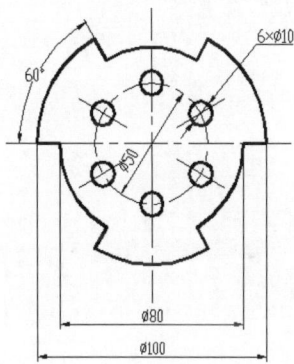

图 4-164　均布结构图形

## 4.6.3 绘制轴承座

本练习要求读者绘制一个轴承座，如图 4-165 所示。

操作提示：

（1）利用"图层"命令设置 3 个图层。

（2）利用"直线"命令绘制中心线。

（3）利用"直线"和"圆"命令绘制部分轮廓线。

（4）利用"圆角"命令进行圆角处理。

（5）利用"直线"命令绘制螺孔线。

（6）利用"镜像"命令对左端局部结构进行镜像。

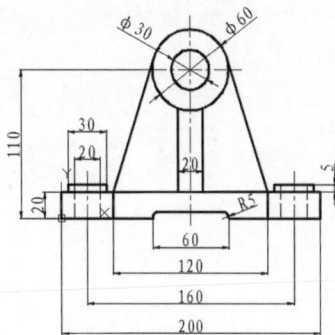

图 4-165　轴承座

### 4.6.4 绘制阶梯轴

本练习要求读者绘制一个阶梯轴，如图 4-166 所示。

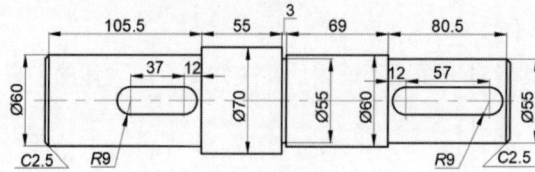

图 4-166 阶梯轴

操作提示：

（1）利用"图层"命令设置图层。

（2）利用"直线"命令绘制中心线和定位直线。

（3）利用"修剪""倒角""镜像""偏移"命令绘制轴外形。

（4）利用"圆""直线""修剪"命令绘制键槽。

# 第 5 章

# 复杂二维绘图和编辑命令

通过前面讲述的一些基本的二维绘图和编辑命令，读者可以完成一些简单二维图形的绘制。但是，有些二维图形的绘制利用前面所学的命令很难完成。为此，AutoCAD 推出了一些高级二维绘图和编辑命令方便、有效地完成这些复杂的二维图形的绘制。

本章主要讲述面域、图案填充、多段线、样条曲线、多线、对象编辑等内容。

## 5.1 面　　域

面域是具有边界的平面区域，内部可以包含孔。在 AutoCAD 中，用户可以将由某些对象围成的封闭区域转变为面域，这些封闭区域可以是圆、椭圆、封闭二维多段线和封闭的样条曲线等对象，也可以是由圆弧、直线、二维多段线和样条曲线等对象构成的封闭区域。

### 5.1.1 创建面域

#### 1. 执行方式

☑ 命令行：REGION。
☑ 菜单栏：绘图→面域。
☑ 工具栏：绘图→面域◎。
☑ 功能区：默认→绘图→面域◎。

#### 2. 操作步骤

```
命令：REGION↙
选择对象：
```

选择对象后，系统自动将所选择的对象转换成面域。

### 5.1.2 布尔运算

布尔运算是数学上的一种逻辑运算，它能够极大地提高 AutoCAD 绘图的效率。

💡提示：布尔运算的对象只包括实体和共面的面域，普通的线条图形对象无法使用布尔运算。

通常的布尔运算包括并集、交集和差集，它们的操作方法都类似，下面对其进行介绍。

### 1. 执行方式

☑ 命令行：UNION（并集）、INTERSECT（交集）或 SUBTRACT（差集）。
☑ 菜单栏：修改→实体编辑→并集（交集、差集）。
☑ 工具栏：实体编辑→并集🔲（交集🔲、差集🔲）。
☑ 功能区：三维工具→实体编辑→并集（交集、差集）。

### 2. 操作步骤

命令：UNION（INTERSECT）✓
选择对象：

选择对象后，系统对所选择的面域进行并集（交集）计算。

命令：SUBTRACT✓
选择要从中减去的实体、曲面和面域…
选择对象：（选择差集运算的主体对象）
选择对象：（右击结束）
选择对象：（选择差集运算的参照体对象）
选择对象：（右击结束）

选择对象后，系统对所选择的面域进行差集计算，运算逻辑是主体对象减去与参照体对象重叠的部分。布尔运算的结果如图 5-1 所示。

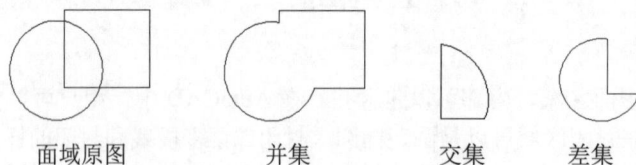

图 5-1　布尔运算的结果

## 5.1.3　实例——绘制法兰盘

本实例利用 5.1 节中学过的与面域相关的知识绘制法兰盘。法兰盘需要两个基本图层，即"粗实线"图层和"中心线"图层。如果只需要单独绘制零件图形，则可以利用一些基本的绘图命令和编辑命令来完成。现需要计算质量特性数据，因此可以考虑采用面域的布尔运算方法绘制图形并计算质量特性数据。绘制流程如图 5-2 所示。

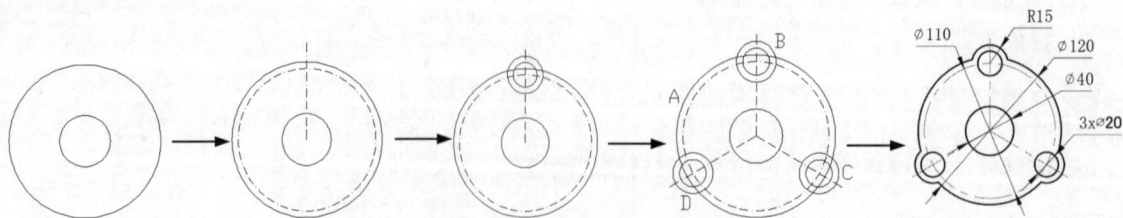

图 5-2　绘制法兰盘

（1）设置图层。单击"默认"选项卡"图层"面板中的"图层特性"按钮🔲，打开"图层特性管理器"选项板，新建两个图层。

①将第一个图层命名为"粗实线"，选择线宽为 0.30mm，其余属性默认。

②将第二个图层命名为"中心线"，设置颜色为红色，加载线型为 CENTER，其余属性默认。

（2）绘制圆。将"粗实线"图层设置为当前图层，单击"默认"选项卡"绘图"面板中的"圆"按钮⊙，绘制圆，指定适当一点为圆心，绘制半径为 60 的圆。

同理，捕捉上一圆的圆心为圆心，绘制半径为 20 的圆，结果如图 5-3 所示。

（3）绘制圆。将"中心线"图层设置为当前图层，绘制圆。单击"默认"选项卡"绘图"面板中的"圆"按钮⊙，捕捉上一圆的圆心为圆心，绘制半径为 55 的圆。

（4）绘制中心线。单击"默认"选项卡"绘图"面板中的"直线"按钮╱，绘制以大圆的圆心为起点、终点坐标为（@0,75）的中心线，结果如图 5-4 所示。

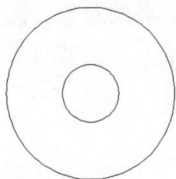

图 5-3　绘制圆后的图形　　　　图 5-4　绘制中心线后的图形

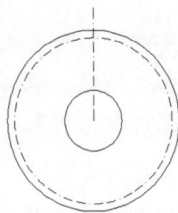

（5）绘制圆。将"粗实线"图层设置为当前图层，绘制圆。单击"默认"选项卡"绘图"面板中的"圆"按钮⊙，以定位圆和中心线的交点为圆心，分别绘制半径为 15 和 10 的圆，结果如图 5-5 所示。

（6）阵列对象。单击"默认"选项卡"修改"面板中的"环形阵列"按钮，对图中边缘的两个圆和中心线进行环形阵列，阵列中心点为大圆的中心点，阵列数目为 3，结果如图 5-6 所示。

（7）面域处理。单击"默认"选项卡"绘图"面板中的"面域"按钮，命令行提示与操作如下。

命令：_region
选择对象：
选择对象：✓
已提取 4 个环
已创建 4 个面域

（8）并集处理。单击"三维工具"选项卡"实体编辑"面板中的"并集"按钮，命令行提示与操作如下。

命令：_union
选择对象：（依次选择图 5-6 中的圆 A、B、C 和 D）
选择对象：✓

结果如图 5-7 所示。

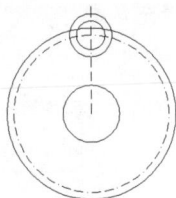

图 5-5　绘制圆后的图形　　　图 5-6　阵列后的图形　　　图 5-7　并集后的图形

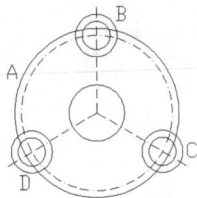

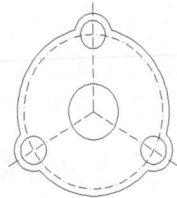

# 5.2 图 案 填 充

当用户需要用一个重复的图案（pattern）填充一个区域时，可以使用 BHATCH 命令建立一个相关联的填充阴影对象，即图案填充。

## 5.2.1 基本概念

### 1. 图案边界

对图形进行图案填充时，首先要确定填充图案的边界。定义边界的对象只能是直线、双向射线、单向射线、多线、样条曲线、圆弧、圆、椭圆、椭圆弧、面域等对象或用这些对象定义的块，而且作为边界的对象在当前屏幕上必须全部可见。

### 2. 孤岛

在进行图案填充时，把位于总填充域内的封闭区域称为孤岛，如图 5-8 所示。在用 BHATCH 命令填充时，AutoCAD 允许用户以点取点的方式确定填充边界，即在希望填充的区域内任意点取一点，AutoCAD 会自动确定填充边界，同时也确定该边界内的岛。如果用户是以点取对象的方式确定填充边界的，则必须确切地点取这些岛。5.2.2 节将对有关知识进行介绍。

### 3. 填充方式

在进行图案填充时，需要控制填充的范围，AutoCAD 系统为用户设置了以下 3 种填充方式来实现对填充范围的控制。

- ☑ 普通方式：该方式从边界开始，由每条填充线或每个填充符号的两端向里画，遇到内部对象与之相交时，填充线或符号断开，直到遇到下一次相交时再继续画，如图 5-9（a）所示。采用这种方式时，要避免剖面线或符号与内部对象的相交次数为奇数。该方式为系统内部的默认方式。
- ☑ 最外层方式：该方式从边界开始，向里画剖面符号。剖面符号只要与边界内部的对象相交，就会在此处被断开，不再继续画，如图 5-9（b）所示。

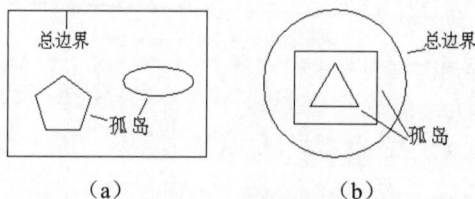

图 5-8 孤岛

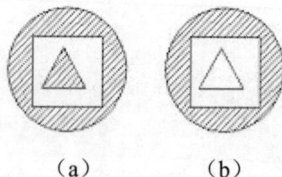

图 5-9 填充方式

- ☑ 忽略方式：该方式忽略边界内的对象，所有内部结构都被剖面符号覆盖，如图 5-10 所示。

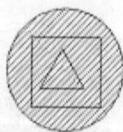

图 5-10 忽略方式

## 5.2.2 图案填充的操作

### 1. 执行方式

- ☑ 命令行：BHATCH。
- ☑ 菜单栏：绘图→图案填充。

☑　工具栏：绘图→图案填充 ▨。

☑　功能区：默认→绘图→图案填充 ▨。

## 2. 操作步骤

执行上述操作后，系统打开如图 5-11 所示的"图案填充创建"选项卡。

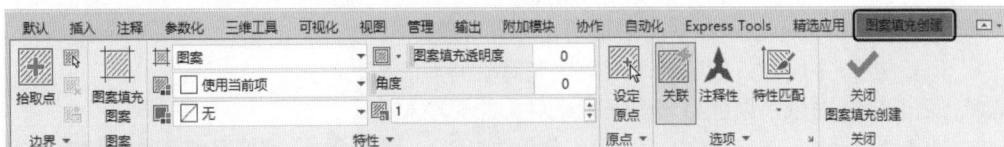

图 5-11　"图案填充创建"选项卡

## 3. 选项说明

（1）"边界"面板。

☑　拾取点：通过选择由一个或多个对象形成的封闭区域内的点，确定图案填充边界，如图 5-12 所示。指定内部点时，可以随时在绘图区域中右击以显示包含多个选项的快捷菜单。

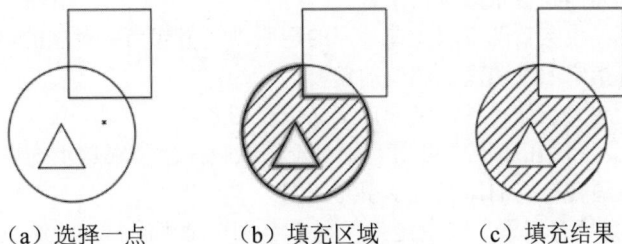

（a）选择一点　　　　（b）填充区域　　　　（c）填充结果

图 5-12　边界确定

☑　选择边界对象：指定基于选定对象的图案填充边界。使用该选项时，不会自动检测内部对象，必须选择选定边界内的对象，以按照当前孤岛检测样式填充这些对象，如图 5-13 所示。

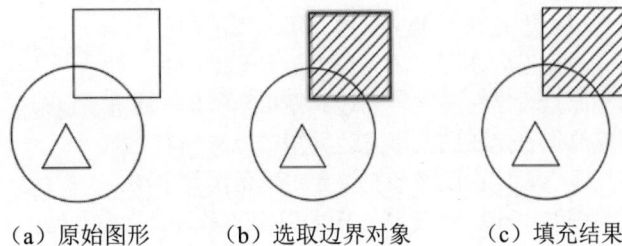

（a）原始图形　　　　（b）选取边界对象　　　　（c）填充结果

图 5-13　选择边界对象

☑　删除边界对象：从边界定义中删除之前添加的任何对象，如图 5-14 所示。

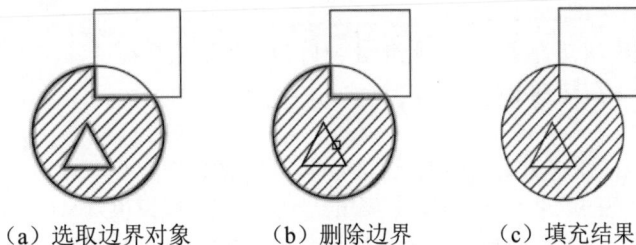

（a）选取边界对象　　　　（b）删除边界　　　　（c）填充结果

图 5-14　删除"岛"后的边界

☑ 重新创建边界：围绕选定的图案填充或填充对象创建多段线或面域，并使其与图案填充对象相关联（可选）。

☑ 显示边界对象：选择构成选定关联图案填充对象的边界的对象，使用显示的夹点可修改图案填充边界。

☑ 保留边界对象：指定如何处理图案填充边界对象。选项包括以下内容。

  ➢ 不保留边界：不创建独立的图案填充边界对象。

  ➢ 保留边界-多段线：创建封闭图案填充对象的多段线。

  ➢ 保留边界-面域：创建封闭图案填充对象的面域对象。

  ➢ 选择新边界集：指定对象的有限集（称为边界集），以便通过创建图案填充时的拾取点来计算。

（2）"图案"面板。

显示所有预定义和自定义图案的预览图像。

（3）"特性"面板。

☑ 图案填充类型：指定是使用纯色、渐变色、图案还是用户定义的填充。

☑ 图案填充颜色：替代实体填充和填充图案的当前颜色。

☑ 背景色：指定填充图案背景的颜色。

☑ 图案填充透明度：设定新图案填充或填充的透明度，替代当前对象的透明度。

☑ 图案填充角度：指定图案填充或填充的角度。

☑ 填充图案比例：放大或缩小预定义或自定义填充图案。

☑ 相对于图纸空间：（仅在布局中可用）相对于图纸空间单位缩放填充图案。使用此选项，可以很容易地做到以适合布局的比例显示填充图案。

☑ 双：（仅当"图案填充类型"被设定为"用户定义"时可用）将绘制第二组直线，与原始直线以成 90° 相交以构成交叉线。

☑ ISO 笔宽：（仅对于预定义的 ISO 图案可用）基于选定的笔宽缩放 ISO 图案。

（4）"原点"面板。

☑ 设定原点：直接指定新的图案填充原点。

☑ 左下：将图案填充原点设定在图案填充边界矩形范围的左下角。

☑ 右下：将图案填充原点设定在图案填充边界矩形范围的右下角。

☑ 左上：将图案填充原点设定在图案填充边界矩形范围的左上角。

☑ 右上：将图案填充原点设定在图案填充边界矩形范围的右上角。

☑ 中心：将图案填充原点设定在图案填充边界矩形范围的中心。

☑ 使用当前原点：将图案填充原点设定在 HPORIGIN 系统变量中存储的默认位置。

☑ 存储为默认原点：将新图案填充原点的值存储在 HPORIGIN 系统变量中。

（5）"选项"面板。

☑ 关联：指定图案填充或填充为关联图案填充。关联的图案填充或填充在用户修改其边界对象时将会被更新。

☑ 注释性：指定图案填充为注释性。此特性会自动完成缩放注释过程，从而使注释能够以正确的大小被打印或显示在图纸上。

☑ 特性匹配。

  ➢ 使用当前原点：使用选定图案填充对象（除了图案填充原点）设定图案填充的特性。

  ➢ 使用源图案填充的原点：使用选定图案填充对象（包括图案填充原点）设定图案填充的特性。

☑ 允许的间隙：设定将对象用作图案填充边界时可以忽略的最大间隙。默认值为 0，此值指定对象必须为封闭区域而没有间隙。

☑　创建独立的图案填充：控制当指定了几个单独的闭合边界时，是创建单个图案填充对象，还是创建多个图案填充对象。

☑　孤岛检测。

　　➢　普通孤岛检测：从外部边界向内填充。如果遇到内部孤岛，则填充将关闭，直到遇到孤岛中的另一个孤岛。

　　➢　外部孤岛检测：从外部边界向内填充。此选项仅填充指定的区域，不会影响内部孤岛。

　　➢　忽略孤岛检测：忽略所有内部的对象，填充图案时将通过这些对象。

☑　绘图次序：为图案填充或填充指定绘图次序。选项包括不更改、后置、前置、置于边界之后和置于边界之前。

（6）"关闭"面板。

关闭图案填充创建：退出 HATCH 并关闭上下文选项卡；也可以按 Enter 键或 Esc 键退出 HATCH。

## 5.2.3　编辑填充的图案

HATCHEDIT 命令可以用于编辑已经填充的图案。

### 1. 执行方式

☑　命令行：HATCHEDIT。

☑　菜单栏：修改→对象→图案填充。

☑　功能区：默认→修改→编辑图案填充 。

### 2. 操作步骤

执行上述操作后，AutoCAD 会给出下列提示。

选择图案填充对象：

选取关联填充物体后，系统弹出如图 5-15 所示的"图案填充编辑"对话框。

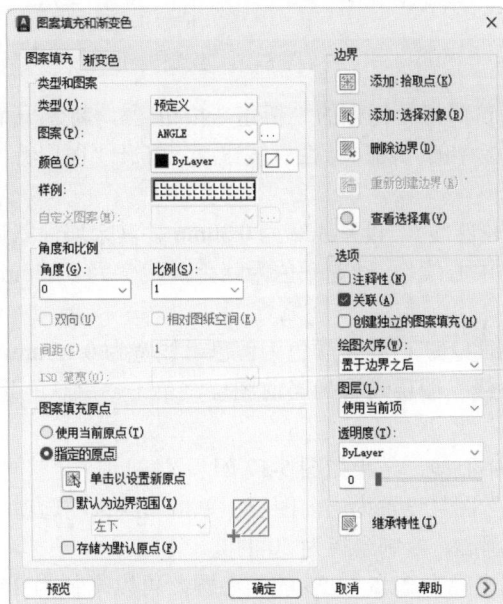

图 5-15　"图案填充编辑"对话框

在图 5-15 中，只有正常显示的选项才可以对其进行操作。该对话框中各项的含义与图 5-11 展示的"图案填充创建"选项卡中各项的含义相同。通过该对话框，用户可以对已弹出的图案进行一系列的编辑修改。

## 5.2.4 实例——绘制旋钮

本实例利用 5.2.3 节中学过的与图案填充相关的功能绘制旋钮。根据图形的特点，利用"圆""阵列"等命令绘制主视图，利用"镜像"和"图案填充"命令绘制左视图。绘制流程如图 5-16 所示。

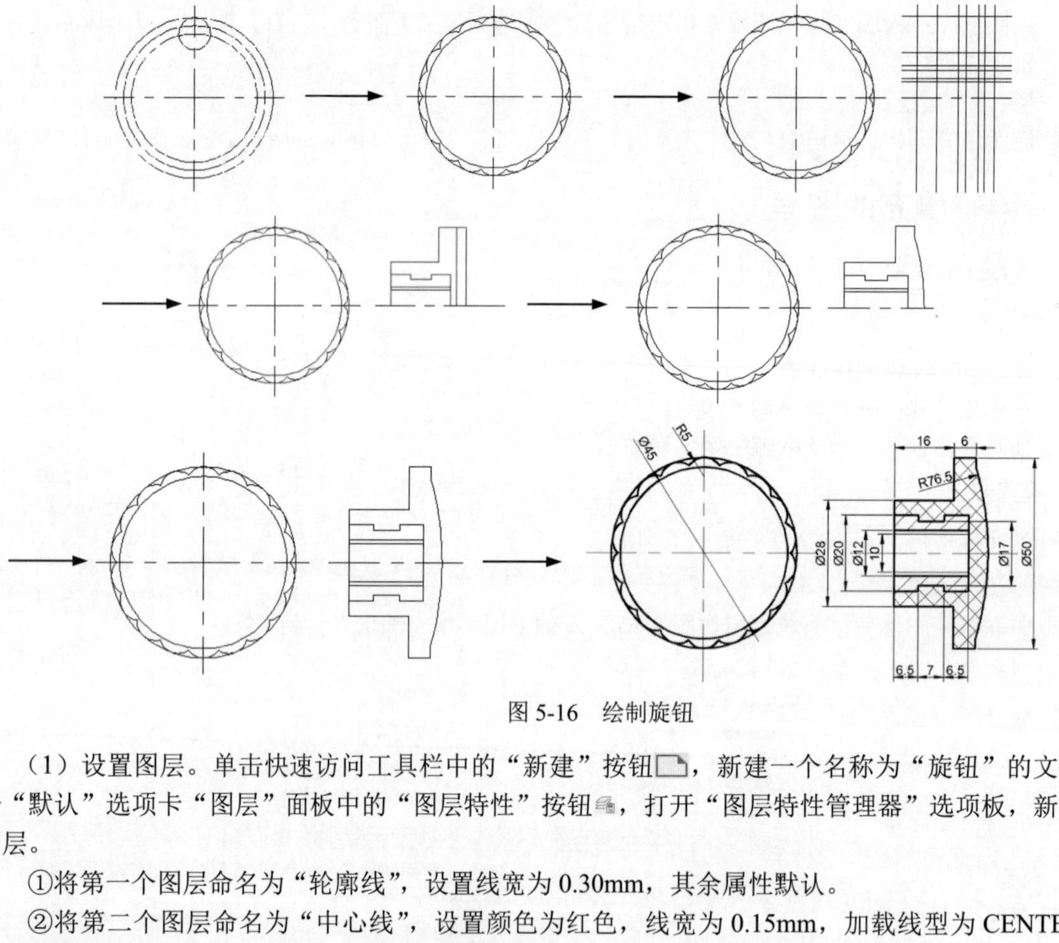

图 5-16　绘制旋钮

（1）设置图层。单击快速访问工具栏中的"新建"按钮▯，新建一个名称为"旋钮"的文件。单击"默认"选项卡"图层"面板中的"图层特性"按钮▤，打开"图层特性管理器"选项板，新建 3 个图层。

①将第一个图层命名为"轮廓线"，设置线宽为 0.30mm，其余属性默认。

②将第二个图层命名为"中心线"，设置颜色为红色，线宽为 0.15mm，加载线型为 CENTER，其余属性默认。

③将第三个图层命名为"细实线"，设置颜色为蓝色，线宽为 0.15mm，其余属性默认。

（2）绘制直线。将"中心线"图层设置为当前图层，单击"默认"选项卡"绘图"面板中的"直线"按钮／，绘制水平中心线。

重复上述命令，绘制竖直中心线，结果如图 5-17 所示。

（3）绘制圆。将"轮廓线"图层设置为当前图层，单击"默认"选项卡"绘图"面板中的"圆"按钮⊙，以两条中心线的交点为圆心，绘制半径为 20 的圆。

重复上述命令，分别绘制半径为 22.5 和 25 的同心圆，再以半径为 20 的圆和竖直中心线的交点为圆心，绘制半径为 5 的圆，结果如图 5-18 所示。

（4）绘制辅助线。单击"默认"选项卡"绘图"面板中的"直线"按钮✎，以两中心线的交点为起点，端点坐标分别为（@30<80）和（@30<100），绘制两条辅助线，结果如图5-19所示。

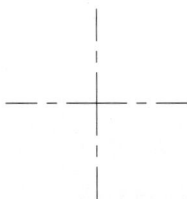

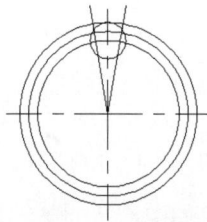

图 5-17　绘制中心线　　　　　图 5-18　绘制圆　　　　　图 5-19　绘制辅助线

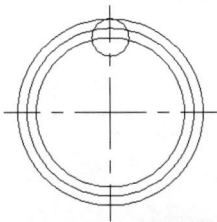

（5）修剪处理。单击"默认"选项卡"修改"面板中的"修剪"按钮✂，修剪相关图线，结果如图5-20所示。

（6）删除线段和圆。单击"默认"选项卡"修改"面板中的"删除"按钮✐，删除辅助直线和半径为20的圆，结果如图5-21所示。

（7）阵列处理。单击"默认"选项卡"修改"面板中的"环形阵列"按钮❀，对修剪后的圆弧进行环形阵列，阵列的中心点为两条中心线的交点，阵列数为18，结果如图5-22所示。

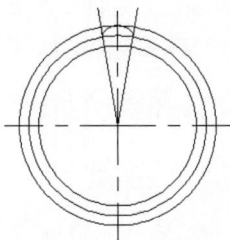

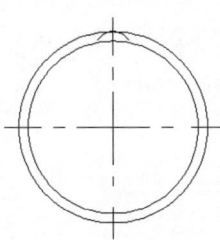

图 5-20　修剪处理　　　　　图 5-21　删除结果　　　　　图 5-22　阵列处理

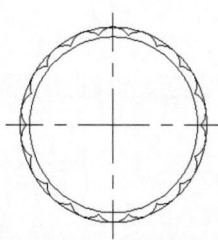

（8）绘制直线。单击"默认"选项卡"绘图"面板中的"直线"按钮✎，绘制线段1和线段2，其中线段1与左边的中心线处于同一水平位置，结果如图5-23所示。

（9）偏移处理。单击"默认"选项卡"修改"面板中的"偏移"按钮⊂，将线段1向上偏移5。

重复上述命令，将线段1分别向上偏移6、8.5、10、14和25，将线段2分别向右偏移6.5、13.5、16、20、22和25。

选取偏移后的直线，将其所在图层分别修改为"轮廓线"和"细实线"图层，其中离基准点画线最近的线为细实线，结果如图5-24所示。

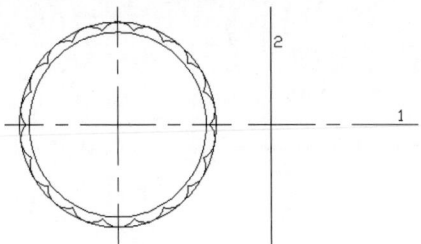

图 5-23　绘制直线　　　　　　　　　图 5-24　偏移处理

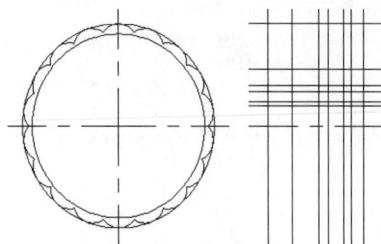

（10）修剪处理。单击"默认"选项卡"修改"面板中的"修剪"按钮✂，对多余的线段进行修剪，结果如图5-25所示。

（11）绘制圆。单击"默认"选项卡"绘图"面板中的"圆"按钮⊙，命令行提示与操作如下。

```
命令：_circle
指定圆的圆心或［三点(3P)/两点(2P)/切点、切点、半径(T)］：（选择竖直中心线与水平中心线的交点）
指定圆的半径或［直径(D)］<83.3828>:76.5✓
```

结果如图 5-26 所示。

（12）修剪处理。单击"默认"选项卡"修改"面板中的"修剪"按钮▼，对多余的线段进行修剪，结果如图 5-27 所示。

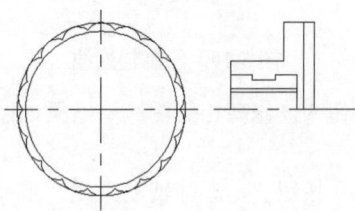

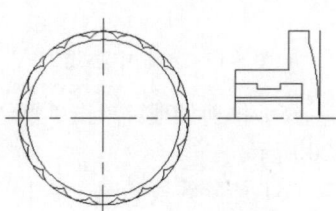

图 5-25　修剪处理　　　　　图 5-26　绘制圆　　　　　图 5-27　修剪处理

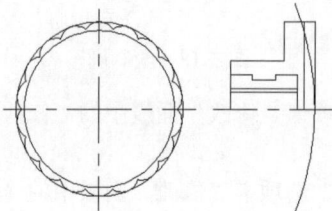

（13）删除多余线段。单击"默认"选项卡"修改"面板中的"删除"按钮，删除多余的线段，结果如图 5-28 所示。

（14）镜像处理。单击"默认"选项卡"修改"面板中的"镜像"按钮⚠，将左视图上部图形以水平中心线为镜像线进行镜像操作，结果如图 5-29 所示。

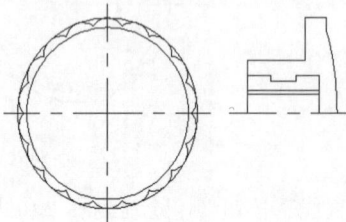

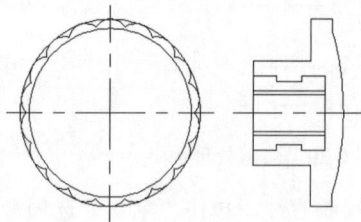

图 5-28　删除结果　　　　　　　图 5-29　镜像左视图上部图形

（15）绘制剖面线。切换当前图层为"细实线"，单击"默认"选项卡"绘图"面板中的"图案填充"按钮▨，❶打开"图案填充创建"选项卡，如图 5-30 所示。

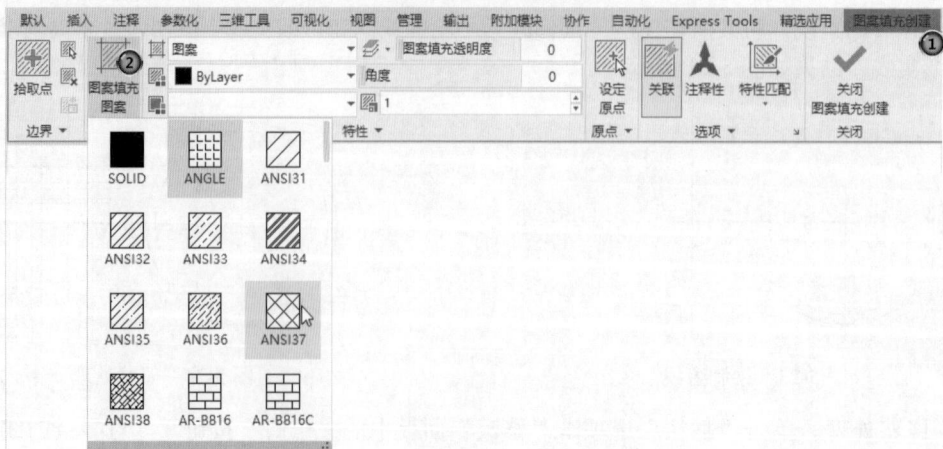

图 5-30　"图案填充创建"选项卡

在"图案填充创建"选项卡中，②选择 ANSI37 作为填充图案，在所需填充区域中拾取任意一个点，重复拾取，直至所有填充区域都被虚线框包围，按 Enter 键完成图案填充操作，重复填充操作，选择 ANSI31 作为填充图案，即可完成剖面线的绘制。至此，旋钮的绘制工作完成，最终效果如图 5-16 所示。

💡 **提示**：在剖视图中，被剖切面剖切到的部分称为剖面。为了在剖视图上区分剖面和其他表面，应在剖面上画出剖面符号（也称为剖面线）。机件的材料不相同，采用的剖面符号也不相同。各种材料的剖面符号如表 5-1 所示。

表 5-1　剖面符号（GB/T 4457.5—2013）

| 材料名称 | 剖面符号 | 材料名称 | 剖面符号 |
|---|---|---|---|
| 金属材料（已有规定剖面符号者除外） |   | 木质胶合板（不分层数） |   |
| 非金属材料（已有规定剖面符号者除外） |   | 基础周围的泥土 |   |
| 转子、电枢、变压器和电抗器等的叠钢片 | 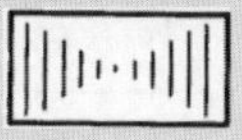  | 混凝土 | 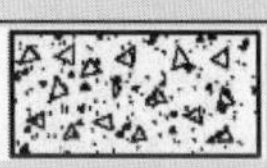  |
| 线圈绕组元件 | 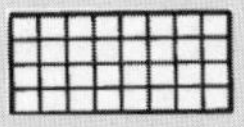  | 钢筋混凝土 |   |
| 型砂、填砂、粉末冶金、砂轮、陶瓷刀片、硬质合金刀片等 | 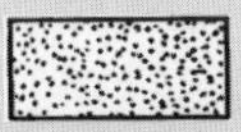  | 砖 |   |
| 玻璃及供观察用的其他透明材料 | 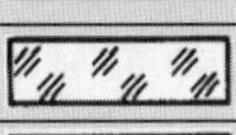  | 格网（筛网、过滤网等） |   |
| 木材　纵断面 |   | 液体 |  |
| 木材　横断面 |  |  |  |

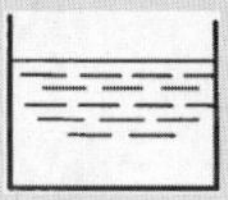

# 5.3　多段线

多段线是一种由线段和圆弧组合而成的、不同线宽的多线，这种线由于其组合形式多样、线宽变化，弥补了直线或圆弧功能的不足，适合绘制各种复杂的图形轮廓，因此得到广泛的应用。

## 5.3.1　绘制多段线

### 1. 执行方式

☑　命令行：PLINE（快捷命令：PL）。

☑　菜单栏：绘图→多段线。

☑　工具栏：绘图→多段线 ⟋。

☑　功能区：默认→绘图→多段线 ⟋。

### 2. 操作步骤

```
命令：PLINE✓
指定起点：（指定多段线的起点）
当前线宽为 0.0000
```

指定下一个点或［圆弧(A)/半宽(H)/长度(L)/放弃(U)/宽度(W)］：（指定多段线的下一点）

3. 选项说明

多段线主要由连续的不同宽度的线段或圆弧组成，如果在上述命令提示中选择"圆弧(A)"选项，则命令行提示如下。

指定圆弧的端点(按住 Ctrl 键以切换方向)或［角度(A)/圆心(CE)/闭合(CL)/方向(D)/半宽(H)/直线(L)/半径(R)/第二个点(S)/放弃(U)/宽度(W)］：

绘制圆弧的方法与"圆弧"命令相似。

## 5.3.2 实例——绘制电磁管密封圈

本实例绘制电磁管密封圈。本实例首先利用"直线"和"圆"命令绘制基本图形，然后利用"多段线"命令绘制主视图基本形状，接着利用"圆弧"和"镜像"命令完善主视图，最后对剖面进行填充。绘制流程如图 5-31 所示。

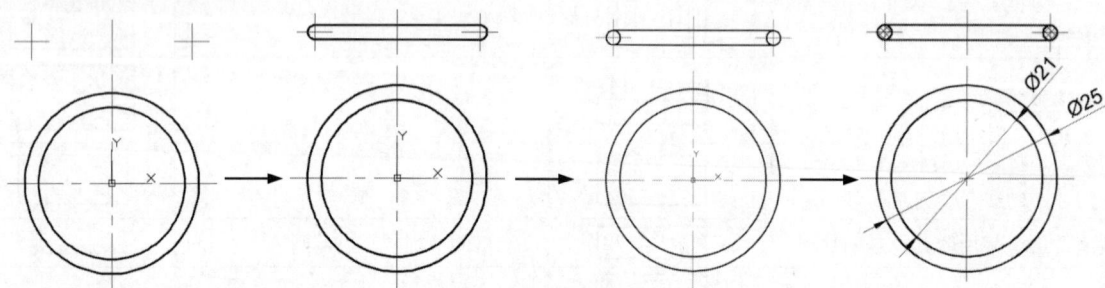

图 5-31　绘制电磁管密封圈

（1）单击"默认"选项卡"图层"面板中的"图层特性"按钮，打开"图层特性管理器"选项板，创建 3 个图层，分别为"中心线""实体线""剖面线"。其中：将中心线的颜色设置为红色，线型设置为 CENTER，线宽设置为默认；将实体线的颜色设置为白色，线型设置为实线，线宽设置为0.30mm；剖面线为软件默认的属性。

（2）将"中心线"图层设置为当前图层。单击"默认"选项卡"绘图"面板中的"直线"按钮，绘制长度均为 30 的水平和竖直直线，其交点在坐标原点上。

（3）将"实体线"图层设置为当前图层。单击"默认"选项卡"绘图"面板中的"圆"按钮，以十字交叉线的中点为圆心，分别绘制半径为 10.5 和 12.5 的同心圆，结果如图 5-32 所示。

（4）将"中心线"图层设置为当前图层。单击"默认"选项卡"绘图"面板中的"直线"按钮，绘制直线，直线的坐标依次为｛（0, 16.6）、（0,22.6）｝，｛（-11.5, 17.1）、（-11.5,22.1）｝，｛（-14,19.6）、（-9,19.6）｝，｛（11.5, 17.1）、（11.5,22.1）｝，｛（14, 19.6）、（9,19.6）｝，结果如图 5-33 所示。

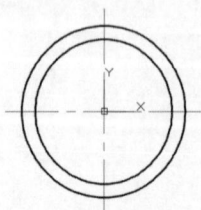

图 5-32　绘制同心圆

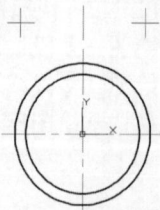

图 5-33　绘制中心线

（5）将"实体线"图层设置为当前图层。单击"默认"选项卡"绘图"面板中的"多段线"按钮，绘制多段线，结果如图 5-34 所示。命令行提示与操作如下。

```
命令: _pline
指定起点: -11.5,18.6✓
当前线宽为 0.0000
指定下一个点或 [圆弧(A)/半宽(H)/长度(L)/放弃(U)/宽度(W)]: 11.5,18.6✓
指定下一点或 [圆弧(A)/闭合(C)/半宽(H)/长度(L)/放弃(U)/宽度(W)]: A✓
指定圆弧的端点(按住 Ctrl 键以切换方向)或[角度(A)/圆心(CE)/闭合(CL)/方向(D)/半宽(H)/直线
(L)/半径(R)/第二个点(S)/放弃(U)/宽度(W)]: S✓
指定圆弧上的第二个点: 12.5,19.6✓
指定圆弧的端点: 11.5,20.6✓
指定圆弧的端点(按住 Ctrl 键以切换方向)或[角度(A)/圆心(CE)/闭合(CL)/方向(D)/半宽(H)/直线
(L)/半径(R)/第二个点(S)/放弃(U)/宽度(W)]: L✓
指定下一点或 [圆弧(A)/闭合(C)/半宽(H)/长度(L)/放弃(U)/宽度(W)]: -11.5,20.6✓
指定下一点或 [圆弧(A)/闭合(C)/半宽(H)/长度(L)/放弃(U)/宽度(W)]: A✓
指定圆弧的端点(按住 Ctrl 键以切换方向)或[角度(A)/圆心(CE)/闭合(CL)/方向(D)/半宽(H)/直线
(L)/半径(R)/第二个点(S)/放弃(U)/宽度(W)]: S✓
指定圆弧上的第二个点: -12.5,19.6✓
指定圆弧的端点(按住 Ctrl 键以切换方向)或[角度(A)/圆心(CE)/闭合(CL)/方向(D)/半宽(H)/直线
(L)/半径(R)/第二个点(S)/放弃(U)/宽度(W)]: CL✓
```

（6）单击"默认"选项卡"绘图"面板中的"圆弧"按钮，绘制半圆弧，如图 5-35 所示。

（7）单击"默认"选项卡"修改"面板中的"镜像"按钮，以绘制的半圆弧为镜像对象，以中间的竖直中心线为镜像线，进行镜像处理，结果如图 5-36 所示。

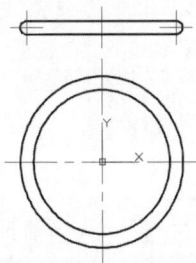

图 5-34 绘制多段线　　　　图 5-35 绘制半圆弧　　　　图 5-36 镜像圆弧

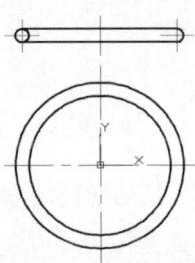

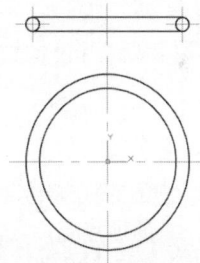

（8）将"剖面线"图层设置为当前图层，单击"默认"选项卡"绘图"面板中的"图案填充"按钮，①打开"图案填充创建"选项卡，如图 5-37 所示。②选择 ANSI37 图案，③填充的比例为 0.2，④单击"拾取点"进行填充操作，结果如图 5-31 所示。

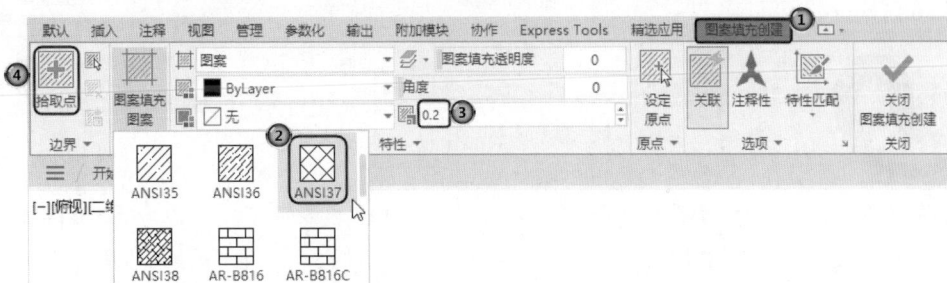

图 5-37 "图案填充创建"选项卡

### 5.3.3 编辑多段线

1. 执行方式

☑ 命令行：PEDIT（快捷命令：PE）。
☑ 菜单栏：修改→对象→多段线。
☑ 工具栏：修改 II→编辑多段线 。
☑ 功能区：默认→修改→编辑多段线 。
☑ 快捷菜单：选择要编辑的多段线，在绘图区域右击，在弹出的快捷菜单中选择"多段线"→"编辑多段线"命令。

2. 操作步骤

命令：PEDIT↙
选择多段线或 [多条(M)]：（选择一条要编辑的多段线）
输入选项 [闭合(C)/合并(J)/宽度(W)/编辑顶点(E)/拟合(F)/样条曲线(S)/非曲线化(D)/线型生成(L)/反转(R)/放弃(U)]：

3. 选项说明

（1）合并(J)：以选中的多段线为主体，合并其他直线段、圆弧和多段线，使其成为一条多段线。能合并的条件是各段端点首尾相连，如图 5-38 所示。

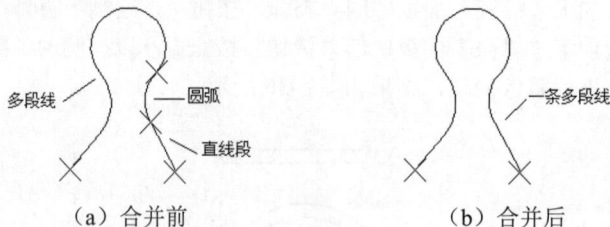

（a）合并前　　　　　　　　（b）合并后

图 5-38　合并多段线

（2）宽度(W)：修改整条多段线的线宽，使其具有同一线宽，如图 5-39 所示。

（3）编辑顶点(E)：选择该项后，在多段线起点处出现一个斜的十字叉"×"，它为当前顶点的标记，并在命令行出现进行后续操作的提示。

[下一个(N)/上一个(P)/打断(B)/插入(I)/移动(M)/重生成(R)/拉直(S)/切向(T)/宽度(W)/退出(X)]<N>：

这些选项允许用户进行移动、插入顶点和修改任意两点间的线宽等操作。

（4）拟合(F)：将指定的多段线生成由光滑圆弧连接的圆弧拟合曲线，该曲线经过多段线的各顶点，如图 5-40 所示。

（a）修改前　　（b）修改后　　　　　（a）修改前　　（b）修改后

图 5-39　修改整条多段线的线宽　　　图 5-40　生成圆弧拟合曲线

（5）样条曲线(S)：将指定的多段线以各顶点为控制点生成 B 样条曲线，如图 5-41 所示。

（6）非曲线化(D)：将指定的多段线中的圆弧由直线代替。对于选用"拟合(F)"或"样条曲线(S)"选项生成圆弧拟合曲线或样条曲线时新插入的顶点，选用"非曲线化(D)"选项则可以删除它们，并将它们恢复成由直线段组成的多段线。

（7）线型生成(L)：当多段线的线型为点画线时，选用该选项来控制多段线的线型生成的方式。选择此项，系统提示如下。

输入多段线线型生成选项 [开(ON)/关(OFF)] <关>：

选择"开(ON)"选项时，将在每个顶点处允许以短点画线开始和结束生成线型；选择"关(OFF)"选项时，将在每个顶点处以长点画线开始和结束生成线型。"线型生成"不能用于带变宽线段的多段线，如图 5-42 所示。

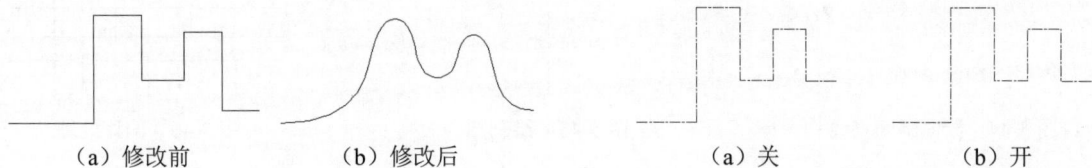

（a）修改前　　　（b）修改后　　　　　　　（a）关　　　　　（b）开

图 5-41　生成 B 样条曲线　　　　图 5-42　控制多段线的线型（线型为点画线时）

（8）反转(R)：反转多段线顶点的顺序。使用此选项可反转使用包含文字线型的对象的方向。例如，根据多段线的创建方向，线型中的文字可能倒置显示。

## 5.3.4　实例——绘制支架

本实例利用 5.3.3 节中学过的多段线编辑功能绘制支架。本实例首先利用基本二维绘图命令绘制支架的外轮廓，然后利用"编辑多段线"命令对外轮廓进行合并，最后利用"偏移"和"修剪"命令完成整个图形。绘制流程如图 5-43 所示。

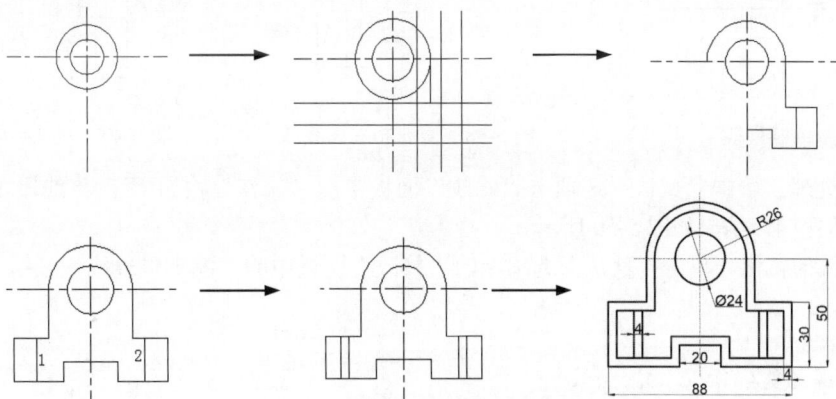

图 5-43　绘制支架

（1）设置图层。单击"默认"选项卡"图层"面板中的"图层特性"按钮，打开"图层特性管理器"选项板，新建两个图层。

①将第一个图层命名为"轮廓线"，设置线宽为 0.30mm，其余属性默认。

②将第二个图层命名为"中心线"，设置颜色为红色，加载线型为 CENTER，其余属性默认。

（2）绘制辅助直线。将"中心线"图层设置为当前图层，单击"默认"选项卡"绘图"面板中的"直线"按钮，绘制水平直线。重复上述命令绘制竖直线，结果如图 5-44 所示。

（3）绘制圆。将"轮廓线"图层设置为当前图层，单击"默认"选项卡"绘图"面板中的"圆"按钮，以两条辅助直线的交点为圆心，分别绘制半径为 12 和 22 的两个圆，结果如图 5-45 所示。

（4）偏移处理。单击"默认"选项卡"修改"面板中的"偏移"按钮，将竖直直线向右偏移 14。

重复上述命令，将竖直线分别向右偏移 28、40，将水平直线分别向下偏移 24、36、46。选取偏移后的直线，将它们的图层修改为"轮廓线"图层，结果如图 5-46 所示。

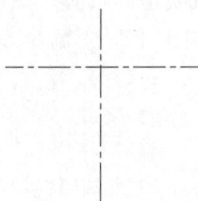

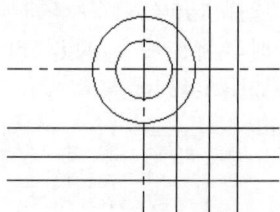

| 图 5-44 绘制辅助直线 | 图 5-45 绘制圆 | 图 5-46 偏移处理 |
|---|---|---|

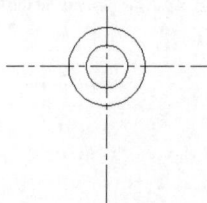

（5）绘制直线。单击"默认"选项卡"绘图"面板中的"直线"按钮，绘制与大圆相切的竖直线，结果如图 5-47 所示。

（6）修剪处理。单击"默认"选项卡"修改"面板中的"修剪"按钮，修剪相关图线，结果如图 5-48 所示。

（7）镜像处理。单击"默认"选项卡"修改"面板中的"镜像"按钮，将点画线右下部分以竖直辅助直线为镜像线进行镜像操作，结果如图 5-49 所示。

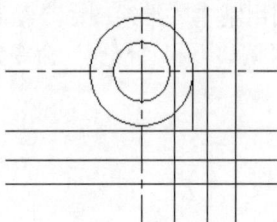

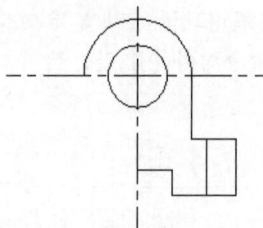

| 图 5-47 绘制直线 | 图 5-48 修剪相关图线 | 图 5-49 镜像点画线右下部分 |
|---|---|---|

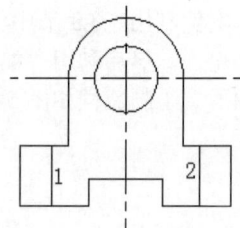

（8）偏移处理。单击"默认"选项卡"修改"面板中的"偏移"按钮，将线段 1 向左偏移 4，将线段 2 向右偏移 4，结果如图 5-50 所示。

（9）多段线的转化。单击"默认"选项卡的"修改"面板中的"编辑多段线"按钮，命令行提示与操作如下。

```
命令: _pedit
选择多段线或 [多条(M)]: M✓
选择对象:（选取图形的外轮廓线）
选择对象: ✓
是否将直线、圆弧和样条曲线转换为多段线? [是(Y)/否(N)]? <Y>✓
输入选项 [闭合(C)/打开(O)/合并(J)/宽度(W)/拟合(F)/样条曲线(S)/非曲线化(D)/线型生成(L)/反转(R)/放弃(U)]: J✓
合并类型 = 延伸
输入模糊距离或 [合并类型(J)] <0.0000>: ✓
多段线已增加 12 条线段
输入选项 [闭合(C)/打开(O)/合并(J)/宽度(W)/拟合(F)/样条曲线(S)/非曲线化(D)/线型生成(L)/反
```

转(R)/放弃(U)：↙

（10）偏移处理。单击"默认"选项卡"修改"面板中的"偏移"按钮⊂，将外轮廓线向外偏移4，结果如图 5-51 所示。

（11）修剪中心线。单击"默认"选项卡"修改"面板中的"打断"按钮，修剪中心线，结果如图 5-43 所示。

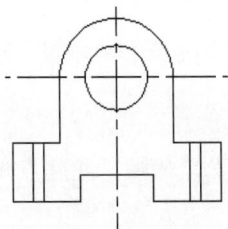

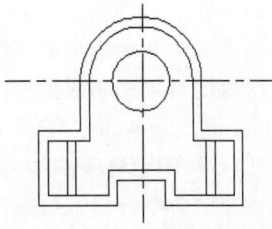

图 5-50　偏移处理　　　　　　　图 5-51　偏移多段线

注意：机械制图有关国家标准规定，中心线超出轮廓线的长度最短不能超过 2mm，最长不能超过 5mm，中心线超出范围可以在此区间变动。

# 5.4　样条曲线

样条曲线可用于创建形状不规则的曲线，如地理信息系统（GIS）应用或汽车设计绘制轮廓线。

AutoCAD 使用一种称为非一致有理 B 样条（NURBS）曲线的特殊样条曲线类型。NURBS 曲线在控制点之间产生一条光滑的曲线，如图 5-52 所示。

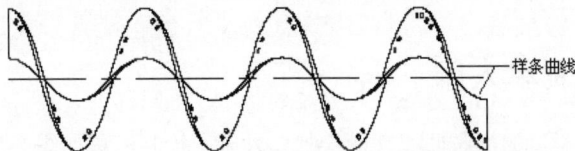

图 5-52　样条曲线

## 5.4.1　绘制样条曲线

1. 执行方式

☑　命令行：SPLINE。
☑　菜单栏：绘图→样条曲线。
☑　工具栏：绘图→样条曲线 ⋌。
☑　功能区：默认→样条曲线拟合 ⋌ 或样条曲线控制点 ⋌。

2. 操作步骤

命令：SPLINE↙
当前设置：方式=拟合　节点=弦
指定第一个点或 [方式(M)/节点(K)/对象(O)]：（指定一点或选择"对象(O)"选项）
输入下一个点或 [起点切向(T)/公差(L)]：（指定第二点）

输入下一个点或 ［端点相切(T)/公差(L)/放弃(U)］:（指定第三点）
输入下一个点或 ［端点相切(T)/公差(L)/放弃(U)/闭合(C)］: C↙

### 3. 选项说明

（1）对象(O)：将二维或三维的二次或三次样条曲线拟合多段线转换为等价的样条曲线，然后根据 DELOBJ 系统变量的设置删除该多段线。

（2）起点切向(T)：定义样条曲线的第一点和最后一点的切向。

如果在样条曲线的两端都指定切向，可以输入一个点或者使用"切点"和"垂足"对象捕捉模式，使样条曲线与已有的对象相切或垂直。

如果按 Enter 键，则 AutoCAD 将计算默认切向。

（3）公差(L)：指定距样条曲线必须经过的指定拟合点的距离。公差应用于除起点和端点外的所有拟合点。修改该项的命令行提示与操作如下。

```
命令: SPLINE↙
当前设置: 方式=拟合    节点=弦
指定第一个点或 ［方式(M)/节点(K)/对象(O)］: M↙
输入样条曲线创建方式 ［拟合(F)/控制点(CV)］ <拟合>: F↙
当前设置: 方式=拟合    节点=弦
指定第一个点或 ［方式(M)/节点(K)/对象(O)］:
输入下一个点或 ［起点切向(T)/公差(L)］: L↙
指定拟合公差<0.0000>:
```

（4）闭合(C)：将最后一点定义为与第一点一致，并使它在连接处相切，这样可以闭合样条曲线。选择该项，系统继续提示如下。

```
指定切向:（指定点或按 Enter 键）
```

用户可以指定一点来定义切向矢量，或者使用"切点"和"垂足"对象捕捉模式，使样条曲线与现有对象相切或垂直。

## 5.4.2  实例——绘制单人床

本实例利用 5.4.1 节中学过的样条曲线功能绘制单人床。绘制流程如图 5-53 所示。

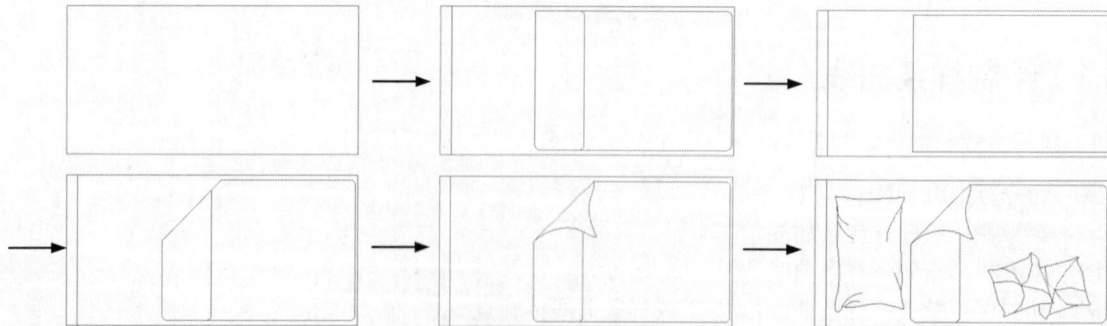

图 5-53  绘制单人床

在建筑卧室设计图中，床是必不可少的内容，床分单人床和双人床。在一般的建筑中，卧室的位置及床的摆放均需要进行精心的设计，以方便房主居住生活，同时还要考虑舒适、采光、美观等因素。

（1）绘制矩形。单击"默认"选项卡"绘图"面板中的"矩形"按钮 ▢，绘制长为 300、宽为 150 的矩形，结果如图 5-54 所示。

（2）绘制床头。单击"默认"选项卡"绘图"面板中的"直线"按钮／，在床左侧绘制一条垂直的直线，结果如图 5-55 所示。

（3）绘制被子轮廓。在空白位置绘制一个长为 200、宽为 140 的矩形，并利用"移动"命令将其移动到床的右侧（注意上下两边距床轮廓的间距要尽量相等，右侧距床轮廓的边缘稍近），结果如图 5-56 所示。此矩形即为被子的轮廓。

图 5-54 床轮廓　　　　　　　图 5-55 绘制床头　　　　　　　图 5-56 绘制被子轮廓

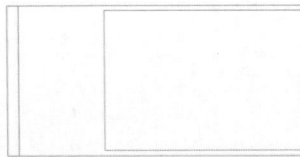

（4）倒圆角。在被子左顶端绘制一个水平方向为 40、垂直方向为 140 的矩形，结果如图 5-57 所示。利用"圆角"命令修改矩形的角部，设置圆角半径为 5，结果如图 5-58 所示。

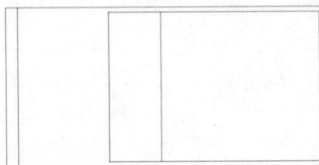

图 5-57 绘制矩形　　　　　　　　　　　图 5-58 修改圆角

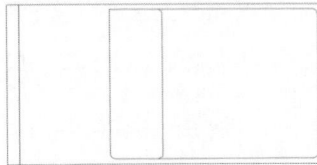

（5）绘制辅助线。在被子轮廓的左上角绘制一条 45° 的斜线，单击"默认"选项卡"绘图"面板中的"直线"按钮／，绘制一条水平直线。然后单击"默认"选项卡"修改"面板中的"旋转"按钮○，选择线段一端为旋转基点，在角度提示行后面输入 45，按 Enter 键，旋转直线，结果如图 5-59 所示。再将其移动到适当的位置，单击"默认"选项卡"修改"面板中的"修剪"按钮┉，修剪多余线段，得到如图 5-60 所示的图形。删除直线左上侧的多余部分，结果如图 5-61 所示。

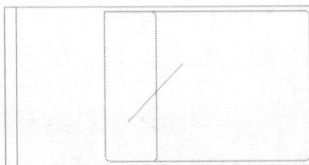

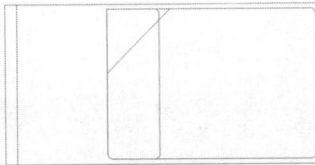

图 5-59 绘制 45° 直线　　　　　　图 5-60 移动直线　　　　　　图 5-61 删除多余线段

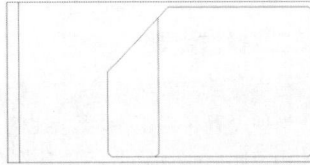

（6）绘制样条曲线 1。单击"默认"选项卡"绘图"面板中的"样条曲线拟合"按钮～。首先单击已绘制的 45° 斜线的端点，依次单击点 A、B、C，再单击点 E，如图 5-62 所示。设置端点的切线方向，命令行提示与操作如下。

```
命令：_SPLINE
当前设置：方式=拟合　节点=弦
指定第一个点或 [方式(M)/节点(K)/对象(O)]：_M
输入样条曲线创建方式 [拟合(F)/控制点(CV)] <拟合>：_FIT
当前设置：方式=拟合　节点=弦
指定第一个点或 [方式(M)/节点(K)/对象(O)]：<对象捕捉追踪 开> <对象捕捉 开> <对象捕捉追踪
关>（选择点 A）
输入下一个点或 [起点切向(T)/公差(L)]：（选择点 B）
```

输入下一个点或 ［端点相切(T)/公差(L)/放弃(U)］:（选择点 C）
输入下一个点或 ［端点相切(T)/公差(L)/放弃(U)/闭合(C)］: T↙
指定端点切向:（选择点 E）

（7）绘制样条曲线 2。同理，另一侧的样条曲线如图 5-63 所示。首先依次单击点 A、B、C，再单击点 E 为终点切线方向，然后按 Enter 键。此为被子的掀开角，绘制完成后删除角内的多余直线，结果如图 5-64 所示。

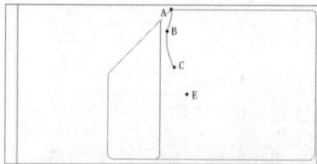

图 5-62　绘制样条曲线 1　　　　图 5-63　绘制样条曲线 2　　　　图 5-64　绘制掀起角

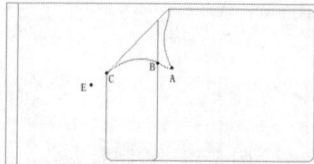

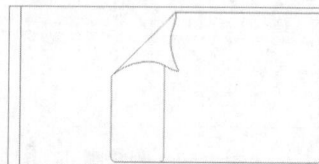

（8）绘制枕头和抱枕。用同样的方法绘制枕头和抱枕的图形，最终结果如图 5-53 所示。

# 5.5　多　　线

多线是一种复合线，由连续的直线段复合组成。这种线的一个突出优点是能够提高绘图效率，保证图线之间的统一性。

## 5.5.1　绘制多线

**1. 执行方式**

☑　　命令行：MLINE。

☑　　菜单栏：绘图→多线。

**2. 操作步骤**

命令：MLINE↙
当前设置：对正 = 上，比例 = 20.00，样式 = STANDARD
指定起点或 ［对正(J)/比例(S)/样式(ST)］:（指定起点）
指定下一点:（给定下一点）
指定下一点或 ［放弃(U)］:（继续给定下一点绘制线段。输入 U，则放弃前一段的绘制；右击或按 Enter 键，结束命令）
指定下一点或 ［闭合(C)/放弃(U)］:（继续给定下一点绘制线段。输入 C，则闭合线段，结束命令）

**3. 选项说明**

（1）对正(J)：该项用于给定绘制多线的基准，共有 3 种对正类型，即"上""无""下"。其中，"上"表示以多线上侧的线为基准，其余两种以此类推。

（2）比例(S)：选择该项，要求用户设置平行线的间距。输入值为 0 时，平行线重合，值为负数时，多线的排列倒置。

（3）样式(ST)：该项用于设置当前使用的多线样式。

## 5.5.2　定义多线样式

### 1. 执行方式

☑　命令行：MLSTYLE。
☑　菜单栏：格式→多线样式。

### 2. 操作步骤

命令：MLSTYLE✓

系统自动执行该命令，❶打开如图 5-65 所示的"多线样式"对话框。在该对话框中，用户可以对多线样式进行定义、保存和加载等操作。下面通过定义一个新的多线样式来介绍该对话框的使用方法。这里，定义的多线样式由 3 条平行线组成，中心轴线为紫色的中心线，其余两条平行线为黑色实线，相对于中心轴线上、下各偏移 0.5。其操作步骤如下。

（1）在"多线样式"对话框中❷单击"新建"按钮，❸系统弹出"创建新的多线样式"对话框，如图 5-66 所示。

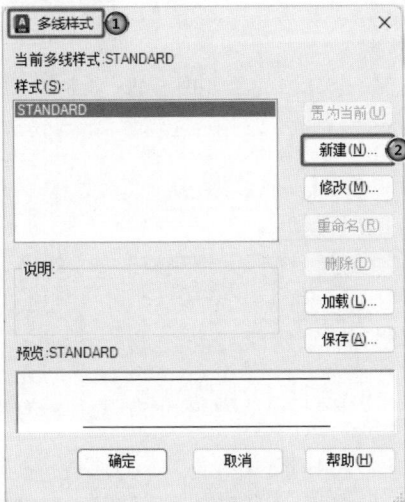

图 5-65　"多线样式"对话框　　　　　图 5-66　"创建新的多线样式"对话框

（2）❹在"新样式名"文本框中输入 THREE，❺单击"继续"按钮。
（3）❻系统打开"新建多线样式：THREE"对话框，如图 5-67 所示。
（4）在"封口"选项组中控制多线起点和端点封口。
①直线：显示穿过多线每一端的直线段。
②外弧：显示多线的最外端元素之间的圆弧。
③内弧：显示成对的内部元素之间的圆弧。
④角度：指定端点封口的角度。
（5）在"填充颜色"下拉列表框中选择多线填充的颜色。
（6）在"图元"选项组中设置组成多线的元素的特性。单击"添加"按钮，为多线添加元素；反之，单击"删除"按钮，可以为多线删除元素。在"偏移"文本框中可以设置选中的元素的位置偏移值。在"颜色"下拉列表框中为选中的元素选择颜色。单击"线型"按钮，为选中的元素设置线型。
（7）设置完毕后，单击"确定"按钮，系统返回如图 5-65 所示的"多线样式"对话框，在"样式"列表框中会显示已设置的多线样式名，选择该样式，单击"置为当前"按钮，则将已设置的多线样式设置为当前样式，下面的预览框中会显示当前多线样式。

（8）单击"确定"按钮，完成多线样式的设置。图 5-68 显示了根据图 5-67 中设置的多线样式绘制的多线。

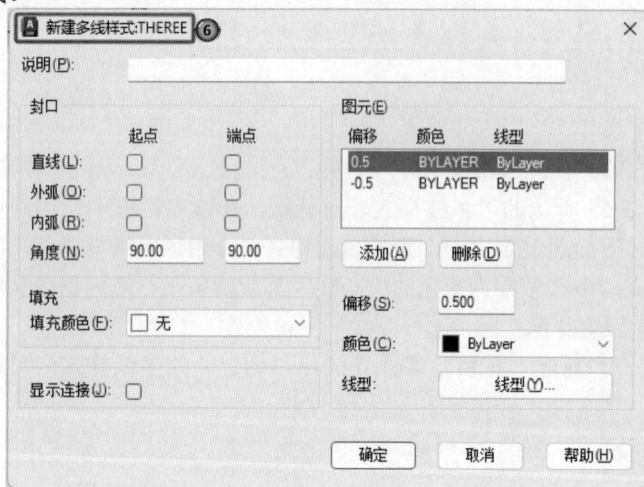

图 5-67　"新建多线样式：THREE"对话框

图 5-68　绘制的多线

### 5.5.3　编辑多线

**1. 执行方式**

☑　命令行：MLEDIT。

☑　菜单栏：修改→对象→多线。

**2. 操作步骤**

执行"多线"命令后，系统弹出"多线编辑工具"对话框，如图 5-69 所示。

利用该对话框可以创建或修改多线的模式。该对话框分 4 列显示示例图形。其中，第一列管理十字交叉形式的多线，第二列管理 T 形多线，第三列管理拐角接合点和节点[①]，第四列管理多线被剪切或连接的形式。

单击"多线编辑工具"对话框中的某个示例图形，即可调用该项编辑功能。

下面以"十字打开"为例介绍多线编辑方法，即把选择的两条多线交叉。选择该选项后，在命令行中出现如下提示。

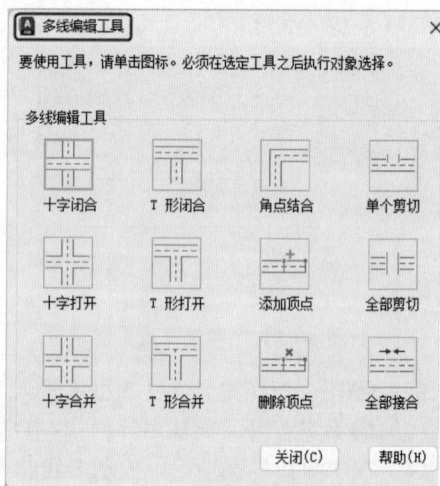

图 5-69　"多线编辑工具"对话框

选择第一条多线：（选择第一条多线）
选择第二条多线：（选择第二条多线）

选择完毕后，第二条多线被第一条多线横断交叉。系统继续提示如下。

选择第一条多线：

完成上述操作后可以继续选择多线进行操作，选择"放弃(U)"选项会撤销前次操作。操作过程和

---

① 文中的"接合"和"节点"分别与图 5-69 中的"结合"和"顶点"为同一内容，后文不再赘述。

执行结果如图 5-70 所示。

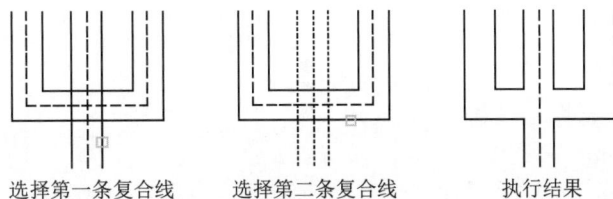

选择第一条复合线　　　　选择第二条复合线　　　　执行结果

图 5-70　十字打开

## 5.5.4　实例——绘制别墅墙体

在建筑平面图中，墙体用双线表示，一般采用轴线定位的方式，以轴线为中心，具有很强的对称关系。因此绘制墙线通常有以下 3 种方法。

☑　使用"偏移"命令，直接偏移轴线，将轴线向两侧偏移一定距离，得到双线，然后将所得双线转移至"墙线"图层。

☑　使用"多线"命令直接绘制墙线。

☑　当墙体要求填充成实体颜色时，也可以采用"多段线"命令直接绘制，将线宽设置为墙厚即可。

在本实例中，推荐选用第二种方法，即采用"多线"命令绘制墙线，图 5-71 显示了绘制完成的别墅首层墙体平面。

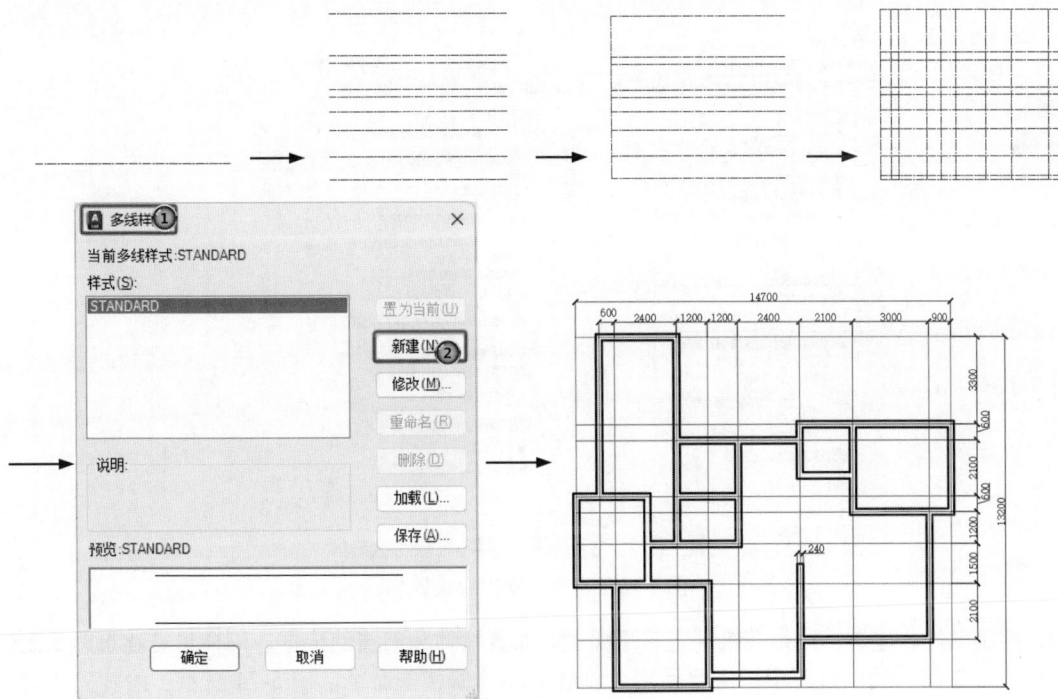

图 5-71　绘制别墅墙体

（1）设置图层。单击"默认"选项卡"图层"面板中的"图层特性"按钮，打开"图层特性管理器"选项板，新建 "墙体"和"轴线"图层，将墙体的线宽设为 0.30mm，其余属性默认，将轴线的颜色设置为红色，线型为 CENTER，结果如图 5-72 所示。

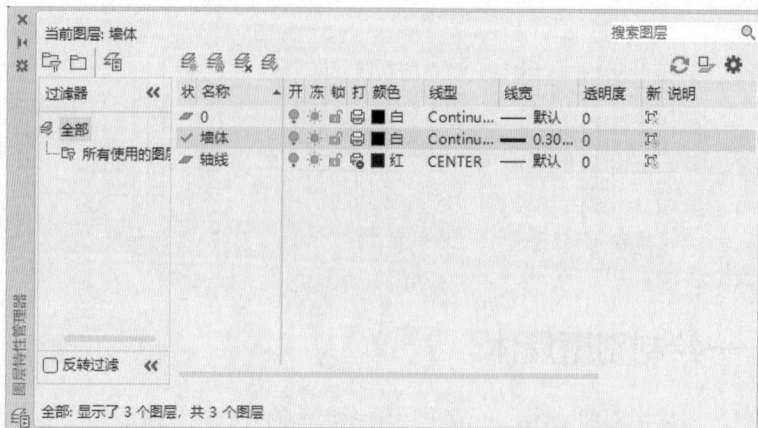

图 5-72　"图层特性管理器"选项板

> **注意：** 在使用 AutoCAD 2026 绘图过程中，应经常保存已绘制的图形文件，以避免因软件系统不稳定导致软件瞬间关闭而无法及时保存文件，进而丢失大量已绘制的信息。AutoCAD 软件有自动保存图形文件的功能，用户只需在绘图时将该功能激活即可，设置步骤如下：选择"工具"→"选项"命令，①弹出"选项"对话框。②选择"打开和保存"选项卡，在"文件安全措施"选项组中③选中"自动保存"复选框，根据个人需要输入"保存间隔分钟数"，然后④单击"确定"按钮，设置完成，如图 5-73 所示。

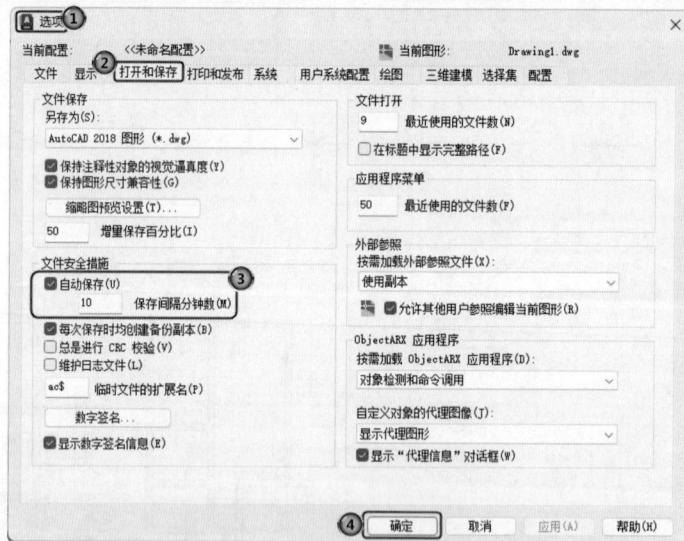

图 5-73　文件自动保存设置

（2）绘制轴线。建筑轴线是在绘制建筑平面图时布置墙体和门窗的依据，同样也是建筑施工定位的重要依据。在轴线的绘制过程中，主要使用"直线"和"偏移"命令。图 5-74 显示了绘制完成的别墅平面轴线。

①设置线型比例。选择菜单栏中的"格式"→"线型"命令，①弹出"线型管理器"对话框。②选择线型 CENTER，③单击"显示细节"按钮（单击"显示细节"按钮后，该按钮变为"隐藏细节"按钮），④将"全局比例因子"设置为 20，然后⑤单击"确定"按钮，完成对轴线线型的设置，如图 5-75 所示。

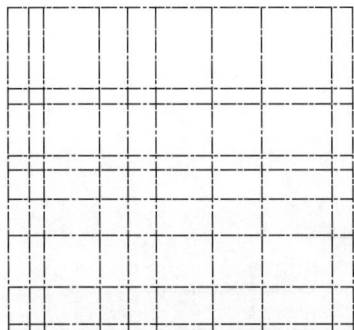

图 5-74　别墅平面轴线

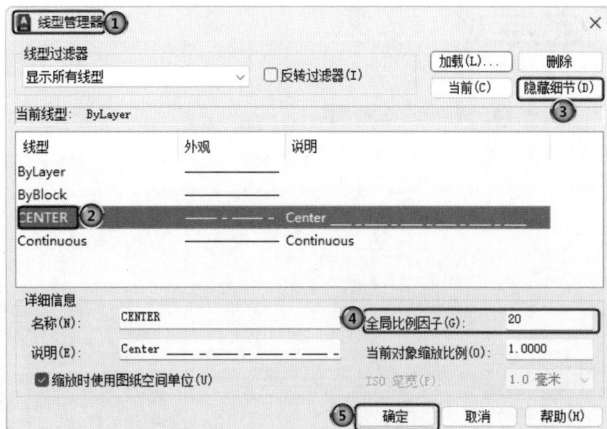

图 5-75　设置线型比例

②绘制横向轴线。绘制横向轴线基准线。将"轴线"图层设置为当前图层，单击"默认"选项卡"绘图"面板中的"直线"按钮／，绘制一条横向基准轴线，长度为 14700，如图 5-76 所示。

图 5-76　绘制横向基准轴线

绘制其余横向轴线。单击"默认"选项卡"修改"面板中的"偏移"按钮⊆，将横向基准轴线依次向下偏移，偏移量分别为 3300、3900、6000、6600、7800、9300、11400 和 13200，依次完成横向轴线的绘制，如图 5-77 所示。

③绘制纵向轴线。绘制纵向基准轴线。单击"默认"选项卡"绘图"面板中的"直线"按钮／，以前面绘制的横向基准轴线的左端点为起点，垂直向下绘制一条纵向基准轴线，长度为 13200，如图 5-78 所示。

绘制其余纵向轴线。单击"默认"选项卡"修改"面板中的"偏移"按钮⊆，将纵向基准轴线依次向右偏移，偏移量分别为 900、1500、3900、5100、6300、8700、10800、13800 和 14700，依次完成纵向轴线的绘制，如图 5-79 所示。

图 5-77　偏移横向轴线

图 5-78　绘制纵向基准轴线

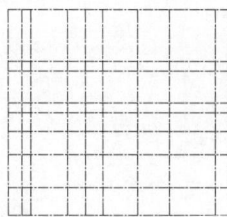

图 5-79　偏移纵向轴线

提示：在绘制建筑轴线时，一般选择建筑横向、纵向的最大长度为轴线长度，但当建筑物形体过于复杂时，太长的轴线往往会影响图形效果。因此，也可以仅在一些需要轴线定位的建筑局部绘制轴线。

（3）绘制墙体。

①定义多线样式。在使用"多线"命令绘制墙线前，应对多线样式进行设置。

选择菜单栏中的"格式"→"多线样式"命令，❶弹出"多线样式"对话框，如图 5-80 所示。❷单击"新建"按钮，在弹出的对话框中❸输入新样式名为"240 墙体"，如图 5-81 所示。

AutoCAD 2026 + AI 从新手到高手（标准版）

图 5-80　"多线样式"对话框

图 5-81　"创建新的多线样式"对话框

④单击"继续"按钮，⑤弹出"新建多线样式：240 墙体"对话框，如图 5-82 所示。在该对话框中进行以下设置：⑥选择直线起点和端点均封口，⑦元素偏移量首行设为 120，第二行设为-120。

⑧单击"确定"按钮，⑨返回"多线样式"对话框，在"样式"列表框中⑩选择"240 墙体"，⑪单击"置为当前"按钮，将其置为当前，如图 5-83 所示。

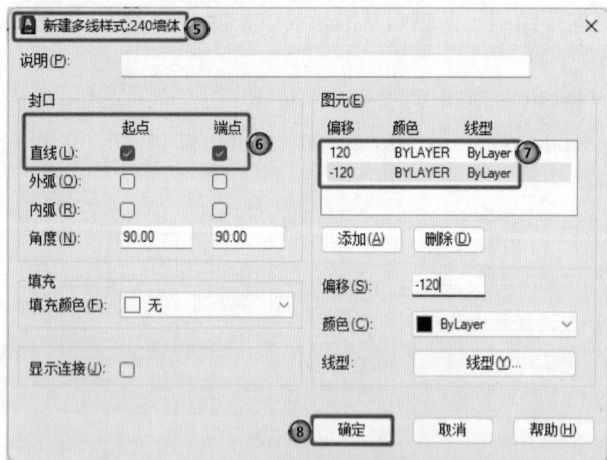

图 5-82　设置多线样式

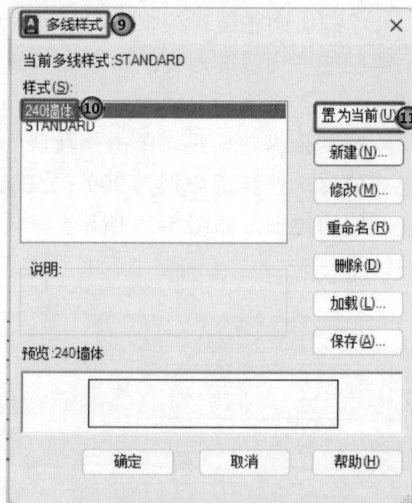

图 5-83　将所建多线样式置为当前

②绘制墙线。在"图层"下拉列表框中选择"墙体"图层，将其设置为当前图层。

选择菜单栏中的"绘图"→"多线"命令（或者在命令行中输入 ml，执行"多线"命令）绘制墙线，绘制结果如图 5-84 所示，命令行提示与操作如下。

```
命令：_mline
当前设置：对正 = 上，比例 = 20.00，样式 = 240 墙体
指定起点或 [对正(J)/比例(S)/样式(ST)]: J↙（输入 J，重新设置多线的对正方式）
输入对正类型 [上(T)/无(Z)/下(B)] <上>: Z↙（输入 Z，选择"无"为当前对正方式）
当前设置：对正 = 无，比例 = 20.00，样式 = 240 墙体
```

指定起点或 ［对正(J)/比例(S)/样式(ST)］: S↙（输入 S，重新设置多线比例）

输入多线比例 <20.00>: 1↙（输入 1，作为当前多线比例）

当前设置: 对正 = 无，比例 = 1.00，样式 = 240 墙体

指定起点或 ［对正(J)/比例(S)/样式(ST)］:（捕捉左上部墙体轴线交点作为起点）

指定下一点:

…（依次捕捉墙体轴线交点，绘制墙线）

指定下一点或 ［放弃(U)］: ↙（绘制完成后，按 Enter 键结束命令）

③编辑和修整墙线。选择菜单栏中的"修改"→"对象"→"多线"命令，在弹出的"多线编辑工具"对话框中提供 12 种多线编辑工具，可根据不同的多线交叉方式选择相应的工具进行编辑，如图 5-85 所示。

少数较复杂的墙线结合处无法找到相应的多线编辑工具进行编辑，因此可以选择"分解"命令对多线进行分解，然后利用"修剪"命令对该结合处的线条进行修整。

另外，一些内部墙体并不在主要轴线上，可以通过添加辅助轴线，并结合"修剪"或"延伸"命令进行绘制和修整。经过编辑和修整后的墙线如图 5-71 所示。

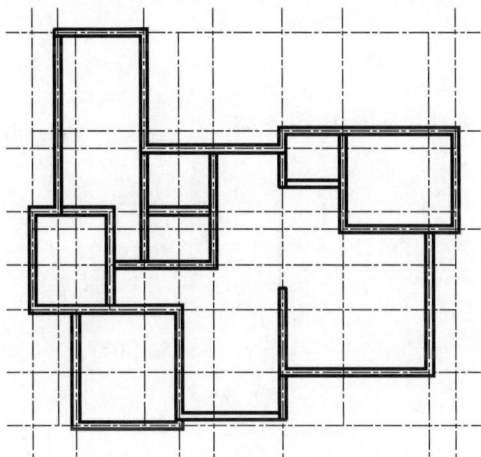

图 5-84　用"多线"工具绘制

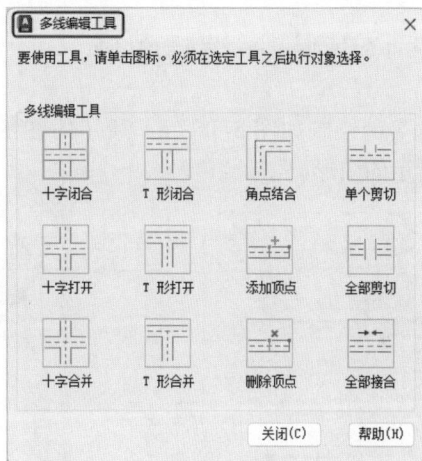

图 5-85　"多线编辑工具"对话框

# 5.6　对　象　编　辑

在 AutoCAD 中，对象编辑是指直接对对象本身的参数或图形要素进行编辑，包括钳夹功能、对象属性修改和特性匹配等。

## 5.6.1　夹点编辑

利用夹点编辑功能可以快速、方便地编辑对象。AutoCAD 在图形对象上定义了一些特殊点，称为夹持点，利用夹持点可以灵活地控制对象，如图 5-86 所示。

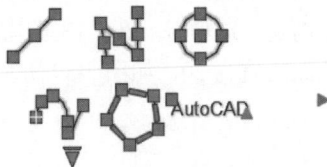

图 5-86　夹持点

要使用夹点编辑功能编辑对象，必须先打开夹点编辑功能，打开的方法为选择菜单栏中的"工具"→"选项"命令，在弹出的对话框中，选中"选择集"选项卡"夹点"选项组中的"显示夹点"复选框。在该选项卡中，还可以设置代表夹点的小方格的尺寸和颜色。

用户也可以通过 GRIPS 系统变量控制是否打开钳夹功能：1 代表打开，0 代表关闭。

打开夹点编辑功能后，应该在编辑对象之前先选择对象。夹点表示对象的控制位置。

要使用夹点编辑对象，首先需要选择一个夹点作为基点，称为基准夹点，然后需要选择一种编辑操作，如删除、移动、复制、旋转、拉伸和缩放等，用户可以用 Backspace 键、Enter 键或键盘上的快捷键循环选择这些功能。

下面仅以其中的拉伸对象操作为例进行讲述，其他操作方法与此类似。

一旦在图形上拾取一个夹点，该夹点就会改变颜色，此点为夹点编辑的基准点。这时系统提示如下。

\*\* 拉伸 \*\*

指定拉伸点或 ［基点 (B) / 复制 (C) / 放弃 (U) / 退出 (X)］：

在上述拉伸编辑提示下输入"镜像"命令或右击，在弹出的快捷菜单中选择"镜像"命令（见图 5-87），系统就会转换为"镜像"操作，其他操作与此类似。

## 5.6.2 实例——编辑图形

本实例绘制如图 5-88（a）所示的图形，并利用钳夹功能编辑如图 5-88（b）所示的图形。

图 5-87 快捷菜单

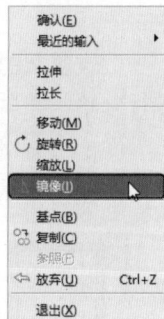

（a）绘制图形

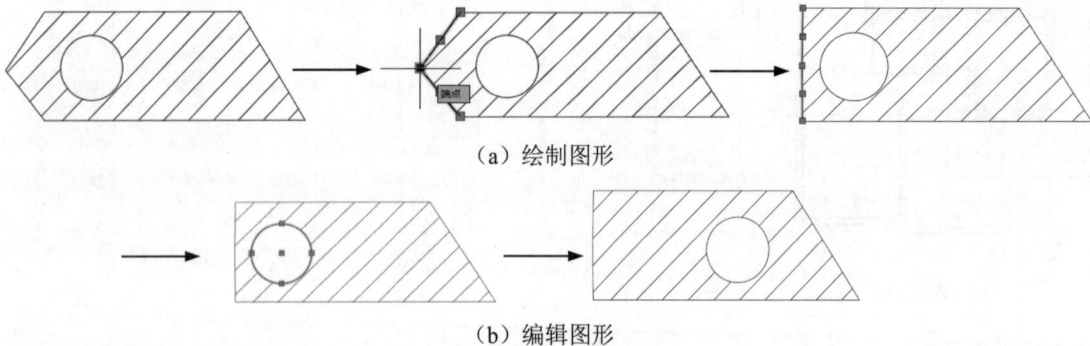

（b）编辑图形

图 5-88 编辑填充图案

（1）绘制图形轮廓。单击"默认"选项卡"绘图"面板中的"直线"按钮／和"圆"按钮⊙，绘制图形轮廓。

（2）填充图形。单击"默认"选项卡"绘图"面板中的"图案填充"按钮▨，❶系统打开"图案填充创建"选项卡，在"图案填充类型"下拉列表框中❷选择"用户定义"选项，❸角度设置为 45，❹间距设置为 20，如图 5-89 所示。

图 5-89 "图案填充创建"选项卡

注意：一定要选中"选项"面板中的"关联"选项。

（3）夹点编辑功能设置。选择菜单栏中的"工具"→"选项"命令，系统弹出"选项"对话框，在"选择集"选项组中选中"显示夹点"复选框，并进行其他设置。完成设置后单击"确定"按钮退出。

（4）夹点编辑。用鼠标分别点取如图 5-90 所示的图形的左边界的两条线段，这两条线段上会显示出相应的特征点方框，再用鼠标点取图中最左边的特征点，该点则以醒目方式显示。拖动鼠标，使光标移到图 5-91 中的相应位置，单击确认，则得到如图 5-92 所示的图形。

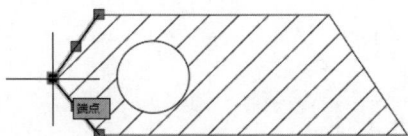

图 5-90  显示边界特征点　　　　图 5-91  移动夹点到新位置　　　　图 5-92  编辑后的图案

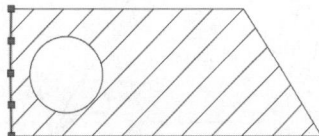

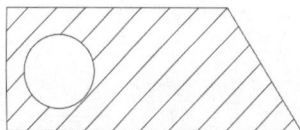

用鼠标点取圆，圆上会出现相应的特征点，再用鼠标点取圆的圆心部位，则该特征点以醒目方式显示，如图 5-93 所示。拖动鼠标，使光标位于另一点的位置，然后单击确认，则得到如图 5-94 所示的结果。

图 5-93  显示圆上特征点　　　　　　　　　图 5-94  夹点移动到新位置

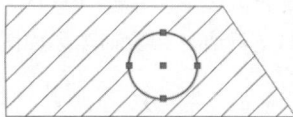

## 5.6.3  修改对象属性

### 1. 执行方式

☑　命令行：DDMODIFY 或 PROPERTIES。
☑　菜单栏：修改→特性或工具→选项板→特性。
☑　功能区：视图→选项板→特性▦。
☑　快捷键：Ctrl+1。

### 2. 操作步骤

命令：DDMODIFY↙

执行上述命令后，AutoCAD 打开"特性"选项板，如图 5-95 所示。利用该选项板可以方便地设置或修改对象的各种属性。不同的对象属性种类和值不同，修改对象属性值，则对象属性被改变为新的属性。

## 5.6.4  实例——绘制花朵

本实例利用前面学过的与二维图形绘制、夹点编辑和修改对象属性相关的功能来绘制花朵。

花朵图案由花朵与枝叶组成，其中花朵外围是一个由 5 段圆弧组成的图形。花枝和花叶可以用多段线绘制。图形的不同颜色可以通过"特性"选项板进行修改，这是在不分别设置图层的情况下的一种简洁方法。绘制流程如图 5-96 所示。

图 5-95  "特性"选项板

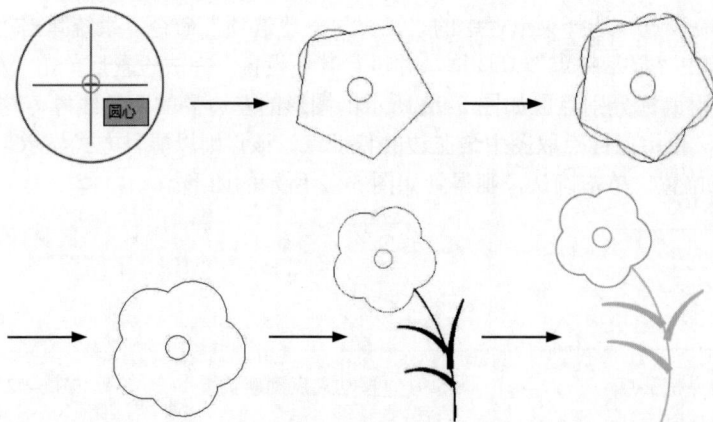

图 5-96　绘制花朵

（1）绘制花蕊。单击"默认"选项卡"绘图"面板中的"圆"按钮 ⊙，绘制花蕊，如图 5-97 所示。

（2）绘制正五边形。单击"默认"选项卡"绘图"面板中的"多边形"按钮 ⬠，以圆心为中心点绘制适当大小的正五边形，绘制结果如图 5-98 所示。

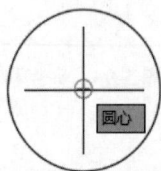

图 5-97　捕捉圆心

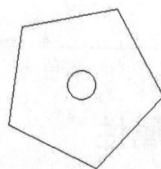

图 5-98　绘制正五边形

（3）绘制花朵。单击"默认"选项卡"绘图"面板中的"圆弧"按钮 ⌒，分别捕捉最上斜边的中点、最上顶点和左上斜边中点为端点绘制花朵外轮廓雏形，绘制结果如图 5-99 所示。用同样的方法绘制另外 4 段圆弧，结果如图 5-100 所示。最后删除正五边形，结果如图 5-101 所示。

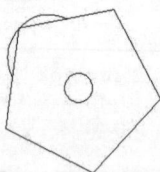

图 5-99　绘制一段圆弧

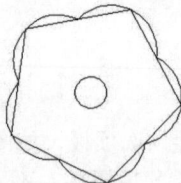

图 5-100　绘制所有圆弧

图 5-101　绘制花朵

（4）绘制枝叶。单击"默认"选项卡"绘图"面板中的"多段线"按钮 ⟋，绘制枝叶，命令行提示与操作如下。

```
命令：_pline
指定起点：（捕捉圆弧右下角的交点）
当前线宽为 0.0000
指定下一个点或 [圆弧(A)/半宽(H)/长度(L)/放弃(U)/宽度(W)]：W↙
指定起点宽度 <0.0000>：4↙
指定端点宽度 <4.0000>：↙
指定下一个点或 [圆弧(A)/半宽(H)/长度(L)/放弃(U)/宽度(W)]：A↙
指定圆弧的端点（按住 Ctrl 键以切换方向）或 [角度(A)/圆心(CE)/方向(D)/半宽(H)/直线(L)/半径
```

(R)/第二个点(S)/放弃(U)/宽度(W)]: S↙

　　指定圆弧上的第二个点:(指定第二点)

　　指定圆弧的端点:(指定第三点)

　　指定圆弧的端点(按住 Ctrl 键以切换方向)或 [角度(A)/圆心(CE)/闭合(CL)/方向(D)/半宽(H)/直线

(L)/半径(R)/第二个点(S)/放弃(U)/宽度(W)]: ↙(完成花枝绘制)

　　命令: _pline

　　指定起点:(捕捉花枝上一点)

　　当前线宽为 4.0000

　　指定下一个点或 [圆弧(A)/半宽(H)/长度(L)/放弃(U)/宽度(W)]: H↙

　　指定起点半宽 <2.0000>: 12↙

　　指定端点半宽 <12.0000>: 3↙

　　指定下一个点或 [圆弧(A)/半宽(H)/长度(L)/放弃(U)/宽度(W)]: A↙

　　指定圆弧的端点(按住 Ctrl 键以切换方向)或 [角度(A)/圆心(CE)/方向(D)/半宽(H)/直线(L)/半径

(R)/第二个点(S)/放弃(U)/宽度(W)]: S↙

　　指定圆弧上的第二个点:(指定第二点)

　　指定圆弧的端点:(指定第三点)

　　指定圆弧的端点(按住 Ctrl 键以切换方向)或 [角度(A)/圆心(CE)/闭合(CL)/方向(D)/半宽(H)/直线

(L)/半径(R)/第二个点(S)/放弃(U)/宽度(W)]: ↙

　　用同样的方法绘制另外两片叶子,结果如图 5-102 所示。

　　(5)调整颜色。

　　①选择枝叶,枝叶上显示夹点标志,如图 5-103 所示。在一个夹点上右击,在弹出的快捷菜单中❶选择"特性"命令,如图 5-104 所示。❷系统打开"特性"选项板,在"颜色"下拉列表框中❸选择"绿",如图 5-105 所示。

图 5-102　绘制出枝叶图案

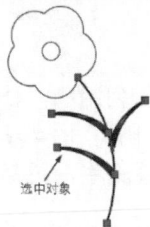

图 5-103　选择枝叶　　　　　图 5-104　快捷菜单　　　　　图 5-105　修改枝叶颜色

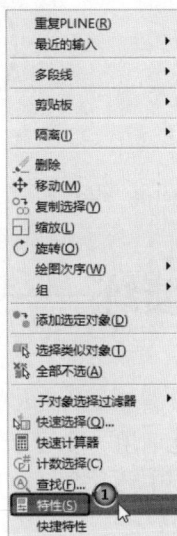

　　②用同样的方法修改花朵的颜色为"红",花蕊的颜色为"洋红",最终结果如图 5-96 所示。

　　💡提示:本实例讲解了一个简单的花朵造型的绘制过程。在绘制时,一定要先绘制中心的圆,因为正五边形的外接圆与此圆同心,必须通过捕捉获得正五边形的外接圆圆心位置。反过来,如果先画正五边形,再画圆,会发现无法捕捉正五边形外接圆圆心。因此,绘图时必须注意绘制的先后顺序。

　　另外，本实例强调"特性"选项板的灵活应用。"特性"选项板包含当前对象的各种特性参数，用户可以通过修改特性参数来灵活修改和编辑对象。"特性"选项板对任何对象都适用，读者应注意灵活运用。

## 5.6.5　特性匹配

　　特性匹配功能可以用于将目标对象的属性与源对象的属性进行匹配，使目标对象的属性与源对象的属性相同。通过特性匹配功能，用户可以方便、快捷地修改对象属性，同时保持不同对象的属性相同。

### 1．执行方式

- ☑ 命令行：MATCHPROP。
- ☑ 菜单栏：修改→特性匹配。
- ☑ 工具栏：标准→特性匹配🖌。
- ☑ 功能区：默认→特性→特性匹配🖌。

### 2．操作步骤

命令：MATCHPROP✓
选择源对象：（选择源对象）
选择目标对象或[设置(S)]：（选择目标对象）

　　图 5-106（a）显示了两个不同属性的对象，以左边的圆为源对象，对右边的矩形进行属性匹配，结果如图 5-106（b）所示。

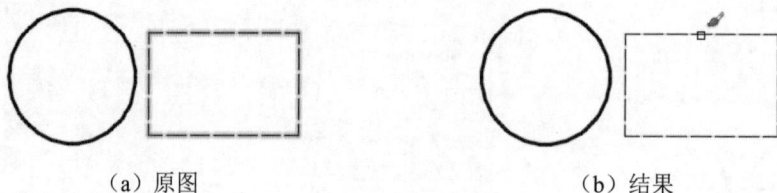

（a）原图　　　　　　　　　（b）结果

图 5-106　特性匹配

# 5.7　综合演练——绘制足球

　　本练习绘制一个简单的足球。这是一个很有趣味的造型，初看起来不知道如何绘制，仔细研究其中图线的规律就可以找到一定的方法。巧妙地运用"多边形""镜像""阵列""圆""图案填充"等命令来完成造型的绘制，读者在这个简单的实例中要学会全面理解和掌握基本绘图命令与灵活应用编辑命令。

　　本练习绘制的足球是由相互邻接的正六边形通过用圆修剪而形成的。因此，本例首先可以利用"多边形"命令（POLYGON）绘制一个正六边形，并利用"镜像"命令（MIRROR）对其进行镜像操作，然后利用"环形阵列"命令（ARRAYPOLAR）对这个镜像形成的正六边形进行阵列操作。接下来在适当的位置利用"圆"命令（CIRCLE）绘制一个圆，并利用"修剪"命令（TRIM）对绘制的圆外面的线条进行修剪，最后将圆中的 3 个区域利用"图案填充"命令（BHATCH）进行实体填充。绘制流程如图 5-107 所示。

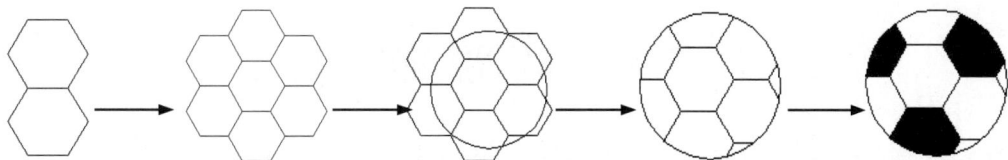

图 5-107　绘制足球

（1）绘制正六边形。单击"默认"选项卡"绘图"面板中的"多边形"按钮，绘制中心点坐标为（240,120）、内接圆半径为 20 的正六边形。

（2）镜像操作。单击"默认"选项卡"修改"面板中的"镜像"按钮，以正六边形下边为镜像线对该正六边形进行镜像，结果如图 5-108 所示。

（3）环形阵列操作。单击"默认"选项卡"修改"面板中的"环形阵列"按钮，对图 5-108 中的下面的正六边形进行环形阵列，以完成足球内部花式的绘制，阵列中心点坐标为（240, 120），阵列项目数为 6，结果如图 5-109 所示。

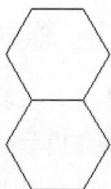

图 5-108　正六边形被镜像后的图形

（4）绘制圆。单击"默认"选项卡"绘图"面板中的"圆"按钮，绘制圆心坐标为（250,115）、半径为 35 的圆，完成足球外轮廓的绘制，绘制结果如图 5-110 所示。

（5）修剪操作。单击"默认"选项卡"修改"面板中的"修剪"按钮，对圆外面的图形进行修剪，结果如图 5-111 所示。

（6）填充操作。单击"默认"选项卡"绘图"面板中的"图案填充"按钮，①系统打开如图 5-112 所示的"图案填充创建"选项卡，②将图案设置为 SOLID。用鼠标指定 3 个将要填充的区域，确认后生成如图 5-107 所示的图形。

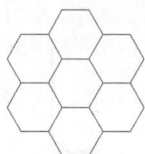

图 5-109　环形阵列后的图形　　　图 5-110　绘制圆后的图形　　　图 5-111　修剪后的图形

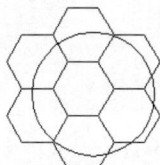

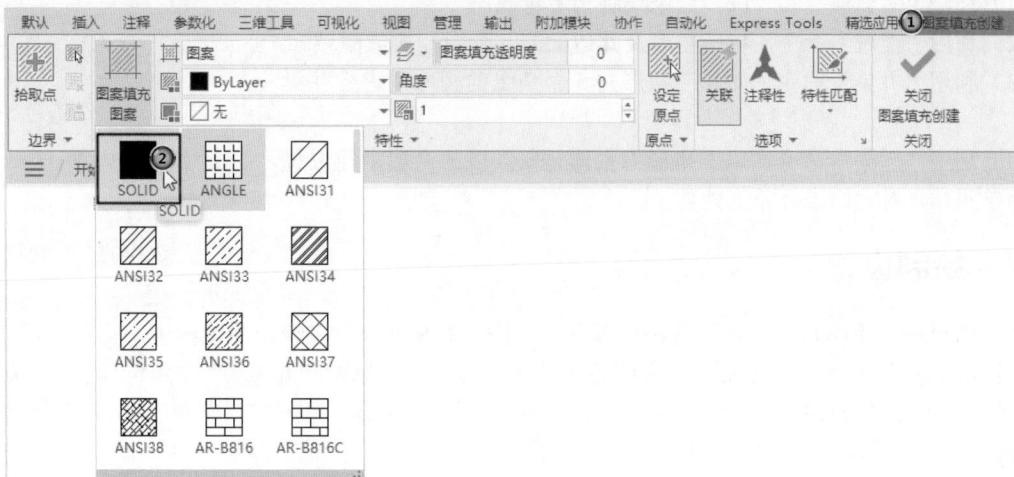

图 5-112　"图案填充创建"选项卡

# 5.8 实 践 练 习

通过本章前面的学习，读者对复杂二维图形的绘制和编辑有了一定的了解。本节通过 5 个练习使读者进一步掌握本章知识要点。

## 5.8.1 绘制浴缸

本练习要求读者绘制一个浴缸，如图 5-113 所示。

操作提示：

（1）利用"多段线"命令绘制浴缸外沿。

（2）利用"椭圆"命令绘制缸底。

## 5.8.2 绘制雨伞

本练习要求读者绘制一把雨伞，如图 5-114 所示。

操作提示：

（1）利用"圆弧"命令绘制伞的外框。

（2）利用"样条曲线"命令绘制伞的底边。

（3）利用"圆弧"命令绘制伞面。

（4）利用"多段线"命令绘制伞顶和伞把。

## 5.8.3 利用布尔运算绘制三角铁

本练习要求读者绘制一个三角铁，如图 5-115 所示。

操作提示：

（1）利用"多边形"和"圆"命令绘制初步轮廓。

（2）利用"面域"命令，将三角形及其边上的 6 个圆转换成面域。

（3）利用"并集"命令，对正三角形与 3 个角上的圆分别进行并集处理。

（4）利用"差集"命令，以三角形为主体对象，以 3 个边中间位置的圆为参照体，对它们进行差集处理。

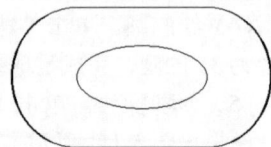

图 5-113　浴缸

图 5-114　雨伞

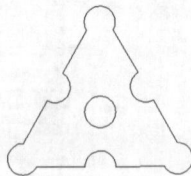

图 5-115　三角铁

## 5.8.4 绘制齿轮

本实例设计的图形是一种重要的机械零件，如图 5-116 所示。在绘制的过程中，除了使用"直线""圆""图案填充"等基本绘图命令，本练习还使用"修剪""镜像""偏移""倒角""圆角"等编辑命令。本练习的目的是通过上机操作，帮助读者掌握"修剪""镜像""偏移""倒角""圆角"等编辑命令的用法。

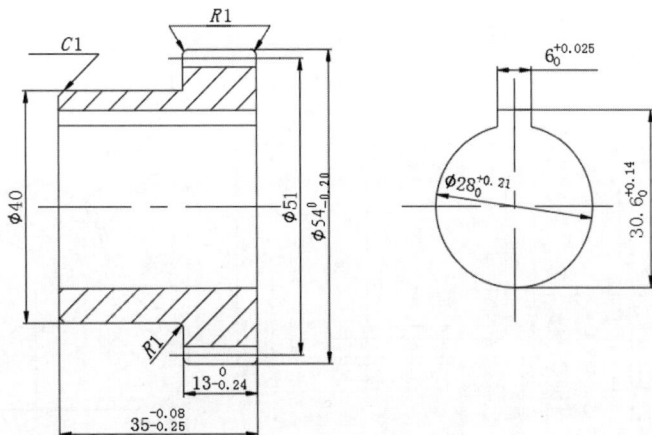

图 5-116　齿轮

操作提示：

（1）设置新图层。

（2）绘制中心线和左视图基本轮廓。

（3）偏移左视图轴线形成键槽轮廓。

（4）改变偏移直线线型，并对其进行修剪。

（5）利用主左视图之间"高平齐"尺寸关系，以及"偏移"命令绘制主视图基本轮廓。

（6）对图形进行"修剪"和"镜像"编辑，产生主视图基本外形。

（7）对图形进行"倒角"和"圆角"操作，对相关部位进行倒角和圆角。

（8）对图形进行图案填充操作，填充剖面线。

## 5.8.5　绘制阀盖

本练习设计的图形是一种常见的阀盖类零件，如图 5-117 所示。该零件的结构相对复杂。在绘制的过程中，除了使用"直线""圆""图案填充"等基本绘图命令，本练习还使用"修剪""阵列""镜像""偏移""打断""倒角""圆角"等编辑命令。本练习的目的是通过上机操作，帮助读者掌握"修剪""镜像""打断""偏移""阵列""倒角""圆角"等编辑命令的用法。

操作提示：

（1）设置新图层。

（2）绘制中心线。

（3）绘制左视图，其中使用"打断"命令控制通孔中心线及螺纹牙底线的长度。

（4）利用主左视图之间"高平齐"尺寸关系，以及"偏移"命令绘制前视图基本轮廓。

（5）对图形进行"修剪"和"镜像"编辑，产生前视图基本外形。

（6）对图形进行"倒角"和"圆角"操作，对相关部位进行倒角和圆角。

（7）对图形进行图案填充操作，填充剖面线。

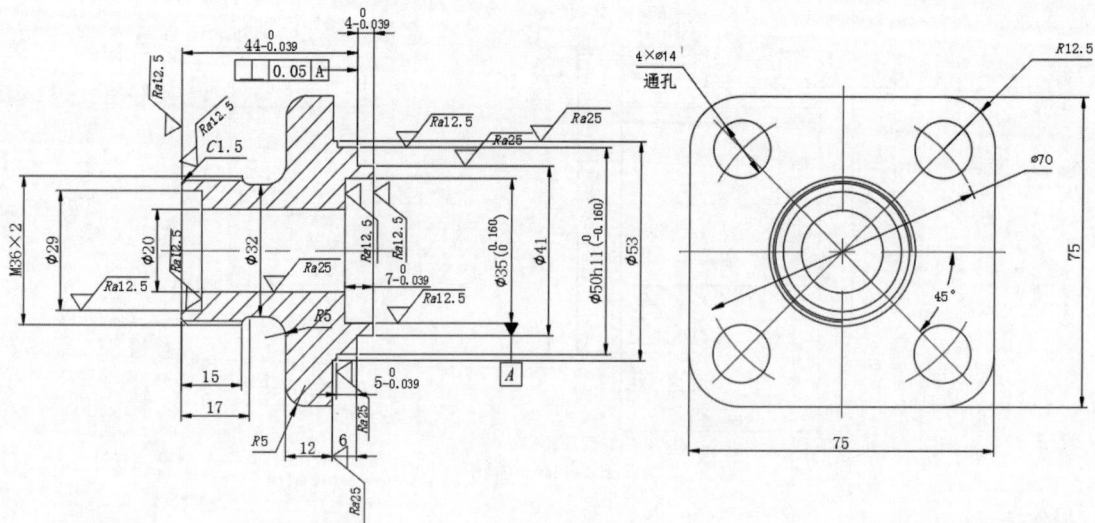

图 5-117　阀盖

# 第6章

# 文字与表格

文字注释是图形中很重要的一部分内容。用户在进行各种设计时,通常不仅要绘出图形,还要在图形中标注一些文字,如技术要求、注释说明等,从而对图形对象加以解释。AutoCAD 提供了多种写入文字的方法。本章将介绍文本的注释和编辑功能。另外,图表在AutoCAD 图形中也有大量的应用,如明细表、参数表和标题栏等。图表功能使绘制图表变得方便快捷。

本章主要讲述文字标注与图表绘制的有关知识。

## 6.1 文 本 样 式

文本样式是用来控制文字基本形状的一组设置。AutoCAD 提供了"文字样式"对话框,通过该对话框,用户可以方便、直观地定制需要的文本样式,或是对已有样式进行修改。

所有 AutoCAD 图形中的文字都有和其相对应的文本样式。输入文字对象时,AutoCAD 使用当前设置的文本样式。模板文件 ACAD.dwt 和 ACADISO.dwt 定义了名为 STANDARD 的默认文本样式。

1. 执行方式

☑ 命令行:STYLE 或 DDSTYLE。
☑ 菜单栏:格式→文字样式。
☑ 工具栏:文字→文字样式𝐀。
☑ 功能区:默认→注释→文字样式𝐀或注释→文字→文字样式→管理文字样式或注释→文字→对话框启动器↘。

2. 操作步骤

命令:STYLE✓

用户可以在命令行中输入 STYLE 或 DDSTYLE,或选择"格式"→"文字样式"命令,打开"文字样式"对话框,如图 6-1 所示。

3. 选项说明

(1)"字体"选项组:确定字体样式。文字字体决定了字符的形状,在 AutoCAD 中,除了使用固有的 SHX 形状字体文件，用户还可以使用 TrueType 字体（如宋体、楷体、italley 等）。一种字体可以被设置为具有不同的效果，以被多种文本样式使用。图 6-2 显示了同一种字体（宋体）的不同样式。

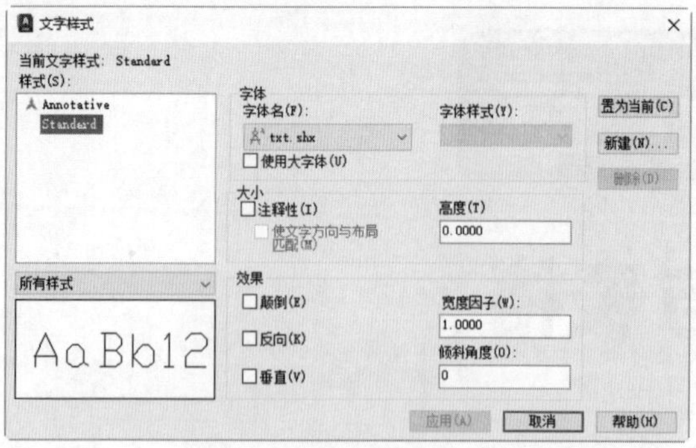

图 6-1　"文字样式"对话框

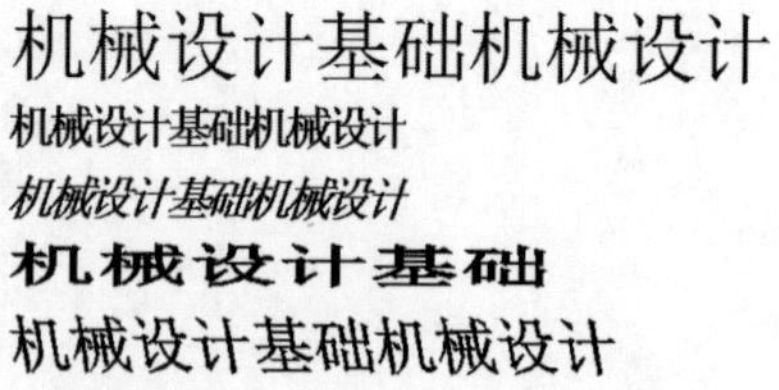

图 6-2　同一种字体的不同样式

（2）"大小"选项组。

①"注释性"复选框：指定文字为注释性文字。

②"使文字方向与布局匹配"复选框：指定图纸空间视口中的文字方向与布局方向匹配。如果取消选中"注释性"复选框，则该选项不可用。

③"高度"文本框：设置文字高度。如果设置为 0.2，则每次用该样式输入文字时，文字默认高度为 0.2。

（3）"效果"选项组：此选项组中的各项用于设置字体的特殊效果。

①"颠倒"复选框：选中此复选框，表示将文本文字倒置标注，如图 6-3（a）所示。

②"反向"复选框：确定是否将文本文字反向标注，图 6-3（b）给出了这种标注效果。

③"垂直"复选框：确定文本是水平标注，还是垂直标注。此复选框被选中时为垂直标注，否则为水平标注，如图 6-4 所示。

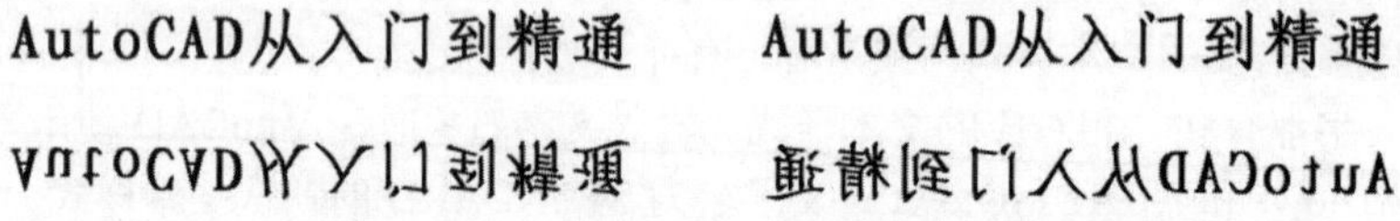

（a）颠倒　　　　　　　　　　　（b）反向

图 6-3　文字倒置标注与反向标注

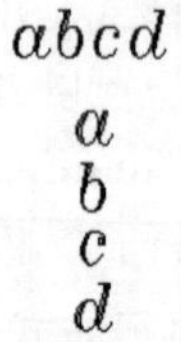

图 6-4　垂直标注文字

📢 **注意**："垂直"复选框只有在 SHX 字体下才可用。

④"宽度因子"文本框：设置宽度系数，以确定文本字符的宽高比。当比例系数为 1 时，表示文字是按字体文件中定义的宽高比进行标注的。当此系数小于 1 时，文字变窄，反之变宽。图 6-5（a）显示了不同比例系数下标注的文本。

⑤"倾斜角度"文本框：用于确定文字的倾斜角度。角度为 0° 时不倾斜、为正时向右倾斜、为负时向左倾斜，如图 6-5（b）所示。

（4）"置为当前"按钮：该按钮用于将在"样式"下选定的样式设置为"当前"。

（5）"新建"按钮：该按钮用于新建文字样式。单击此按钮，系统弹出如图 6-6 所示的"新建文字样式"对话框，并自动为当前设置提供名称："样式 $n$"（其中，$n$ 为所提供样式的编号）。用户可以采用默认设置或在该对话框中输入样式名称，然后单击"确定"按钮使新样式名使用当前样式设置。

（6）"删除"按钮：该按钮用于删除未使用的文字样式。

AutoCAD从入门到精通
**AutoCAD从入门到精通**
AutoCAD从入门到精通

AutoCAD从入门到精通
*AutoCAD从入门到精通*
AutoCAD从入门到精通

（a）不同宽度系数　　　　　　　　（b）倾斜

图 6-5　不同宽度系数的文字标注与文字倾斜标注　　　图 6-6　"新建文字样式"对话框

# 6.2　文 本 标 注

在制图过程中，文字被用来传递大量设计信息，这些信息可能是长而复杂的说明，也可能是简短的文字信息。当需要标注的文本不太长时，用户可以利用 TEXT 命令创建单行文本；当需要标注长而复杂的文字信息时，用户可以用 MTEXT 命令创建多行文本。

## 6.2.1　单行文本标注

**1. 执行方式**

☑　命令行：TEXT。
☑　菜单栏：绘图→文字→单行文字。
☑　工具栏：文字→单行文字 A。
☑　功能区：默认→注释→单行文字 A 或注释→文字→单行文字 A。

**2. 操作步骤**

命令：TEXT✓

用户可以选择相应的菜单项，也可以在命令行中输入 TEXT 并按 Enter 键。执行此操作后，AutoCAD 提示如下。

当前文字样式："Standard"　文字高度：2.5000　注释性：否　对正：左
指定文字的起点或 [对正(J)/样式(S)]：

**3. 选项说明**

（1）指定文字的起点。

在此提示下，用户可以直接在作图屏幕上点取一点作为文本的起始点。执行此操作后，AutoCAD 提示如下。

指定高度 <0.2000>：（确定字符的高度）
指定文字的旋转角度 <0>：（确定文本行的倾斜角度）
输入文字：（输入文本）

在此提示下，用户可以输入一行文本并按 Enter 键。AutoCAD 将继续显示"输入文字："提示，用户可以继续输入文本。所有输入完毕后，在此提示下，用户可以直接按 Enter 键退出 TEXT 命令。因此，TEXT 命令也可创建多行文本，只是这种多行文本中的每一行都是一个对象，用户不能同时对多行文本进行操作。

注意：只有当前文本样式中设置的字符高度为 0 时，使用 TEXT 命令，AutoCAD 才会出现要求用户确定字符高度的提示信息，AutoCAD 允许将文本行倾斜排列，图 6-7 显示了倾斜角度分别是 0°、45° 和 -45° 时的排列效果。在"指定文字的旋转角度 <0>:"提示下输入文本行的倾斜角度或在屏幕上拉出一条直线来指定倾斜角度，这与图 6-5 中文字倾斜标注不同。

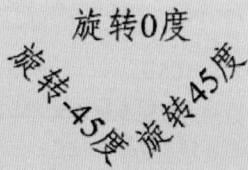

旋转0度
旋转-45度
旋转45度

图 6-7　文本行倾斜排列的效果

（2）对正(J)。

在上面的提示信息下输入 J，用来确定文本的对齐方式，对齐方式决定文本的哪一部分与所选的插入点对齐。执行此选项，AutoCAD 提示如下。

输入选项 [左(L)/居中(C)/右(R)/对齐(A)/中间(M)/布满(F)/左上(TL)/中上(TC)/右上(TR)/左中(ML)/正中(MC)/右中(MR)/左下(BL)/中下(BC)/右下(BR)]：

在此提示下选择一个选项作为文本的对齐方式。当文本串水平排列时，AutoCAD 为标注文本串定义如图 6-8 所示的底线、基线、中线和顶线。文本的各种对齐方式如图 6-9 所示，该图中大写字母对应上述提示中的各命令。

FGHIjklmn

底线　基线　中线　顶线

图 6-8　文本行的底线、基线、中线和顶线

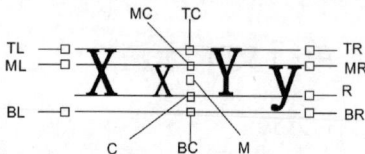

图 6-9　文本的对齐方式

下面以"对齐"命令为例进行简要说明。

选择"对齐(A)"选项，要求用户指定文本行基线的起始点与终止点的位置。执行此选项，AutoCAD 提示如下。

指定文字基线的第一个端点：（指定文本行基线的起点位置）
指定文字基线的第二个端点：（指定文本行基线的终点位置）
输入文字：（输入一行文本后按 Enter 键）
输入文字：（继续输入文本或直接按 Enter 键结束命令）

执行结果：所输入的文本字符均匀地分布于指定的两点之间，如果两点间的连线不水平，则文本行倾斜放置。倾斜角度由两点间的连线与 X 轴夹角确定；字高、字宽根据两点间的距离、字符的多少及文本样式中设置的宽度系数自动确定。指定两点之后，每行输入的字符越多，字宽和字高越小。

其他命令选项与"对齐"命令类似，这里不再赘述。

实际绘图时，有时需要标注一些特殊字符，如直径符号、上画线或下画线、温度符号等。由于这些符号不能直接从键盘上输入，AutoCAD 为此提供一些控制码，用来实现这些要求。控制码用两个百分号（%%）加一个字符构成，常用的控制码如表 6-1 所示。

表 6-1　AutoCAD 常用的控制码

| 符　号 | 功　能 | 符　号 | 功　能 |
| --- | --- | --- | --- |
| %%o | 上画线 | \U+E101 | 流线 |
| %%u | 下画线 | \U+2261 | 恒等于 |
| %%d | "度数"符号 | \U+E102 | 界碑线 |
| %%p | "正/负"符号 | \U+2260 | 不相等 |

续表

| 符　号 | 功　能 | 符　号 | 功　能 |
| --- | --- | --- | --- |
| %%c | "直径"符号 | \U+2126 | 欧姆 |
| %%% | 百分号 | \U+03A9 | 欧米加 |
| \U+2248 | 几乎相等 | \U+214A | 地界线 |
| \U+2220 | 角度 | \U+2082 | 下标 2 |
| \U+E100 | 边界线 | \U+00B2 | 平方 |
| \U+2104 | 中心线 | \U+0278 | 电相角 |
| \U+0394 | 差值 | \U+00B3 | 立方 |

在表 6-1 中，%%o 和%%u 分别是上画线和下画线的开关，第一次出现此符号时开始画上画线和下画线，第二次出现此符号时上画线和下画线终止。例如：在"Text:"提示后输入"I want to %%u go to Beijing%%u."，则得到如图 6-10 上行所示的文本行；输入"50%%d+%%c75%%p12"，则得到如图 6-10 下行所示的文本行。

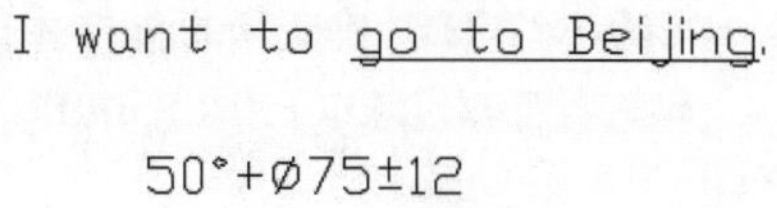

I want to go to Beijing.

50°+Ø75±12

图 6-10　文本行

TEXT 命令可以用于创建一个或若干个单行文本，也就是说，此命令可以用于标注多行文本。在"输入文本:"提示下输入一行文本后按 Enter 键，AutoCAD 继续提示"输入文本:"，用户可输入第二行文本，以此类推，直到文本全部输入完，再在此提示下直接按 Enter 键，结束文本输入命令。每一次按 Enter 键就结束一个单行文本的输入，每一个单行文本是一个对象，可以单独修改其文本样式、字高、旋转角度和对齐方式等。

用 TEXT 命令创建文本时，在命令行中输入的文字同时显示在屏幕上，而且在创建过程中可以随时改变文本的位置，只要将光标移到新的位置并单击，当前行就会结束，随后输入的文本将显示在新的位置。用这种方法可以把多行文本标注到屏幕的任何地方。

## 6.2.2　多行文本标注

### 1. 执行方式

- ☑　命令行：MTEXT。
- ☑　菜单栏：绘图→文字→多行文字。
- ☑　工具栏：绘图→多行文字**A**或文字→多行文字**A**。
- ☑　功能区：默认→注释→多行文字**A**或注释→文字→多行文字**A**。

### 2. 操作步骤

命令：MTEXT↙

选择相应的菜单项或单击工具图标，或在命令行中输入 MTEXT 后按 Enter 键，AutoCAD 提示如下。

当前文字样式：Standard　当前文字高度：1.9122　注释性：否
指定第一角点：（指定矩形框的第一个角点）
指定对角点或 [高度(H)/对正(J)/行距(L)/旋转(R)/样式(S)/宽度(W)/栏(C)]:

### 3. 选项说明

（1）指定对角点：直接在屏幕上点取一个点作为矩形框的第二个角点，AutoCAD 以这两个点为对角点形成一个矩形区域，其宽度作为将来要标注的多行文本的宽度，而且第一个点作为第一行文本顶线的起点。响应后，AutoCAD 打开如图 6-11 所示的"文字编辑器"选项卡和多行文字编辑器，用户可以利用此选项卡与编辑器输入多行文本并对其格式进行设置。本节后面将详细介绍选项卡中各选项的含义与编辑器功能。

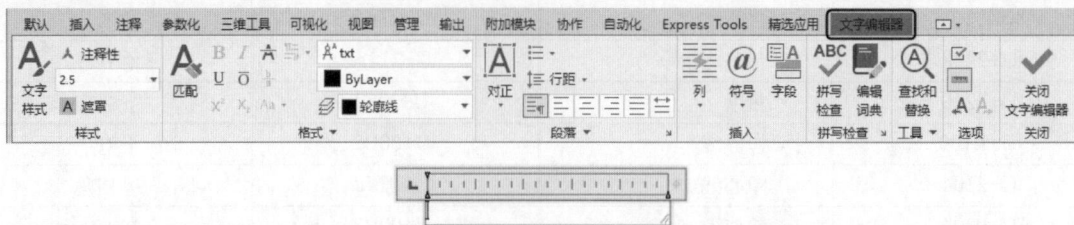

图 6-11 "文字编辑器"选项卡和多行文字编辑器

（2）对正(J)：确定所标注文本的对齐方式。选择此选项，AutoCAD 提示如下。

输入对正方式 [左上(TL)/中上(TC)/右上(TR)/左中(ML)/正中(MC)/右中(MR)/左下(BL)/中 下(BC)/右下(BR)] <左上(TL)>:

这些对齐方式与 TEXT 命令中的各对齐方式相同，这里不再赘述。选取一种对齐方式后按 Enter 键，AutoCAD 返回上一级提示。

（3）行距(L)：确定多行文本的行间距，这里所说的"行间距"是指相邻两文本行基线之间的垂直距离。执行此选项，AutoCAD 提示如下。

输入行距类型 [至少(A)/精确(E)] <至少(A)>:

在此提示下有两种方式确定行间距："至少"方式和"精确"方式。在"至少"方式下，AutoCAD 根据每行文本中最大的字符自动调整行间距；在"精确"方式下，AutoCAD 为多行文本赋予一个固定的行间距。用户可以直接输入一个确切的间距值，也可以输入 $nx$ 的形式，其中 $n$ 是一个具体数，表示行间距设置为单行文本高度的 $n$ 倍，而单行文本高度是本行文本字符高度的 1.66 倍。

（4）旋转(R)：确定文本行的倾斜角度。选择此选项，AutoCAD 提示如下。

指定旋转角度 <0>:（输入倾斜角度）

输入角度值后按 Enter 键，AutoCAD 返回"指定对角点或 [高度(H)/对正(J)/行距(L)/旋转(R)/样式(S)/宽度(W)/栏(C)]:"提示。

（5）样式(S)：确定当前的文本样式。

（6）宽度(W)：指定多行文本的宽度。用户可以在屏幕上选取一点与由前面确定的第一个角点组成的矩形框的宽作为多行文本宽度，也可以输入一个数值，精确设置多行文本的宽度。

✍ 技巧：在创建多行文本时，只要给定文本行的起始点和宽度，AutoCAD 就会打开如图 6-11 所示的"文字编辑器"选项卡，用户可以在编辑器中输入和编辑多行文本，包括字高、文本样式及倾斜角等。

该编辑器与 Microsoft 的 Word 编辑器界面类似，事实上该编辑器与 Word 编辑器在某些功能上趋于一致。这样既增强了多行文字编辑功能，又能使用户更熟悉和方便地使用，效果很好。

（7）栏(C)：根据栏宽、栏间距宽度和栏高组成矩形框，打开如图 6-11 所示的"文字编辑器"选项卡和多行文字编辑器。

（8）"文字编辑器"选项卡：用来控制文本的显示特性。通过该选项卡，用户可以在输入文本前设置文本的特性，也可以改变已输入的文本特性。要改变已有文本的显示特性，首先应选择要修改的文本，选择文本的方式有以下 3 种。

☑　将光标定位到文本开始处，按住鼠标左键，拖到文本末尾。

☑　双击某个文字，则该文字被选中。

☑　单击 3 次鼠标，则选中全部内容。

下面介绍"文字编辑器"选项卡中部分选项的功能。

① "样式"面板。

"文本高度"下拉列表框：用于确定文本的字符高度，可在文本编辑器中直接输入新的字符高度，也可从此下拉列表框中选择已设定过的高度。

② "格式"面板。

☑　**B** 和 *I* 按钮：用于设置黑体或斜体效果，只对 TrueType 字体有效。

☑　"删除线"按钮：用于在文字上添加水平删除线。

☑　"下画线"按钮U 与"上画线"按钮Ō：用于设置或取消上（下）画线。

☑　"堆叠"按钮：即层叠/非层叠文本按钮，用于层叠所选的文本，也就是创建分数形式。当文本中某处出现 "/" "^" 或 "#" 3 种层叠符号之一时可层叠文本，方法是选中需要层叠的文字，然后单击此按钮，则可将符号左边的文字作为分子、右边的文字作为分母予以层叠。AutoCAD 提供了 3 种分数形式：如果选中 "abcd/efgh" 后单击此按钮，则得到如图 6-12（a）所示的分数形式；如果选中 "abcd^efgh" 后单击此按钮，则得到如图 6-12（b）所示的形式，此形式多用于标注极限偏差；如果选中 "abcd # efgh" 后单击此按钮，则创建斜排的分数形式，如图 6-12（c）所示。如果选中已经层叠的文本对象后单击此按钮，则恢复到非层叠形式。

☑　"倾斜角度"下拉列表框 *0/*：用于设置文字的倾斜角度，如图 6-13 所示。

☑　"追踪"按钮：用于增大或减小选定字符之间的空隙。

☑　"宽度因子"按钮：用于扩展或收缩选定字符。

☑　"上标"按钮 $x^$：将选定文字转换为上标，即在输入线的上方设置稍小的文字。

☑　"下标"按钮 $X_$：将选定文字转换为下标，即在输入线的下方设置稍小的文字。

☑　"清除格式"下拉列表：删除选定字符的字符格式，或删除选定段落的段落格式，或删除选定段落中的所有格式。

abcd&#95;&#95;&#95;&#95; abcd&#95;&#95;&#95;&#95; abcd/&#95;&#95;&#95;&#95;&#95; 　　室内设计
efgh　　efgh　　efgh　　　室内设计
　　　　　　　　　　　　　　　　*室内设计*

　（a）　　　（b）　　　（c）

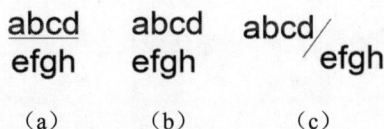

　　　图 6-12　文本层叠　　　　　　　　　　　　图 6-13　倾斜角度与斜体效果

③ "段落"面板。

☑　"对正"按钮：显示"多行文字对正"菜单，其中有 9 个对齐选项可用。

☑　关闭：如果选择此选项，将从应用了列表格式的选定文字中删除字母、数字和项目符号，并且不更改缩进状态。

☑　以数字标记：应用将带有句点的数字用于列表中的项的列表格式。

☑　以字母标记：应用将带有句点的字母用于列表中的项的列表格式。如果列表含有的项多于字母中含有的字母，可以使用双字母继续序列。

☑　以项目符号标记：应用将项目符号用于列表中的项的列表格式。

☑　起点：在列表格式中启动新的字母或数字序列。如果选定的项位于列表中间，则选定项下面的未选中的项也将成为新列表的一部分。

☑ 连续：将选定的段落添加到上面最后一个列表然后继续序列。如果选择了列表项而非段落，则选定项下面未选中的项将继续序列。

☑ 允许自动项目符号和编号：在输入时应用列表格式。以下字符可以用作字母和数字后的标点并不能用作项目符号：句点（.）、逗号（,）、右括号（)）、右尖括号（>）、右方括号（]）和右花括号（}）。

☑ 允许项目符号和列表：如果选择此选项，列表格式将应用到外观类似列表的多行文字对象中的所有纯文本。

☑ 段落：为段落和段落的第一行设置缩进。指定制表位和缩进，控制段落对齐方式、段落间距和段落行距，如图6-14所示。

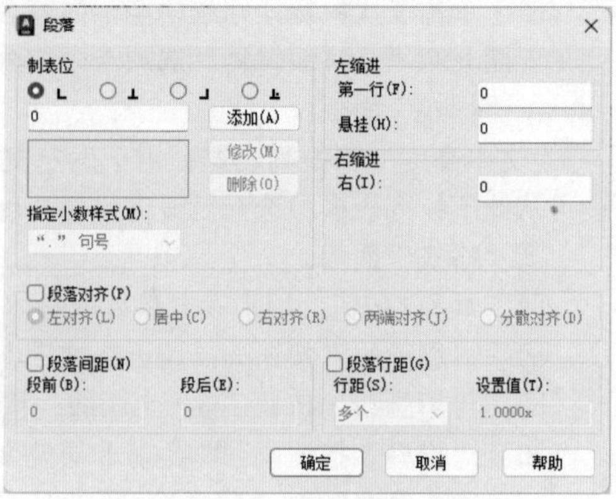

④ "插入"面板。

图 6-14　"段落"对话框

☑ "符号"按钮@：用于输入各种符号。单击该按钮，系统打开符号下拉菜单，如图6-15所示。用户可以从中选择符号并输入文本中。

☑ "字段"按钮：用于插入一些常用或预设字段。单击该按钮，系统打开"字段"对话框，如图6-16所示。用户可从中选择字段并插入标注文本中。

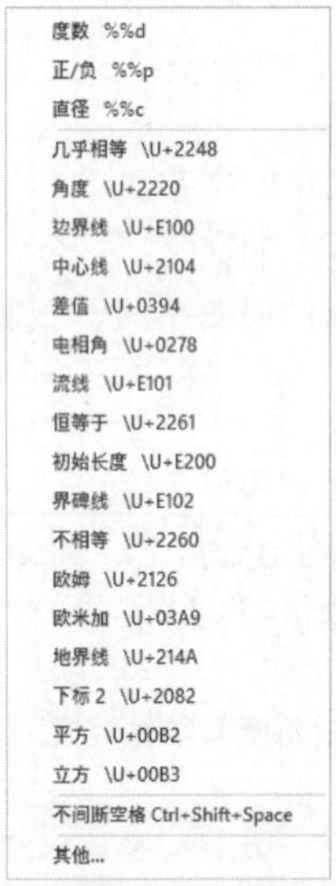

图 6-15　符号下拉菜单 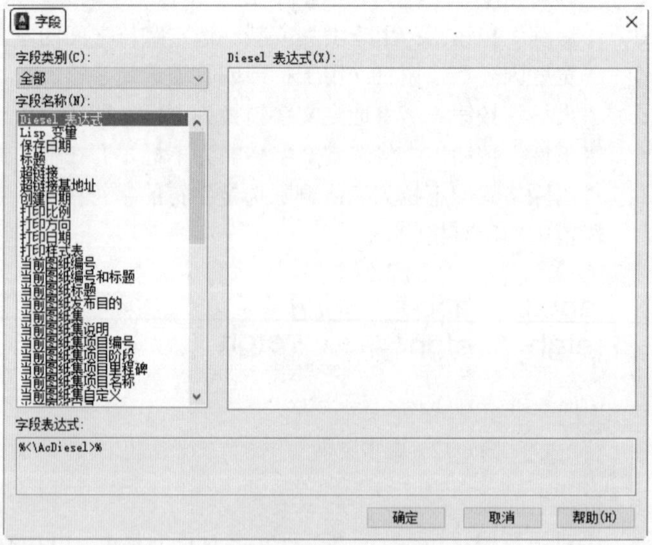　　　　图 6-16　"字段"对话框

⑤ "拼写检查"面板。

☑ 拼写检查：确定输入时拼写检查处于打开还是关闭状态。

☑ 编辑词典：显示"词典"对话框，用户可从中添加或删除在拼写检查过程中使用的自定义词典。

⑥ "工具"面板。

输入文字：选择此选项，系统打开"选择文件"对话框，如图6-17所示。选择任意 ASCII 或 RTF 格式的文件。输入的文字保留原始字符格式和样式特性，但用户可以在多行文字编辑器中编辑和格式化输入的文字。选择要输入的文本文件后，用户可以替换选定的文字或全部文字，或在文字边界内将插入的文字附加到选定的文字中。输入文字的文件必须小于 32KB。

图 6-17　"选择文件"对话框

⑦ "选项"面板。

标尺：在编辑器顶部显示标尺，拖动标尺末尾的箭头可更改文字对象的宽度。列模式处于活动状态时，还显示高度和列夹点。

## 6.2.3　实例——在标注文字时插入"±"

下面讲述在标注文字时插入一些特殊字符的方法。

（1）打开多行文字。单击"默认"选项卡"注释"面板中的"多行文字"按钮A，系统打开"文字编辑器"选项卡。❶单击"符号"按钮@，系统打开"符号"下拉菜单，继续在"符号"下拉菜单中❷选择"其他"命令，如图 6-18 所示。❸系统打开"字符映射表"对话框，如图 6-19 所示，其中包含当前字体的整个字符集。

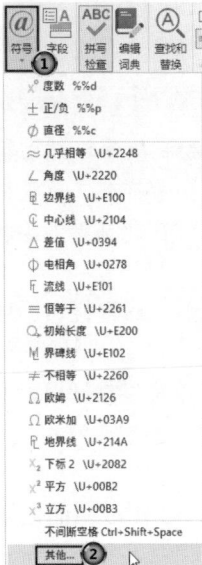

图 6-18　"符号"子菜单

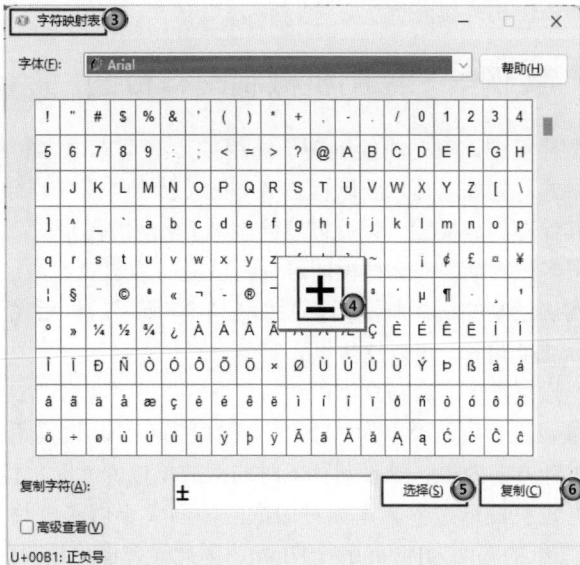

图 6-19　"字符映射表"对话框

（2）❹选中要插入的字符，❺然后单击"选择"按钮。

（3）选中要使用的所有字符，❻然后单击"复制"按钮。

（4）在多行文字编辑器中右击，在弹出的快捷菜单中选择"粘贴"命令。

# 6.3 文 本 编 辑

对于已经标注完的文本，用户如果需要对其进行更改，可以使用文本编辑相关命令来实现。本节主要介绍文本编辑命令 DDEDIT。

## 6.3.1 文本编辑命令

### 1. 执行方式

☑ 命令行：DDEDIT。

☑ 菜单栏：修改→对象→文字→编辑。

☑ 工具栏：文字→编辑 A 。

☑ 快捷菜单：修改多行文字或编辑文字。

### 2. 操作步骤

```
命令：DDEDIT↙
TEXTEDIT
当前设置：编辑模式 = Multiple
选择注释对象或 [放弃(U)/模式(M)]:
```

要求选择要修改的文本，同时光标变为拾取框。使用拾取框拾取对象。如果选取的文本是用 TEXT 命令创建的单行文本，那么 AutoCAD 将高显该文本，用户可以对其进行修改；如果选取的文本是用 MTEXT 命令创建的多行文本，那么 AutoCAD 将打开多行文字编辑器，用户可以根据前面的介绍对各项设置或内容进行修改。

## 6.3.2 实例——绘制机械制图样板图

所谓样板图，就是将绘制图形通用的一些基本内容和参数事先设置好并绘制出来，然后将其保存为.dwt 格式。例如，可以在国标的 A3 图纸上绘制图框、标题栏，设置图层、文字样式、标注样式等，然后将其保存为样板图。以后需要绘制 A3 幅面的图形时，可打开此样板图，并在此基础上绘图。如果要绘制很多张图纸，那么样板图可以明显提高绘图效率，也有利于图形标准化。

本实例绘制的机械制图样板图如图 6-20 所示。样板图包括边框、图形外围、标题栏、图层、文本样式、标注样式等，可以逐步设置它们。

（1）设置单位。选择菜单栏中的"格式"→"单位"命令，❶打开"图形单位"对话框，如图 6-21 所示。❷设置长度的类型为"小数"，精度为 0；❸设置角度的类型为"十进制度数"，精度为 0，系统默认逆时针方向为正；❹设置插入时的缩放单位为"无单位"。

（2）设置图形边界。国标对图纸的幅面大小做了严格规定，这里按国标 A3 图纸幅面设置图形边界，A3 图纸的幅面为 420mm×297mm，因此设置图形边界如下。

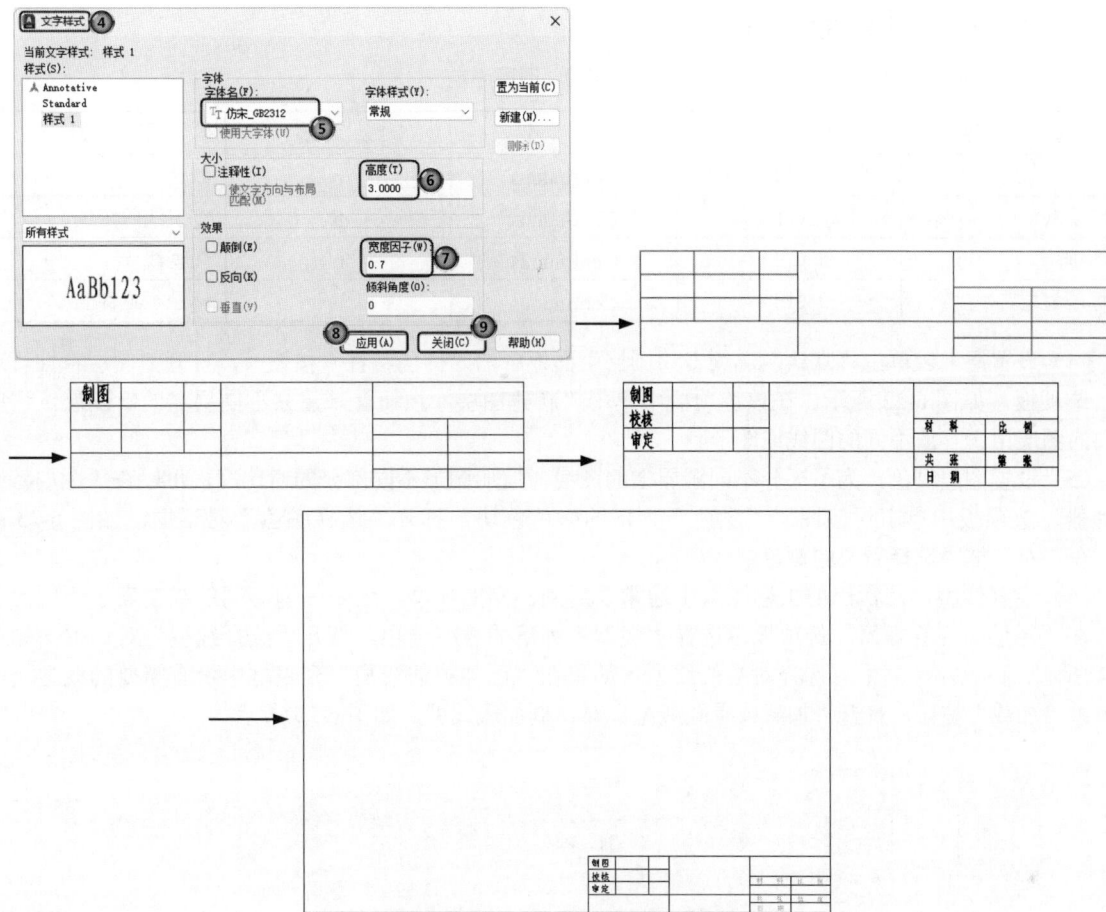

图 6-20 绘制的机械制图样板图

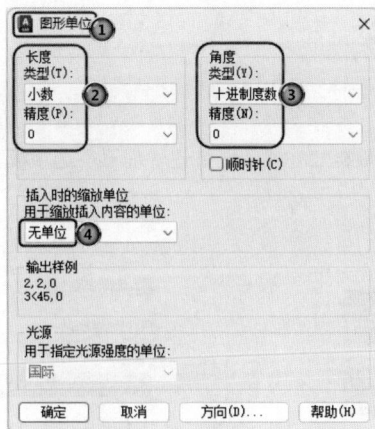

图 6-21 "图形单位"对话框

命令: LIMITS↙
重新设置模型空间界限:
指定左下角点或 [开(ON)/关(OFF)] <0.0>: ↙
指定右上角点 <420,297>: 420,297↙

（3）设置图层。图层约定如表 6-2 所示。

表 6-2　图层约定

| 图 层 名 | 颜 色 | 线 型 | 线 宽 | 用 途 |
|---|---|---|---|---|
| 0 | 7（白） | Continuous | b | 默认 |
| 细实线层 | 2（红） | Continuous | b | 细实线隐藏线 |
| 图框层 | 5（白） | Continuous | b | 图框线 |
| 标题栏层 | 3（白） | Continuous | b | 标题栏零件名 |

（4）设置层名。单击"默认"选项卡"图层"面板中的"图层特性"按钮，打开"图层特性管理器"选项板，如图 6-22 所示。在该选项板中单击"新建图层"按钮，建立不同层名的新图层，这些不同的图层用于存放不同的图线或图形。

（5）设置图层颜色。为了区分不同图层上的图线，增加图形不同部分的对比度，可以在"图层特性管理器"选项板中单击对应图层"颜色"列下的颜色色块，打开"选择颜色"对话框，如图 6-23 所示。在该对话框中选择需要的颜色。

（6）设置线型。在常用的工程图纸中通常要用到不同的线型，这是因为不同的线型表示不同的含义。在"图层特性管理器"选项板中选择"线型"列下的线型选项，打开"选择线型"对话框，如图 6-24 所示。在该对话框中可选择对应的线型，如果在"已加载的线型"列表框中没有需要的线型，可以单击"加载"按钮，打开"加载或重载线型"对话框加载线型，如图 6-25 所示。

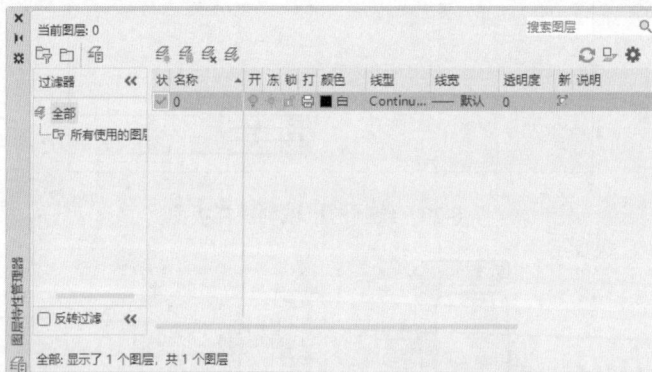

图 6-22　"图层特性管理器"选项板

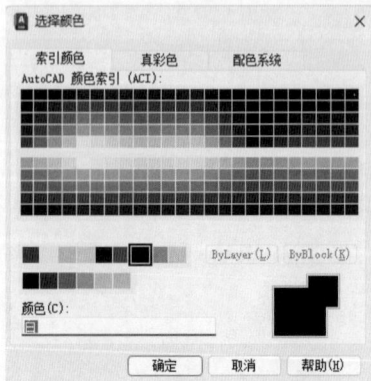

图 6-23　"选择颜色"对话框

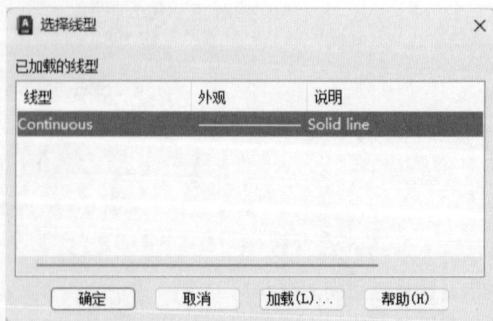

图 6-24　"选择线型"对话框

（7）设置线宽。在工程图纸中，不同的线宽也表示不同的含义，因此也要对不同图层的线宽进行设置，选择"图层特性管理器"选项板中"线宽"列下的选项，打开"线宽"对话框，如图 6-26 所示。在该对话框中可选择适当的线宽。需要注意的是，应尽量保持细线与粗线之间的比例大约为 1∶2。

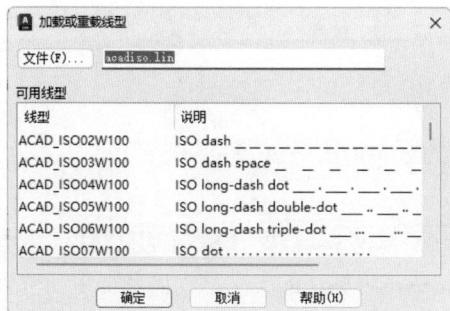

图 6-25　"加载或重载线型"对话框

图 6-26　"线宽"对话框

（8）设置文字样式。下面列出一些文字样式中的格式，按如下约定进行设置：文字高度一般为 7，零件名称为 10，标题栏中其他文字为 5，尺寸文字为 5，线型比例为 1，图纸空间线型比例为 1，单位为十进制，小数点后 0 位，角度小数点后 0 位。

可以生成 4 种文字样式，分别用于一般注释、标题块中零件名注释、标题块注释及尺寸标注。

（9）单击"默认"选项卡"注释"面板中的"文字样式"按钮 A，弹出"文字样式"对话框，单击"新建"按钮，①系统弹出"新建文字样式"对话框，如图 6-27 所示。②接受默认的"样式 1"文字样式名，③单击"确定"按钮退出。

（10）④系统返回"文字样式"对话框。在"字体名"下拉列表框中⑤选择"仿宋_GB2312"选项，⑥在"高度"文本框中输入 3，⑦在"宽度因子"文本框中将宽度比例设置为 0.7，如图 6-28 所示。⑧单击"应用"按钮，然后⑨单击"关闭"按钮。其他文字样式设置与此类似。

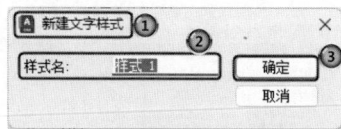

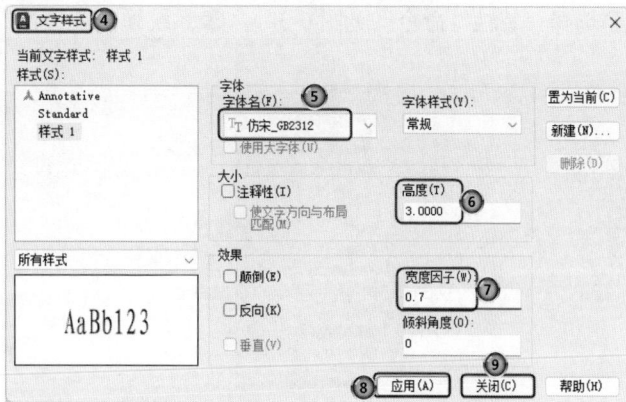

图 6-27　"新建文字样式"对话框

图 6-28　"文字样式"对话框

（11）绘制图框线。将当前图层设置为 0 图层，在该图层绘制图框线。单击"默认"选项卡"绘图"面板中的"直线"按钮╱，坐标点依次为（25,5）、（415,5）、（415,292）、（25,292）。

（12）绘制标题栏图框。按照有关标准或规范设定尺寸，利用"直线"命令和相关编辑命令绘制标题栏图框，如图 6-29 所示。

（13）注写标题栏中的文字。单击"默认"选项卡"注释"面板中的"多行文字"按钮Ａ，输入文字"制图"，命令行提示与操作如下。

```
命令：_mtext
当前文字样式："样式 1"   文字高度：3.0000   注释性：否
指定第一角点：（指定文字输入的起点）
指定对角点或 [高度(H)/对正(J)/行距(L)/旋转(R)/样式(S)/宽度(W)/栏(C)]：
命令：MOVE✓
选择对象：（选择已标注的文字）
找到 1 个
选择对象：✓
指定基点或 [位移(D)] <位移>：（指定一点）
指定位移的第二点或 <用第一点作位移>：（指定适当的一点，使文字正好处于图框中间位置）
```

单击"默认"选项卡"修改"面板中的"复制"按钮✛，将标注的文字移动到图框中间位置。结果如图 6-30 所示。

图 6-29　绘制标题栏图框　　　　　　图 6-30　标注和移动文字

（14）单击"默认"选项卡"修改"面板中的"复制"按钮，复制文字，结果如图 6-31 所示。

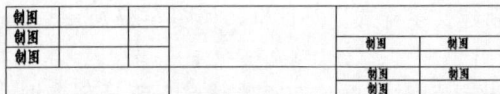

图 6-31　复制文字

（15）修改文字。选择复制的文字"制图"，单击它，使其亮显，右击夹点编辑标志点，打开快捷菜单，①选择"特性"命令（见图 6-32），②系统弹出"特性"选项板，如图 6-33 所示。

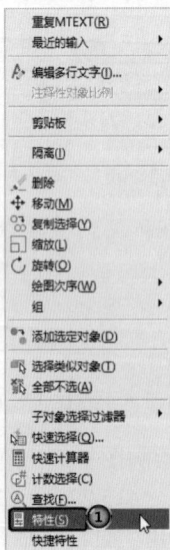

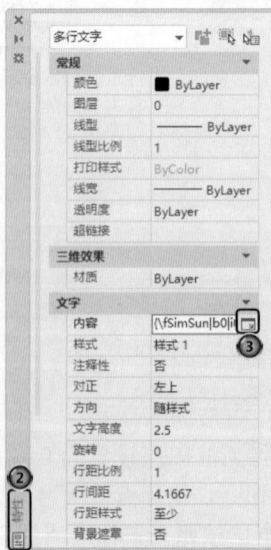

图 6-32　快捷菜单　　　　　　图 6-33　"特性"选项板

选择"文字"选项组中的"内容"选项，③单击后面的❏按钮，④打开"文字编辑器"选项卡和多行文字编辑器，如图 6-34 所示。在编辑器中将其中的文字"制图"改为"校核"。用同样的方法修改其他文字，结果如图 6-35 所示。绘制标题栏后的样板图如图 6-36 所示。

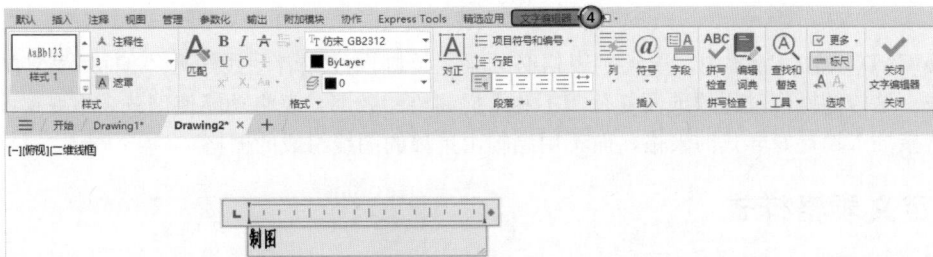

图 6-34　"文字编辑器"选项卡和多行文字编辑器

图 6-35　修改文字

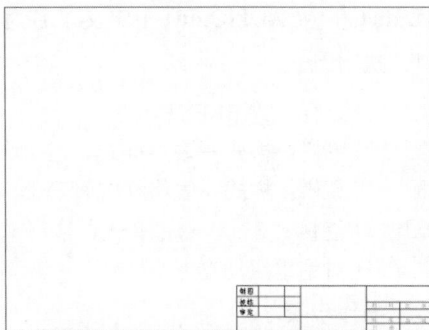

图 6-36　绘制标题栏后的样板图

（16）设置尺寸标注样式。有关尺寸标注内容，第 7 章将对其进行详细介绍，此处不再赘述。

（17）保存成样板图文件。将样板图及其环境设置完成后，可以将其保存成样板图文件。在"文件"下拉菜单中选择"保存"或"另存为"命令，①打开"保存"或"图形另存为"对话框，如图 6-37 所示。在"文件类型"下拉列表框中②选择"AutoCAD 图形样板（*.dwt）"选项，③输入文件名"机械"，④单击"保存"按钮，系统⑤弹出"样板选项"对话框，如图 6-38 所示。⑥单击"确定"按钮保存文件，下次绘图时，可以打开该样板图文件，并在此基础上开始绘图。

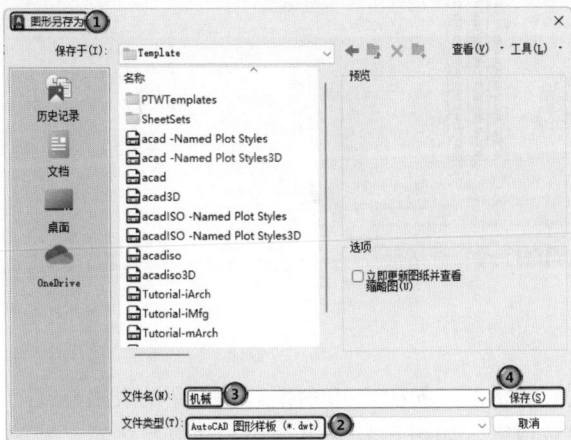

图 6-37　保存样板图

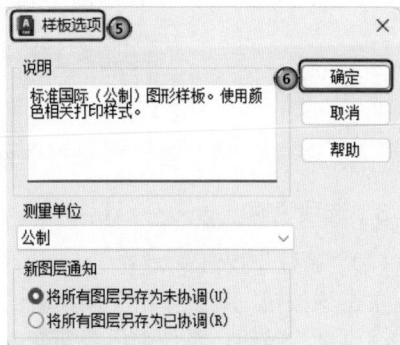

图 6-38　"样板选项"对话框

# 6.4 表　格

在 AutoCAD 以前的版本中，要绘制表格必须采用绘制图线或者图线结合"偏移""复制"等编辑命令来完成。这样的操作过程烦琐而复杂，不利于提高绘图效率。表格功能使创建表格变得非常容易，用户可以直接插入设置好样式的表格，而不用绘制由单独的图线组成的栅格。

## 6.4.1　定义表格样式

和文字样式一样，AutoCAD 所有图形中的表格都有和其相对应的表格样式。插入表格对象时，AutoCAD 使用当前设置的表格样式。表格样式是用来控制表格基本形状和间距的一组设置。模板文件 ACAD.dwt 和 ACADISO.dwt 中定义了名为 STANDARD 的默认表格样式。

1. 执行方式

☑　命令行：TABLESTYLE。
☑　菜单栏：格式→表格样式。
☑　工具栏：样式→表格样式管理器▦。
☑　功能区：默认→注释→表格样式▦或注释→表格→表格样式→管理表格样式或注释→表格→对话框启动器↘。

2. 操作步骤

```
命令：TABLESTYLE↙
```

在命令行中输入 TABLESTYLE，或单击"默认"选项卡"注释"面板中的"表格样式"按钮▦，将打开"表格样式"对话框，如图 6-39 所示。

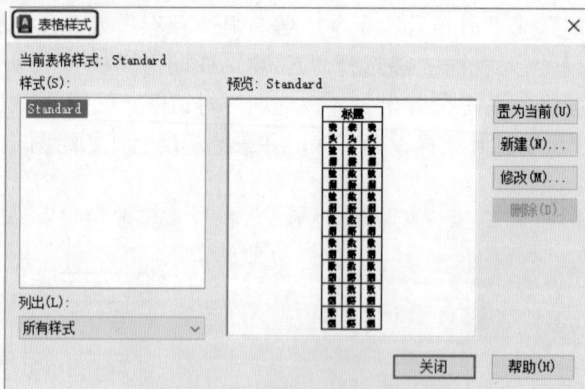

图 6-39　"表格样式"对话框

3. 选项说明

（1）"新建"按钮。

单击该按钮，系统弹出"创建新的表格样式"对话框，如图 6-40 所示。输入新的表格样式名后，单击"继续"按钮，系统弹出"新建表格样式"对话框，如图 6-41 所示。用户可以从中定义新的表格样式。

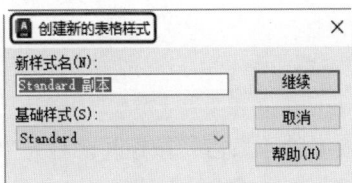

图 6-40　"创建新的表格样式"对话框　　　　图 6-41　"新建表格样式"对话框

"新建表格样式"对话框中的"单元样式"下拉列表包含"数据""表头""标题"3 个选项,分别控制表格中与数据、列标题和总标题相关的参数,如图 6-42 所示。下面以"数据"单元样式为例说明其中各参数的功能。

① "常规"选项卡:用于控制数据栏与标题栏的上下位置关系。

② "文字"选项卡:用于设置文字属性,选择此选项卡,在"文字样式"下拉列表框中可以选择已定义的文字样式并应用于数据文字,也可以单击右侧的▓按钮重新定义文字样式。其中有"文字高度""文字颜色""文字角度"各选项设定的相应参数格式可供用户选择。

③ "边框"选项卡:用于设置表格的边框属性,下面的边框线按钮控制数据边框线的各种形式,如绘制所有数据边框线、只绘制数据边框外部边框线、只绘制数据边框内部边框线、无边框线、只绘制底部边框线等。选项卡中的"线宽""线型""颜色"下拉列表框则控制边框线的线宽、线型和颜色;选项卡中的"间距"文本框用于控制单元边界和内容之间的间距。

在图 6-43 中,数据文字样式为 Standard,文字高度为 4.5,文字颜色为红色,填充颜色为黄色,对齐方式为"右下"。没有页眉行,标题文字样式为 Standard,文字高度为 6,文字颜色为蓝色,填充颜色为"无",对齐方式为"正中";表格方向为"上",水平单元边距和垂直单元边距都为 1.5。

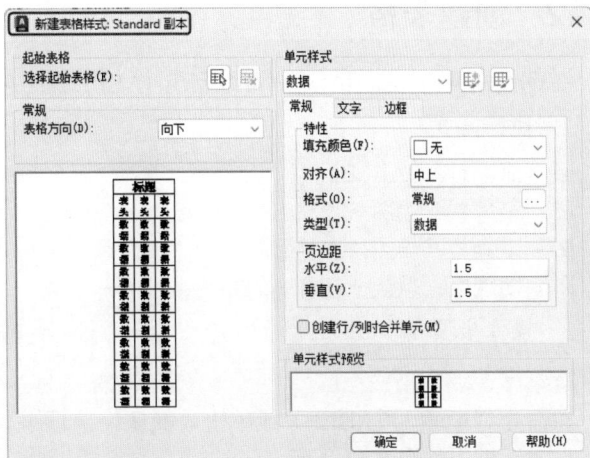

图 6-42　表格样式　　　　　　　　　图 6-43　表格示例

(2)"修改"按钮。

修改当前表格样式的方式与新建表格样式的方式相同。

## 6.4.2　创建表格

在设置好表格样式后，用户可以利用 TABLE 命令创建表格。

### 1. 执行方式

- ☑　命令行：TABLE。
- ☑　菜单栏：绘图→表格。
- ☑　工具栏：绘图→表格⊞。
- ☑　功能区：默认→注释→表格⊞或注释→表格→表格⊞。

### 2. 操作步骤

命令：TABLE↙

在命令行中输入 TABLE，或单击"默认"选项卡"注释"面板中的"表格"按钮⊞，打开"插入表格"对话框，如图 6-44 所示。

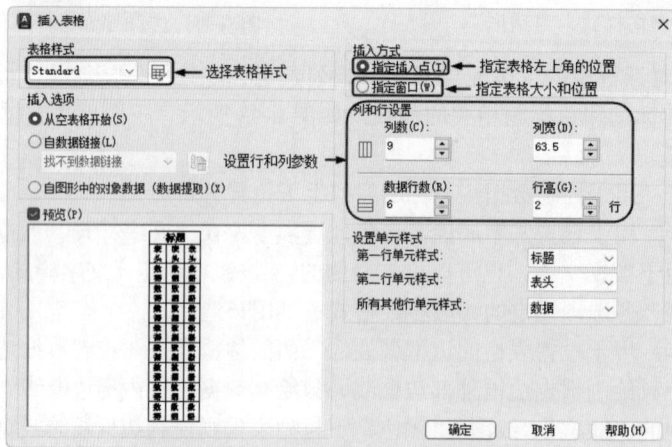

图 6-44　"插入表格"对话框

### 3. 选项说明

（1）"表格样式"选项组。

用户可以在"表格样式"下拉列表框中选择一种表格样式，也可以单击后面的 按钮新建或修改表格样式。

（2）"插入方式"选项组。

①"指定插入点"单选按钮：指定表左上角的位置。用户可以使用定点设备，也可以在命令行中输入坐标值。如果表格样式将表的方向设置为由下而上读取，则插入点位于表的左下角。

②"指定窗口"单选按钮：指定表的大小和位置。用户可以使用定点设备，也可以在命令行中输入坐标值。选中此单选按钮时，行数、列数、列宽和行高取决于窗口的大小及列和行的设置。

（3）"列和行设置"选项组。

该选项组用于指定列和行的数目，以及列宽与行高。

> ◀》注意：在"插入方式"选项组中选中"指定窗口"单选按钮后，用户只能指定列和行设置的两个参数中的一个，另一个参数由指定窗口大小自动等分指定。

在"插入表格"对话框中进行相应设置后，单击"确定"按钮，系统在指定的插入点或窗口中自动插入一个空表格，并显示多行文字编辑器，用户可以逐行逐列输入相应的文字或数据，如图 6-45 所示。

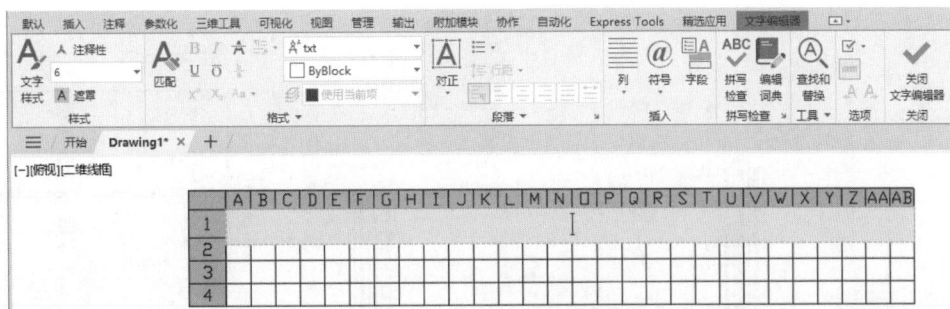

图 6-45　多行文字编辑器

🔊 **注意：** 在插入后的表格中选择某一个单元格，单击它，就会出现钳夹点。通过移动钳夹点，用户可以改变单元格的大小，如图 6-46 所示。

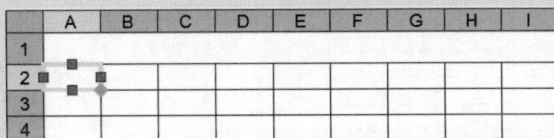

图 6-46　改变单元格大小

## 6.4.3　编辑表格文字

### 1. 执行方式

☑　命令行：TABLEDIT。

☑　快捷菜单：选定表和一个或多个单元后，右击，在弹出的快捷菜单中选择"编辑文字"命令。

☑　定点设备：在表单元内双击。

### 2. 操作步骤

命令：TABLEDIT↙

系统打开多行文字编辑器，用户可以对指定表格单元的文字进行编辑。

## 6.4.4　实例——绘制明细表

明细表是机械装配图中必不可少的要素，它可以明确组成装配图各个零件的名称、代号、数量等相关信息。本实例绘制如图 6-47 所示的明细表。

（1）设置表格样式。单击"默认"选项卡"注释"面板中的"表格样式"按钮🐛，❶打开"表格样式"对话框，如图 6-48 所示。

（2）修改样式。❷单击"修改"按钮，❸打开"修改表格样式"对话框，如图 6-49 所示。在该对话框中进行如下设置。

①将"单元样式"设置为"数据"。在"常规"选项卡中设置"填充颜色"为"无"，"对齐"方式为"左中"，"水平"页边距和"垂直"页边距均为 1.5；在"文字"选项卡中设置"文字样式"为 Standard，"文字高度"为 5，"文字颜色"为"红"；在"边框"选项卡中设置边框颜色为"绿"。

②将"单元样式"设置为"标题"。在"常规"选项卡中设置"填充颜色"为"无"，"对齐"方式为"正中"；在"文字"选项卡中设置"文字样式"为 Standard，"文字高度"为 5，"文字颜色"为"蓝"；在"常规"选项组中设置"表格方向"为"向上"。

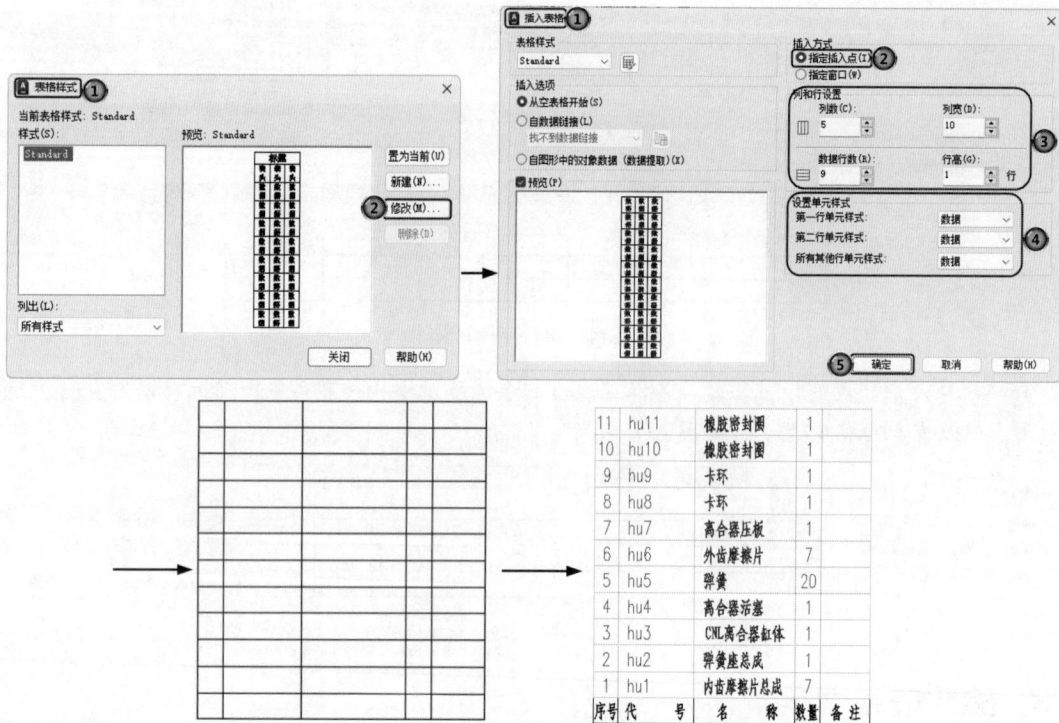

图 6-47　绘制明细表

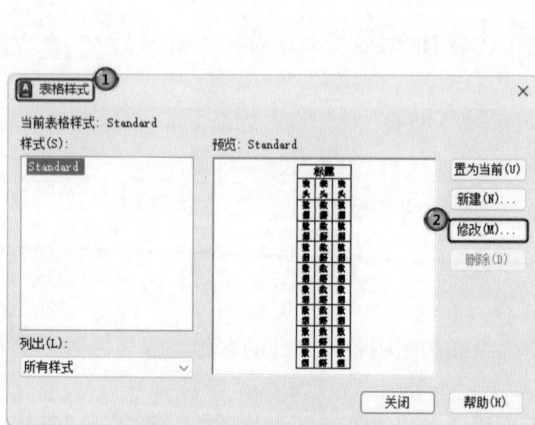

图 6-48　"表格样式"对话框

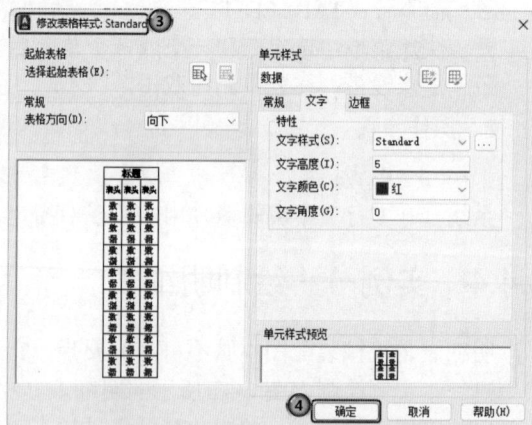

图 6-49　"修改表格样式"对话框

（3）设置好表格样式后，❹单击"确定"按钮退出。

（4）创建表格。单击"默认"选项卡"注释"面板中的"表格"按钮，❶打开"插入表格"对话框，如图 6-50 所示。❷设置"插入方式"为"指定插入点"，设置数据"行数"和"列数"❸为 9 行 5 列，设置"列宽"为 10，设置"行高"为 1 行，❹设置"第一行单元样式""第二行单元样式""所有其他行单元样式"均为"数据"。

（5）插入表格。❺单击"确定"按钮后，在绘图平面指定插入点，则插入如图 6-51 所示的空表格，并显示多行文字编辑器，不输入文字，直接在多行文字编辑器中单击"确定"按钮退出。

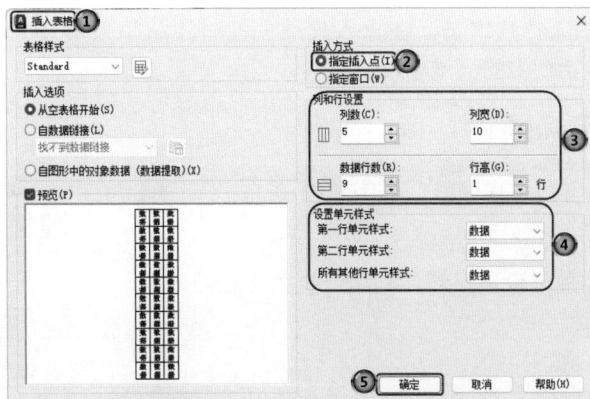

图 6-50 "插入表格"对话框

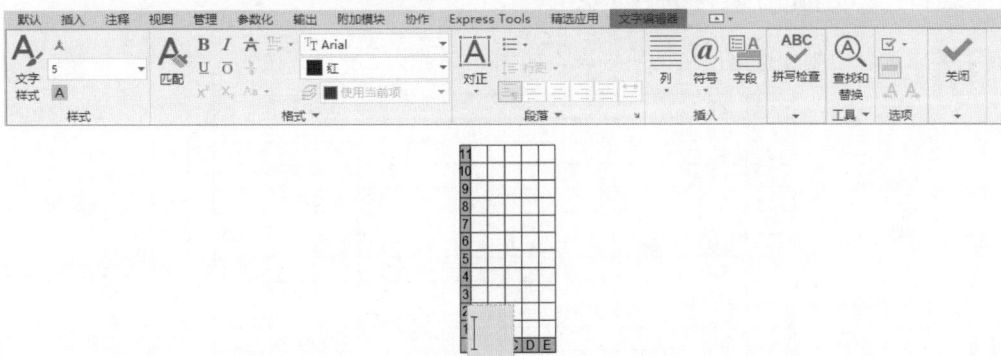

图 6-51 空表格及"文字编辑器"选项卡

（6）调整表格。单击第 2 列中的任意一个单元格，出现钳夹点后，将右边钳夹点向右拖曳，将列宽设定为 30。使用同样的方法，将第 3 列和第 5 列的列宽设置为 40 和 20，结果如图 6-52 所示。

（7）输入文字。双击要输入文字的单元格，重新打开多行文字编辑器，在各单元中输入相应的文字或数据，最终结果如图 6-47 所示。

图 6-52 改变列宽

# 6.5 实 践 练 习

通过本章的学习，读者对工程制图中文字和表格的应用等知识有了大体的了解。本节通过 3 个练习使读者进一步掌握本章的知识要点。

## 6.5.1 标注技术要求

本练习要求读者标注技术要求，如图 6-53 所示。

操作提示：

（1）设置文字标注的样式。

（2）利用"多行文字"命令进行标注。

1.当无标准齿轮时，允许检查下列 3 项代替检查径向综合公差和一齿径向综合公差。

　a.齿圈径向跳动公差Fr为0.056

　b.齿形公差ff为0.016

　c.基节极限偏差±f_{pb}为0.018

2.用带凸角的刀具加工齿轮，但齿根不允许有凸台，允许下凹，下凹深度不大于0.2。

3.未注倒角C1。

4.尺寸为$\phi 30^{+0.05}_{-0.06}$的孔抛光处理。

图 6-53 技术要求

（3）利用右键菜单输入特殊字符。在输入尺寸公差时注意输入“+0.05^-0.06”，然后选择这些文字，单击“文字格式”对话框中的“堆叠”按钮。

## 6.5.2　绘制并填写标题栏

本练习要求读者绘制并填写标题栏，如图 6-54 所示。

操作提示：

（1）按照有关标准或规范设定尺寸，利用“直线”命令和相关编辑命令绘制标题栏。

（2）设置两种不同的文字样式。

（3）注写标题栏中的文字。

<table>
<tr><td colspan="3" rowspan="2">阀体</td><td>比例</td><td></td><td rowspan="2"></td></tr>
<tr><td>件数</td><td></td></tr>
<tr><td>制图</td><td></td><td></td><td>重量</td><td></td><td>共 张 第 张</td></tr>
<tr><td>描图</td><td></td><td></td><td colspan="3" rowspan="2">三维书屋工作室</td></tr>
<tr><td>审核</td><td></td><td></td></tr>
</table>

图 6-54　标注图形名和单位名称

## 6.5.3　绘制变速器组装图明细表

本练习要求读者绘制变速器组装图明细表，如图 6-55 所示。

| | | | | |
|---|---|---|---|---|
| 14 | 端盖 | 1 | HT150 | |
| 13 | 端盖 | 1 | HT150 | |
| 12 | 定距环 | 1 | Q235A | |
| 11 | 大齿轮 | 1 | 40 | |
| 10 | 键 16×70 | 1 | Q275 | GB 1095-79 |
| 9 | 轴 | 1 | 45 | |
| 8 | 轴承 | 2 | | 30208 |
| 7 | 端盖 | 1 | HT200 | |
| 6 | 轴承 | 2 | | 30211 |
| 5 | 轴 | 1 | 45 | |
| 4 | 键8×50 | 1 | Q275 | GB 1095-79 |
| 3 | 端盖 | 1 | HT200 | |
| 2 | 调整垫片 | 2组 | 08F | |
| 1 | 减速器箱体 | 1 | HT200 | |
| 序号 | 名　称 | 数量 | 材　料 | 备　注 |

图 6-55　变速器组装图明细表

操作提示：

（1）设置表格样式。

（2）插入空表格，并调整列宽。

（3）重新输入文字和数据。

# 第7章

# 尺寸标注

尺寸标注是绘图设计过程中相当重要的一个环节。因为图形的主要作用是表达物体的形状，而物体各部分的真实大小和各部分之间的确切位置只能通过尺寸标注来表达。因此，没有正确的尺寸标注，绘制出的图样对于加工制造就没有什么意义。AutoCAD 提供了方便、准确的标注尺寸功能。本章将对这些功能进行详细介绍。

## 7.1 尺寸概述

对于不同行业应用的尺寸，其具体的组成和要素形式有所不同。尺寸标注通常要遵守一定的规则，本节将对这些内容进行简要介绍。

### 7.1.1 尺寸标注的规则

《机械制图 图样画法 图线》（GB/T 4457.4-2002）中对尺寸标注的规则做出了一些规定，要求尺寸标注必须遵守以下基本规则。

- ☑ 物体的真实大小应以图形上所标注的尺寸数值为依据，与图形的显示大小和绘图的精确度无关。
- ☑ 图形中的尺寸以毫米为单位时，不需要标注尺寸单位的代号或名称。如果采用其他单位，则必须注明尺寸单位的代号或名称，如度、厘米等。
- ☑ 图形中所标注的尺寸为图形所表示的物体的最后完工尺寸，如果是中间过程的尺寸（如在涂镀前的尺寸等），则必须另加说明。
- ☑ 物体的每一个尺寸一般只标注一次，并应标注在最能清晰地反映该结构的视图上。

### 7.1.2 尺寸标注的组成

一个完整的尺寸标注由尺寸线、尺寸界线、尺寸箭头、尺寸文本，以及一些相关的符号组成，如图 7-1 所示。通常，AutoCAD 将构成一个尺寸的尺寸线、尺寸界线、尺寸箭头和尺寸文本以块的形式放在图形文件内，以便可以把一个尺寸看成一个对象。下面介绍尺寸标注各组成部分的特点。

1．尺寸界线

尺寸界线用细实线绘制，如图 7-2（a）所示。尺寸界线一般是图形轮廓线、轴线或对称中心线的延伸线，超出箭头 2mm～3mm。用户可以直接用轮廓线、轴线或对称中心线作为尺寸界线。

尺寸界线一般与尺寸线垂直，必要时允许倾斜。

2．尺寸线

尺寸线用细实线绘制，如图 7-2（a）所示。尺寸线必须单独画出，不能用图上其他图线代替，也不能与图线重合或在其延长线上（见图 7-2（b）中尺寸 3 和 8 的尺寸线），并应尽量避免尺寸线之间及尺寸线与尺寸界线之间相交（见图 7-2（b）中尺寸 14 和 18 的尺寸线）。

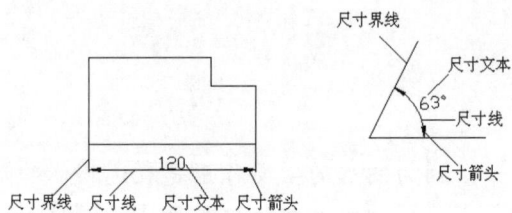

图 7-1　尺寸标注的组成

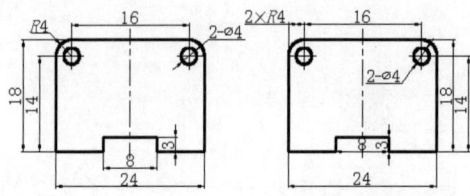

（a）正确　　　（b）错误

图 7-2　尺寸标注

标注线性尺寸时，尺寸线必须与所标注的线段平行，相同方向的各尺寸线间距要均匀，间隔应大于 5mm。

3．尺寸线终端

尺寸线终端有两种形式，即箭头或细斜线，如图 7-3 所示。

箭头适用于各种类型的图形，箭头尖端应与尺寸界线接触，并且不应超出或脱离，如图 7-4 所示。

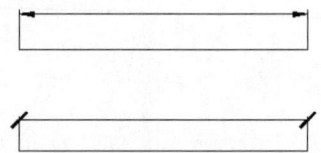

图 7-3　尺寸线终端

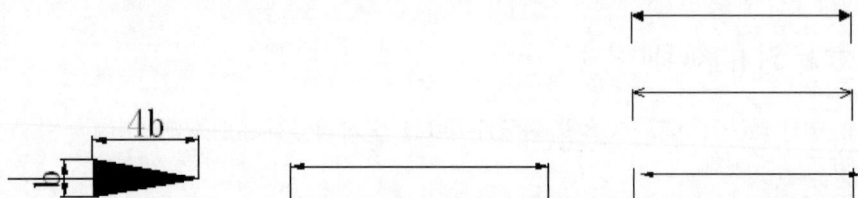

（a）箭头画法　　　（b）正确画法　　　（c）错误画法

图 7-4　箭头画法

当尺寸线终端采用斜线形式时，尺寸线与尺寸界线必须相互垂直，并且同一图样中只能采用一种尺寸终端形式。细斜线方向和画法如图 7-3 所示。

采用箭头作为尺寸线终端时，位置若不够，允许用圆点或细斜线代替箭头。

4．尺寸数字

线性尺寸的数字一般注写在尺寸线上方或尺寸线中断处。同一图样内大小一致，位置不够时可引出标注。

线性尺寸数字方向按如图 7-5（a）所示的方向进行注写，并尽可能避免在图示 30° 范围内标注尺寸，无法避免时，可按如图 7-5（b）所示的形式进行标注。

（a）　　　　　　　　　　　（b）

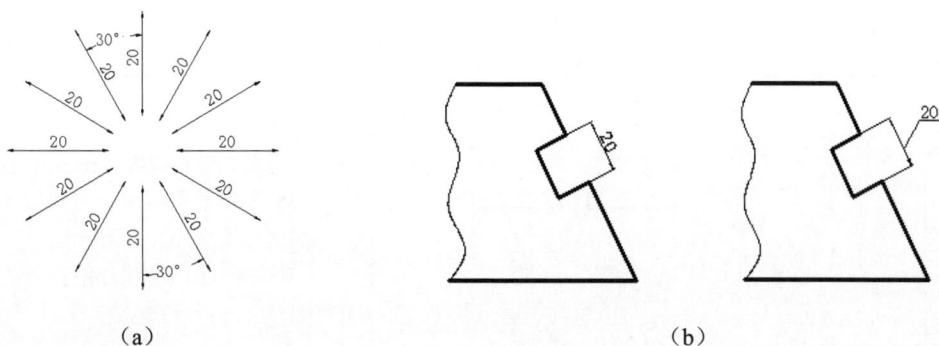

图 7-5　尺寸数字

### 5. 符号

图中常用以下符号区分不同类型的尺寸。

- ☑ ∅——直径。
- ☑ R——半径。
- ☑ S——球面。
- ☑ δ——板状零件厚度。
- ☑ □——正方形。
- ☑ ∠——斜度。
- ☑ ◁——锥度。
- ☑ ±——正负偏差。
- ☑ ×——参数分隔符，如 M10×1、槽宽×槽深等。
- ☑ -——连字符，如 4-∅ 10、M10×1-6H 等。

## 7.1.3　尺寸标注的注意事项

表 7-1 列出了一些国标中规定的尺寸标注的示例，以及相关的说明。

表 7-1　尺寸标注示例

| 标注内容 | 图　　例 | 说　　明 |
|---|---|---|
| 角度 |  | （1）角度尺寸线沿径向引出<br>（2）角度尺寸线画成圆弧，圆心是该角顶点<br>（3）角度尺寸数字一律写成水平方向 |
| 圆的直径 |  | （1）直径尺寸应在尺寸数字前加注符号∅<br>（2）尺寸线应通过圆心，尺寸线终端画成箭头<br>（3）整圆或大于半圆标注直径 |

续表

| 标注内容 | 图 例 | 说 明 |
|---|---|---|
| 大圆弧 | <br>（a）　　　　　　（b） | 当圆弧半径过大，在图纸范围内无法标出圆心位置时，应按图（a）形式进行标注；若无须标出圆心位置，则按图（b）的形式进行标注 |
| 圆弧半径 | | （1）半径尺寸数字前加注符号 R<br>（2）半径尺寸必须标注在投影为圆弧的图形上，且尺寸线应通过圆心<br>（3）半圆或小于半圆的圆弧标注半径尺寸 |
| 狭小部位 | | 在没有足够位置画箭头或注写数字时，可按图例的形式标注 |

| 标注内容 | 图　例 | 说　明 |
|---|---|---|
| 对称机件 | 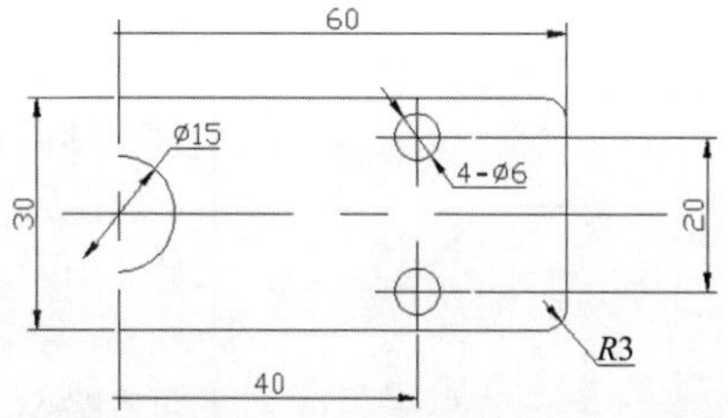 | 当对称机件的图形只画出一半或略大于一半时，尺寸线应略超过对称中心线或断裂处的边界线，并在尺寸线一端画出箭头 |
| 正方形结构 | 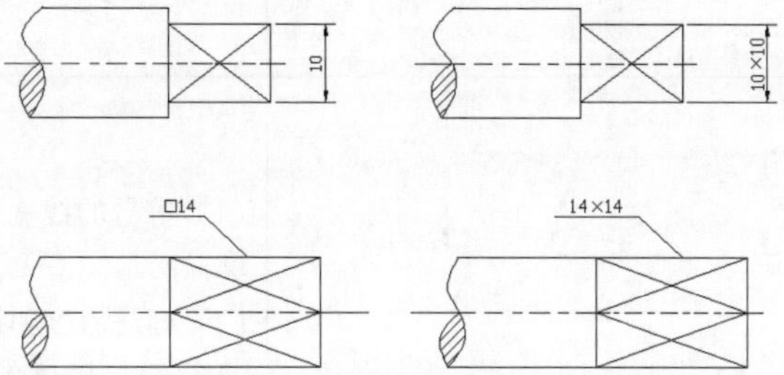 | 表示表面为正方形结构尺寸时，可在正方形边长尺寸数字前加注符号□，或用 14×14 代替□14 |
| 板状零件 | 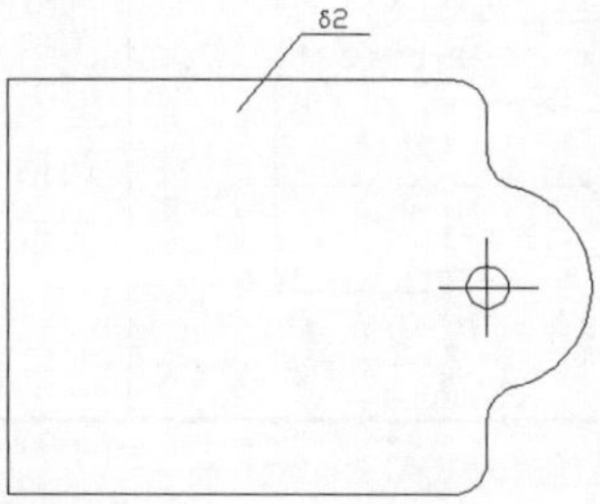 | 标注板状零件厚度时，可在尺寸数字前加注符号 δ |
| 光滑过渡处 | 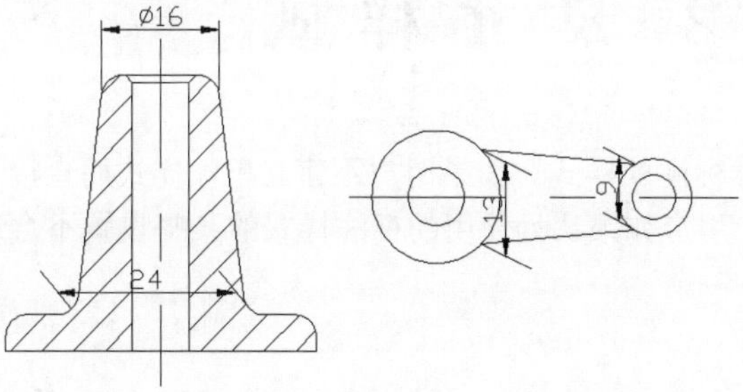 | （1）在光滑过渡处标注尺寸时，必须用实线将轮廓线延长，从交点处引出尺寸界线<br>（2）当尺寸界线过于靠近轮廓线时，允许倾斜画出 |
| 弦长和弧长 | 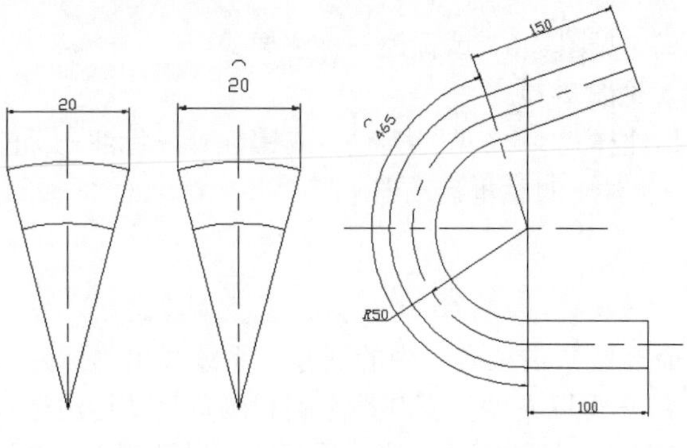 <br>（a）　　　　　　（b） | （1）标注弧长时，应在尺寸数字上方加符号⌒，如图（a）所示<br>（2）弦长及弧的尺寸界线应平行于该弦的垂直平分线；当弧长较大时，可沿径向引出，如图（b）所示 |

续表

| 标注内容 | 图　例 | 说　明 |
|---|---|---|
| 球面 | 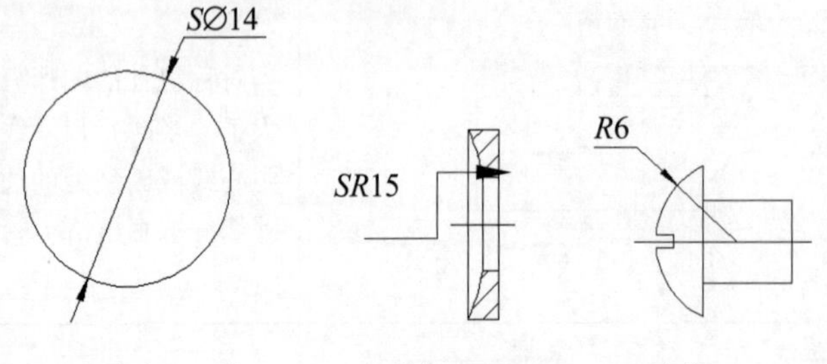 　　(a)　　　　(b)　　　　(c) | 标注球面直径或半径时，应在∅或 R 前再加注符号 S，如图（a）和图（b）所示。对标准件、轴及手柄的端部，在不致引起误解的情况下，可省略 S，如图（c）所示 |
| 斜度和锥度 | 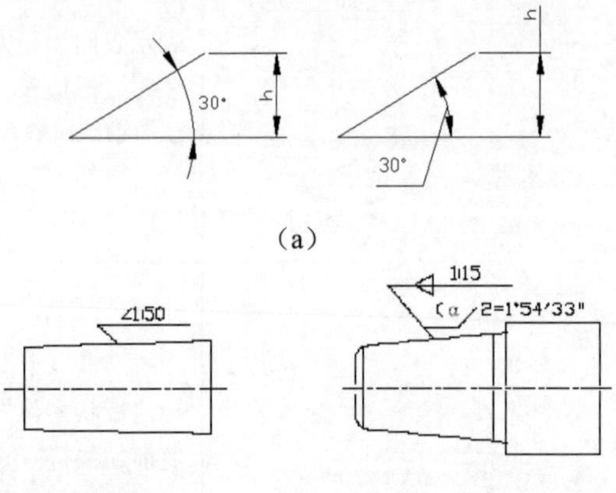 　　　　(a)<br>　　(b)　　　　(c) | （1）符号的线宽为 h/10，画法如图（a）所示<br>（2）标注斜度和锥度时，其符号应与斜度、锥度的方向一致，如图（b）和图（c）所示<br>（3）必要时，在标注锥度的同时，在括号内注出其角度值，如图（c）所示 |

# 7.2　尺　寸　样　式

在进行尺寸标注之前，要建立尺寸标注的样式。如果用户不建立尺寸样式而直接进行标注，则系统使用默认名称为 STANDARD 的样式。用户如果认为使用的标注样式的某些设置不合适，则可以修改标注样式。

1. 执行方式

- ☑　命令行：DIMSTYLE。
- ☑　菜单栏：❶格式→❷标注样式（见图 7-6）或标注→标注样式。
- ☑　工具栏：标注→标注样式 （见图 7-7）。
- ☑　功能区：❶默认→注释→❷标注样式 （见图 7-8），或❶注释→标注→标注样式→❷管理标注样式（见图 7-9），或注释→标注→对话框启动器 。

2. 操作步骤

命令：DIMSTYLE↙

通过输入命令、选择相应的菜单命令或单击工具栏中的图标，系统弹出"标注样式管理器"对话框，如图 7-10 所示。通过此对话框，用户可以方便、直观地定制和浏览尺寸标注样式，包括产生新的标注样式、修改已存在的样式、设置当前尺寸标注样式、样式重命名，以及删除一个已有样式等。

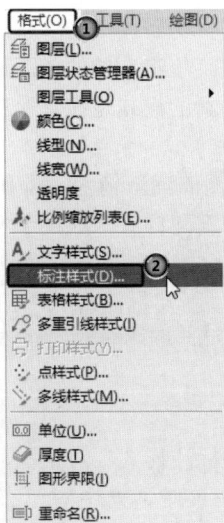

图 7-6　"格式"菜单

图 7-7　"标注"工具栏

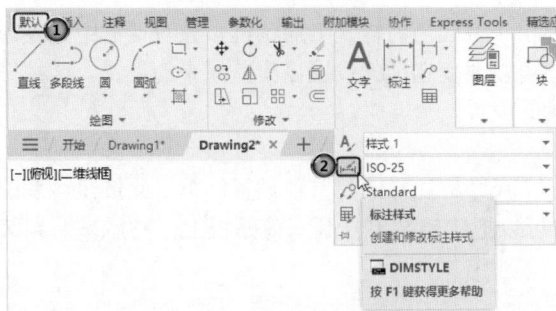

图 7-8　"注释"面板

图 7-9　"标注"面板

### 3. 选项说明

（1）"置为当前"按钮。

单击"置为当前"按钮，可将"样式"列表框中选中的样式设置为当前样式。

（2）"新建"按钮。

定义一个新的尺寸标注样式。单击此按钮，系统弹出"创建新标注样式"对话框，如图 7-11 所示。用户可以在该对话框中创建一个新的尺寸标注样式。该对话框中各项功能说明如下。

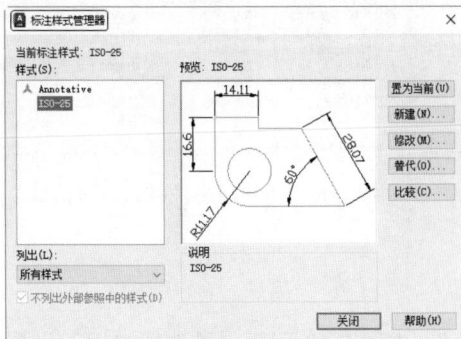

图 7-10　"标注样式管理器"对话框

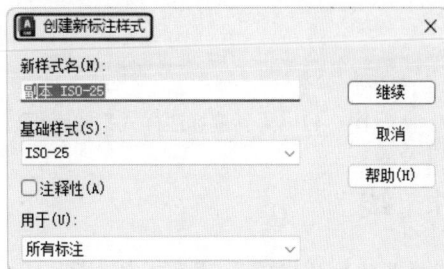

图 7-11　"创建新标注样式"对话框

①"新样式名"文本框：给新的尺寸标注样式命名。

②"基础样式"下拉列表框：选取创建新样式所基于的标注样式。单击右侧的向下箭头，即出现当前已有的样式列表，用户可以从中选取一个作为定义新样式的基础，新的样式是在这个样式的基础上修改一些特性得到的。

③"用于"下拉列表框：指定新样式应用的尺寸类型。单击右侧的向下箭头，即出现尺寸类型列表：如果新建样式应用于所有尺寸，则选择"所有标注"选项；如果新建样式只应用于特定的尺寸标注（如只在标注直径时使用此样式），则选取相应的尺寸类型。

④"继续"按钮：各选项设置好以后，单击该按钮，系统弹出"新建标注样式"对话框，如图 7-12 所示。用户可以在该对话框中对新样式的各项特性进行设置。该对话框中各部分的含义和功能将在后面介绍。

（3）"修改"按钮。

修改一个已存在的尺寸标注样式。单击此按钮，系统弹出"修改标注样式"对话框，该对话框中的各选项与"新建标注样式"对话框中的选项完全相同。用户可以在该对话框中对已有标注样式进行修改。

（4）"替代"按钮。

设置临时覆盖尺寸标注样式。单击此按钮，系统弹出"替代当前样式"对话框，该对话框中的各选项与"新建标注样式"对话框中的选项完全相同，用户可以改变选项的设置以覆盖原来的设置。这种修改只对指定的尺寸标注起作用，而不影响当前尺寸变量的设置。

（5）"比较"按钮。

比较两个尺寸标注样式在参数上的区别，或浏览一个尺寸标注样式的参数设置。单击此按钮，系统弹出"比较标注样式"对话框，如图 7-13 所示。用户可以把比较结果复制到剪贴板上，然后粘贴到其他的 Windows 应用软件上。

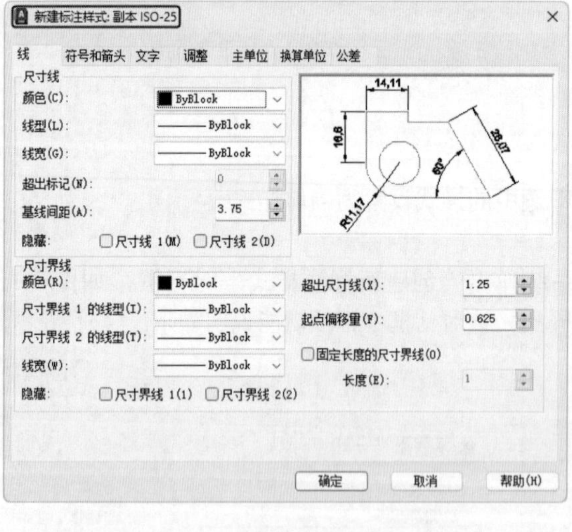

图 7-12　"新建标注样式"对话框 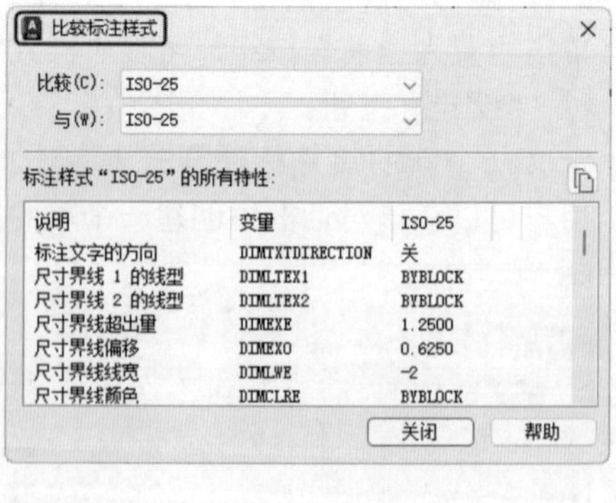　　图 7-13　"比较标注样式"对话框

## 7.2.1　线

在"新建标注样式"对话框中，第一个选项卡是"线"，如图 7-12 所示。该选项卡用于设置尺寸线、尺寸界线的形式和特性。下面对该选项卡中的选项功能进行介绍。

1．"尺寸线"选项组

"尺寸线"选项组用来设置尺寸线的特性，主要选项的含义如下。

（1）"颜色"下拉列表框：设置尺寸线的颜色。用户可以直接输入颜色名称，也可以从下拉列表中选择颜色。如果用户选择"选择颜色"选项，则系统弹出"选择颜色"对话框，供用户选择其他颜色。

（2）"线宽/线型"下拉列表框：设置尺寸线的线宽/线型。下拉列表中列出了各种线宽/线型的名称和宽度/类型。

（3）"超出标记"微调框：当尺寸箭头设置为短斜线、短波浪线等，或尺寸线上无箭头时，用户可以利用此微调框设置尺寸线超出尺寸界线的距离。

（4）"基线间距"微调框：设置以基线方式标注尺寸时，相邻两条尺寸线之间的距离。

（5）"隐藏"复选框组：确定是否隐藏尺寸线及相应的箭头。选中"尺寸线 1"复选框表示隐藏第一段尺寸线，选中"尺寸线 2"复选框表示隐藏第二段尺寸线。

2．"尺寸界线"选项组

"尺寸界线"选项组用于确定尺寸界线的形式，主要选项的含义如下。

（1）"颜色"下拉列表框：设置尺寸界线的颜色。

（2）"尺寸界线 1（2）的线型"下拉列表框：用于设置第一（二）条尺寸界线的线型（DIMLTEX1（2）系统变量）。

（3）"线宽"下拉列表框：设置尺寸界线的线宽。

（4）"超出尺寸线"微调框：确定尺寸界线超出尺寸线的距离。

（5）"起点偏移量"微调框：确定尺寸界线的实际起始点相对于指定的尺寸界线的起始点的偏移量。

（6）"隐藏"复选框组：确定是否隐藏尺寸界线。选中"尺寸界线 1"复选框表示隐藏第一段尺寸界线，选中"尺寸界线 2"复选框表示隐藏第二段尺寸界线。

（7）"固定长度的尺寸界线"复选框：选中该复选框，系统以固定长度的尺寸界线标注尺寸。用户可以在其下面的"长度"文本框中输入长度值。

3．尺寸样式显示框

"新建标注样式"对话框的右上方有一个尺寸样式显示框，该显示框以样例的形式显示用户设置的尺寸样式。

## 7.2.2　符号和箭头

在"新建标注样式"对话框中，第二个选项卡是"符号和箭头"，如图 7-14 所示。该选项卡用于设置箭头、圆心标记、弧长符号和半径折弯标注的形式和特性。

1．"箭头"选项组

设置尺寸箭头的形式，AutoCAD 提供了多种多样的箭头形状，列在"第一个"和"第二个"下拉列表框中。此外，AutoCAD 还允许用户采用自定义箭头形状。两个尺寸箭头可以采用相同的形式，也可采用不同的形式。

（1）"第一个"下拉列表框：用于设置第一个尺寸箭头的形式。单击右侧的小箭头，从下拉列表中进行选择，下拉列表中列出了各种箭头形式的名称以及各类箭头的形式。一旦确定第一个箭头的类型，第二个箭头就会自动与其匹配，要使第二个箭头取不同的形状，可以在"第二个"下拉列表框中进行设定。

如果在列表中选择了"用户箭头"选项，系统将弹出如图 7-15 所示的"选择自定义箭头块"对话框，用户可以事先把自定义的箭头存成一个图块，在该对话框中输入该图块名即可。

（2）"第二个"下拉列表框：确定第二个尺寸箭头的形式，可与第一个箭头不同。

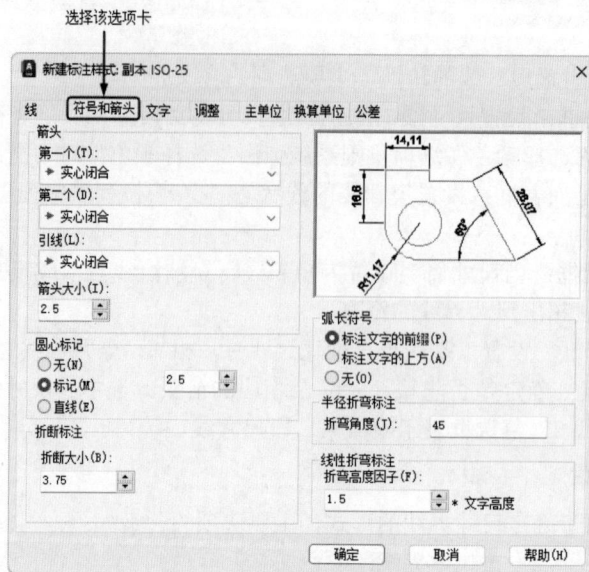

图 7-14 "符号和箭头"选项卡

（3）"引线"下拉列表框：确定引线箭头的形式，与"第一个"下拉列表框设置类似。

（4）"箭头大小"微调框：设置箭头的大小。

2. "圆心标记"选项组

（1）"无"单选按钮：既不产生中心标记，也不产生中心线，如图 7-16（a）所示。

（2）"标记"单选按钮：中心标记为一个记号，如图 7-16（b）所示。

（3）"直线"单选按钮：中心标记采用中心线的形式，如图 7-16（c）所示。

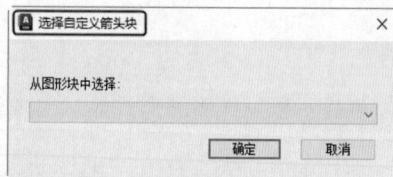

图 7-15 "选择自定义箭头块"对话框

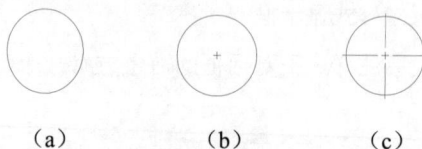

图 7-16 圆心标记

3. "弧长符号"选项组

"弧长符号"选项组用来控制弧长标注中圆弧符号的显示，有 3 个单选按钮。

（1）"标注文字的前缀"单选按钮：将弧长符号放在标注文字的前面，如图 7-17（a）所示。

（2）"标注文字的上方"单选按钮：将弧长符号放在标注文字的上方，如图 7-17（b）所示。

（3）"无"单选按钮：不显示弧长符号，如图 7-17（c）所示。

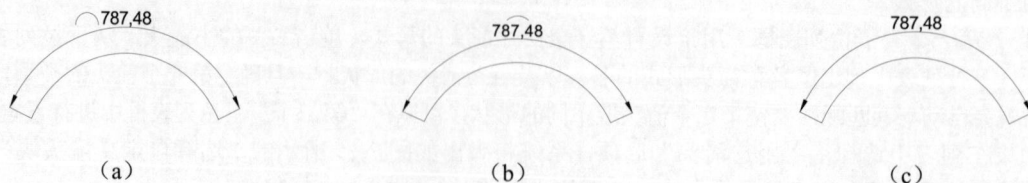

图 7-17 弧长符号

#### 4．"半径折弯标注"选项组

"半径折弯标注"选项组用来控制折弯（Z 字形）半径标注的显示。半径折弯标注通常在中心点位于页面外部时创建。在"折弯角度"文本框中可以输入连接半径标注的尺寸界线和尺寸线横向直线的角度，如图 7-18 所示。

### 7.2.3　文字

在"新建标注样式"对话框中，第三个选项卡是"文字"，如图 7-19 所示。该选项卡用于设置尺寸文本的形式、布置和对齐方式等。

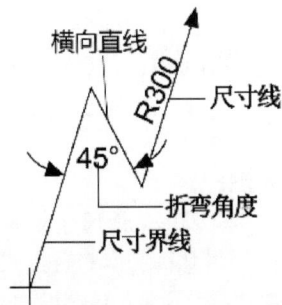

图 7-18　折弯角度

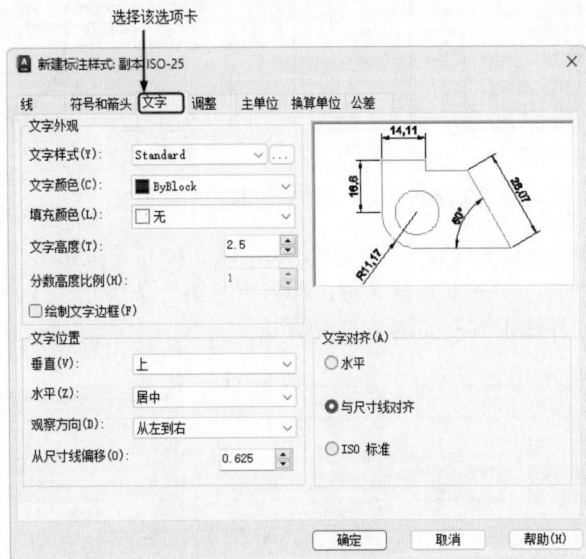

图 7-19　"文字"选项卡

#### 1．"文字外观"选项组

"文字外观"选项组用来设置文字的外观，主要选项的含义如下。

（1）"文字样式"下拉列表框：选择当前尺寸文本采用的文本样式。用户可以单击小箭头，从下拉列表中选取一个样式，也可以单击右侧的 ┈ 按钮，打开"文字样式"对话框以创建新的文本样式或对文本样式进行修改。

（2）"文字颜色"下拉列表框：设置尺寸文本的颜色，其操作方法与设置尺寸线颜色的方法相同。

（3）"填充颜色"下拉列表框：用于设置标注中文字背景的颜色。

（4）"文字高度"微调框：设置尺寸文本的字高。如果选用的文本样式中已设置具体的字高（不是 0），则此处的设置无效；如果文本样式中设置的字高为 0，则以此处的设置为准。

（5）"分数高度比例"微调框：确定尺寸文本的比例系数。

（6）"绘制文字边框"复选框：选中此复选框，AutoCAD 在尺寸文本周围加上边框。

#### 2．"文字位置"选项组

"文字位置"选项组用来设置文字的位置，主要选项的含义如下。

（1）"垂直"下拉列表框：确定尺寸文本相对于尺寸线在垂直方向的对齐方式。单击右侧的向下箭头，弹出下拉列表，可选择的对齐方式有以下 4 种。

①居中：将尺寸文本放在尺寸线的中间。

②上/下：将尺寸文本放在尺寸线的上方/下方。

③外部：将尺寸文本放在远离第一条尺寸界线起点的位置，即和所标注的对象分别列于尺寸线的两侧。

④ JIS：使尺寸文本的放置符合 JIS（日本工业标准）规则。

这几种文本布置方式如图 7-20 所示。

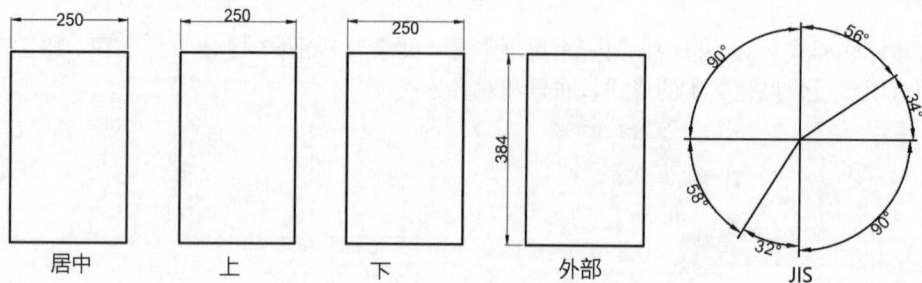

图 7-20　尺寸文本在垂直方向的放置

（2）"水平"下拉列表框：确定尺寸文本相对于尺寸线和尺寸界线在水平方向的对齐方式。单击右侧的向下箭头，弹出下拉列表，对齐方式有 5 种，即居中、第一条尺寸界线、第二条尺寸界线、第一条尺寸界线上方、第二条尺寸界线上方，如图 7-21 所示。

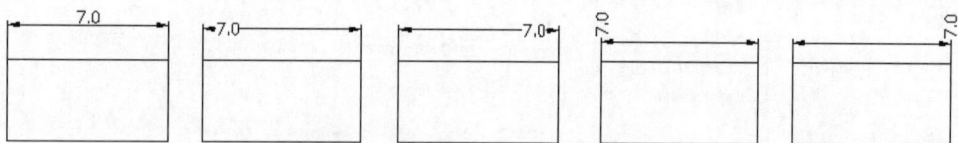

图 7-21　尺寸文本在水平方向的对齐方式

（3）"从尺寸线偏移"微调框：当尺寸文本放在断开的尺寸线中间时，此微调框用来设置尺寸文本与尺寸线之间的距离（尺寸文本间隙）。

3."文字对齐"选项组

"文字对齐"选项组用来控制尺寸文本排列的方向。

（1）"水平"单选按钮：尺寸文本沿水平方向放置。无论标注什么方向的尺寸，尺寸文本总保持水平。

（2）"与尺寸线对齐"单选按钮：尺寸文本沿尺寸线方向放置。

（3）"ISO 标准"单选按钮：当尺寸文本在尺寸界线之间时，沿尺寸线方向放置；在尺寸界线之外时，沿水平方向放置。

## 7.2.4　调整

在"新建标注样式"对话框中，第四个选项卡是"调整"，如图 7-22 所示。该选项卡根据两条尺寸界线之间的空间，设置将尺寸文本、尺寸箭头放在两条尺寸界线的里边，还是外边。如果空间允许，AutoCAD 总是把尺寸文本和箭头放在尺寸界线的里边；如果空间不够，则根据本选项卡的各项设置进行放置。

选择该选项卡

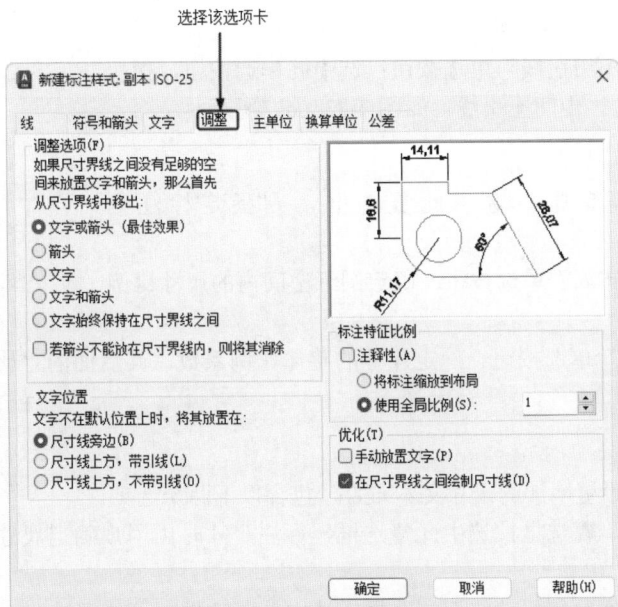

图 7-22　"调整"选项卡

**1. "调整选项"选项组**

（1）"文字或箭头（最佳效果）"单选按钮：选中此单选按钮，按以下方式放置尺寸文本和箭头。如果空间允许，则把尺寸文本和箭头都放在两条尺寸界线之间；如果两条尺寸界线之间只够放置尺寸文本，则把文本放在尺寸界线之间，而把箭头放在尺寸界线的外边；如果只够放置箭头，则把箭头放在里边，把文本放在外边；如果两条尺寸界线之间既放不下文本，也放不下箭头，则把二者均放在外边。

（2）"箭头"单选按钮：选中此单选按钮，按以下方式放置尺寸文本和箭头。如果空间允许，则把尺寸文本和箭头都放在两条尺寸界线之间；如果空间只够放置箭头，则把箭头放在尺寸界线之间，把文本放在外边；如果尺寸界线之间的空间放不下箭头，则把箭头和文本均放在外面。

（3）"文字"单选按钮：选中此单选按钮，按以下方式放置尺寸文本和箭头：如果空间允许，则把尺寸文本和箭头都放在两条尺寸界线之间，否则把文本放在尺寸界线之间，把箭头放在外面；如果尺寸界线之间的空间放不下尺寸文本，则把文本和箭头都放在外面。

（4）"文字和箭头"单选按钮：选中此单选按钮，如果空间允许，则把尺寸文本和箭头都放在两条尺寸界线之间，否则把文本和箭头都放在尺寸界线外面。

（5）"文字始终保持在尺寸界线之间"单选按钮：选中此单选按钮，AutoCAD 总把尺寸文本放在两条尺寸界线之间。

（6）"若箭头不能放在尺寸界线内，则将其消除"复选框：选中此复选框，则尺寸界线之间的空间不够时省略尺寸箭头。

**2. "文字位置"选项组**

"文字位置"选项组用来设置尺寸文本的位置，其中 3 个单选按钮的含义如下。

（1）"尺寸线旁边"单选按钮：选中此单选按钮，把尺寸文本放在尺寸线的旁边，如图 7-23（a）所示。

（2）"尺寸线上方，带引线"单选按钮：选中此单选按钮，把尺寸文本放在尺寸线的上方，并用引线与尺寸线相连，如图 7-23（b）所示。

（3）"尺寸线上方，不带引线"单选按钮：选中此单选按钮，把尺寸文本放在尺寸线的上方，中间无引线，如图 7-23（c）所示。

3．"标注特征比例"选项组

（1）"注释性"复选框：选中此复选框，则指定标注为 annotative。

（2）"将标注缩放到布局"单选按钮：确定图纸空间内的尺寸比例系数，默认值为 1。

图 7-23　尺寸文本的位置

（3）"使用全局比例"单选按钮：确定尺寸的整体比例系数。其后面的"比例值"微调框可以用来选择需要的比例。

4．"优化"选项组

"优化"选项组用来设置附加的尺寸文本布置，包含以下两个选项。

（1）"手动放置文字"复选框：选中此复选框，标注尺寸时由用户确定尺寸文本的放置位置，忽略前面的对齐设置。

（2）"在尺寸界线之间绘制尺寸线"复选框：选中此复选框，无论尺寸文本在尺寸界线内部，还是外面，AutoCAD 均在两条尺寸界线之间绘出一条尺寸线；当尺寸界线内放不下尺寸文本而将其放在外面时，尺寸界线之间无尺寸线。

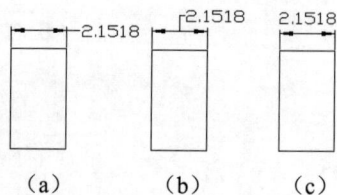

## 7.2.5　主单位

在"新建标注样式"对话框中，第五个选项卡是"主单位"，如图 7-24 所示。该选项卡用来设置尺寸标注的主单位和精度，以及给尺寸文本添加固定的前缀或后缀。本选项卡包含两个选项组，分别对长度型标注和角度型标注进行设置。

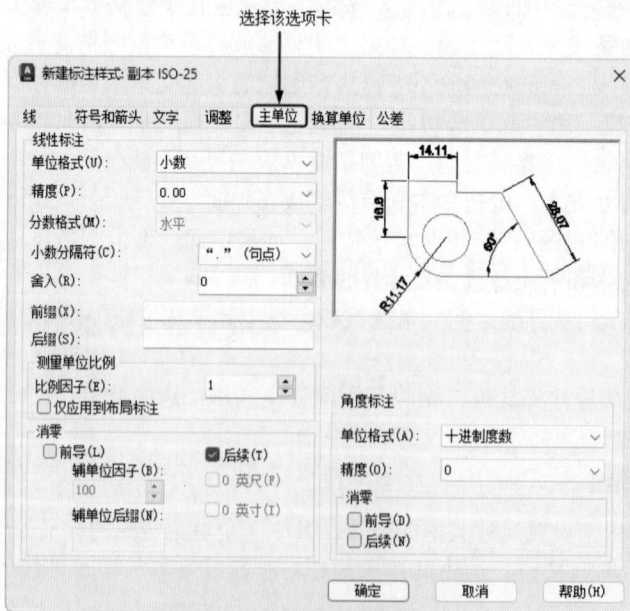

图 7-24　"主单位"选项卡

1．"线性标注"选项组

"线性标注"选项组用来设置标注长度型尺寸时采用的单位和精度，主要选项的含义如下。

（1）"单位格式"下拉列表框：确定标注尺寸时使用的单位制（角度型尺寸除外），提供"科学"
"小数""工程""建筑""分数""Windows 桌面"6 种单位制，并根据需要选择。

（2）"精度"下拉列表框：用于确定标注尺寸时的精度，也就是精确到小数点后几位。

（3）"分数格式"下拉列表框：设置分数的形式，提供"水平""对角""非堆叠"3 种形式供用户
选用。

（4）"小数分隔符"下拉列表框：确定十进制单位（decimal）的分隔符，提供"."句点、","逗点
和" "空格 3 种形式。

（5）"舍入"微调框：设置除角度之外尺寸测量的圆整规则。在文本框中输入一个值，如果输入
1，则所有测量值均圆整为整数。

（6）"前缀"文本框：设置固定前缀。用户可以输入文本，也可以用控制符产生特殊字符，这些文
本被加在所有尺寸文本之前。

（7）"后缀"文本框：给尺寸标注设置固定后缀。

2．"测量单位比例"选项组

"测量单位比例"选项组用于确定 AutoCAD 自动测量尺寸时的比例因子。其中，"比例因子"微调
框用来设置除角度之外所有尺寸测量的比例因子。例如，如果用户确定"比例因子"为 2，则把实际测
量为 1 的尺寸标注为 2。

如果选中"仅应用到布局标注"复选框，则设置的比例因子只适用于布局标注。

3．"消零"选项组

"消零"选项组用于设置是否省略标注尺寸时的 0，主要选项的含义如下。

（1）"前导"复选框：选中此复选框，AutoCAD 可省略尺寸值处于高位的 0。例如，将 0.50000 标
注为.50000。

（2）"后续"复选框：选中此复选框，AutoCAD 可省略尺寸值小数点后末尾的 0。例如，将
12.5000 标注为 12.5，而将 30.0000 标注为 30。

（3）"0 英尺"复选框：采用"工程"和"建筑"单位制时，如果尺寸值小于 1 尺，则 AutoCAD 省
略尺。例如，0'-6 1/2"标注为 6 1/2"。

（4）"0 英寸"复选框：采用"工程"和"建筑"单位制时，如果尺寸值是整数尺，则 AutoCAD 省
略寸。例如，1'-0'标注为 1'。

4．"角度标注"选项组

"角度标注"选项组用来设置标注角度时采用的角度单位。

（1）"单位格式"下拉列表框：设置角度单位制，提供"十进制度数""度/分/秒""百分度""弧
度"4 种角度单位。

（2）"精度"下拉列表框：设置角度型尺寸标注的精度。

（3）"消零"选项组：设置是否省略标注角度时的 0。

## 7.2.6 换算单位

在"新建标注样式"对话框中，第六个选项卡是"换算单位"，如图 7-25 所示。该选项卡用于对替
换单位进行设置。

选择该选项卡

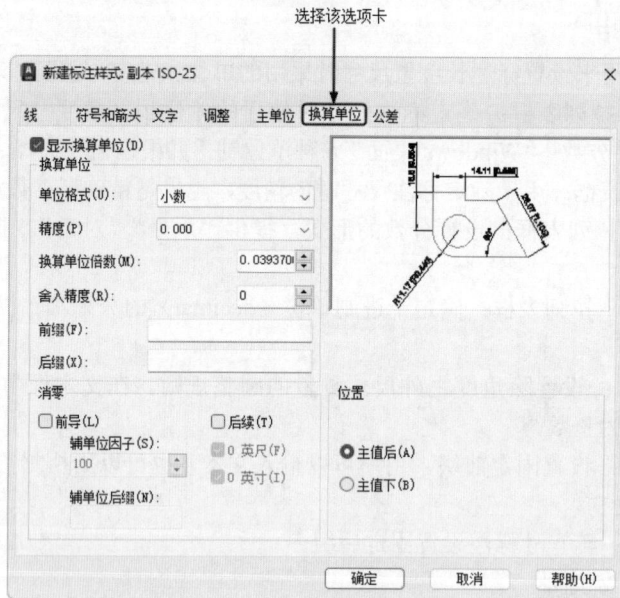

图 7-25　"换算单位"选项卡

**1．"显示换算单位"复选框**

选中"显示换算单位"复选框，则替换单位的尺寸值同时显示在尺寸文本上。

**2．"换算单位"选项组**

"换算单位"选项组用于设置替换单位，其中各项的含义如下。

（1）"单位格式"下拉列表框：选取替换单位采用的单位制。

（2）"精度"下拉列表框：设置替换单位的精度。

（3）"换算单位倍数"微调框：指定主单位和替换单位的转换因子。

（4）"舍入精度"微调框：设定替换单位的圆整规则。

（5）"前缀"文本框：设置替换单位文本的固定前缀。

（6）"后缀"文本框：设置替换单位文本的固定后缀。

**3．"消零"选项组**

"消零"选项组用于设置是否省略尺寸标注中的 0。

**4．"位置"选项组**

"位置"选项组用于设置替换单位尺寸标注的位置。

（1）"主值后"单选按钮：把替换单位尺寸标注放在主单位标注的后边。

（2）"主值下"单选按钮：把替换单位尺寸标注放在主单位标注的下边。

## 7.2.7　公差

在"新建标注样式"对话框中，第七个选项卡是"公差"，如图 7-26 所示。该选项卡用来确定标注公差的方式。

**1．"公差格式"选项组**

"公差格式"选项组用来设置公差的标注方式，主要选项的含义如下。

（1）"方式"下拉列表框：设置以何种形式标注公差。单击右侧的向下箭头，在弹出的下拉列表中列出提供的 5 种标注公差的形式，用户可以从中进行选择。这 5 种形式分别是"无""对称""极限偏差""极限尺寸""基本尺寸"，其中"无"表示不标注公差，即通常标注情形，其余 4 种标注情况如图 7-27 所示。

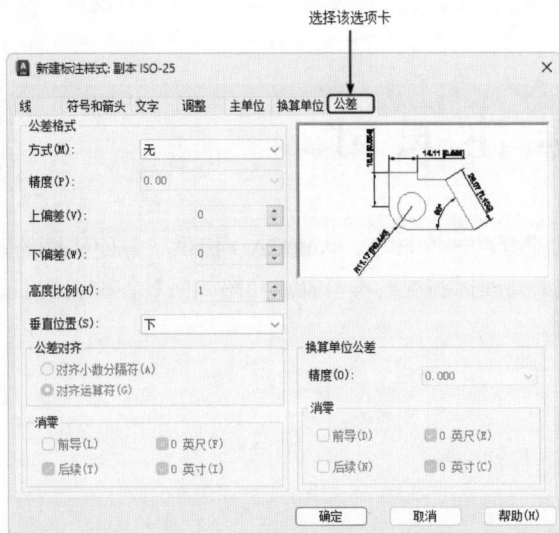

图 7-26 "公差"选项卡

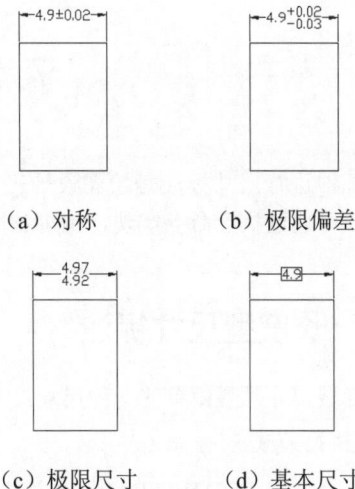

（a）对称　（b）极限偏差
（c）极限尺寸　（d）基本尺寸

图 7-27 公差标注的形式

（2）"精度"下拉列表框：确定公差标注的精度。
（3）"上偏差"微调框：设置尺寸的上偏差。
（4）"下偏差"微调框：设置尺寸的下偏差。

> 注意：系统自动在上偏差数值前加上"+"，在下偏差数值前加上"−"。如果上偏差是负值或下偏差是正值，则需要在输入的偏差值前加上"−"。例如，下偏差是+0.005，则需要在"下偏差"微调框中输入−0.005。

（5）"高度比例"微调框：设置公差文本的高度比例，即公差文本的高度与一般尺寸文本的高度之比。

（6）"垂直位置"下拉列表框：控制"对称"和"极限偏差"形式的公差标注的文本对齐方式，包括以下 3 种。

①上：公差文本的顶部与一般尺寸文本的顶部对齐。
②中：公差文本的中线与一般尺寸文本的中线对齐。
③下：公差文本的底部与一般尺寸文本的底线对齐。

这 3 种对齐方式如图 7-28 所示。

2. "公差对齐"选项组

"公差对齐"选项组用于在堆叠时控制上偏差值和下偏差值的对齐。

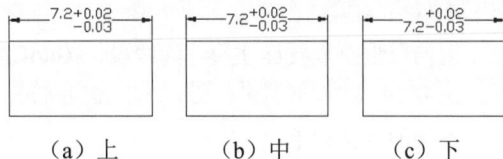

（a）上　（b）中　（c）下

图 7-28 公差文本的对齐方式

（1）"对齐小数分隔符"单选按钮：选中该单选按钮，系统通过值的小数分隔符堆叠值。
（2）"对齐运算符"单选按钮：选中该单选按钮，系统通过值的运算符堆叠值。

3. "消零"选项组

"消零"选项组用于设置是否省略公差标注中的 0。

4. "换算单位公差"选项组

"换算单位公差"选项组用来对几何公差标注的替换单位进行设置。其中，各项的设置方法与上面相同。

# 7.3 标 注 尺 寸

正确地进行尺寸标注是绘图设计工作中非常重要的一个环节，AutoCAD 提供了方便快捷的尺寸标注方法，可通过执行命令实现，也可利用菜单或工具图标实现。本节重点介绍如何对各种类型的尺寸进行标注。

## 7.3.1 长度型尺寸标注

长度型尺寸是最简单的一种尺寸，下面讲述其标注方法。

1. 执行方式

☑ 命令行：DIMLINEAR（快捷命令：DIMLIN）。
☑ 菜单栏：标注→线性。
☑ 工具栏：标注→线性┤。
☑ 功能区：默认→注释→线性┤或注释→标注→线性┤。

2. 操作步骤

命令：DIMLIN✓

选择相应的命令或单击工具图标，或在命令行中输入 DIMLIN 后按 Enter 键，AutoCAD 提示如下。

指定第一个尺寸界线原点或 <选择对象>:

3. 选项说明

在上述提示下有两种选择：直接按 Enter 键选择要标注的对象或确定尺寸界线的起始点。这两种选择的说明如下。

（1）直接按 Enter 键。

光标变为拾取框，并且 AutoCAD 提示如下。

选择标注对象:

用拾取框点取要标注尺寸的线段，AutoCAD 提示如下。

指定尺寸线位置或 [多行文字(M)/文字(T)/角度(A)/水平(H)/垂直(V)/旋转(R)]:

各项的含义如下。

①指定尺寸线位置：用户可移动鼠标选择合适的尺寸线位置，然后按 Enter 键或单击，以确定尺寸线的位置，这时 AutoCAD 则自动测量所选线段的长度并标注出相应的尺寸。

②多行文字(M)：用多行文字编辑器确定尺寸文本。

③文字(T)：在命令行提示下输入或编辑尺寸文本。选择此选项后，AutoCAD 提示如下。

输入标注文字 <默认值>:

其中的默认值是 AutoCAD 自动测量得到的所选线段的长度。用户可以直接按 Enter 键采用此长度值，也可以输入其他数值代替默认值。当尺寸文本中包含默认值时，可使用尖括号（<>）表示默认值。

**注意**：要在公差尺寸前或后添加某些文本符号，必须输入尖括号（<>）表示默认值。例如，要将如图 7-29（a）所示的原始尺寸改为如图 7-29（b）所示的尺寸，在进行线性标注时，在执行 M 或 T 命令后，在"输入标注文字 <默认值>:"提示下应该输入"%%c< >"。如果要将图 7-29（a）所示的尺寸文本改为如图 7-29（c）所示的文本则比较麻烦。因为后面的公差是堆叠文本，这时可以用"多行文字"命令来执行，在多行文字编辑器中输入"5.8+0.1^-0.2"，然后堆叠处理即可。

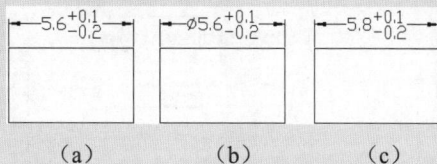

图 7-29　在公差尺寸前或后添加某些文本符号

④角度(A)：确定尺寸文本的倾斜角度。
⑤水平(H)：水平标注尺寸，无论标注什么方向的线段，尺寸线均水平放置。
⑥垂直(V)：垂直标注尺寸，无论被标注线段沿什么方向，尺寸线总保持垂直。
⑦旋转(R)：输入尺寸线旋转的角度值，旋转标注尺寸。
（2）指定第一条尺寸界线原点。
指定第一条与第二条尺寸界线的起始点。

## 7.3.2　实例——标注螺栓

本实例利用前面学过的长度型尺寸标注方法对螺栓进行标注。本实例首先设置标注样式，再标注图形。绘制流程如图 7-30 所示。

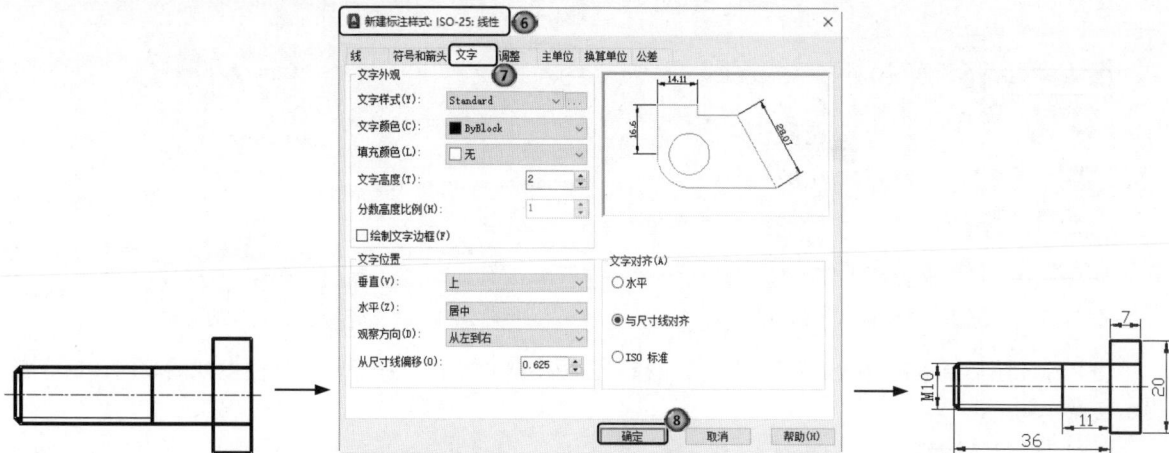

图 7-30　标注螺栓

（1）打开本书配套资源中的"源文件\第 7 章\螺栓"图形文件，如图 7-31 所示。

（2）单击"默认"选项卡"注释"面板中的"标注样式"按钮，设置标注样式，命令行提示与操作如下。

命令:DIMSTYLE↙

按 Enter 键后，❶打开"标注样式管理器"对话框，如图 7-32 所示。选择"格式"→"标注样式"命令，或者选择工具栏中的"标注"→"样式"命令，均可调出该对话框。由于系统的标注样式有些不符合要求，本实例根据图 7-30 中的标注样式进行线性标注样式的设置。❷单击"新建"按钮，❸弹出"创建新标注样式"对话框，如图 7-33 所示，在"用于"下拉列表框中❹选择"线性标注"选项，然后❺单击"继续"按钮，❻弹出"新建标注样式"对话框，❼选择"文字"选项卡，进行如图 7-34 所示的设置，设置完成后，❽单击"确定"按钮，返回"标注样式管理器"对话框。

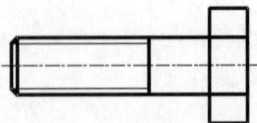

图 7-31　螺栓

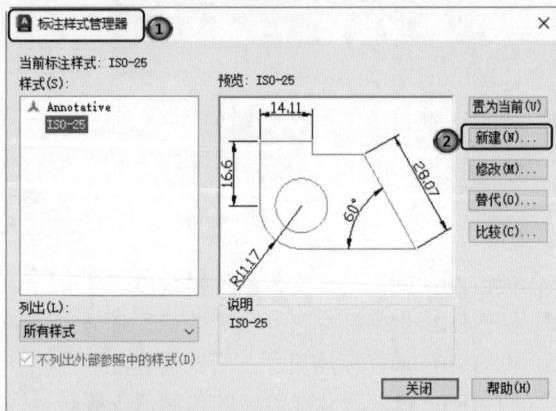

图 7-32　"标注样式管理器"对话框

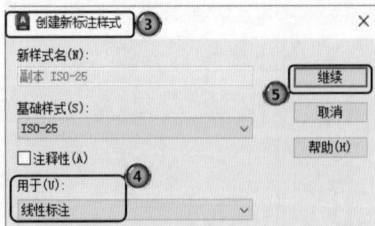

图 7-33　"创建新标注样式"对话框

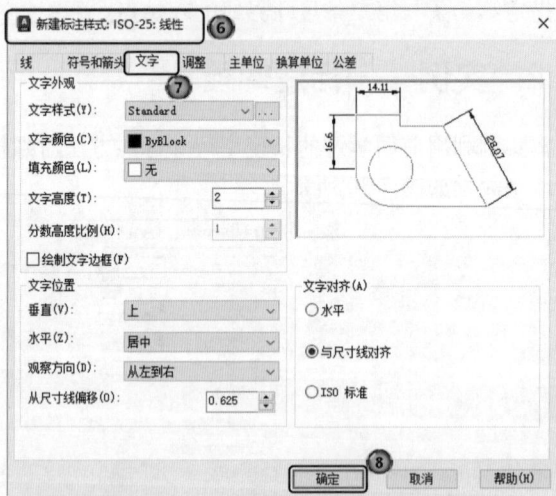

图 7-34　"新建标注样式"对话框

（3）标注图形。单击"默认"选项卡"注释"面板中的"线性"按钮，标注主视图高度，命令行提示与操作如下。

命令:_dimlinear

指定第一个尺寸界线原点或 <选择对象>: _endp 于（捕捉标注为 11 的边的一个端点，作为第一条尺寸界线的起点）

指定第二条尺寸界线起点：_endp 于（捕捉标注为 11 的边的另一个端点，作为第二条尺寸界线的起点）

指定尺寸线位置或 [多行文字(M)/文字(T)/角度(A)/水平(H)/垂直(V)/旋转(R)]：T✓（按 Enter 键后，系统在命令行显示尺寸的自动测量值，可以对尺寸值进行修改）

输入标注文字<11>：✓（按 Enter 键，采用尺寸的自动测量值 11）

指定尺寸线位置或 [多行文字(M)/文字(T)/角度(A)/水平(H)/垂直(V)/旋转(R)]：（指定尺寸线的位置。拖动鼠标，出现动态的尺寸标注，在合适的位置单击，确定尺寸线的位置）

标注文字=11

（4）水平标注。单击"默认"选项卡"注释"面板中的"线性"按钮⊢，标注其他水平方向尺寸，方法与上面相同。

（5）竖直标注。单击"默认"选项卡"注释"面板中的"线性"按钮⊢，标注竖直方向尺寸，方法与上面相同。

## 7.3.3　对齐标注

对齐标注就是让标注的尺寸线与图形轮廓平行对齐，用于标注那些倾斜或不规则的轮廓。

### 1．执行方式

☑　命令行：DIMALIGNED。

☑　菜单栏：标注→对齐。

☑　工具栏：标注→对齐✎。

☑　功能区：默认→注释→对齐✎或注释→标注→对齐✎。

### 2．操作步骤

命令：DIMALIGNED✓

指定第一个尺寸界线原点或 <选择对象>：

这种命令标注的尺寸线与所标注轮廓线平行，标注的是起始点到终点之间的距离尺寸。

## 7.3.4　坐标尺寸标注

坐标尺寸是指标注点的坐标位置，这种尺寸标注应用相对较少，有时在建筑总平面图绘制时用到。

### 1．执行方式

☑　命令行：DIMORDINATE。

☑　菜单栏：标注→坐标。

☑　工具栏：标注→坐标⊞。

☑　功能区：默认→注释→坐标⊞或注释→标注→坐标⊞。

### 2．操作步骤

命令：DIMORDINATE✓

指定点坐标：

点取或捕捉要标注坐标的点，AutoCAD 把这个点作为指引线的起点，并提示如下。

创建了无关联的标注。

指定引线端点或 [X 基准(X)/Y 基准(Y)/多行文字(M)/文字(T)/角度(A)]：

### 3．选项说明

（1）指定引线端点：确定另一点。根据这两点之间的坐标差决定是生成 X 坐标尺寸，还是 Y 坐标尺寸。如果这两点的 Y 坐标之差比较大，则生成 X 坐标，反之生成 Y 坐标。

（2）X（Y）基准：生成该点的 X（Y）坐标。

## 7.3.5　直径标注

在标注圆或大于半圆的圆弧时，要用到"直径"命令。

**1. 执行方式**

☑　命令行：DIMDIAMETER。

☑　菜单栏：标注→直径。

☑　工具栏：标注→直径◎。

☑　功能区：默认→注释→直径◎或注释→标注→直径◎。

**2. 操作步骤**

命令：DIMDIAMETER✓

选择圆弧或圆：（选择要标注直径的圆弧或圆）

指定尺寸线位置或［多行文字(M)/文字(T)/角度(A)］：（确定尺寸线的位置或选择某一选项）

用户可以选择"多行文字(M)""文字(T)"或"角度(A)"选项来输入、编辑尺寸文本或确定尺寸文本的倾斜角度，也可以直接确定尺寸线的位置，以标注指定圆弧或圆的直径。

## 7.3.6　半径标注

在标注小于或等于半圆的圆弧时，要用到"半径"命令。

**1. 执行方式**

☑　命令行：DIMRADIUS。

☑　菜单栏：标注→半径。

☑　工具栏：标注→半径⟋。

☑　功能区：默认→注释→半径⟋或注释→标注→半径⟋。

**2. 操作步骤**

命令：DIMRADIUS✓

选择圆弧或圆：（选择要标注半径的圆弧或圆）

指定尺寸线位置或［多行文字(M)/文字(T)/角度(A)］：（确定尺寸线的位置或选择某一选项）

用户可以选择"多行文字(M)""文字(T)"或"角度(A)"选项来输入、编辑尺寸文本或确定尺寸文本的倾斜角度，也可以直接确定尺寸线的位置，以标注指定圆弧或圆的半径。

### ◆技术看板——正确地标注直径或半径尺寸

我国机械制图相关标准规定，圆及大于半圆的圆弧应标注直径，小于或等于半圆的圆弧标注半径。因此，在工程图样中标注圆及圆弧的尺寸时，应适当选用"直径"和"半径"命令。

另外，在标注直径尺寸时，一般要求标注在非圆视图上，这样标注的实际上是长度型尺寸，标注方法也相对简单。

## 7.3.7　角度尺寸标注

**1. 执行方式**

☑　命令行：DIMANGULAR。
☑　菜单栏：标注→角度。
☑　工具栏：标注→角度△。
☑　功能区：默认→注释→角度△或注释→标注→角度△。

**2. 操作步骤**

命令：DIMANGULAR✓
选择圆弧、圆、直线或 <指定顶点>：

**3. 选项说明**

（1）选择圆弧（标注圆弧的中心角）。

当用户选取一段圆弧后，AutoCAD 提示如下。

指定标注弧线位置或 [多行文字(M)/文字(T)/角度(A)/象限点(Q)]：（确定尺寸线的位置或选取某一项）

在此提示下确定尺寸线的位置，AutoCAD 按自动测量得到的值标注出相应的角度，在此之前，用户可以选择"多行文字(M)""文字(T)""角度(A)"或"象限点(Q)"选项，通过多行文字编辑器或命令行来输入或定制尺寸文本，以及指定尺寸文本的倾斜角度。

（2）选择一个圆（标注圆上某段弧的中心角）。

当用户点取圆上一点选择该圆后，AutoCAD 提示选取第二点。

指定角的第二个端点：（选取另一点，该点可在圆上，也可不在圆上）
指定标注弧线位置或 [多行文字(M)/文字(T)/角度(A)/象限点(Q)]：

确定尺寸线的位置，AutoCAD 标出一个角度值，该角度以圆心为顶点，两条尺寸界线通过所选取的两点，第二点可以不必在圆周上。用户还可以选择"多行文字(M)""文字(T)""角度(A)"或"象限点(Q)"选项编辑尺寸文本和指定尺寸文本的倾斜角度，如图 7-35 所示。

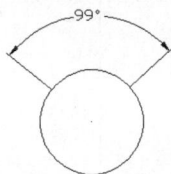

（3）选择一条直线（标注两条直线间的夹角）。

当用户选取一条直线后，AutoCAD 提示选取另一条直线。

图 7-35　标注角度

选择第二条直线：（选取另一条直线）
指定标注弧线位置或 [多行文字(M)/文字(T)/角度(A)/象限点(Q)]：

在上述提示下确定尺寸线的位置，AutoCAD 标出这两条直线之间的夹角。该角以两条直线的交点为顶点，以两条直线为尺寸界线，所标注角度取决于尺寸线的位置，如图 7-36 所示。用户还可以利用"多行文字(M)""文字(T)""角度(A)"或"象限点(Q)"选项编辑尺寸文本和指定尺寸文本的倾斜角度。

（4）指定顶点。

直接按 Enter 键，AutoCAD 提示如下。

指定角的顶点：（指定顶点）
指定角的第一个端点：（输入角的第一个端点）
指定角的第二个端点：（输入角的第二个端点）
创建了无关联的标注。
指定标注弧线位置或 [多行文字(M)/文字(T)/角度(A)/象限点(Q)]：（输入一点作为角的顶点）

在上述提示下给定尺寸线的位置，AutoCAD 根据给定的 3 点标注出角度，如图 7-37 所示。另外，用户还可以用"多行文字(M)""文字(T)""角度(A)"或"象限点(Q)"选项编辑尺寸文本和指定尺寸文本的倾斜角度。

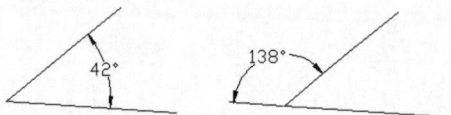

图 7-36　用 DIMANGULAR 命令标注两条直线的夹角　　图 7-37　用 DIMANGULAR 命令标注由 3 点确定的角度

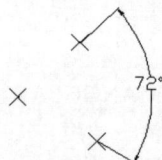

## ◆技术看板——巧用"角度"命令标注

角度标注可以测量指定的象限点，该象限点是在直线或圆弧的端点、圆心或两个顶点之间对角度进行标注时形成的。创建角度标注时，用户可以测量 4 个可能的角度。通过指定象限点，用户可以确保标注正确的角度。指定象限点后，放置角度标注时，用户可以将标注文字放置在标注的尺寸界线之外，尺寸线自动延长。

## 7.3.8　实例——标注卡槽

本实例综合利用所学的长度型尺寸标注、对齐尺寸标注、半径尺寸标注、直径尺寸标注及角度尺寸标注方法标注卡槽尺寸，绘制流程如图 7-38 所示。

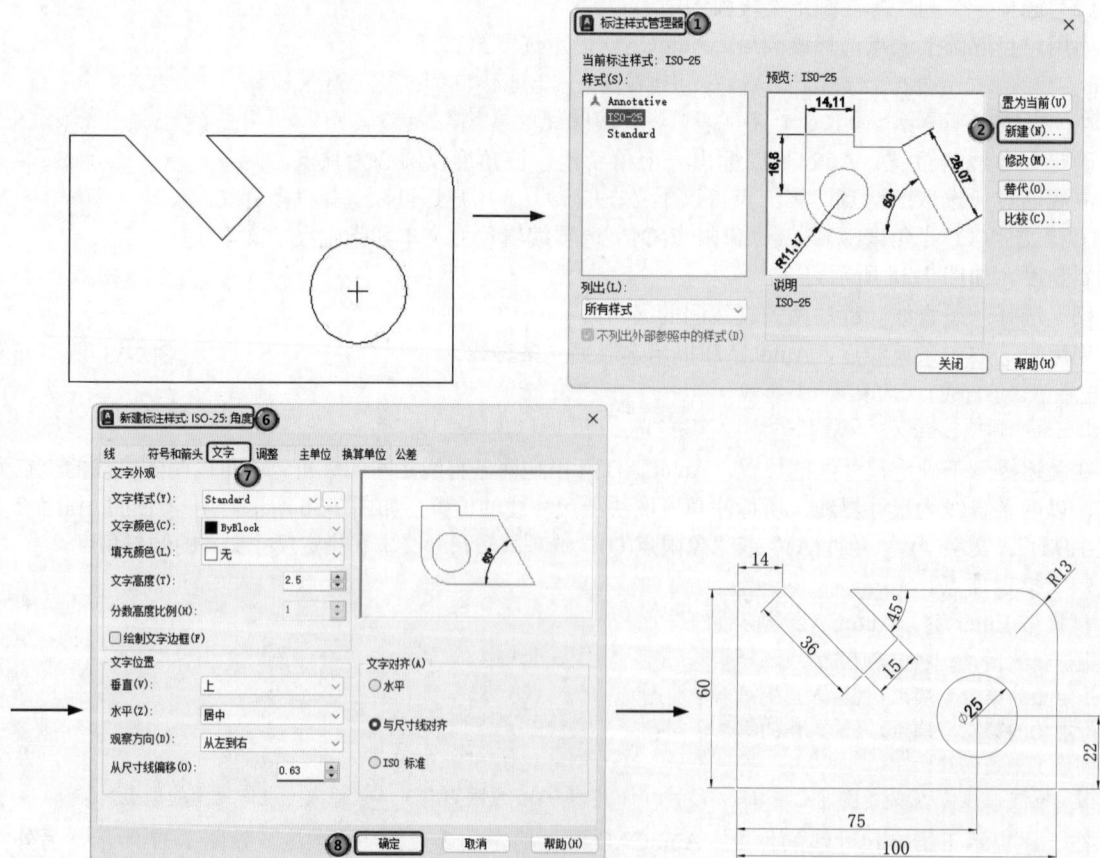

图 7-38　标注卡槽

（1）打开本书配套资源中的"源文件\第 7 章\卡槽"图形文件，如图 7-39 所示。

（2）创建图层。单击"默认"选项卡"图层"面板中的"图层特性"按钮，系统打开"图层特性管理器"选项板，单击"新建图层"按钮，创建一个 CHC 图层，颜色为绿色，线型为 Continuous，线宽为默认值，并将其设置为当前图层。

（3）设置标注样式。由于系统的标注样式有些不符合要求，本实例根据如图 7-38 所示的标注样式进行角度、直径、半径标注样式的设置。

单击"默认"选项卡"注释"面板中的"标注样式"按钮，系统①打开"标注样式管理器"对话框，如图 7-40 所示。②单击"新建"按钮，③打开"创建新标注样式"对话框，如图 7-41 所示。在"用于"下拉列表框中④选择"角度标注"选项，然后⑤单击"继续"按钮，⑥打开"新建标注样式"对话框。⑦选择"文字"选项卡，进行如图 7-42 所示的设置，设置完成后，⑧单击"确定"按钮，返回"标注样式管理器"对话框。按上述方法，新建"半径"标注样式和"直径"标注样式，如图 7-43和图 7-44 所示。

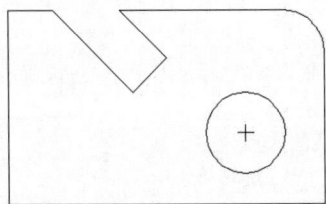

图 7-39　卡槽

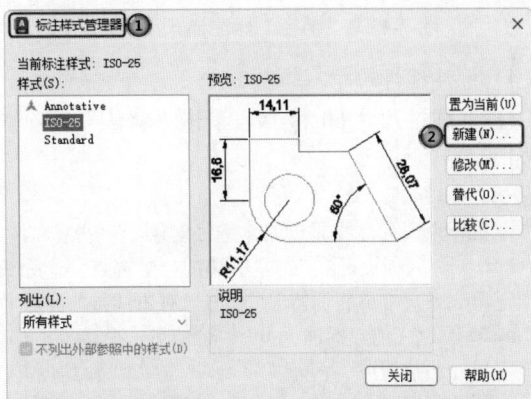

图 7-40　"标注样式管理器"对话框

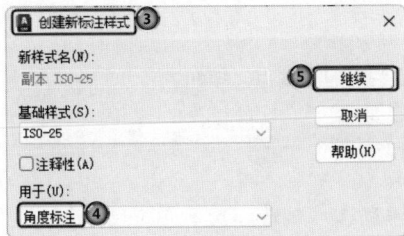

图 7-41　"创建新标注样式"对话框

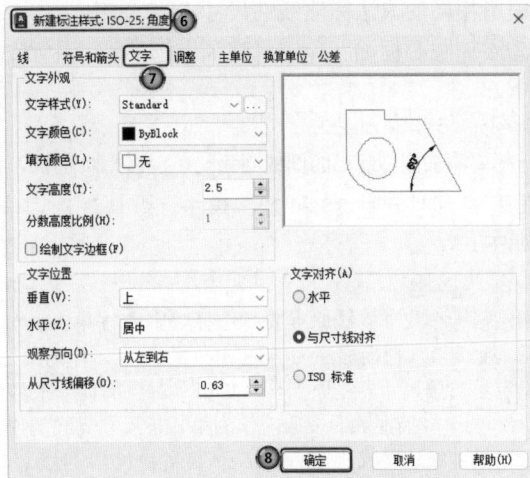

图 7-42　"角度"标注样式

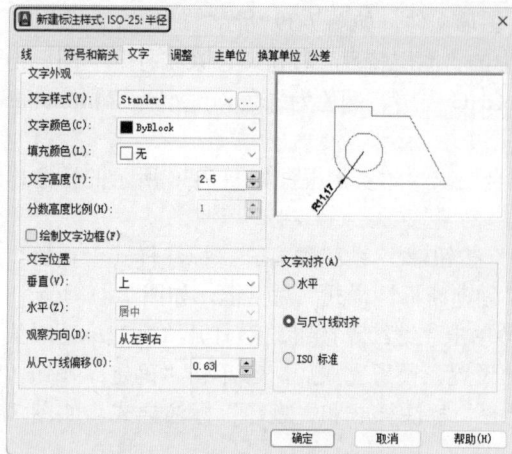

图 7-43　"半径"标注样式

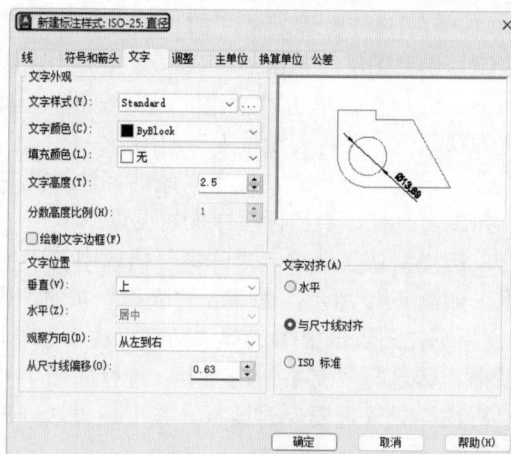

图 7-44　"直径"标注样式

（4）标注线性尺寸。

①标注线性尺寸 60 和 14。单击"默认"选项卡"注释"面板中的"线性"按钮 ⊢，命令行提示与操作如下。

```
命令：_dimlinear
指定第一个尺寸界线原点或 <选择对象>：（单击"对象捕捉"工具栏中的"捕捉到端点"按钮 ↗）
_endp 于：（捕捉标注为 60 的边的一个端点，作为第一条尺寸界线的原点）
指定第二条尺寸界线原点：（单击"对象捕捉"工具栏中的"端点"按钮 ↗）
_endp 于：（捕捉标注为 60 的边的另一个端点，作为第二条尺寸界线的原点）
指定尺寸线位置或 [多行文字(M)/文字(T)/角度(A)/水平(H)/垂直(V)/旋转(R)]：T↙
输入标注文字 <60.00>：60↙（系统在命令行显示尺寸的自动测量值，用户可以对尺寸值进行修改）
指定尺寸线位置或 [多行文字(M)/文字(T)/角度(A)/水平(H)/垂直(V)/旋转(R)]：
标注文字=60.00（采用尺寸的自动测量值，即 60）
```

采用相同的方法标注线性尺寸 14。

②添加圆心标记。单击"注释"选项卡"中心线"面板中的"圆心标记"按钮 ⊕，命令行提示与操作如下。

```
命令：_centermark
选择要添加圆心标记的圆或圆弧：（选择 ∅ 25 的圆，添加该圆的圆心符号）
```

③标注线性尺寸 75 和 22。单击"默认"选项卡"注释"面板中的"线性"按钮 ⊢，命令行提示与操作如下。

```
命令：_dimlinear
指定第一个尺寸界线原点或 <选择对象>：（单击"对象捕捉"工具栏中的"端点"按钮 ↗）
_endp 于：（捕捉标注为 75 长度的左端点，作为第一条尺寸界线的原点）
指定第二条尺寸界线原点：（单击"对象捕捉"工具栏中的"端点"按钮 ↗）
_cen 于：（捕捉圆的中心，作为第二条尺寸界线的原点）
指定尺寸线位置或 [多行文字(M)/文字(T)/角度(A)/水平(H)/垂直(V)/旋转(R)]：指定尺寸线的位置
标注文字 =75
```

采用相同的方法标注线性尺寸 22。

④标注线性尺寸 100。单击"注释"选项卡"标注"面板中的"基线"按钮 ⊢，命令行提示与操作如下。

```
命令：_dimbaseline
指定第二个尺寸界线原点或 [放弃(U)/选择(S)] <选择>：✓（选择作为基准的尺寸标注）
选择基准标注：（选择尺寸标注 75 为基准标注）
指定第二个尺寸界线原点或 [放弃(U)/选择(S)] <选择>：（单击"对象捕捉"工具栏中的"端点"按钮✐）
_endp 于：（捕捉标注为 100 的底边的左端点）
标注文字 =100
指定第二个尺寸界线原点或 [放弃(U)/选择(S)] <选择>：✓
选择基准标注：✓
```

⑤标注线性尺寸 36 和 15。单击"默认"选项卡"注释"面板中的"对齐"按钮↘，命令行提示与操作如下。

```
命令：_dimaligned
指定第一个尺寸界线原点或 <选择对象>：（单击"对象捕捉"工具栏中的"端点"按钮✐）
_endp 于：（捕捉标注为 36 的斜边的一个端点）
指定第二条尺寸界线原点：（单击"对象捕捉"工具栏中的"端点"按钮✐）
_endp 于：（捕捉标注为 36 的斜边的另一个端点）
指定尺寸线位置或 [多行文字(M)/文字(T)/角度(A)]：指定尺寸线的位置
标注文字 =36
```

采用相同的方法标注对齐尺寸 15。

（5）标注其他尺寸。

①标注 Ø 25 圆。单击"默认"选项卡"注释"面板中的"直径"按钮◌，命令行提示与操作如下。

```
命令：_dimdiameter
选择圆弧或圆：（选择标注为 Ø 25 的圆）
标注文字=25
指定尺寸线位置或 [多行文字(M)/文字(T)/角度(A)]：T
输入标注文字 <25>：%%C25
指定尺寸线位置或 [多行文字(M)/文字(T)/角度(A)]：
```

②标注 R13 圆弧。单击"默认"选项卡"注释"面板中的"半径"按钮⌐，命令行提示与操作如下。

```
命令：_dimradius
选择圆弧或圆：（选择标注为 R13 的圆弧）
标注文字 =13
指定尺寸线位置或 [多行文字(M)/文字(T)/角度(A)]：T
输入标注文字 <13>：R13
指定尺寸线位置或 [多行文字(M)/文字(T)/角度(A)]：
```

③标注 45°角。选择菜单栏中的"标注"→"角度"命令，或单击"标注"工具栏中的"角度"按钮△，命令行提示与操作如下。

```
命令：_dimangular
选择圆弧、圆、直线或 <指定顶点>：（选择标注为 45°角的一条边）
选择第二条直线：（选择标注为 45°角的另一条边）
指定标注弧线位置或 [多行文字(M)/文字(T)/角度(A)/象限点(Q)]：（指定标注弧线的位置）
标注文字=45
```

最终标注结果如图 7-38 所示。

## 7.3.9　基线标注

基线标注用于产生一系列基于同一条尺寸界线的尺寸标注，适用于长度尺寸标注、角度标注和坐标标注等。在使用基线标注方式之前，应该标注出一个相关的尺寸。

1. 执行方式

☑ 命令行：DIMBASELINE。

☑ 菜单栏：标注→基线。

☑ 工具栏：标注→基线┝。

☑ 功能区：注释→标注→基线┝。

2. 操作步骤

命令：DIMBASELINE✓
指定第二个尺寸界线原点或 [放弃(U)/选择(S)] <选择>:

3. 选项说明

（1）指定第二个尺寸界线原点：直接确定另一个尺寸的第二个尺寸界线的起点，AutoCAD 以上次标注的尺寸为基准标注，标注出相应尺寸。

（2）<选择>：在上述提示下直接按 Enter 键，AutoCAD 提示如下。

选择基准标注：（选取作为基准的尺寸标注）

## 7.3.10 连续标注

连续标注又称为尺寸链标注，用于产生一系列连续的尺寸标注，后一个尺寸标注均把前一个标注的第二条尺寸界线作为它的第一条尺寸界线，适用于长度尺寸标注、角度标注和坐标标注等。在使用连续标注方式之前，应该标注出一个相关的尺寸。

1. 执行方式

☑ 命令行：DIMCONTINUE。

☑ 菜单栏：标注→连续。

☑ 工具栏：标注→连续├┤┤。

☑ 功能区：注释→标注→连续├┤┤。

2. 操作步骤

命令：DIMCONTINUE✓
选择连续标注：
指定第二个尺寸界线原点或 [放弃(U)/选择(S)] <选择>:

在此提示下的各选项与基线标注中的选项完全相同，这里不再赘述。

◀» 注意：系统允许利用基线标注方式和连续标注方式进行角度标注，如图 7-45 所示。

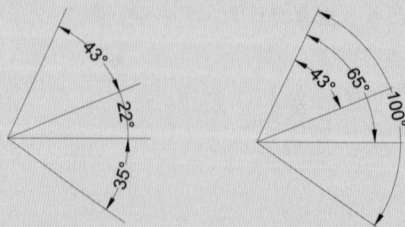

图 7-45　连续型和基线型角度标注

## 7.3.11　实例——标注挂轮架

本实例综合利用学过的长度型尺寸标注、连续尺寸标注、半径尺寸标注、直径尺寸标注，以及角度尺寸标注方法标注挂轮架尺寸，绘制流程如图 7-46 所示。

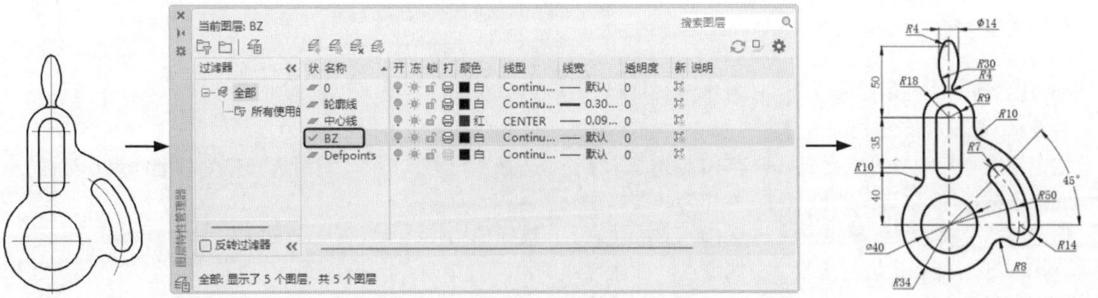

图 7-46　标注挂轮架

（1）打开本书配套资源中的"源文件\第 7 章\挂轮架"图形文件。

（2）创建尺寸标注图层，设置尺寸标注样式。创建一个新图层 BZ，并将其设置为当前图层，如图 7-47 所示。命令行提示与操作如下。

> 命令：LAYER↙
> 命令：DIMSTYLE↙（方法同前，分别设置"机械制图"标注样式，并在此基础上设置"直径"标注样式、"半径"标注样式及"角度"标注样式。其中，"半径"标注样式应设置为与"直径"标注样式相同，并用于半径标注）

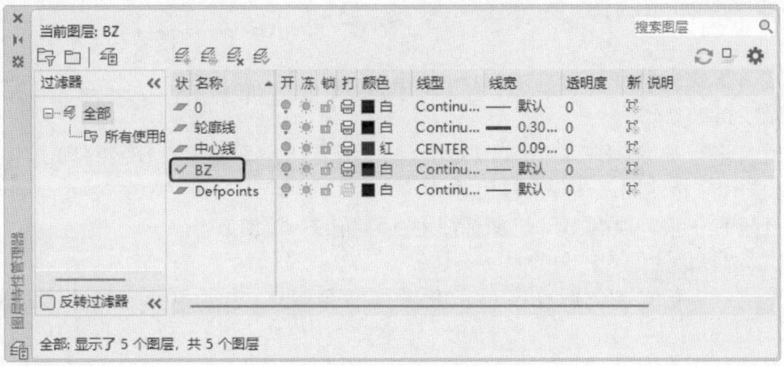

图 7-47　创建图层

（3）单击"默认"选项卡"注释"面板中的"半径"按钮、"直径"按钮◎和"线性"按钮，命令行提示与操作如下。

> 命令：_dimradius（"半径"命令，标注图 7-46 中的尺寸 R8）
> 选择圆弧或圆：（选择挂轮架下部的 R8 圆弧）
> 标注文字=8
> 指定尺寸线位置或 [多行文字(M)/文字(T)/角度(A)]：（指定尺寸线位置）
> …
> （方法同前，分别标注图 7-46 中其他的半径尺寸）
> 命令：_dimlinear（标注图 7-46 中的尺寸∅14）
> 指定第一个尺寸界线原点或 <选择对象>：
> _qua 于（捕捉左边 R30 圆弧的象限点）

指定第二个尺寸界线原点：

_qua 于（捕捉右边 R30 圆弧的象限点）

指定尺寸线位置或 [多行文字(M)/文字(T)/角度(A)/水平(H)/垂直(V)/旋转(R)]：T✓

输入标注文字 <14>：%%c14✓

指定尺寸线位置或 [多行文字(M)/文字(T)/角度(A)/水平(H)/垂直(V)/旋转(R)]：（指定尺寸线位置）

标注文字=14

…

（方法同前，分别标注图 7-46 中其他的线性尺寸）

命令：_dimcontinue（"连续"命令，标注图 7-46 中的连续尺寸）

指定第二个尺寸界线原点或 [放弃(U)/选择(S)] <选择>：（按 Enter 键，选择作为基准的尺寸标注）

选择连续标注：（选择线性尺寸 40 作为基准标注）

指定第二个尺寸界线原点或 [放弃(U)/选择(S)] <选择>：

_endp 于（捕捉上边的水平中心线端点，标注尺寸 35）

标注文字=35

指定第二个尺寸界线原点或 [放弃(U)/选择(S)] <选择>：

_endp 于（捕捉最上边的 R4 圆弧的端点，标注尺寸 50）

标注文字=50

指定第二个尺寸界线原点或 [放弃(U)/选择(S)] <选择>：✓

选择连续标注：✓（按 Enter 键结束命令）

（4）单击"默认"选项卡"注释"面板中的"直径"按钮◎和"角度"按钮△，命令行提示与操作如下。

命令：_dimdiameter（标注图 7-46 中的尺寸∅40）

选择圆弧或圆：（选择中间∅40 圆）

标注文字=40

指定尺寸线位置或 [多行文字(M)/文字(T)/角度(A)]：T

输入标注文字 <40>：%%C40

指定尺寸线位置或 [多行文字(M)/文字(T)/角度(A)/水平(H)/垂直(V)/旋转(R)]：

命令：_dimangular（标注图 7-46 中的尺寸 45°）

选择圆弧、圆、直线或 <指定顶点>：（选择标注为 45°角的一条边）

选择第二条直线：（选择标注为 45°角的另一条边）

指定标注弧线位置或 [多行文字(M)/文字(T)/角度(A)/象限点(Q)]：（指定尺寸线位置）

标注文字=45

结果如图 7-46 所示。

# 7.4 引 线 标 注

AutoCAD 提供了引线标注功能。该功能不仅可以用于标注特定的尺寸，如圆角、倒角等，还可以用于在图中添加多行旁注、说明。在引线标注中，指引线可以是折线，也可以是曲线；指引线端部可以有箭头，也可以没有箭头。

## 7.4.1 一般引线标注

LEADER 命令可用于创建灵活多样的引线标注形式，用户可以根据需要把指引线设置为折线或曲线。指引线可带箭头，也可不带箭头；注释可以是单行或多行文字、包含几何公差的特征控制框或块。

1. 执行方式

命令行：LEADER。

2. 操作步骤

命令：LEADER✓
指定引线起点：（输入指引线的起始点）
指定下一点：（输入指引线的另一点）

AutoCAD 由上面两点画出指引线并继续提示如下。

指定下一点或 [注释(A)/格式(F)/放弃(U)] <注释>:

3. 选项说明

（1）指定下一点。

直接输入一点，AutoCAD 根据前面的点画出折线作为指引线。

（2）<注释>。

输入注释文本，为默认项。在上面提示下直接按 Enter 键，AutoCAD 提示如下。

输入注释文字的第一行或 <选项>:

①输入注释文字：在此提示下输入第一行文本后按 Enter 键，用户可继续输入第二行文本，如此反复执行，直到输入全部注释文本，然后在此提示下直接按 Enter 键，AutoCAD 会在指引线终端标注出所输入的多行文本，并结束 LEADER 命令。

②直接按 Enter 键：如果在上面的提示下直接按 Enter 键，AutoCAD 提示如下。

输入注释选项 [公差(T)/副本(C)/块(B)/无(N)/多行文字(M)] <多行文字>:

在此提示下选择一个注释选项或直接按 Enter 键选择"多行文字"选项。其中，各选项含义如下。

☑  公差(T)：标注几何公差。几何公差的标注见 7.5 节。

☑  副本(C)：把已由 LEADER 命令创建的注释复制到当前指引线的末端。选择该选项，AutoCAD 提示如下。

选择要复制的对象：

在此提示下选取一个已创建的注释文本，则 AutoCAD 把它复制到当前指引线的末端。

☑  块(B)：插入块，把已经定义好的图块插入指引线末端。选择该选项，系统提示如下。

输入块名或 [?]:

在此提示下输入一个已定义好的图块名，AutoCAD 把该图块插入指引线的末端，或输入"?"列出当前已有图块，用户可从中选择。

☑  无(N)：不进行注释，没有注释文本。

☑  <多行文字>：用多行文字编辑器标注注释文本并定制文本格式，为默认选项。

（3）格式(F)。

确定指引线的形式。选择该选项，AutoCAD 提示如下。

输入引线格式选项 [样条曲线(S)/直线(ST)/箭头(A)/无(N)] <退出>:
（选择指引线形式，或直接按 Enter 键回到上一级提示）

①样条曲线(S)：设置指引线为样条曲线。

②直线(ST)：设置指引线为折线。

③箭头(A)：在指引线的起始位置画箭头。

④无(N)：在指引线的起始位置不画箭头。

⑤<退出>：此项为默认选项，选择该项退出"格式"选项，返回"指定下一点或 [注释(A)/格式(F)/放弃(U)] <注释>:"提示，并且指引线形式按默认方式设置。

## 7.4.2  快速引线标注

QLEADER 命令可用于快速生成指引线及注释，而且可以通过"命令行优化"对话框进行用户自定义，以消除不必要的命令行提示，从而取得更高的工作效率。

**1. 执行方式**

命令行：QLEADER。

**2. 操作步骤**

命令：QLEADER✓
指定第一个引线点或 [设置(S)] <设置>:

**3. 选项说明**

（1）指定第一个引线点。

在上述提示下确定一点作为指引线的第一点，AutoCAD 提示如下。

指定下一点：（输入指引线的第二点）
指定下一点：（输入指引线的第三点）

AutoCAD 提示用户输入点的数目由"引线设置"对话框确定。输入完指引线的点后，AutoCAD 提示如下。

指定文字宽度 <0.0000>:（输入多行文本的宽度）
输入注释文字的第一行 <多行文字(M)>:

此时，有两种命令输入选择，它们的含义如下。

①输入注释文字的第一行：在命令行中输入第一行文本，系统继续提示如下。

输入注释文字的下一行：（输入另一行文本）
输入注释文字的下一行：（输入另一行文本或按 Enter 键）

② <多行文字(M)>：打开多行文字编辑器，输入并编辑多行文字。

输入全部注释文本后，在此提示下直接按 Enter 键，AutoCAD 结束 QLEADER 命令，并把多行文本标注在指引线的末端附近。

（2）<设置>。

在上述提示下直接按 Enter 键或输入 S，AutoCAD 打开"引线设置"对话框，允许对引线标注进行设置。该对话框包含"注释""引线和箭头""附着"3 个选项卡，下面分别对它们进行介绍。

①"注释"选项卡（见图 7-48）：用于设置引线标注中注释文本的类型、多行文本的格式并确定注释文本是否多次使用。

②"引线和箭头"选项卡（见图 7-49）：用来设置引线标注中指引线和箭头的形式。其中，"点数"选项组设置在执行 QLEADER 命令时，AutoCAD 提示用户输入点

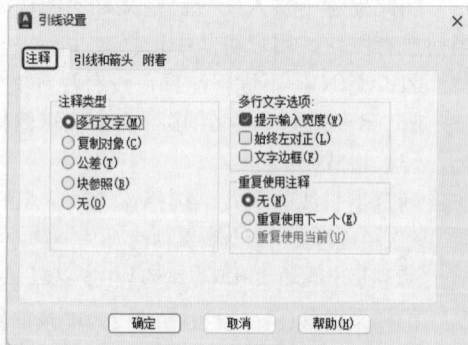

图 7-48  "注释"选项卡

的数目。例如，设置点数为 3，执行 QLEADER 命令时，用户在提示下指定 3 个点后，AutoCAD 自动提示用户输入注释文本。注意设置的点数要比用户希望的指引线的段数多 1，这可利用微调框进行设

置，如果用户选中"无限制"复选框，那么 AutoCAD 会一直提示用户输入点，直到连续按 Enter 键两次。"角度约束"选项组设置第一段和第二段指引线的角度约束。

③"附着"选项卡（见图 7-50）：设置注释文本和指引线的相对位置。如果最后一段指引线指向右边，则 AutoCAD 自动把注释文本放在右侧；如果最后一段指引线指向左边，则 AutoCAD 自动把注释文本放在左侧。利用本页左侧和右侧的单选按钮分别设置位于左侧和右侧的注释文本与最后一段指引线的相对位置，二者可相同，也可不相同。

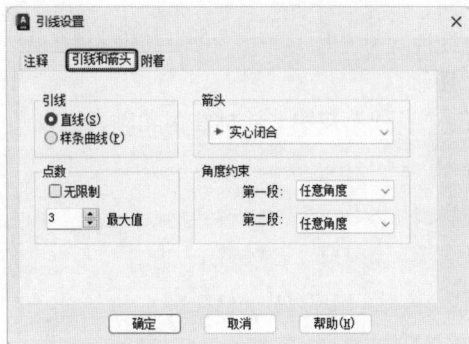

图 7-49 "引线和箭头"选项卡　　　　图 7-50 "附着"选项卡①

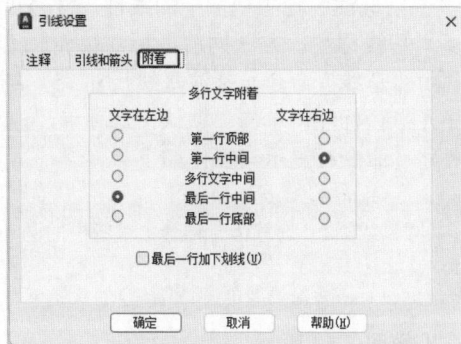

## 7.4.3　实例——标注齿轮轴套

本实例综合利用学过的长度型尺寸标注、连续尺寸标注、半径尺寸标注、直径尺寸标注、角度尺寸，以及引线标注功能标注方法标注齿轮轴套尺寸，流程如图 7-51 所示。

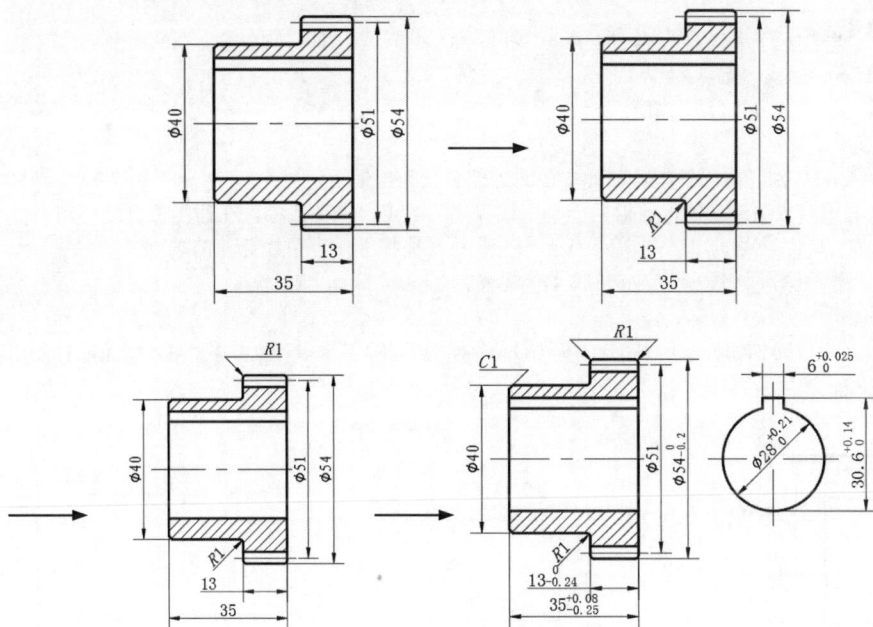

图 7-51　标注齿轮轴套

---

① 软件中的"下划线"与本书中的"下画线"为同一内容，后面不再赘述。

（1）打开本书配套资源中的"源文件\第 7 章\齿轮轴套"图形文件。

（2）设置文字样式。单击"默认"选项卡"注释"面板中的"文字样式"按钮**A**，设置文字样式。

（3）设置标注样式。单击"默认"选项卡"注释"面板中的"标注样式"按钮，设置标注样式为机械图样。

（4）线性标注。单击"默认"选项卡"注释"面板中的"线性"按钮，分别标注齿轮主视图中的线性尺寸 $\varnothing 40$、$\varnothing 51$、$\varnothing 54$。

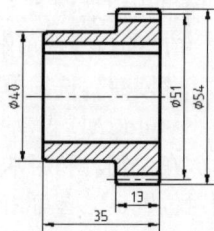

（5）基线标注。方法同前，标注齿轮轴套主视图中的线性尺寸 13，然后利用"基线"命令，标注基线尺寸 35，结果如图 7-52 所示。

图 7-52　标注线性及基线尺寸

（6）半径标注。单击"默认"选项卡"注释"面板中的"半径"按钮，标注齿轮轴套主视图中的半径尺寸，命令行提示与操作如下。

```
命令：_dimradius
选择圆弧或圆：（选取齿轮轴套主视图中的圆角）
标注文字 =1
指定尺寸线位置或 [多行文字(M)/文字(T)/角度(A)]：（拖动鼠标，确定尺寸线位置）
```

结果如图 7-53 所示。

（7）引线标注。在命令行中输入 LEADER，用引线标注齿轮轴套主视图上部的圆角半径，命令行提示与操作如下。

```
命令：LEADER✓（引线标注）
指定引线起点：_nea 到（捕捉离齿轮轴套主视图上部圆角最近一点）
指定下一点：（拖动鼠标，在适当位置处单击）
指定下一点或 [注释(A)/格式(F)/放弃(U)] <注释>：<正交 开>（打开正交功能，向右拖动鼠标，在适当位置处单击）
指定下一点或 [注释(A)/格式(F)/放弃(U)] <注释>：✓
输入注释文字的第一行或 <选项>：R1✓
输入注释文字的下一行：✓（结果如图 7-54 所示）
命令：✓（继续引线标注）
指定引线起点：_nea 到（捕捉离齿轮轴套主视图上部右端圆角最近一点）
指定下一点：（利用对象追踪功能，捕捉上一个引线标注的端点，拖动鼠标，在适当位置处单击）
指定下一点或 [注释(A)/格式(F)/放弃(U)] <注释>：（捕捉上一个引线标注的端点）
指定下一点或 [注释(A)/格式(F)/放弃(U)] <注释>：✓
输入注释文字的第一行或 <选项>：✓
输入注释选项 [公差(T)/副本(C)/块(B)/无(N)/多行文字(M)] <多行文字>：N✓（无注释的引线标注）
```

结果如图 7-55 所示。

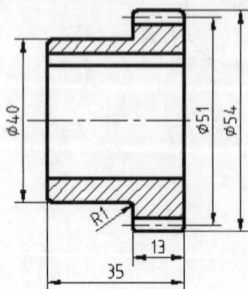

图 7-53　标注半径尺寸 R1　　　　图 7-54　引线标注 R1　　　　图 7-55　引线标注

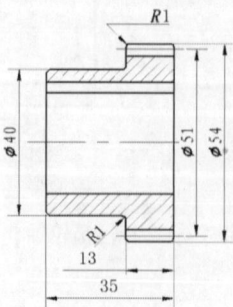

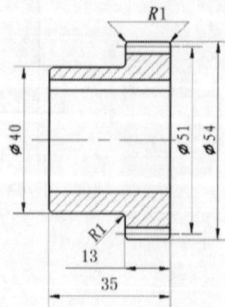

（8）引线标注。在命令行中输入 QLEADER，用引线标注齿轮轴套主视图的倒角，命令行提示与操作如下。

```
命令: QLEADER↙
指定第一个引线点或 [设置(S)] <设置>: ↙（按 Enter 键，在弹出的"引线设置"对话框中设置各个选项卡，如图 7-56 和图 7-57 所示。设置完成后，单击"确定"按钮）
指定第一个引线点或 [设置(S)] <设置>:（捕捉齿轮轴套主视图中上端倒角的端点）
指定下一点:（拖动鼠标，在适当位置处单击）
指定下一点:（拖动鼠标，在适当位置处单击）
指定文字宽度 <0>: ↙
输入注释文字的第一行 <多行文字(M)>: C1↙
输入注释文字的下一行: ↙
```

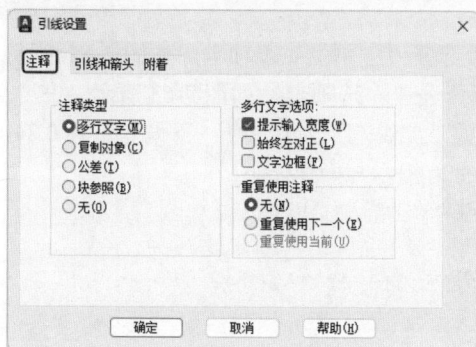

图 7-56　"引线设置"对话框

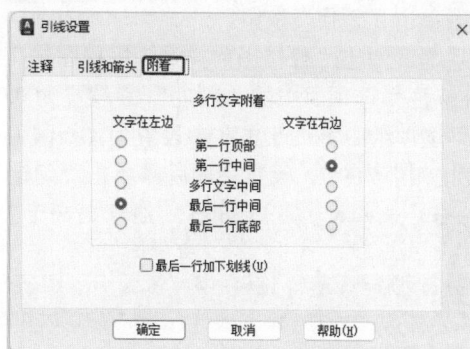

图 7-57　"附着"选项卡

结果如图 7-58 所示。

（9）线性标注。单击"默认"选项卡"注释"面板中的"线性"按钮，标注齿轮轴套局部视图中的尺寸，命令行提示与操作如下。

```
命令: _dimlinear
指定第一个尺寸界线原点或 <选择对象>:
指定第二条尺寸界线原点:
命令: _dimlinear（标注线性尺寸 6）
指定第一个尺寸界线原点或 <选择对象>: ↙
选择标注对象:（选取齿轮轴套局部视图上端水平线）
指定尺寸线位置或 [多行文字(M)/文字(T)/角度(A)/水平(H)/垂直(V)/旋转(R)]: T↙
输入标注文字 <6>: 6{\H0.7x;\S+0.025^ 0;}↙（其中，H0.7x 表示公差字高比例系数为 0.7。需要注意的是，x 为小写）
指定尺寸线位置或 [多行文字(M)/文字(T)/角度(A)/水平(H)/垂直(V)/旋转(R)]:（拖动鼠标，在适当位置处单击，结果如图 7-59 所示）
标注文字=6
```

采用前面的方法，标注线性尺寸 30.6，上偏差为+0.14，下偏差为 0。

采用前面的方法，单击"默认"选项卡"注释"面板中的"直径"按钮，标注尺寸⌀28，输入标注文字为"%%C28{\H0.7x;\S+0.21^ 0;}"，结果如图 7-60 所示。

（10）标注样式。单击"默认"选项卡"注释"面板中的"标注样式"按钮，修改齿轮轴套主视图中的线性尺寸，为其添加尺寸偏差，命令行提示与操作如下。

```
命令: DDIM↙（修改"标注样式"命令。也可以使用设置标注样式命令 DIMSTYLE 修改线性尺寸 13 和 35）
```

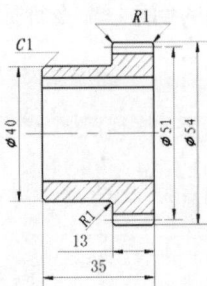

图 7-58  引线标注倒角尺寸

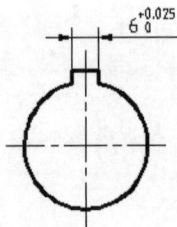

图 7-59  标注尺寸偏差

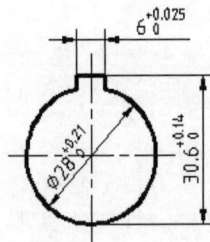

图 7-60  局部视图中的尺寸

在①弹出的"标注样式管理器"对话框的"样式"列表中②选择"机械图样"样式，如图 7-61 所示，③单击"替代"按钮。

系统④弹出"替代当前样式：机械图样"对话框，⑤选择"主单位"选项卡，如图 7-62 所示。将"线性标注"选项组中的"精度"⑥设置为 0.00。⑦选择"公差"选项卡，如图 7-63 所示。在"公差格式"选项组中将"方式"⑧设置为"极限偏差"，⑨设置"上偏差"为 0，⑩"下偏差"为 0.24，⑪"高度比例"为 0.7，设置完成后⑫单击"确定"按钮，命令行提示与操作如下。

命令：-dimstyle（或单击"注释"选项卡"标注"面板中的"更新"按钮）
当前标注样式：ISO-25  注释性：否
输入标注样式选项 [保存(S)/恢复(R)/状态(ST)/变量(V)/应用(A)/?] <恢复>：_apply
选择对象：（选取线性尺寸 13，即可为该尺寸添加尺寸偏差）

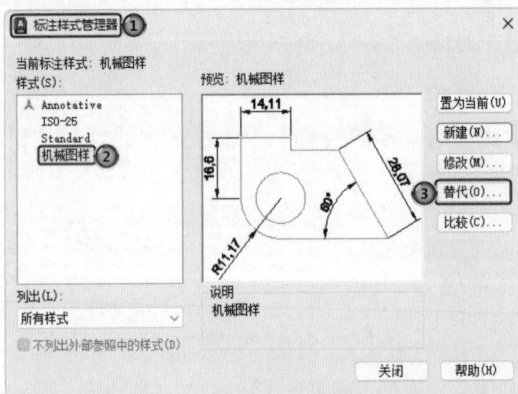

图 7-61  替代"机械图样"标注样式

采用前面的方法，继续修改标注样式。设置"公差"选项卡中的"上偏差"为 0.08，"下偏差"为 0.25。单击"注释"选项卡"标注"面板中的"快速"按钮，选取线性尺寸 35，即可为该尺寸添加尺寸偏差，结果如图 7-64 所示。

（11）尺寸标注。在命令行中输入 EXPLODE 命令分解尺寸标注，双击分解后的标注文字，修改齿轮轴套主视图中的线性尺寸∅54，为其添加尺寸偏差，命令行提示与操作如下。

命令：EXPLODE↙
选择对象：（选择尺寸∅54，按 Enter 键）
命令：MTEDIT↙（编辑多行文字命令）
选择多行文字对象：（选择分解的∅54尺寸，在弹出的"文字编辑器"选项卡中将标注的文字修改为"%%C54 0^-0.20"，选择"0^-0.20"，单击"堆叠"按钮，此时，标注变为尺寸偏差的形式，单击"确定"按钮）

结果如图 7-65 所示。

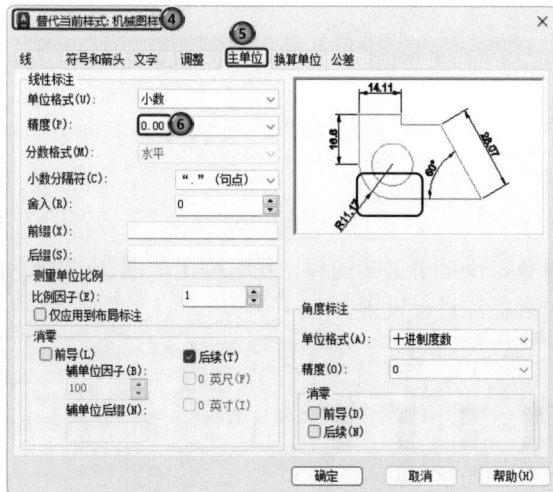

图 7-62　"主单位"选项卡

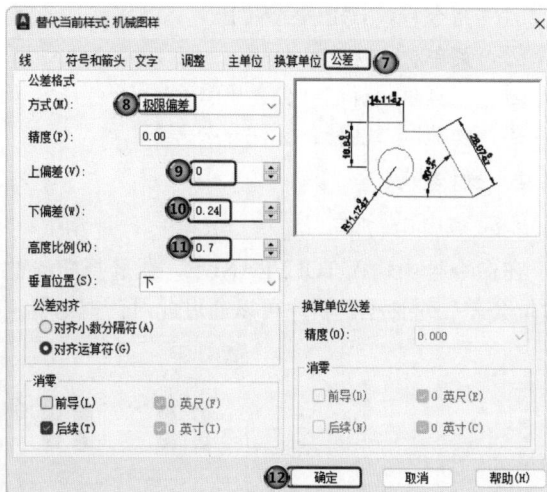

图 7-63　"公差"选项卡

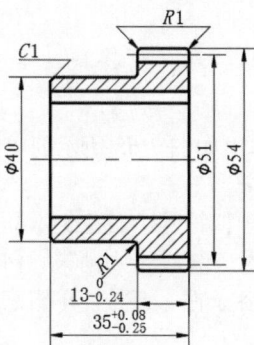

图 7-64　修改线性尺寸 13 及 35

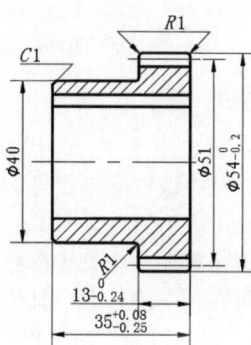

图 7-65　修改线性尺寸 ⌀ 54

# 7.5　几 何 公 差

为了方便机械设计工作，AutoCAD 提供了标注几何公差的功能。几何公差的标注包括指引线、公差符号、公差值及附加符号、基准代号及附加符号。用户可以使用 AutoCAD 轻松地标注出几何公差。

几何公差的标注如图 7-66 所示。

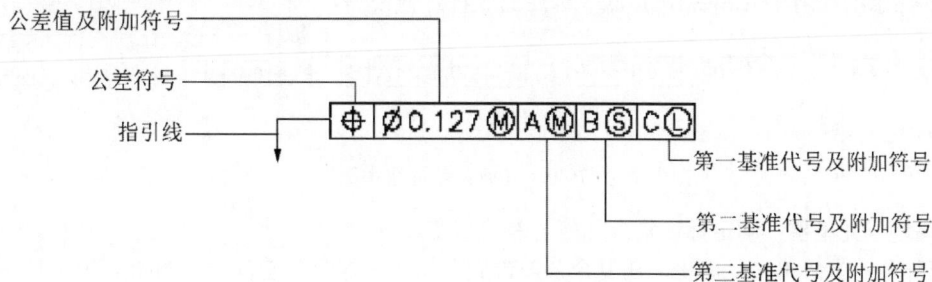

图 7-66　几何公差标注

1. 执行方式

☑ 命令行：TOLERANCE。

☑ 菜单栏：标注→公差。

☑ 工具栏：标注→公差 ⊕1。

☑ 功能区：注释→标注→公差 ⊕1。

2. 操作步骤

命令：TOLERANCE✓

在命令行中输入 TOLERANCE，或选择相应的命令，或单击工具图标，系统弹出如图 7-67 所示的"形位公差"对话框。用户可以通过此对话框对几何公差标注进行设置。

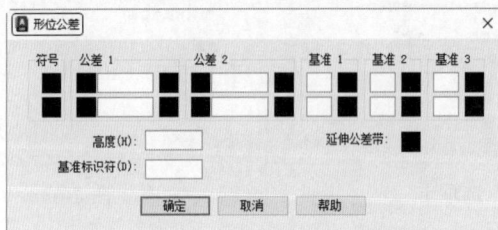

图 7-67　"形位公差"对话框

3. 选项说明

（1）符号：设定或改变公差代号。单击其下的黑方块，系统弹出如图 7-68 所示的"特征符号"对话框，用户可以从中选取公差代号。

（2）公差 1（2）：产生第一（二）个公差的公差值及"附加符号"符号。白色文本框左侧的黑块控制是否在公差值之前加一个直径符号，单击它，则出现一个直径符号，再单击则消失。白色文本框用于确定公差值，可在其中输入一个具体数值。右侧黑块用于插入"包容条件"符号，单击它，系统弹出如图 7-69 所示的"附加符号"对话框，用户可以从中选取所需符号。

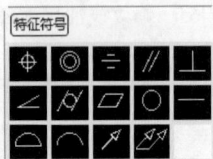

图 7-68　"特征符号"对话框　　　　　　　　图 7-69　"附加符号"对话框

（3）基准 1（2、3）：确定第一（二、三）个基准代号及材料状态符号。在白色文本框中输入一个基准代号。单击其右侧黑块，系统弹出"附加符号"对话框，用户可以从中选择适当的"包容条件"符号。图 7-70 显示了利用 TOLERANCE 命令标注的 5 种几何公差。

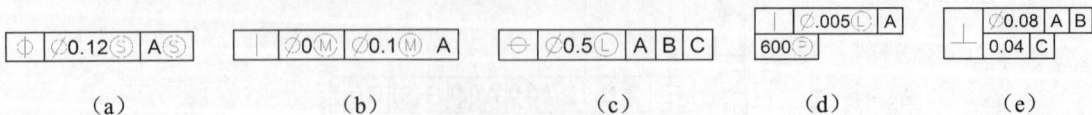

（a）　　　　　　（b）　　　　　　（c）　　　　　　（d）　　　　　　（e）

图 7-70　几何公差标注举例

（4）"高度"文本框：确定标注复合几何公差的高度。

（5）延伸公差带：单击此黑块，在复合公差带后面加一个复合公差符号，如图 7-70（d）所示。

（6）"基准标识符"文本框：产生一个标识符号，并用一个字母表示。

# 7.6　综合演练——标注阀盖尺寸

下面综合利用学过的长度型尺寸标注、连续尺寸标注、半径尺寸标注、直径尺寸标注、引线标注，以及基准符号功能标注方法标注阀盖尺寸，绘制流程如图 7-71 所示。

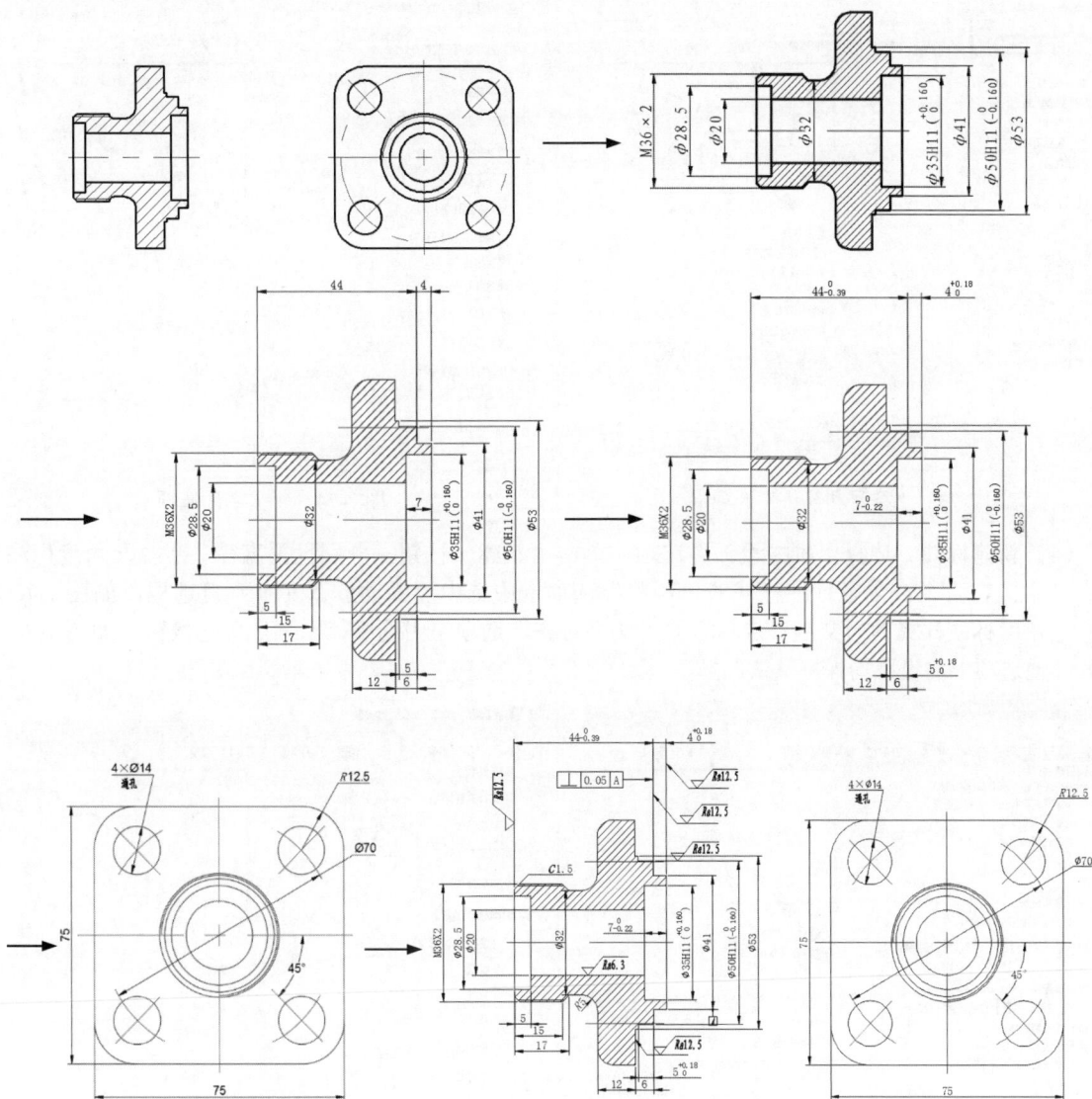

图 7-71　绘制标注阀盖

（1）打开本书配套资源中的"源文件\第 7 章\阀盖"图形文件，如图 7-72 所示。

（2）文字样式。单击"默认"选项卡"注释"面板中的"文字样式"按钮 **A**，设置文字样式。

（3）标注样式。单击"默认"选项卡"注释"面板中的"标注样式"按钮 ⤢，设置标注样式。在弹出的"标注样式管理器"对话框中单击"新建"按钮，创建新的标注样式并命名为"机械设计"，用于标注图样中的尺寸。

单击"继续"按钮，在弹出的"新建标注样式：机械设计"对话框中设置各个选项卡，如图 7-73 和图 7-74 所示。设置完成后，单击"确定"按钮，返回"标注样式管理器"对话框。

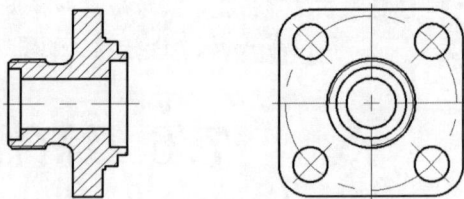

图 7-72　阀盖

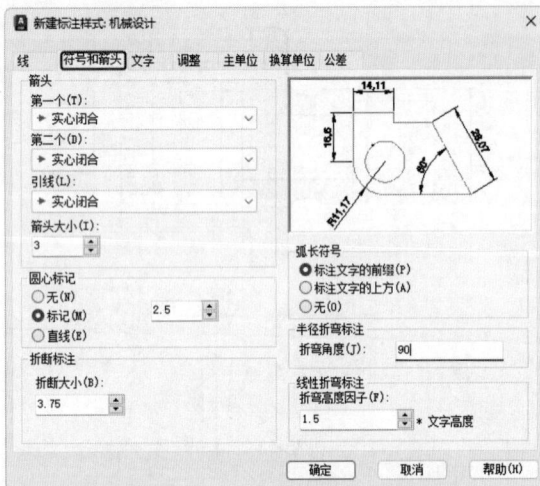

图 7-73　"符号和箭头"选项卡

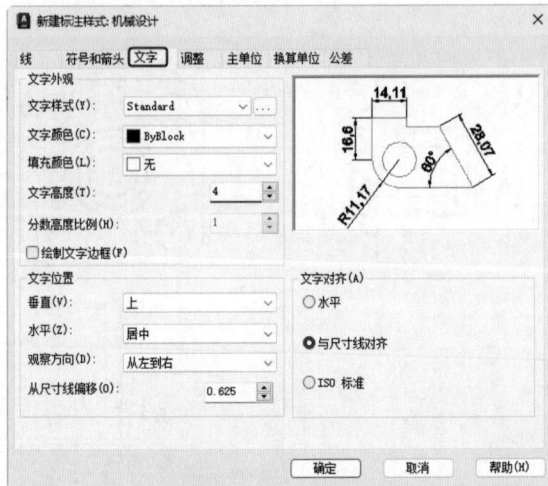

图 7-74　"文字"选项卡

（4）新建标注。选择"机械设计"选项，单击"新建"按钮，分别设置直径、半径及角度标注样式。其中：在直径及半径标注样式的"调整"选项卡中选中"手动放置文字"复选框，如图 7-75 所示；在角度标注样式的"文字"选项卡的"文字对齐"选项组中选中"水平"单选按钮，如图 7-76 所示。其他选项卡的设置均保持默认。

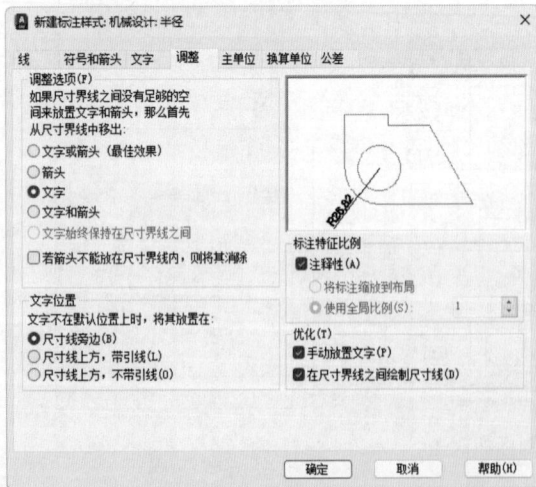

图 7-75　直径及半径标注样式的"调整"选项卡

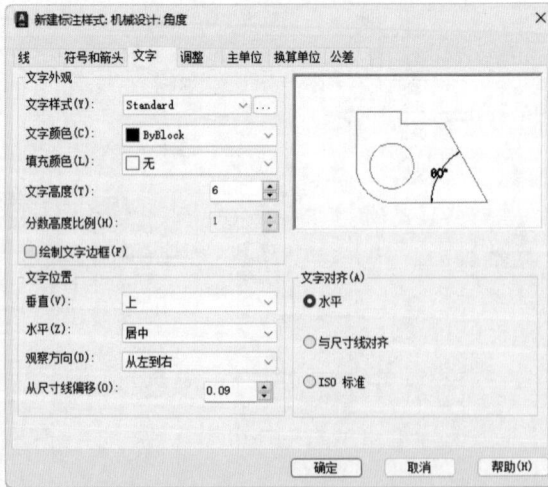

图 7-76　角度标注样式的"文字"选项卡

（5）设置标注。在"标注样式管理器"对话框中选择"机械设计"标注样式，单击"置为当前"按钮，将其设置为当前标注样式。

（6）标注阀盖主视图中的线性尺寸。利用"线性"命令从左至右依次标注阀盖主视图中的竖直线性尺寸为 M36×2、$\varnothing$ 28.5、$\varnothing$ 20、$\varnothing$ 32、$\varnothing$ 35、$\varnothing$ 41、$\varnothing$ 50、$\varnothing$ 53。在标注尺寸 $\varnothing$ 35 时，需要输入标注文字"%%C35H11（{\H0.7x;\S+0.160^0;}）"；在标注尺寸 $\varnothing$ 50 时，需要输入标注文字"%%C50H11（{\H0.7x;\S0^− 0.160;}）"。结果如图 7-77 所示。

（7）线性标注。单击"默认"选项卡"注释"面板中的"线性"按钮，标注阀盖主视图上部的线性尺寸 44。单击"注释"选项卡"标注"面板中的"连续"按钮，标注连续尺寸 4。

单击"默认"选项卡"注释"面板中的"线性"按钮，标注阀盖主视图中部的线性尺寸 7 和阀盖主视图下部左边的线性尺寸 5。单击"注释"选项卡"标注"面板中的"基线"按钮，标注基线尺寸 15。

单击"默认"选项卡"注释"面板中的"线性"按钮，标注阀盖主视图下部右边的线性尺寸 5；单击"注释"选项卡"标注"面板中的"基线"按钮，标注基线尺寸 6；单击"注释"选项卡"标注"面板中的"连续"按钮，标注连续尺寸 12。结果如图 7-78 所示。

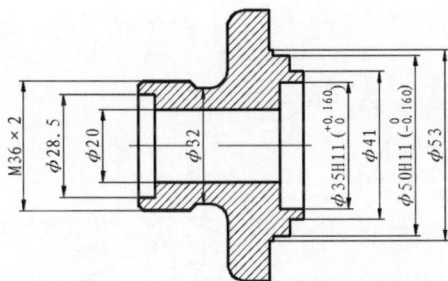

图 7-77　标注主视图竖直线性尺寸

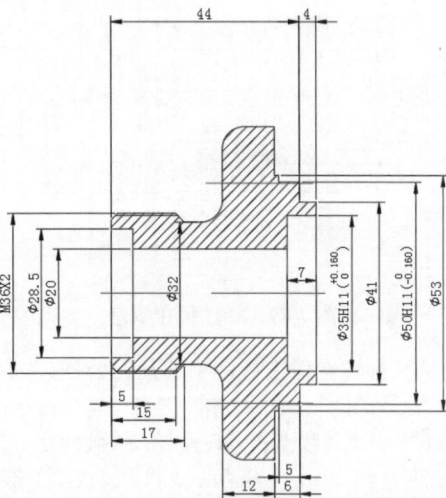

图 7-78　标注主视图水平线性尺寸

（8）设置样式。单击"默认"选项卡"注释"面板中的"标注样式"按钮，打开"标注样式管理器"对话框，在"样式"列表框中选择"机械设计"选项，单击"替代"按钮，系统弹出"替代当前样式"对话框。选择"主单位"选项卡，将"线性标注"选项组中的精度设置为 0.00；选择"公差"选项卡，在"公差格式"选项组中将"方式"设置为"极限偏差"，设置"上偏差"为 0，"下偏差"为 0.39，高度比例为 0.7。设置完成后单击"确定"按钮。

单击"注释"选项卡"标注"面板中的"更新"按钮，选取主视图上线性尺寸 44，即可为该尺寸添加尺寸偏差。

按同样的方式分别为主视图中的线性尺寸 4、7、5 标注尺寸偏差，结果如图 7-79 所示。

（9）标注阀盖主视图中的倒角及圆角半径。

① 在命令行中输入 QLEADER 命令，标注主视图中的尺寸 C1.5。

② 单击"默认"选项卡"注释"面板中的"半径"按钮，标注主视图中的尺寸 R5。

（10）标注阀盖左视图中的尺寸。

①单击"默认"选项卡"注释"面板中的"线性"按钮⊢，标注阀盖左视图中的尺寸 75。

②单击"默认"选项卡"注释"面板中的"直径"按钮○，标注阀盖左视图中的尺寸∅70、4×∅14。在标注尺寸 4×∅14 时，需要输入标注文字"4×< >"。

③单击"默认"选项卡"注释"面板中的"半径"按钮⌒，标注左视图中的尺寸 R12.5。

④单击"默认"选项卡"注释"面板中的"角度"按钮△，标注左视图中的尺寸 45°。

⑤单击"默认"选项卡"注释"面板中的"文字样式"按钮Ａ，创建新文字样式 HZ，用于书写汉字。该标注样式的"字体名"为"仿宋_GB2312"，"宽度比例"为 0.7。

在命令行中输入 TEXT 命令，设置文字样式为 HZ，在尺寸 4×∅14 的引线下部输入文字"通孔"，结果如图 7-80 所示。

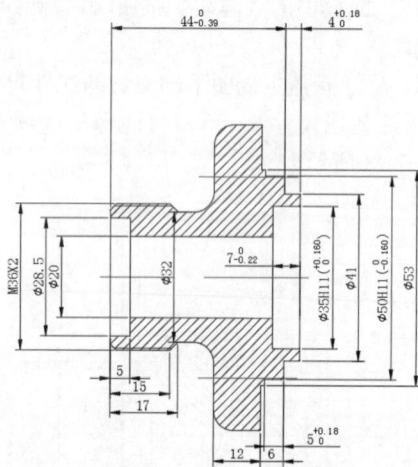

图 7-79　标注尺寸偏差

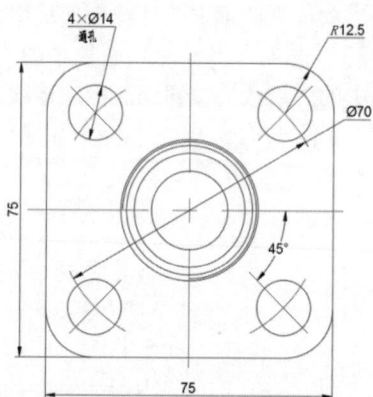

图 7-80　标注左视图中的尺寸

（11）标注阀盖主视图中的几何公差，命令行提示与操作如下。

命令：QLEADER✓（利用"快速引线"命令标注几何公差）

指定第一个引线点或［设置(S)］<设置>：✓（按 Enter 键，在弹出的"引线设置"对话框中设置各个选项卡，如图 7-81 和图 7-82 所示。设置完成后单击"确定"按钮）

指定第一个引线点或［设置(S)］<设置>：（捕捉阀盖主视图尺寸 44 右端延伸线上的最近点）

指定下一点：（向左移动鼠标，在适当位置处单击，系统弹出"形位公差"对话框，用户可以在对话框中对形位公差进行设置，如图 7-83 所示。设置完成后单击"确定"按钮）

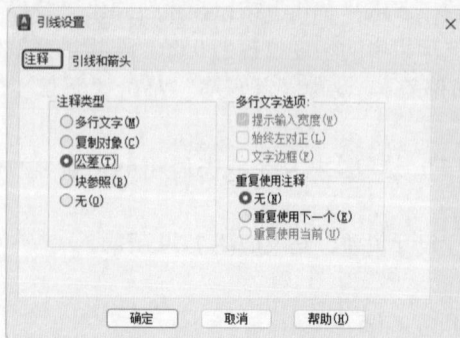

图 7-81　"注释"选项卡

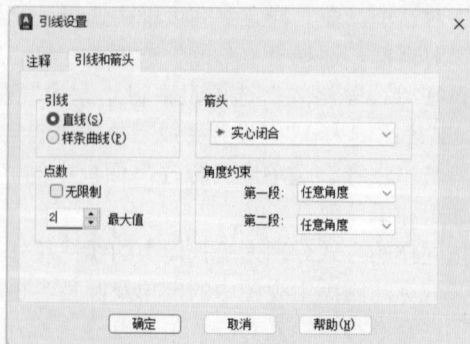

图 7-82　"引线和箭头"选项卡

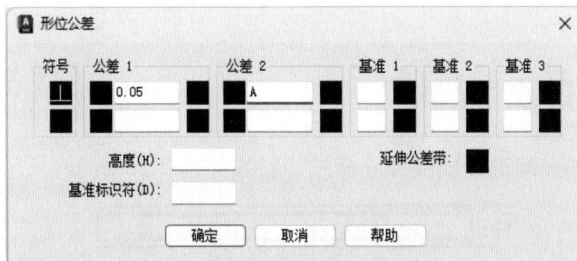

图 7-83 "形位公差"对话框

（12）利用相关绘图命令绘制基准符号，结果如图 7-84 所示。

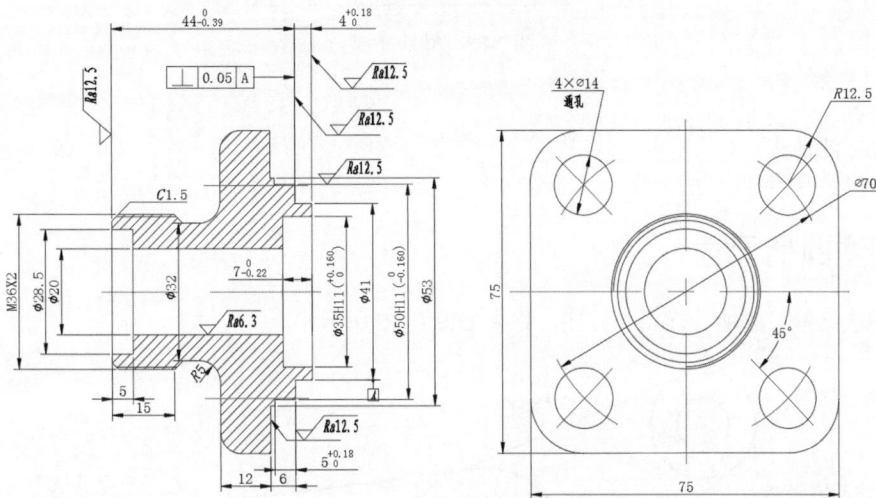

图 7-84 绘制基准符号

（13）利用图块相关命令绘制粗糙度图块，然后将其插入图形相应位置处（第 8 章将讲述相关内容）。

### ▲提示与总结——快速标注或修改公差的方法

公差的标注和修改通常有以下 3 种方法。

- ☑ 通过"公差"选项卡来标注。这是最传统的一种方法，在上面的实例中已经讲述过了。
- ☑ 在常规的尺寸标注中，需要在标注文字后面加后缀，例如上述实例的步骤（6）中标注的尺寸文字"%%C35H11（{\H0.7x;\S+0.160^0;}）"。
- ☑ 还有一种修改公差的方法是两次"分解"命令：第一次分解尺寸线与公差文字，第二次分解公差文字中的主尺寸文字与极限偏差文字。然后单独利用"编辑文字"命令对上下极限偏差文字进行编辑修改。

# 7.7 实 践 练 习

通过本章的学习，读者对尺寸标注的相关知识应有了大体的了解。本节通过 4 个练习使读者进一步掌握本章知识要点。

## 7.7.1 标注圆头平键线性尺寸

本练习要求读者对圆头平键进行线性尺寸标注，结果如图 7-85 所示。

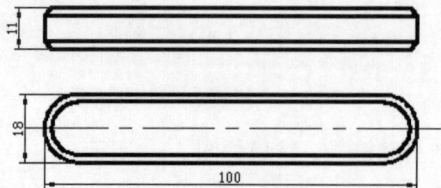

图 7-85 圆头平键

操作提示：

（1）设置标注样式。

（2）对图形进行线性标注。

## 7.7.2 标注曲柄尺寸

本练习要求读者对曲柄进行尺寸标注，结果如图 7-86 所示。

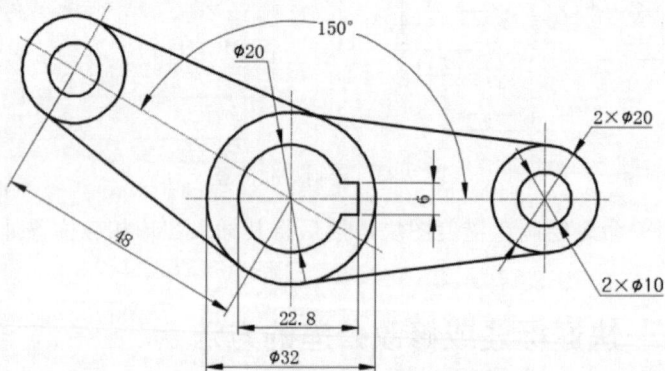

图 7-86 曲柄

操作提示：

（1）设置文字样式和标注样式。

（2）标注线性尺寸。

（3）标注直径尺寸。

（4）标注角度尺寸。

🔊 注意：有时，读者要根据需要进行标注样式替代设置。

## 7.7.3 绘制并标注泵轴尺寸

本练习要求读者绘制并标注泵轴尺寸，结果如图 7-87 所示。

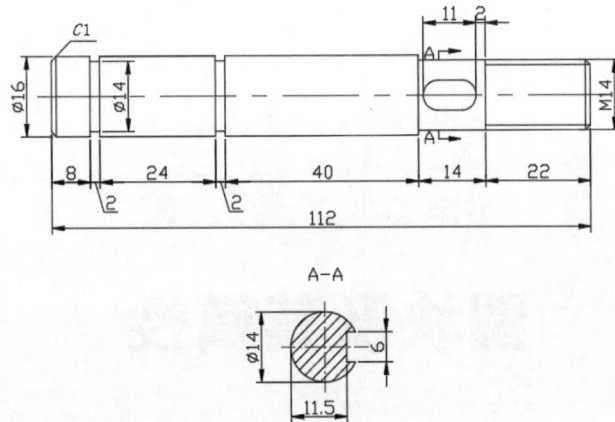

图 7-87  泵轴

操作提示：

（1）绘制图形。

（2）设置文字样式和标注样式。

（3）标注线性尺寸。

（4）标注连续尺寸。

（5）标注引线尺寸。

## 7.7.4  绘制并标注齿轮轴尺寸

本练习要求读者绘制并标注齿轮轴尺寸，结果如图 7-88 所示。

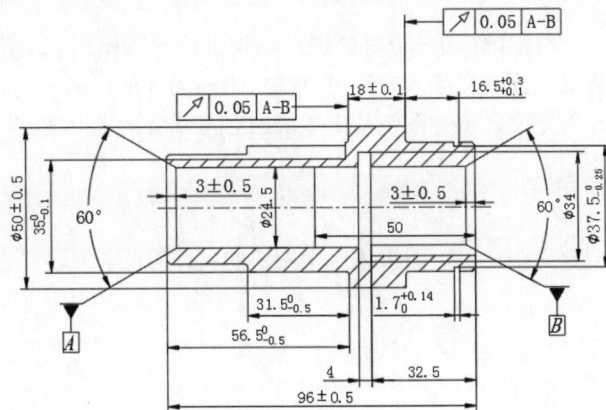

图 7-88  齿轮轴

操作提示：

（1）设置文字样式和标注样式。

（2）标注轴尺寸。

（3）标注几何公差。

# 第8章

# 图块及其属性

在设计绘图过程中，我们经常会遇到一些重复出现的图形（如机械设计中的螺钉、螺帽，建筑设计中的桌椅、门窗等），如果每次都重新绘制这些图形，不仅会造成大量的重复工作，而且存储这些图形及其信息需要占据相当大的磁盘空间。AutoCAD 通过图块和外部参照来解决这些问题。

本章主要介绍图块及其属性、外部参照和光栅图像等知识。

## 8.1 图 块 操 作

AutoCAD 允许用户把一个图块作为一个对象进行编辑、修改等操作。用户可以根据绘图需要把图块插入图中任意指定的位置处，而且在插入时还可以指定不同的缩放比例和旋转角度。此外，图块还可以被重新定义，一旦它被重新定义，整个图中基于该块的对象就会随之改变。

### 8.1.1 定义图块

在使用图块时，首先要定义图块，下面讲述定义图块的具体方法。

1. 执行方式

☑ 命令行：BLOCK。

☑ 菜单栏：绘图→块→创建。

☑ 工具栏：绘图→创建块 。

☑ 功能区：默认→块→创建 或插入→块定义→创建块 。

2. 操作步骤

命令：BLOCK↙

选择相应的菜单命令或单击相应的工具栏图标，或在命令行中输入 BLOCK 后按 Enter 键，系统弹出如图 8-1 所示的"块定义"对话框，用户可以在该对话框中定义图块并为图块命名。

3．选项说明

（1）"基点"选项组。

确定图块的基点，默认值是（0,0,0）。用户可以在下面的 X、Y、Z 文本框中分别输入块的基点坐标值。用户也可以单击"拾取点"按钮，AutoCAD 临时切换到作图屏幕，用鼠标在图形中拾取一点后，返回"块定义"对话框，AutoCAD 将拾取的点作为图块的基点。

（2）"对象"选项组。

"对象"选项组用于选择制作图块的对象，以及对象的相关属性。

在图 8-2 中，把图 8-2（a）中的正五边形定义为图块，则图 8-2（b）为选中"删除"单选按钮的结果，而图 8-2（c）为选中"保留"单选按钮的结果。

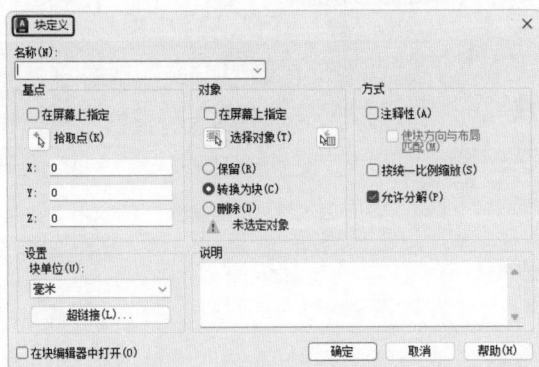

图 8-1　"块定义"对话框

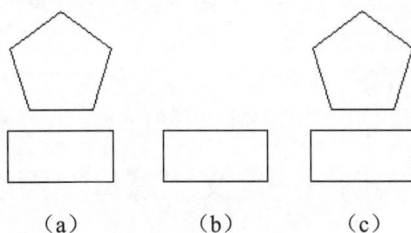

（a）　　　　　（b）　　　　　（c）

图 8-2　删除图形对象

（3）"方式"选项组。

①"注释性"复选框：指定块为"注释性"。

②"使块方向与布局匹配"复选框：指定在图纸空间视口中块参照的方向与布局的方向匹配。

③"按统一比例缩放"复选框：指定是否阻止块参照按统一比例缩放。如果未选中"注释性"复选框，则该复选框不可用。

④"允许分解"复选框：指定块参照是否可以被分解。

（4）"设置"选项组。

该选项组用于指定从 AutoCAD 设计中心拖动图块时图块的测量单位和超链接。

（5）"在块编辑器中打开"复选框。

选中"在块编辑器中打开"复选框，系统打开块编辑器，可以定义动态块。

## 8.1.2　图块的保存

用 BLOCK 命令定义的图块保存在其所属的图形中，只能将该图块插入该图中，而不能将其插入其他图中，但是有些图块在许多图中要经常用到，这时可以用 WBLOCK 命令把图块以图形文件的形式（后缀为.dwg）写入磁盘中。用户可以使用 INSERT 命令在任意图形中插入图形文件。

1．执行方式

☑　命令行：WBLOCK。

☑　功能区：插入→块定义→写块 📇。

2．操作步骤

命令：WBLOCK✓

在命令行中输入 WBLOCK 后按 Enter 键，在打开如图 8-3 所示的"写块"对话框中，用户可以将图形对象保存为图形文件，也可以将图块转换成图形文件。

**3．选项说明**

（1）"源"选项组。

确定要保存为图形文件的图块或图形对象。

① "块"单选按钮：选中此单选按钮，单击右侧的向下箭头，在下拉列表框中选择一个图块，将其保存为图形文件。

② "整个图形"单选按钮：选中此单选按钮，则把当前的整个图形保存为图形文件。

③ "对象"单选按钮：选中此单选按钮，则把不属于图块的图形对象保存为图形文件。对象的选取通过"对象"选项组来完成。

（2）"目标"选项组。

该选项组用于指定图形文件的名称、保存路径和插入单位等。

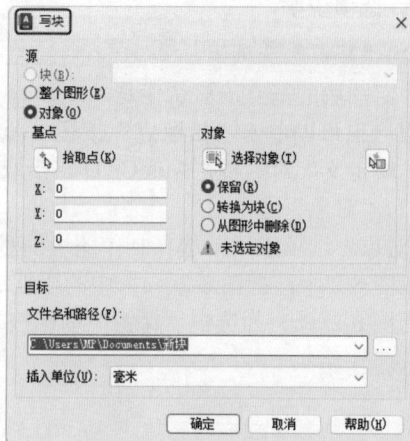

图 8-3　"写块"对话框

## 8.1.3　实例——定义"螺母"图块

本实例利用前面学过的与定义和保存图块相关的知识，将螺母图形定义为图块并对其进行保存。定义流程如图 8-4 所示。

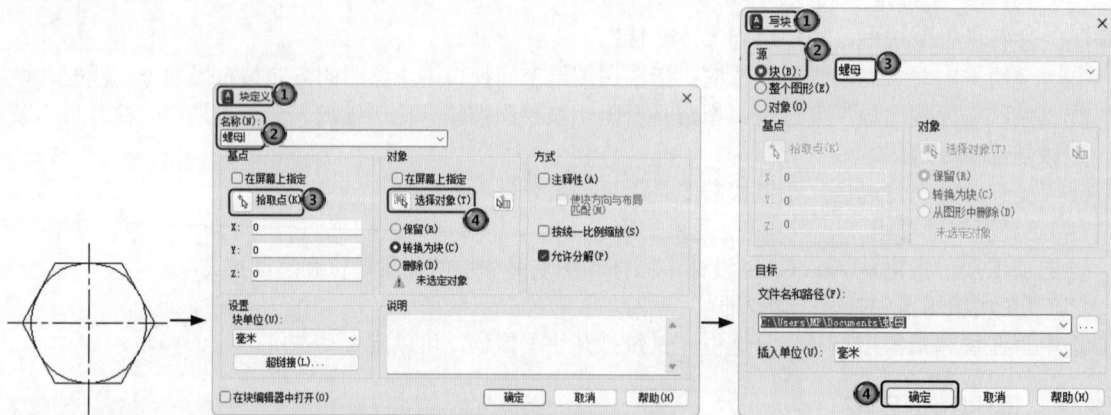

图 8-4　定义"螺母"图块

（1）创建块。绘制如图 8-5 所示的图形。单击"默认"选项卡"块"面板中的"创建"按钮🖳，❶打开"块定义"对话框。

（2）输入名称。在"名称"下拉列表框中❷输入名称"螺母"，如图 8-6 所示。

（3）拾取点。❸单击"拾取点"按钮切换到作图屏幕，选择圆心为插入基点，返回"块定义"对话框。

（4）选择对象。❹单击"选择对象"按钮切换到作图屏幕，选择图 8-5 中的对象后，按 Enter 键返回"块定义"对话框。

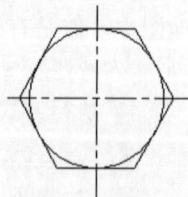

图 8-5　绘制图形

（5）关闭"块定义"对话框。

（6）写块。在命令行中输入 WBLOCK 命令，系统①打开如图 8-7 所示的"写块"对话框，在"源"选项组中②选中"块"单选按钮，在后面的下拉列表框中③选择"螺母"，在进行其他相关设置后④单击"确定"按钮退出。

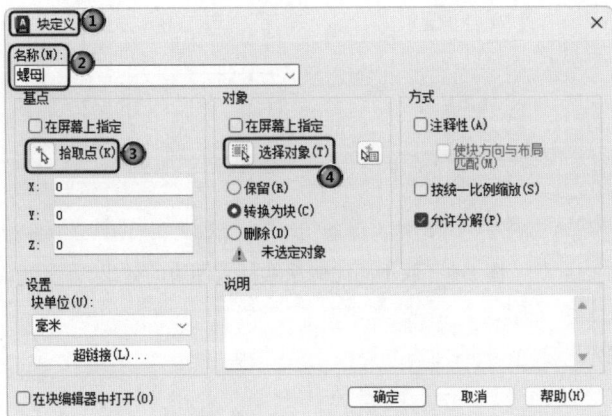

图 8-6　"块定义"对话框　　　　　　　　图 8-7　"写块"对话框

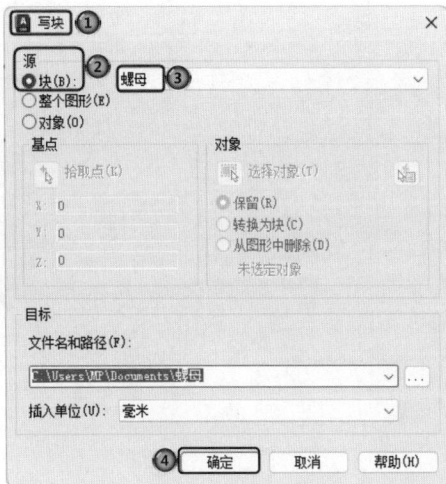

## 8.1.4　图块的插入

在用 AutoCAD 绘图的过程中，用户可以根据需要随时把已经定义好的图块或图形文件插入当前图形的任意位置处，在插入的同时还可以改变图块的大小、旋转一定角度或把图块分解等。插入图块的方法有多种，本节将逐一进行介绍。

1．执行方式

☑　命令行：INSERT。

☑　菜单栏：插入→块选项板。

☑　工具栏：插入→插入块🔲或绘图→插入块🔲。

☑　功能区：默认→块→插入→插入块。

2．操作步骤

命令：INSERT✓

AutoCAD 打开"块"选项板，如图 8-8 所示。在该选项板中可以指定要插入的图块及插入位置。

3．选项说明

（1）"插入点"复选框：指定块的插入点。如果选中该复选框，则插入块时使用定点设备或手动输入坐标，即可指定插入点；如果取消选中该复选框，则将使用之前指定的坐标。

（2）"比例"选项组：确定插入图块时的缩放比例。当把图块插入当前图形中时，可以以任意比例放大或缩小，图 8-9（a）是插入的图块，图 8-9（b）是取比例系数为 1.5 插入该图块的效果，图 8-9（c）是取比例系数为 0.5 插入该图块的效果；X 轴方向和 Y 轴方向的比例系数也可以取不同的值，图 8-9（d）是取 X 轴方向的比例系数为 1、Y 轴方向的比例系数为 1.5 插入该块的效果。另外，比例系数还可以是一个负数，当为负数时表示插入图块的镜像，其效果如图 8-10 所示。

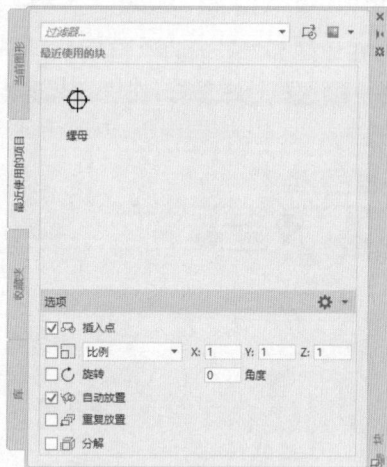

图 8-8　"块"选项板

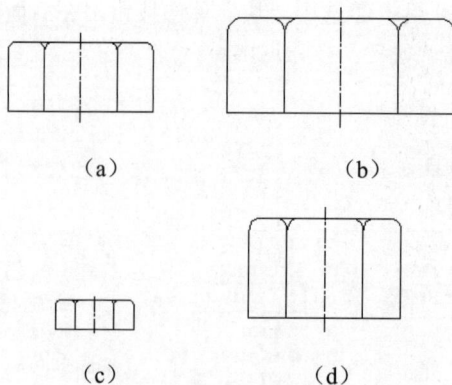

图 8-9　取不同比例系数插入图块的效果

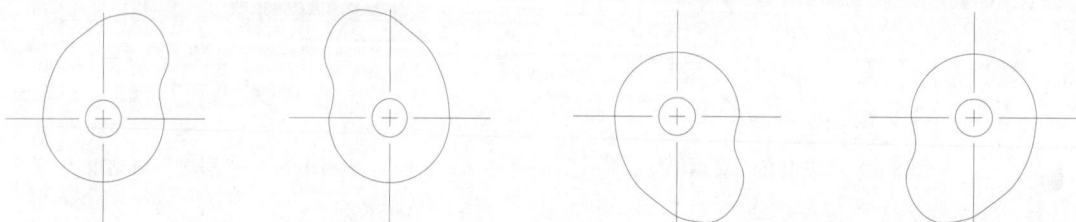

（a）X 比例=1，Y 比例=1　（b）X 比例=-1，Y 比例=1　（c）X 比例=1，Y 比例=-1　（d）X 比例=-1，Y 比例=-1

图 8-10　取比例系数为负值时插入图块的效果

（3）"旋转"复选框：不选中"旋转"复选框，直接在右侧的"角度"文本框中输入旋转角度。当把图块插入当前图形中时，可以绕其基点旋转一定的角度，角度可以是正数（表示沿逆时针方向旋转），也可以是负数（表示沿顺时针方向旋转）。在图 8-11 中，图 8-11（a）是一个图块，图 8-11（b）是将图 8-11（a）中的图块旋转 30°插入的效果，图 8-11（c）是将图 8-11（a）中的图块旋转-30°插入的效果。

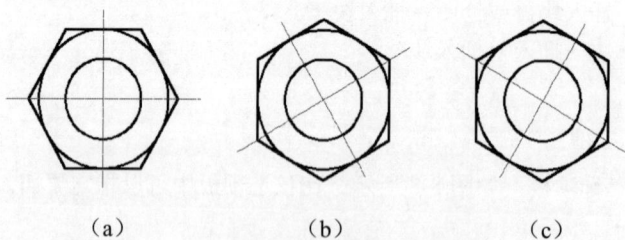

（a）　　　　　　（b）　　　　　　（c）

图 8-11　以不同旋转角度插入图块的效果

选中"旋转"复选框，插入图块时，在绘图区适当位置单击确定插入点，然后拖曳鼠标可以调整图块的旋转角度，或在命令行直接输入指定角度，最后按 Enter 键或者单击以确定图块旋转角度。

（4）"重复放置"复选框：控制是否自动重复块插入。如果选中该复选框，那么系统将自动提示其他插入点，直到按 Esc 键取消命令；如果取消选中该复选框，则将插入指定的块一次。

（5）"分解"复选框：选中此复选框，则在插入块的同时对其进行分解，插入图形中组成块的对象不再是一个整体，可对每个对象单独进行编辑操作。

## 8.1.5　实例——标注阀盖表面粗糙度

粗糙度是机械零件图中必不可少的要素，用来表征零件表面的光洁程度。但是粗糙度是中国国标中的相关规定，AutoCAD 作为一款外国开发的软件，并没有专门设置粗糙度的标注工具。为了减少重复标注的工作量，提高效率，可以把粗糙度设置为图块，然后进行快速标注。下面利用图块相关功能标注如图 8-12 所示的图形中的表面粗糙度符号。

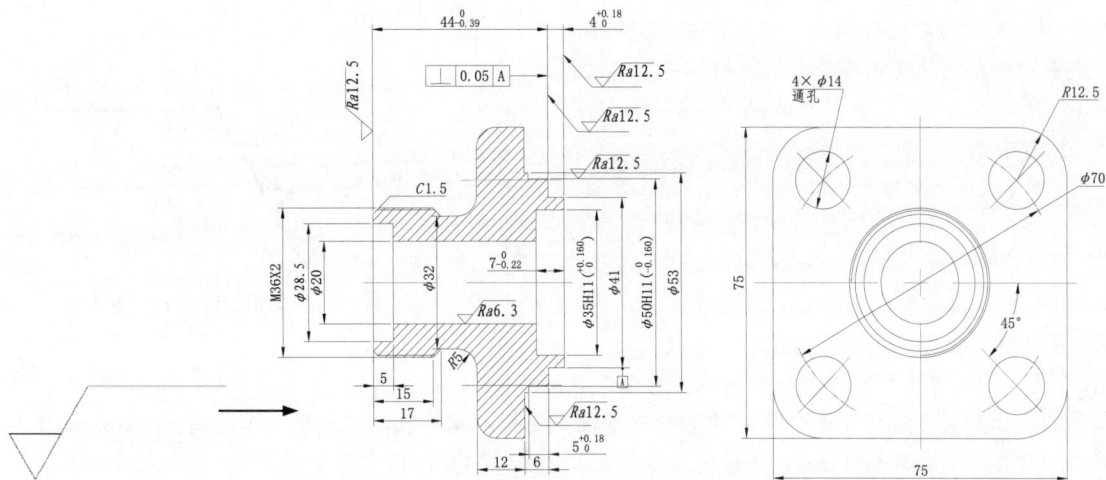

图 8-12　标注阀盖表面粗糙度

（1）绘制粗糙度。单击"默认"选项卡"绘图"面板中的"直线"按钮／，绘制如图 8-13 所示的图形。

（2）写块。在命令行中输入 WBLOCK 命令，打开"写块"对话框，拾取图 8-13 中的图形的下尖点为基点，以该图形为对象，输入图块名称并指定路径，单击"确定"按钮后退出。

（3）插入块。单击"默认"选项卡"块"面板"插入"下拉菜单中的"最近使用的块"选项，❶打开"块"选项板，如图 8-14 所示。❷在"最近使用的项目"选项卡中❸单击"表面粗糙度"图块，在屏幕上❹指定插入点、比例和旋转角度，插入时选择适当的插入点、比例和旋转角度，将该图块插入如图 8-12 所示的图形中。

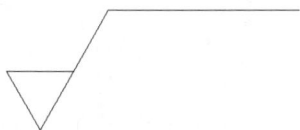

图 8-13　绘制表面粗糙度符号

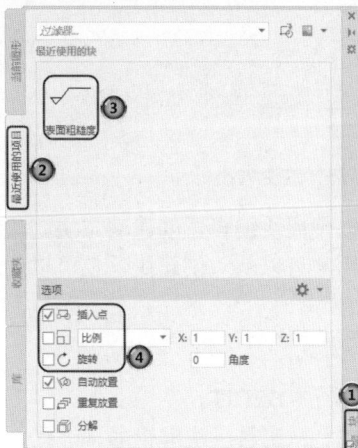

图 8-14　"块"选项板

（4）输入文字。单击"默认"选项卡"注释"面板中的"多行文字"按钮**A**，标注文字，标注时注意对文字进行旋转。

（5）插入粗糙度。同样利用插入图块的方法标注其他表面粗糙度。

## ★知识链接——表面粗糙度符号的标示规定

既然表面粗糙度符号用来表明材料或工件的表面情况、表面加工方法及粗糙程度等属性，那么就应该有一套标示规定。表面粗糙度数值及在符号中注写的位置等有关规定如图 8-15 所示，以下是对各符号的说明。

☑ h 为字体高度。

☑ $a_1$、$a_2$ 为表面粗糙度高度参数的允许值，单位为 mm。

☑ b 为加工方法、镀涂或其他表面处理。

☑ c 为取样长度，单位为 mm。

☑ d 为加工纹理方向符号。

☑ e 为加工余量，单位为 mm。

图 8-15 表面粗糙度的有关规定

☑ f 为表面粗糙度间距参数值或轮廓支撑长度率。

零件的表面粗糙度是评定零件表面质量的一项技术指标，零件表面粗糙度要求越高，表面粗糙度参数值越小，则其加工成本也就越高。因此，应在满足零件表面功能的前提下合理选用表面粗糙度参数。

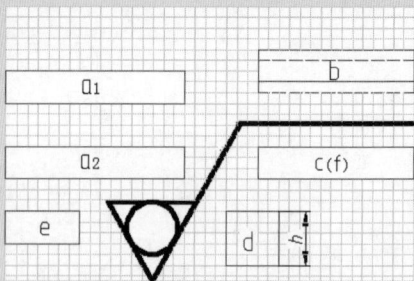

## 8.1.6 动态块

动态块具有灵活性和智能性。用户在操作时可以轻松地更改图形中的动态块参照，也可以通过自定义夹点或自定义特性来操作动态块参照中的几何图形。这使得用户可以根据需要在位调整块，而不用搜索另一个块以插入或重定义现有的块。

例如，如果在图形中插入一个门块参照，编辑图形时可能需要更改门的大小。如果该块是动态的，并且定义为可调整大小，那么只需要拖动自定义夹点，或在"特性"选项板中指定不同的大小就可以修改门的大小，如图 8-16 所示。用户可能还需要修改门的打开角度，如图 8-17 所示。该门块还可能包含对齐夹点，使用对齐夹点可以轻松地将门块参照与图形中的其他几何图形对齐，如图 8-18 所示。

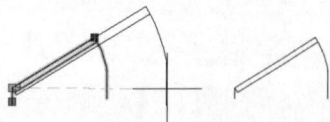

图 8-16 改变大小　　　图 8-17 改变角度　　　图 8-18 对齐

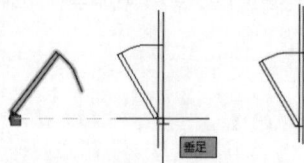

用户可以使用块编辑器创建动态块。块编辑器是一个专门的编写区域，用于添加能够使块成为动态块的元素。用户可以从头创建块，也可以向现有的块定义中添加动态行为，还可以像在绘图区中一样创建几何图形。

### 1. 执行方式

☑ 命令行：BEDIT。

☑ 菜单栏：工具→块编辑器。

☑ 工具栏：标准→块编辑器。

☑　功能区：插入→块定义→块编辑器🖉。

☑　快捷菜单：选择一个块参照，在绘图区中右击，在弹出的快捷菜单中选择"块编辑器"命令。

2. 操作步骤

命令：BEDIT✓

执行上述操作，系统❶打开"编辑块定义"对话框，如图 8-19 所示。❷在"要创建或编辑的块"文本框中输入块名，或在列表框中选择已定义的块或当前图形。单击"确定"按钮后，系统❸打开"块编写选项板-所有选项板"选项板和❹"块编辑器"选项卡，如图 8-20 所示。

3. 选项说明

（1）"块编写选项板-所有选项板"选项板。

"块编写选项板-所有选项板"有 4 个选项卡，介绍如下。

①"参数"选项卡：提供用于向块编辑器的动态块定义中添加参数的工具。参数用于指定几何图形在块参照中的位置、

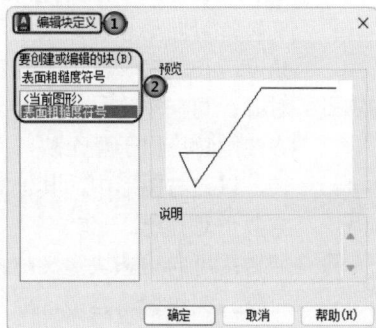

图 8-19　"编辑块定义"对话框

距离和角度。将参数添加到动态块定义中时，该参数将定义块的一个或多个自定义特性。此选项卡也可以通过 BPARAMETER 命令来打开。

☑　点：可向动态块定义中添加一个点参数，并为块参照自定义 X 和 Y 特性。点参数定义图形中的 X 和 Y 位置。在块编辑器中，点参数类似于一个坐标标注。

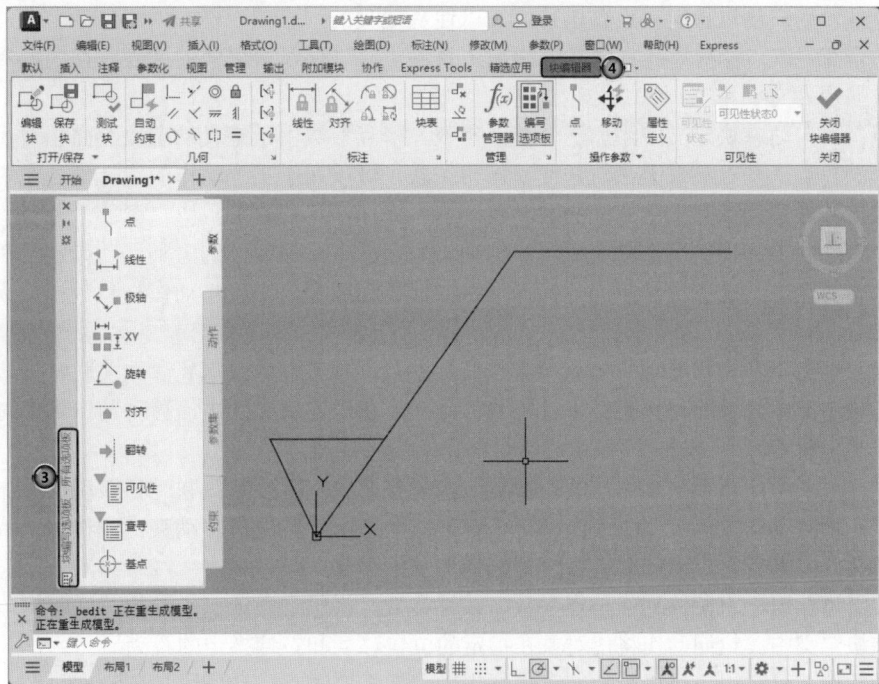

图 8-20　块编辑状态绘图平面

☑　线性：可向动态块定义中添加一个线性参数，并为块参照自定义距离特性。线性参数显示两个目标点之间的距离，限制沿预设角度进行的夹点移动。在块编辑器中，线性参数类似于对齐标注。

☑　极轴：可向动态块定义中添加一个极轴参数，并为块参照自定义距离和角度特性。极轴参数显

示两个目标点之间的距离和角度值，用户可以使用夹点和"特性"选项板来共同更改距离值和角度值。在块编辑器中，极轴参数类似于对齐标注。

☑ XY：可向动态块定义中添加一个 XY 参数，并为块参照自定义水平距离和垂直距离特性。XY 参数显示距参数基点的 X 距离和 Y 距离。在块编辑器中，XY 参数显示为一对标注（水平标注和垂直标注），这一对标注共享一个公共基点。

☑ 旋转：可向动态块定义中添加一个旋转参数，并为块参照自定义角度特性。旋转参数用于定义角度，在块编辑器中，旋转参数显示为一个圆。

☑ 对齐：可向动态块定义中添加一个对齐参数。对齐参数用于定义 X 位置、Y 位置和角度。对齐参数总应用于整个块，并且无须与任何动作相关联。对齐参数允许块参照自动围绕一个点旋转，以便与图形中的其他对象对齐。对齐参数影响块参照的角度特性，在块编辑器中对齐参数类似于对齐线。

☑ 翻转：可向动态块定义中添加一个翻转参数，并为块参照自定义翻转特性。翻转参数用于翻转对象。在块编辑器中，翻转参数显示为投影线，可以围绕这条投影线翻转对象。翻转参数将显示一个值，该值显示块参照是否已被翻转。

☑ 可见性：可向动态块定义中添加一个可见性参数，并为块参照自定义可见性特性。通过可见性参数，用户可以创建可见性状态并控制块中对象的可见性。可见性参数总应用于整个块，并且无须与任何动作相关联。在图形中单击夹点可以显示块参照中所有可见性状态的列表。在块编辑器中，可见性参数显示为带有关联夹点的文字。

☑ 查寻：可向动态块定义中添加一个查寻参数，并为块参照自定义查寻特性。查寻参数用于自定义特性，用户可以指定或设置该特性，以便从定义的列表或表格中计算出某个值。该参数可以与单个查寻夹点相关联，在块参照中单击该夹点可以显示可用值的列表。在块编辑器中，查寻参数显示为文字。

☑ 基点：可向动态块定义中添加一个基点参数。基点参数用于定义动态块参照相对于块中的几何图形的基点。基点参数无法与任何动作相关联，可以属于某个动作的选择集。在块编辑器中，基点参数显示为带有十字光标的圆。

②"动作"选项卡：提供用于向块编辑器的动态块定义中添加动作的工具。动作定义在图形中操作块参照的自定义特性时，动态块参照的几何图形将如何移动或变化。应将动作与参数相关联。此选项卡也可以通过 BACTIONTOOL 命令来打开。

☑ 移动：可在用户将移动动作与点参数、线性参数、极轴参数或 XY 参数关联时将该动作添加到动态块定义中。移动动作类似于 MOVE 命令。在动态块参照中，移动动作将使对象移动指定的距离和角度。

☑ 缩放：可在用户将缩放动作与线性参数、极轴参数或 XY 参数关联时将该动作添加到动态块定义中。缩放动作类似于 SCALE 命令。在动态块参照中，通过移动夹点或使用"特性"选项板编辑关联的参数时，缩放动作将使其选择集发生缩放。

☑ 拉伸：可在用户将拉伸动作与点参数、线性参数、极轴参数或 XY 参数关联时将该动作添加到动态块定义中。拉伸动作将使对象在指定的位置移动和拉伸指定的距离。

☑ 极轴拉伸：可在用户将极轴拉伸动作与极轴参数关联时将该动作添加到动态块定义中。通过夹点或"特性"选项板更改关联的极轴参数上的关键点时，极轴拉伸动作将使对象旋转、移动和拉伸指定的角度和距离。

☑ 旋转：可在用户将旋转动作与旋转参数关联时将该动作添加到动态块定义中。旋转动作类似于 ROTATE 命令。在动态块参照中，通过夹点或"特性"选项板编辑相关联的参数时，旋转动作将使其相关联的对象进行旋转。

☑　翻转：可在用户将翻转动作与翻转参数关联时把该动作添加到动态块定义中。使用翻转动作可以围绕指定的轴（称为投影线）翻转动态块参照。

☑　阵列：可在用户将阵列动作与线性参数、极轴参数或 XY 参数关联时把该动作添加到动态块定义中。通过夹点或"特性"选项板编辑关联的参数时，阵列动作将复制关联的对象并按矩形的方式进行阵列。

☑　查寻：可向动态块定义中添加一个查寻动作。向动态块定义中添加查寻动作并将其与查寻参数相关联后，将创建查寻表。用户可以使用查寻表将自定义特性和值指定给动态块。

③ "参数集"选项卡：提供用于向块编辑器的动态块定义中添加一个参数和至少一个动作的工具。将参数集添加到动态块中时，动作将自动与参数相关联。将参数集添加到动态块中后，双击黄色警示图标（或使用 BACTIONSET 命令），然后按照命令行上的提示将动作与几何图形选择集相关联。此选项卡也可以通过命令 BPARAMETER 来打开。

☑　点移动：可向动态块定义中添加一个点参数，系统自动添加与该点参数相关联的移动动作。

☑　线性移动：可向动态块定义中添加一个线性参数，系统自动添加与该线性参数的端点相关联的移动动作。

☑　线性拉伸：可向动态块定义中添加一个线性参数，系统自动添加与该线性参数相关联的拉伸动作。

☑　线性阵列：可向动态块定义中添加一个线性参数，系统自动添加与该线性参数相关联的阵列动作。

☑　线性移动配对：可向动态块定义中添加一个线性参数，系统自动添加两个移动动作，一个与基点相关联，另一个与线性参数的端点相关联。

☑　线性拉伸配对：可向动态块定义中添加一个线性参数，系统自动添加两个拉伸动作，一个与基点相关联，另一个与线性参数的端点相关联。

☑　极轴移动：可向动态块定义中添加一个极轴参数，系统自动添加与该极轴参数相关联的移动动作。

☑　极轴拉伸：可向动态块定义中添加一个极轴参数，系统自动添加与该极轴参数相关联的拉伸动作。

☑　环形阵列：可向动态块定义中添加一个极轴参数，系统自动添加与该极轴参数相关联的阵列动作。

☑　极轴移动配对：可向动态块定义中添加一个极轴参数，系统会自动添加两个移动动作，一个与基点相关联，另一个与极轴参数的端点相关联。

☑　极轴拉伸配对：可向动态块定义中添加一个极轴参数，系统自动添加两个拉伸动作，一个与基点相关联，另一个与极轴参数的端点相关联。

☑　XY 移动：可向动态块定义中添加一个 XY 参数，系统自动添加与 XY 参数的端点相关联的移动动作。

☑　XY 移动配对：可向动态块定义中添加一个 XY 参数，系统自动添加两个移动动作，一个与基点相关联，另一个与 XY 参数的端点相关联。

☑　XY 移动方格集：运行 BPARAMETER 命令，然后指定 4 个夹点并选择"XY 参数"选项，可向动态块定义中添加一个 XY 参数。系统自动添加 4 个移动动作，分别与 XY 参数上的 4 个关键点相关联。

☑　XY 拉伸方格集：可向动态块定义中添加一个 XY 参数，系统自动添加 4 个拉伸动作，分别与

XY 参数上的 4 个关键点相关联。

☑ XY 阵列方格集：可向动态块定义中添加一个 XY 参数，系统自动添加与该 XY 参数相关联的阵列动作。

☑ 旋转集：可向动态块定义中添加一个旋转参数，系统自动添加与该旋转参数相关联的旋转动作。

☑ 翻转集：可向动态块定义中添加一个翻转参数，系统自动添加与该翻转参数相关联的翻转动作。

☑ 可见性集：可向动态块定义中添加一个可见性参数并允许定义可见性状态，无须添加与可见性参数相关联的动作。

☑ 查寻集：可向动态块定义中添加一个查寻参数，系统自动添加与该查寻参数相关联的查寻动作。

④"约束"选项卡：提供了用于将几何约束和约束参数应用于对象的工具。将几何约束应用于一对对象时，选择对象的顺序及选择每个对象的点可能影响对象相对于彼此的放置方式。

☑ 几何约束。

➤ 重合：可同时将两个点或一个点约束至曲线（或曲线的延伸线）。对象上的任意约束点均可以与其他对象上的任意约束点重合。

➤ 垂直：可使选定直线垂直于另一条直线。垂直约束在两个对象之间应用。

➤ 平行：可使选定的直线位于彼此平行的位置。平行约束在两个对象之间应用。

➤ 相切：可使曲线与其他曲线相切。相切约束在两个对象之间应用。

➤ 水平：可使直线或点对位于与当前坐标系的 X 轴平行的位置。

➤ 竖直：可使直线或点对位于与当前坐标系的 Y 轴平行的位置。

➤ 共线：可使两条直线段沿同一条直线的方向。

➤ 同心：可将两条圆弧、圆或椭圆约束到同一个中心点，结果与将重合应用于曲线的中心点所产生的结果相同。

➤ 平滑：可在共享一个重合端点的两条样条曲线之间创建曲率连续（G2）条件。

➤ 对称：可使选定的直线或圆受相对于选定直线的对称约束。

➤ 相等：可将选定圆弧和圆的尺寸重新调整为半径相同，或将选定直线的尺寸重新调整为长度相同。

➤ 固定：可将点和曲线锁定在位。

☑ 约束参数。

➤ 对齐：可约束直线的长度、两条直线之间的距离、对象上的点和直线之间或不同对象上的两个点之间的距离。

➤ 水平：可约束直线或不同对象上的两个点之间的 X 距离，有效对象包括直线段和多段线线段。

➤ 竖直：可约束直线或不同对象上的两个点之间的 Y 距离，有效对象包括直线段和多段线线段。

➤ 角度：可约束两条直线段或多段线线段之间的角度，这与角度标注类似。

➤ 半径：可约束圆、圆弧或多段圆弧段的半径。

➤ 直径：可约束圆、圆弧或多段圆弧段的直径。

（2）"块编辑器"选项卡。

"块编辑器"选项卡提供了在块编辑器中使用、创建动态块，以及设置可见性状态的工具。

☑ 编辑块 ：显示"编辑块定义"对话框。

☑ 保存块 ：保存当前块定义。

☑ 将块另存为 ：显示"将块另存为"对话框，用户可以在其中用一个新名称保存当前块定义的副本。

- ☑ 测试块⤴：运行 BTESTBLOCK 命令，系统可以从块编辑器中打开一个外部窗口以测试动态块。
- ☑ 自动约束⤳：运行 AUTOCONSTRAIN 命令，系统可以根据对象相对于彼此的方向将几何约束应用于对象的选择集。
- ☑ 显示/隐藏⧉：运行 CONSTRAINTBAR 命令，系统可以显示或隐藏对象上的可用几何约束。
- ☑ 块表▦：运行 BTABLE 命令，系统可以显示对话框以定义块的变量。
- ☑ 参数管理器 *fx*：参数管理器处于未激活状态时执行 PARAMETERS 命令；否则，将执行 PARAMETERSCLOSE 命令。
- ☑ 编写选项板▥：编写选项板处于未激活状态时执行 BAUTHORPALETTE 命令；否则，将执行 BAUTHORPALETTECLOSE 命令。
- ☑ 属性定义◌：显示"属性定义"对话框，用户可以从中定义模式、属性标记、提示、值、插入点和属性的文字选项。
- ☑ 可见性模式◪：设置 BVMODE 系统变量，可以使当前可见性状态下不可见的对象变暗或隐藏。
- ☑ 使可见▩：运行 BVSHOW 命令，可以使对象在当前可见性状态或所有可见性状态下均可见。
- ☑ 使不可见▨：运行 BVHIDE 命令，可以使对象在当前可见性状态或所有可见性状态下均不可见。
- ☑ 可见性状态▤：显示"可见性状态"对话框，用户可以从中创建、删除、重命名和设置当前可见性状态。在列表框中选择一种状态，右击，在弹出的快捷菜单中选择"新状态"命令，系统弹出"新建可见性状态"对话框，用户可以从中设置可见性状态。
- ☑ 关闭块编辑器✔：运行 BCLOSE 命令，可关闭块编辑器，并提示用户保存或放弃对当前块定义所做的任何更改。

## 8.1.7　实例——利用动态块功能标注阀盖粗糙度

本实例利用前面学过的动态块功能对阀盖的粗糙度符号进行标注，具体过程如图 8-21 所示。在操作过程中，读者应注意体会与 8.1.5 节中讲述的方法有什么区别。

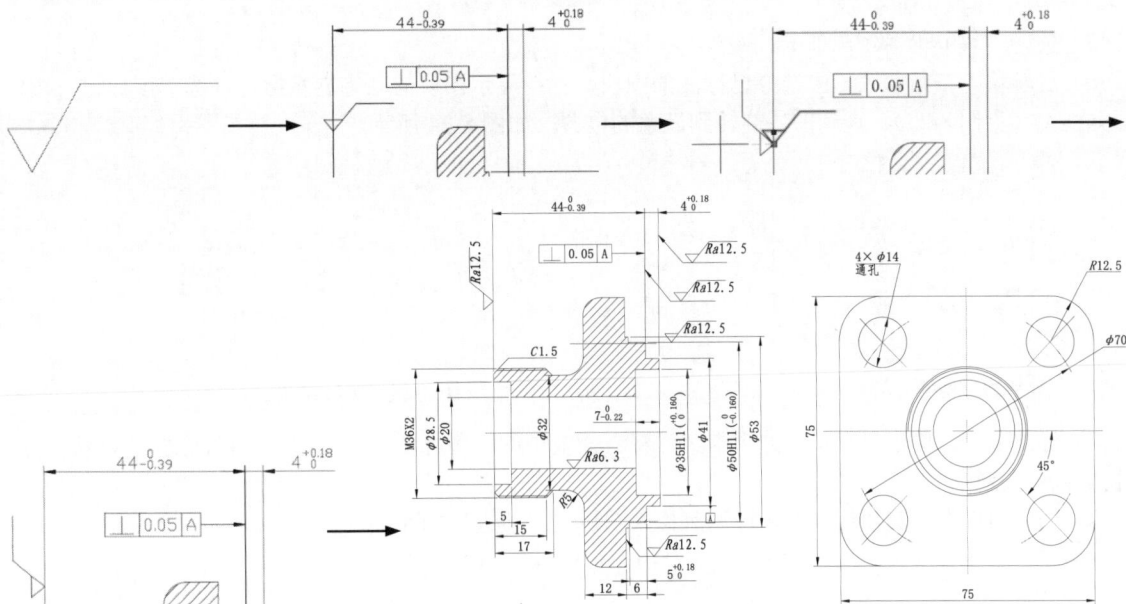

图 8-21　标注阀盖粗糙度

（1）绘制粗糙度符号。单击"默认"选项卡"绘图"面板中的"直线"按钮 ╱，绘制粗糙度符号。

（2）写块。在命令行中输入 WBLOCK 命令，打开"写块"对话框，拾取上面图形的下尖点为基点，以上面图形为对象，输入图块名称并指定路径，单击"确定"按钮保存图块并关闭对话框。

（3）插入块。单击"默认"选项卡"块"面板"插入"下拉菜单中的"最近使用的块"选项，打开"块"选项板，选中"选项"选项组中的"插入点"和"比例"复选框，在"最近使用的块"选项中单击已保存的图块，在屏幕上指定插入点和比例，将该图块插入如图 8-22 所示的图形中。

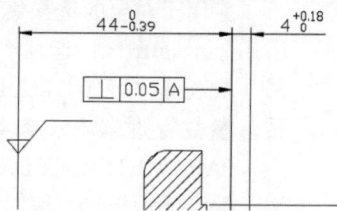

图 8-22　插入粗糙度符号

（4）编辑块。单击"插入"选项卡"块定义"面板中的"块编辑器"按钮 ╚，选择刚才保存的块，打开"块编辑器"选项卡和"块编写选项板-所有选项板"，在"块编写选项板-所有选项板"的"参数"选项卡中选择"旋转"选项，命令行提示与操作如下。

```
命令：_bedit
正在重生成模型。
命令：_BParameter（选择"旋转"选项）
指定基点或［名称(N)/标签(L)/链(C)/说明(D)/选项板(P)/值集(V)］:（指定粗糙度图块下角点为基点）
指定参数半径：（指定适当半径）
指定默认旋转角度或［基准角度(B)］<0>: 0（指定适当角度）
指定标签位置：（指定适当标签位置）
```

在"块编写选项板-所有选项板"的"动作"选项卡中选择"旋转"选项，命令行提示与操作如下。

```
命令：_BActionTool
选择参数：（选择已设置的旋转参数）
指定动作的选择集
选择对象：（选择粗糙度图块）
```

（5）关闭"块编辑器"选项卡。

（6）旋转块。在当前图形中选择已标注的图块，系统显示图块的动态旋转标记，选中该标记，按住鼠标并拖曳（见图 8-23），直到图块旋转到满意的位置，如图 8-24 所示。

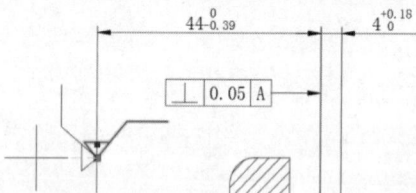

图 8-23　动态旋转

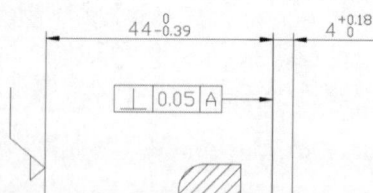

图 8-24　旋转结果

（7）标注文字。单击"默认"选项卡"注释"面板中的"多行文字"按钮 A，标注文字，标注时注意对文字进行旋转。

（8）插入粗糙度。其他粗糙度同样利用插入图块的方法进行标注。

## ◆技术看板——表面粗糙度在图样上的标注方法

表面粗糙度符号应标注在可见的轮廓线、尺寸线、尺寸界线或它们的延长线上；对于镀涂表面，表面粗糙度符号可标注在表示线上。表面粗糙度符号的尖端必须从材料外指向表面，如图 8-21 和图 8-22 所示。表面粗糙度代号中数字及符号的方向必须按如图 8-25 或图 8-26 所示的规定进行标注。

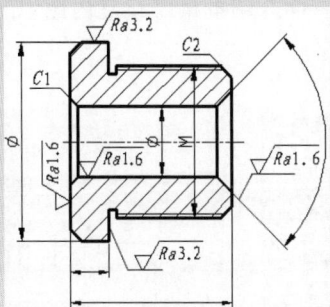

图 8-25　表面粗糙度标注 1　　　　　图 8-26　表面粗糙度标注 2

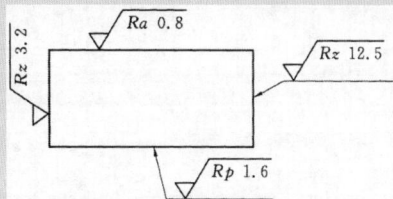

## 8.1.8　搜索和转换

AutoCAD2026 的“搜索和转换”功能（命令：BSEARCH）可快速查找图纸中的重复图形或文字变体，并批量转换为块或指定属性。

### 1. 执行方式

- ☑　命令行：BSEARCH。
- ☑　功能区：默认→块→搜索和转换。

### 2. 操作步骤

```
命令：BSEARCH
选择对象以查找要转换为块的匹配实例:找到 1 个
选择对象以查找要转换为块的匹配实例:
选择要删除/添加的实例:
选择替代块。
接受放置或[移动（M）旋转（R）缩放（S）放弃（U）]<接受>:
```

### 3. 选项说明

（1）选择要删除/添加的实例：需要选择要删除或添加的对象时，若存在多个相同的对象，可以选择删除不需要的对象，或者选择添加新的对象。

（2）移动（M）：将一个或多个对象以某点为基准，沿着指定的角度和距离移动到新的位置。

（3）旋转（R）：将一个或多个对象以某点为基准，围绕指定角度进行旋转。旋转操作可以改变对象的方向，使其达到所需的图形效果。

（4）缩放（S）：将一个对象或多个对象以某点为中心，按照指定的比例进行缩放。缩放操作可以调整对象的大小，使其符合设计要求。

（5）放弃（U）：放弃操作可以撤销上一步或上几步操作。

（6）接受：与放弃操作相对，接受操作可以重新执行之前放弃的操作。

### 8.1.9　实例——批量替换室内图中的马桶

在图形处理中，搜索和转换功能是不可或缺的要素，常用于批量替换操作。为了提高绘图效率、减少人工操作失误，批量替换功能就显得尤为重要，通过 CAD 软件的搜索和转换功能，可以精准地定位到需要替换的图形元素，或者是特定的图形对象，都能在短时间内完成批量替换操作，确保图形的一致性和规范性，为后续的设计、修改和输出提供有力支持。下面介绍批量替换室内图中的马桶图块，如图 8-27 所示。

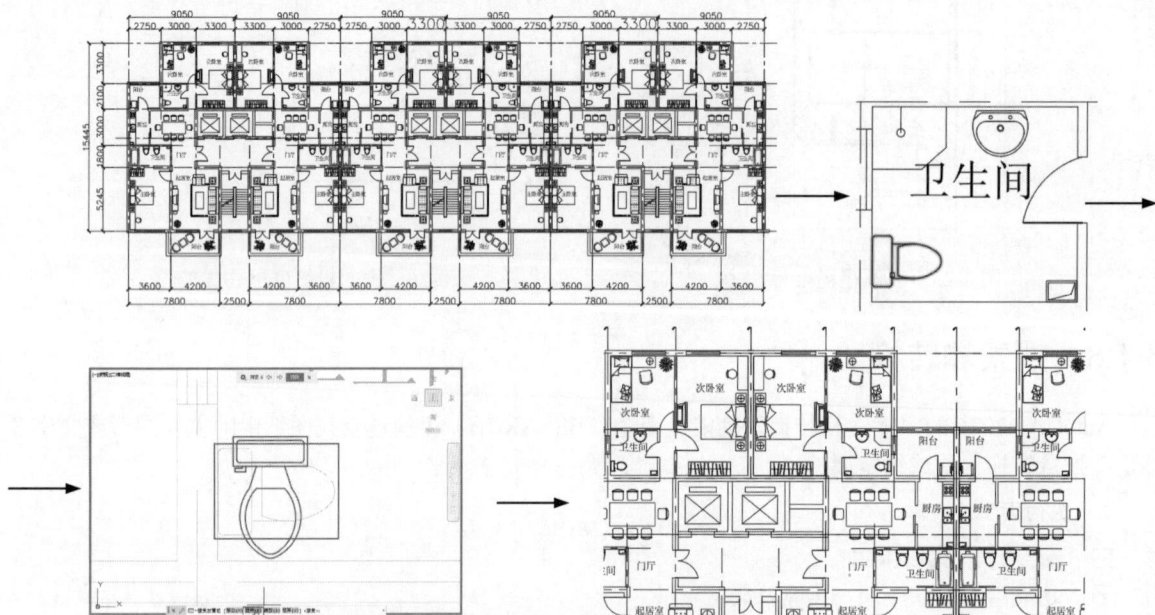

图 8-27　批量替换室内图中的马桶

（1）打开源文件中的"绘制家属楼平面图"，如图 8-28 所示。

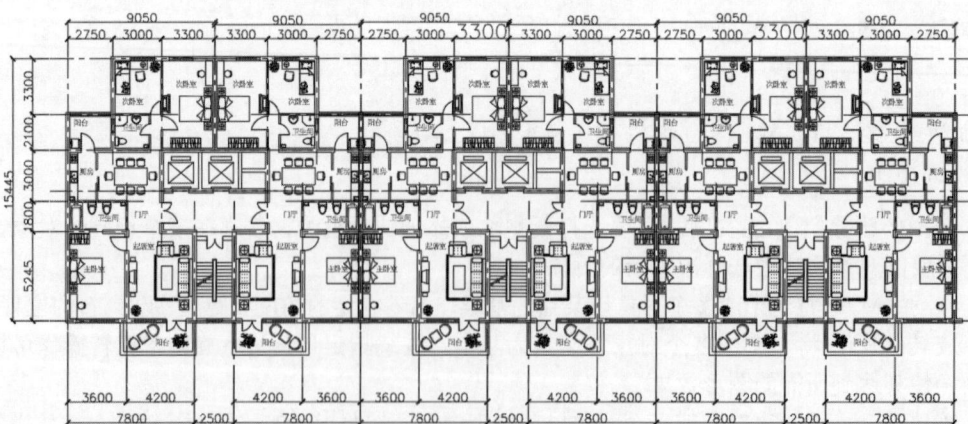

图 8-28　绘制家属楼平面图

（2）单击"默认"选项卡"块"面板下拉列表中的"搜索和转换"按钮，选择需要替换的马桶图块，按空格键，如图 8-29 所示，自动识别到图纸中马桶，单击"转换"按钮，图 8-30 所示。

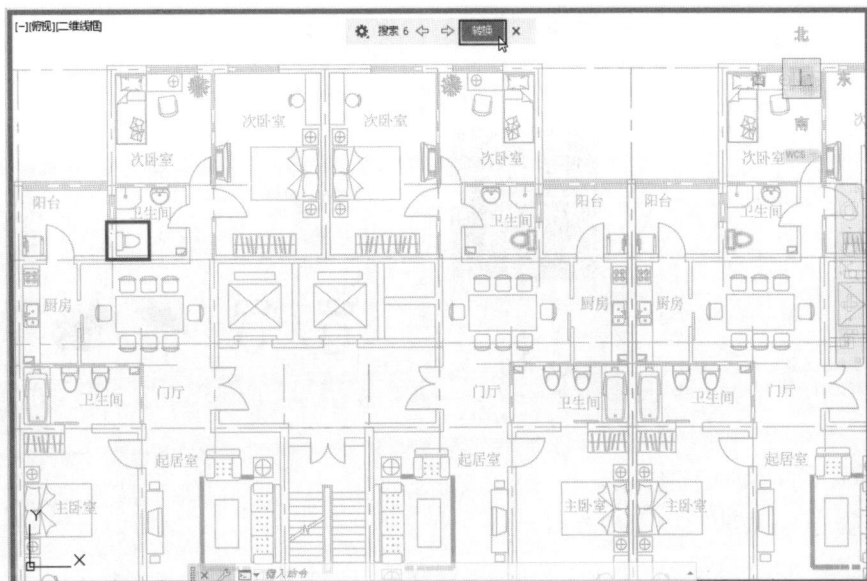

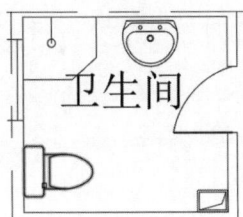

图 8-29 马桶               图 8-30 转换

（3）单击"转换"按钮后，弹出"转换为块"对话框，单击"现有块"按钮和"从图形中选择"按钮 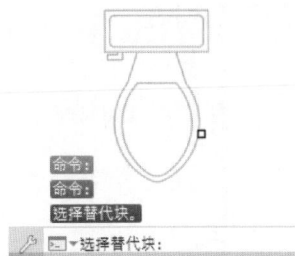，如图 8-31 所示。

（4）选择替代块，图 8-32 所示，弹出"转换为块"对话框，单击"转换"按钮，如图 8-33 所示。

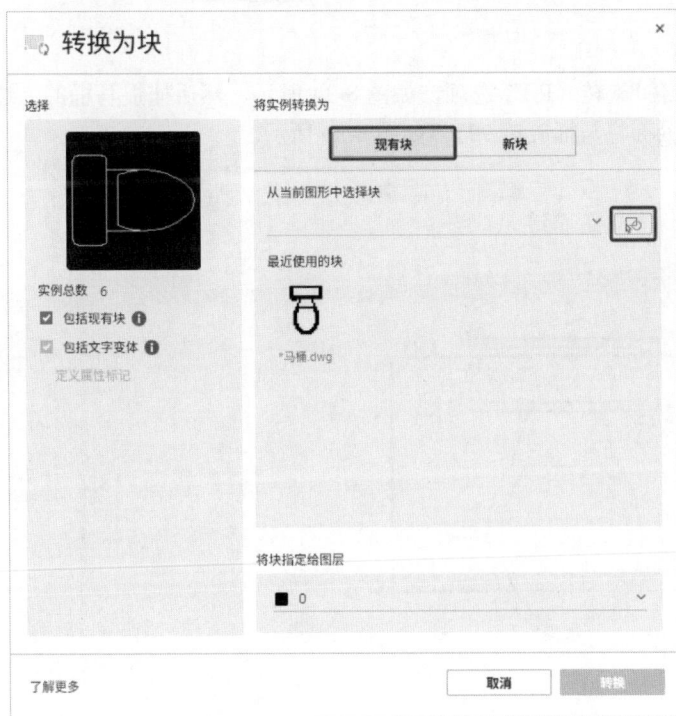

图 8-31 "转换为块"对话框             图 8-32 选择替代块

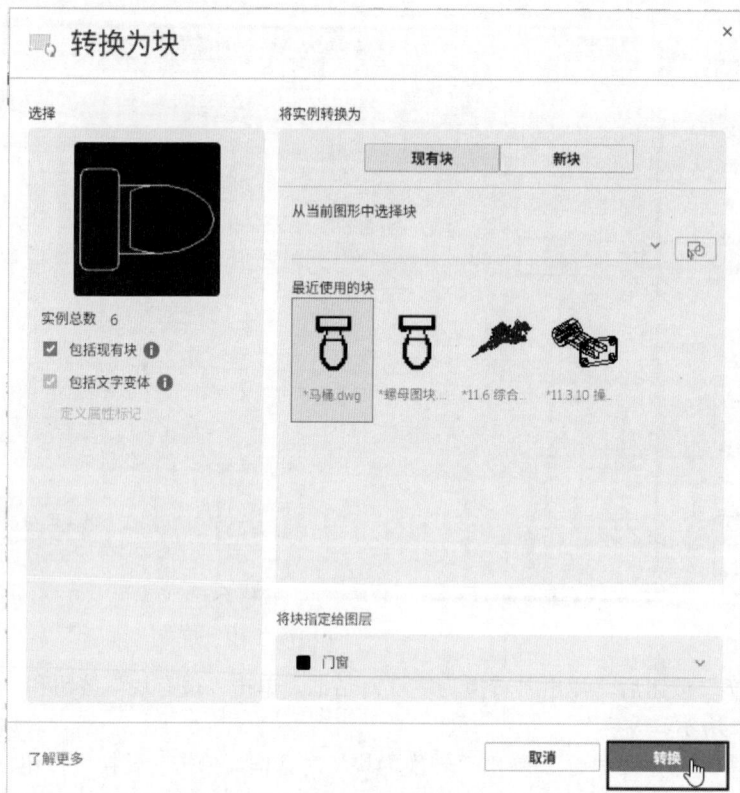

图 8-33　转换

（5）马桶方向不对，在命令行中单击"旋转（R）"选项，如图 8-34 所示，然后捕捉马桶的上边线中点为旋转基点，如图 8-35 所示，移动鼠标将马桶旋转 90°，如图 8-36 所示。

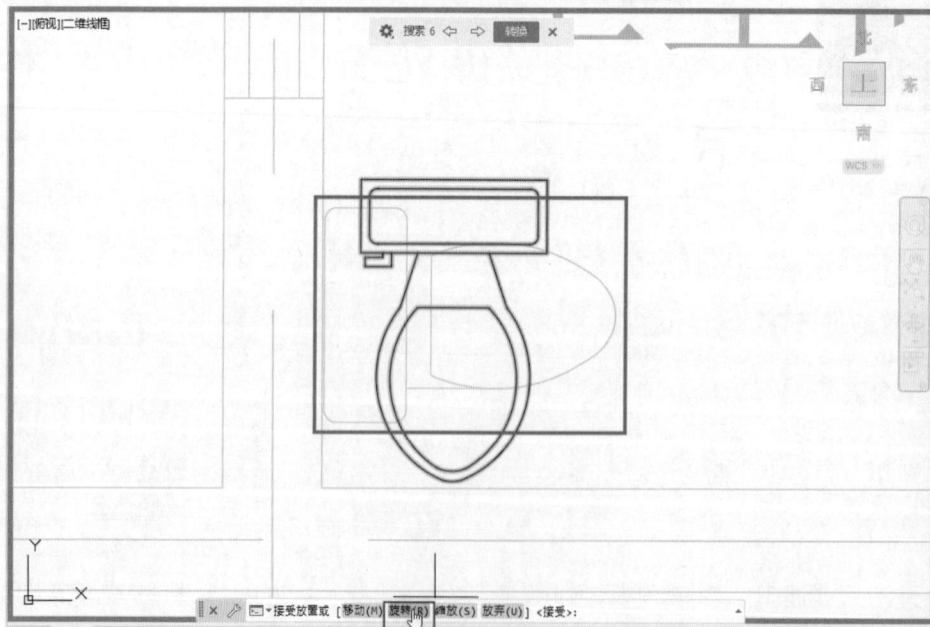

图 8-34　旋转

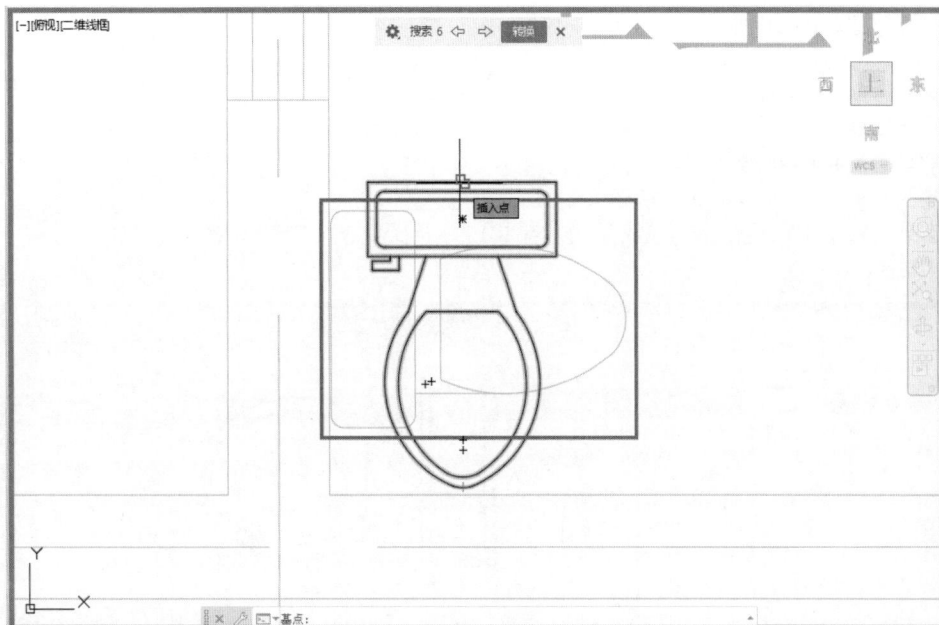

图 8-35 指点旋转基点

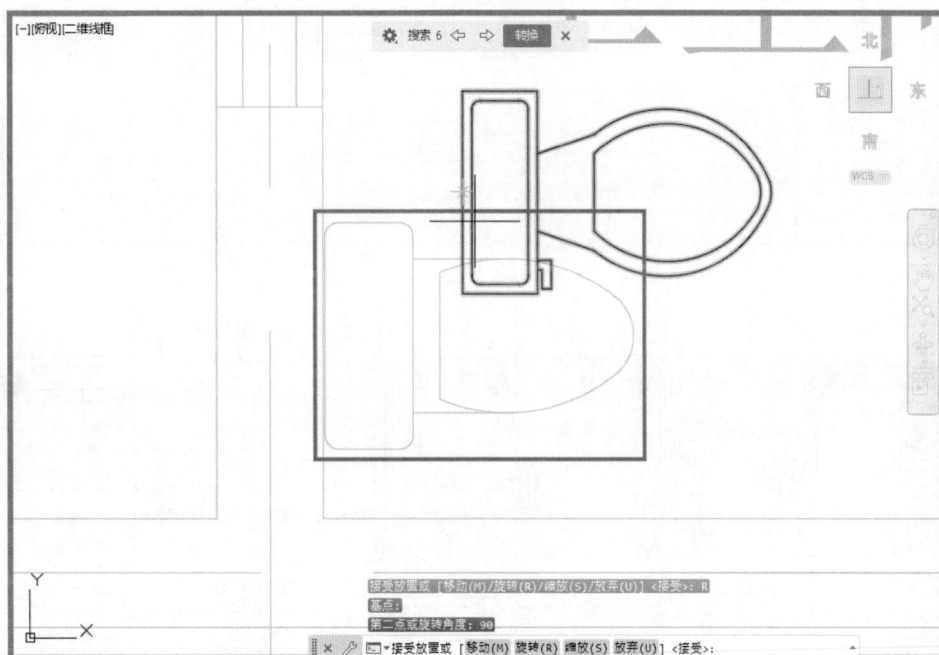

图 8-36 旋转 90 度

（6）移动马桶。在命令中单击"移动（M）"选项，把马桶移动到墙边线，如图 8-37 所示，然后在命令行中单击 Enter 键确认，最终就会全部批量替换，如图 8-38 所示，命令行提示与操作如下。

```
命令：_BSEARCH
选择对象以查找要转换为块的匹配实例：找到 1 个
选择对象以查找要转换为块的匹配实例：
选择要删除/添加的实例：
```

接受放置或［移动(M)/旋转(R)/缩放(S)/放弃(U)］<接受>：R
基点：(马桶上边的中心点)
第二点或旋转角度：90°
接受放置或［移动(M)/旋转(R)/缩放(S)/放弃(U)］<接受>：M
基点：(马桶上边的中心点)
位移的第二点：(墙边线)
接受放置或［移动(M)/旋转(R)/缩放(S)/放弃(U)］<接受>：(按 Enter 键)
6 个块已转换。

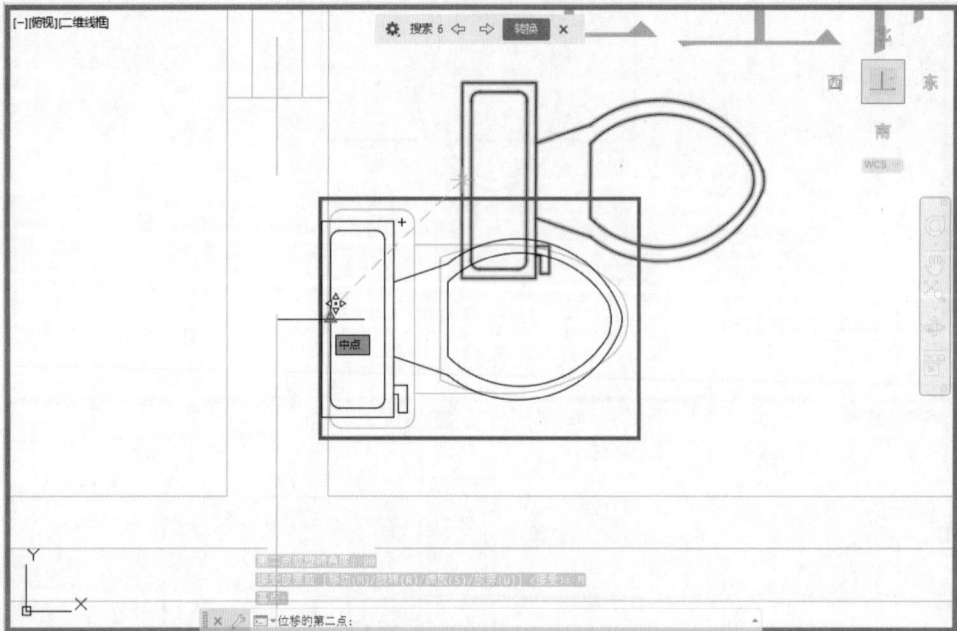

图 8-37　移动

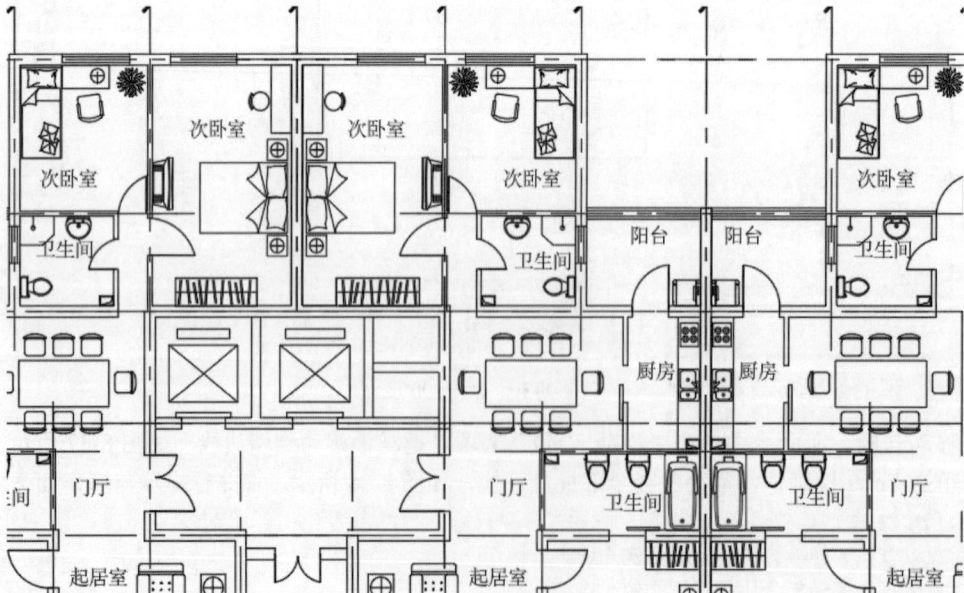

图 8-38　马桶批量替换

# 8.2　图块的属性

图块除了包含图形对象，还具有非图形信息，例如把一个椅子的图形定义为图块后，还可把椅子的号码、材料、重量、价格及说明等文本信息一并加入图块中。图块的这些非图形信息被称为图块的属性，是图块的组成部分，与图形对象构成一个整体，在插入图块时 AutoCAD 可以把图形对象连同其属性一起插入图形中。

## 8.2.1　定义图块属性

在使用图块属性前，要对其属性进行定义，下面讲述属性定义的具体方法。

**1．执行方式**

☑　命令行：ATTDEF。
☑　菜单栏：绘图→块→定义属性。

**2．操作步骤**

命令：ATTDEF✓

选取相应的命令或在命令行中输入 ATTDEF，系统弹出"属性定义"对话框，如图 8-39 所示。

**3．选项说明**

（1）"模式"选项组。

"模式"选项组用来确定属性的模式。

①"不可见"复选框：如果选中此复选框，则属性为不可见显示方式，即插入图块并输入属性值后，属性值不会显示在图中。

②"固定"复选框：如果选中此复选框，则属性值为常量，即属性值是在属性定义时给定的，在插入图块时AutoCAD 不再提示输入属性值。

③"验证"复选框：选中此复选框，AutoCAD 在插入图块时重新显示属性值，让用户验证该值是否正确。

图 8-39　"属性定义"对话框

④"预设"复选框：选中此复选框，AutoCAD 在插入图块时自动把事先设置好的默认值赋予属性，而不再提示输入属性值。

⑤"锁定位置"复选框：选中此复选框，AutoCAD 锁定块参照中属性的位置。解锁后，属性可以相对于使用夹点编辑的块的其他部分进行移动，并且用户还可以调整多行文字属性的大小。

**注意**：在动态块中，由于属性的位置包括在动作的选择集中，因此必须锁定它。

⑥"多行"复选框：指定属性值可以包含多行文字。选中此复选框可以指定属性的边界宽度。

（2）"属性"选项组。

"属性"选项组用于设置属性值。在每个文本框中，AutoCAD 允许输入不超过 256 个字符。

①"标记"文本框：输入属性标记。属性标记可由除空格和感叹号以外的所有字符组成，AutoCAD 可自动把小写字母改为大写字母。

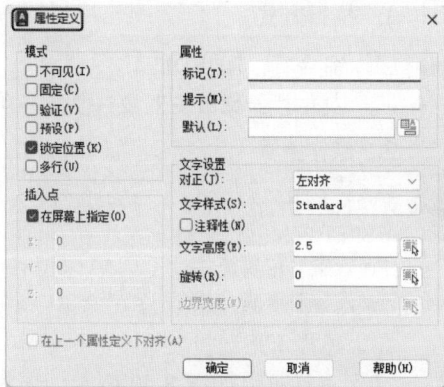

②"提示"文本框：输入属性提示。属性提示是插入图块时 AutoCAD 要求输入属性值的提示，如果不在此文本框中输入文本，则以属性标记作为提示。如果在"模式"选项组中选中"固定"复选框，即设置属性为常量，则无须设置属性提示。

③"默认"文本框：设置默认的属性值。用户可以把使用次数较多的属性值作为默认值，也可以不设默认值。

（3）"插入点"选项组。

"插入点"选项组用来确定属性文本的位置。属性文本的位置可以由用户在将其插入图形中时确定，也可以由用户直接在 X、Y、Z 文本框中输入属性文本的位置坐标来确定。

（4）"文字设置"选项组。

"文字设置"选项组用来设置属性文字的对正方式、文字样式、文字高度和旋转角度。

（5）"在上一个属性定义下对齐"复选框。

选中"在上一个属性定义下对齐"复选框，表示把属性标记直接放在前一个属性的下面，而且该属性继承前一个属性的文字样式、文字高度和旋转等特性。

## 8.2.2 修改属性的定义

在定义图块之前，用户可以对属性的定义进行修改，不仅可以修改属性标记，还可以修改属性提示和属性默认值。

**1. 执行方式**

☑ 命令行：DDEDIT。
☑ 菜单栏：修改→对象→文字→编辑。

**2. 操作步骤**

```
命令：DDEDIT✓
TEXTEDIT
当前设置：编辑模式 = Multiple
选择注释对象或 [放弃(U)/模式(M)]:
```

在上述提示下选择要修改的属性定义，系统弹出"编辑属性定义"对话框，如图 8-40 所示。该对话框表示要修改的属性被标记为"文字"，提示为"数值"，无默认值。用户可以在各文本框中对各项值进行修改。

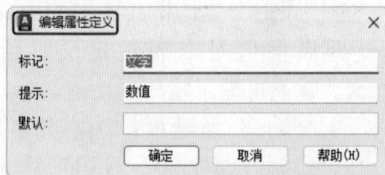

## 8.2.3 编辑图块属性

图 8-40 "编辑属性定义"对话框

当属性被定义到图块中，甚至图块被插入图形中之后，用户可以对属性进行编辑。用户可以利用 ATTEDIT 命令通过对话框对指定图块的属性值进行修改。ATTEDIT 命令不仅允许用户修改图块的属性值，还允许用户对属性的位置、文本等其他设置进行编辑。

**1. 执行方式**

☑ 命令行：ATTEDIT。
☑ 菜单栏：修改→对象→属性→单个。
☑ 工具栏：修改 II→编辑属性。
☑ 功能区：修改 II→编辑属性。

### 2. 操作步骤

命令：ATTEDIT✓
选择块参照：

同时光标变为拾取框，选择要修改属性的图块，则 AutoCAD 打开如图 8-41 所示的"编辑属性"对话框，在该对话框中显示所选图块中包含的前 15 个属性值，用户可对这些属性值进行修改。如果该图块中还有其他属性，用户可单击"上一个"和"下一个"按钮对它们进行观察和修改。

当用户通过菜单或工具栏执行上述命令时，系统弹出"增强属性编辑器"对话框，如图 8-42 所示。在该对话框中，用户不仅可以编辑属性值，还可以编辑属性的文字选项和图层、线型、颜色等特性值。

图 8-41　"编辑属性"对话框

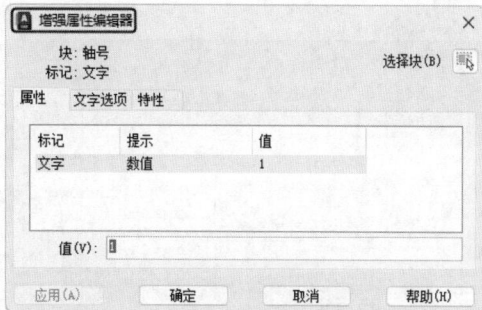

图 8-42　"增强属性编辑器"对话框

另外，用户还可以通过"块属性管理器"对话框来编辑属性，方法是单击"修改 II"工具栏中的"块属性管理器"按钮。①系统弹出"块属性管理器"对话框，如图 8-43 所示。②单击"编辑"按钮，③系统弹出"编辑属性"对话框，如图 8-44 所示，用户可以通过该对话框编辑属性。

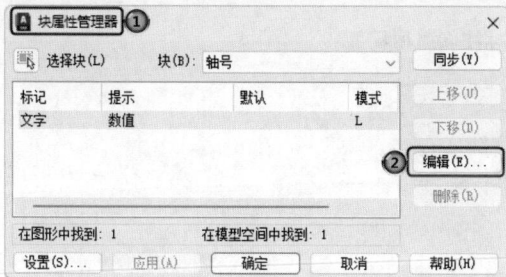

图 8-43　"块属性管理器"对话框

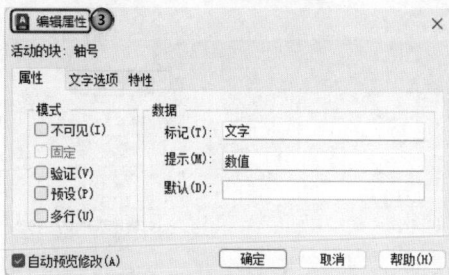

图 8-44　"编辑属性"对话框

## 8.2.4　实例——利用属性功能标注阀盖粗糙度

本实例将 8.1.5 节中的表面粗糙度数值设置成图块属性，并重新标注，读者应注意体会本实例的操作与 8.1.5 节中讲述的方法有什么区别。本实例绘制流程如图 8-45 所示。

（1）绘制粗糙度。单击"默认"选项卡"绘图"面板中的"直线"按钮╱，绘制表面粗糙度符号图形。

（2）定义属性。单击"默认"选项卡"块"面板中的"定义属性"按钮，系统弹出"属性定义"对话框，用户可进行如图 8-46 所示的设置，其中插入点为表面粗糙度符号水平线中点，单击"确定"按钮关闭对话框。

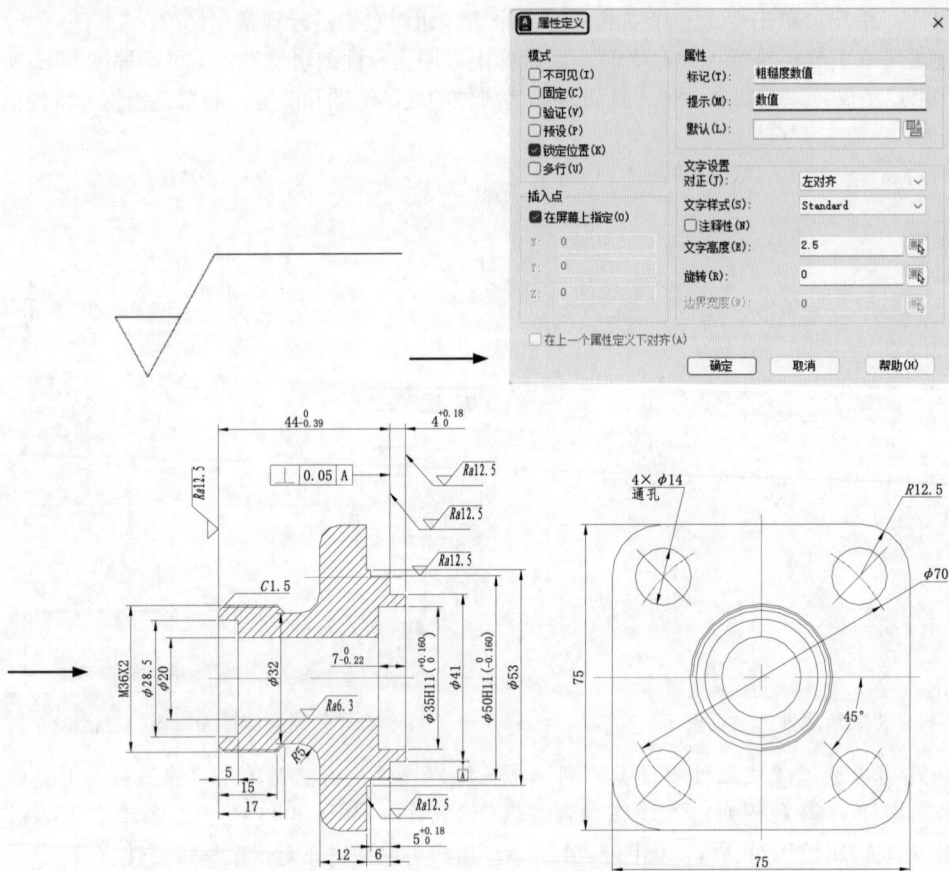

图 8-45　利用属性功能标注阀盖粗糙度

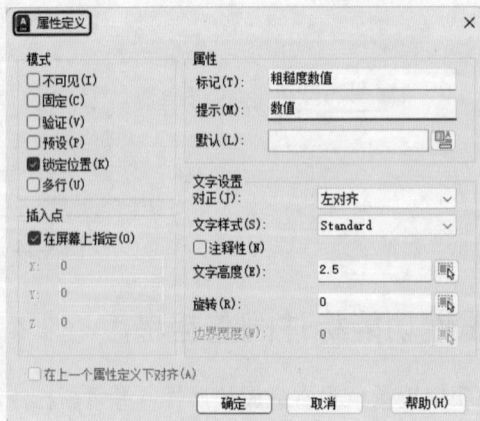

图 8-46　"属性定义"对话框

（3）写块。在命令行中输入 WBLOCK，打开"写块"对话框，拾取上面图形的下尖点为基点，以上面图形为对象，输入图块名称并指定路径，单击"确定"按钮关闭对话框。

（4）插入块。单击"默认"选项卡"块"面板"插入"下拉菜单中的"最近使用的块"选项，打开"块"选项板，在"最近使用的块"选项中单击保存的图块，在屏幕上指定插入点、比例和旋转角度，将该图块插入如图 8-45 所示的图形中，这时，命令行提示输入属性，并要求验证属性值，此时输入表面粗糙度数值 12.5，最后结合"多行文字"命令输入 Ra，即完成了一个表面粗糙度的标注。

（5）插入粗糙度。继续插入表面粗糙度图块，输入不同的属性值作为表面粗糙度数值，直到完成所有表面粗糙度标注。

## ▲技巧与提示——表面粗糙度的简略标注技巧

在同一图样上，每一表面一般只标注一次符号，并尽可能靠近有关的尺寸线。当图样狭小或不便于标注时，代号可以引出标注，如图 8-47 所示。

当用统一标注和简化标注的方法表达表面粗糙度要求时，其代号和文字说明均应是图形上所注代号和文字的 1.4 倍，如图 8-47 和图 8-48 所示。

当零件所有表面具有相同的表面粗糙度要求时，其代号可在图样的右下角统一标注，如图 8-48 所示。

当零件的大部分表面具有相同的表面粗糙度要求时，对其中使用最多的一种代号可以统一标注在图样的右下角，如图 8-47 所示。

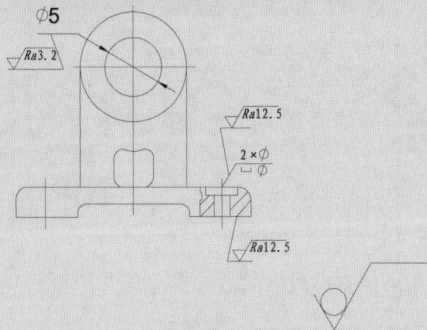

图 8-47　表面粗糙度标注 1　　　　　图 8-48　表面粗糙度标注 2

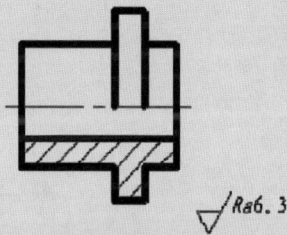

# 8.3　综合演练——绘制组合机床液压系统原理图

组合机床是由一些通用部件（如动力头、滑台、床身、立柱、底座、回转工作台等）和少量的专用部件（如主轴箱、夹具等）组成的，是一种可以加工一种或几种工件的一道或者几道工序的高效率机床。

YT4543 型液压滑台工作台面的液压系统原理图如图 8-49 所示。

本练习首先绘制液压缸，再绘制各种阀门，如单向阀、机械式二位阀、电磁式二位阀、调速阀、三位五通阀和顺序阀，最后添加油泵、滤油器和回油缸等元件。绘制流程如图 8-49 所示。

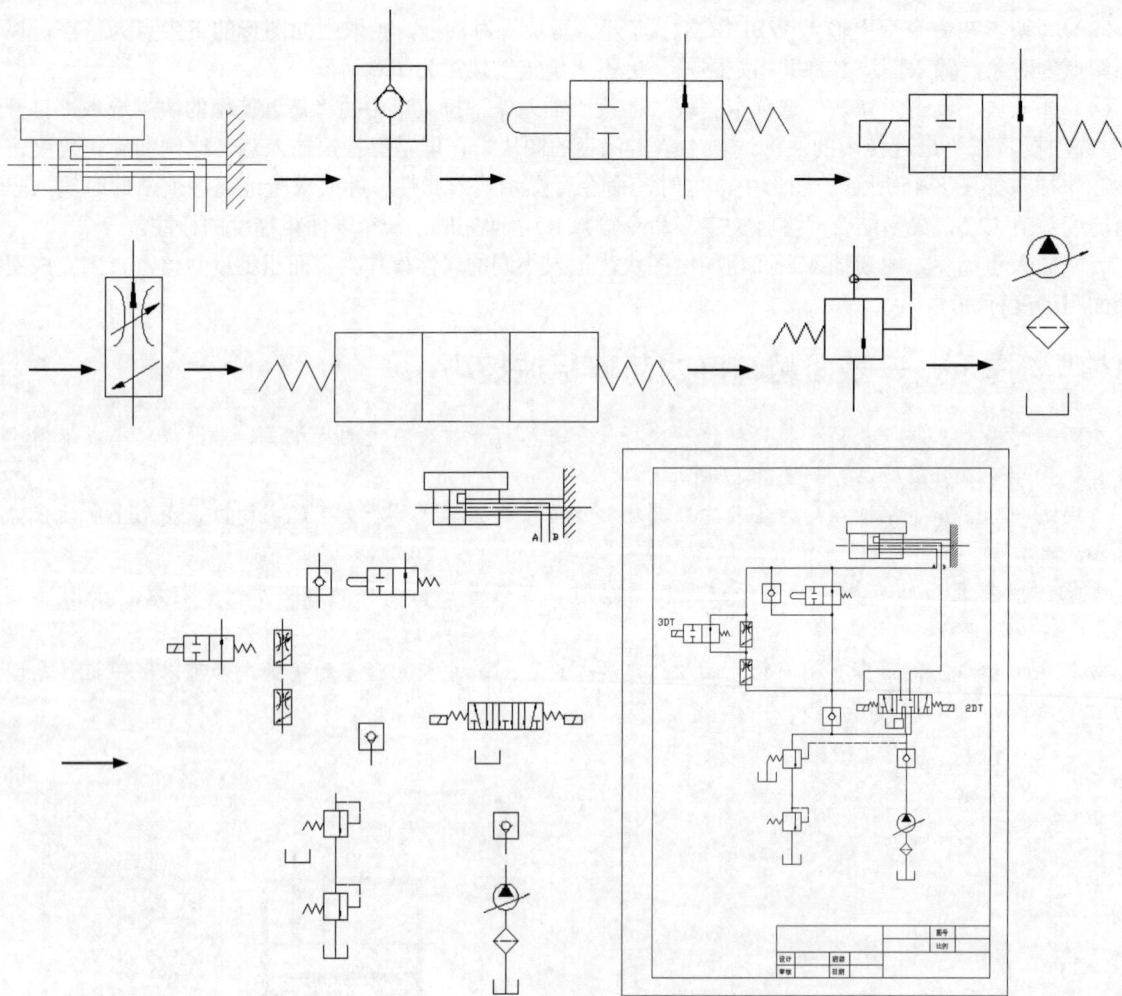

图 8-49　绘制组合机床液压系统原理图

## 8.3.1　绘制液压缸

该液压缸属缸体移动、活塞不动形式，活塞杆固定于机架上。

（1）绘制中心线。单击"默认"选项卡"绘图"面板中的"矩形"按钮
▢，绘制长为 12、宽为 70 的矩形。单击"默认"选项卡"图层"面板中的
"图层特性"按钮🗂，打开"图层特性管理器"选项板，新建 XX 图层，选择
ACAD_ISO02W100 线型。单击"默认"选项卡"绘图"面板中的"直线"按钮
✎，绘制穿过矩形中心的直线。图 8-50 显示了完成床身绘制的图形。

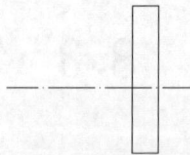

图 8-50　床身

（2）图案填充。单击"默认"选项卡"绘图"面板中的"图案填充"按钮
▦，选择步骤（1）中绘制的矩形为填充边界，填充图案为 ANSI31，填充角度为 0°，填充比例选择 1。
单击"默认"选项卡"修改"面板中的"分解"按钮🗇，对步骤（1）中绘制的矩形进行分解，然后选
择矩形的上、下和右三个边进行删除，效果如图 8-51 所示。

（3）绘制矩形。单击"默认"选项卡"绘图"面板中的"矩形"按钮▢，绘制如图 8-52 所示的两
个矩形。第一个矩形长为 120、宽为 20，第二个矩形长为 20、宽为 40。

（4）移动矩形。单击"默认"选项卡"修改"面板中的"移动"按钮✛，将步骤（3）中绘制的第一个矩形向 Y 轴负方向平移 10 个单位，将第二个矩形沿 Y 轴负方向平移 20 个单位，即可得到活塞和活塞杆符号，如图 8-53 所示。

（5）绘制矩形。单击"默认"选项卡"绘图"面板中的"矩形"按钮▭，绘制如图 8-54 所示的两个矩形。第一个矩形长为 90、宽为 40，第二个矩形长为 100、宽为 20。

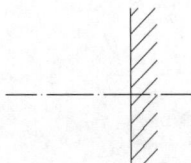

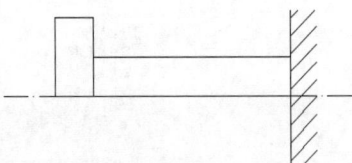

图 8-51　图案填充　　　　　　图 8-52　绘制两个矩形 1　　　　　　图 8-53　活塞和活塞杆符号

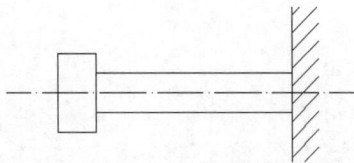

（6）移动图形。单击"默认"选项卡"修改"面板中的"移动"按钮✛，将步骤（5）中绘制的两个矩形向 X 轴正方向平移 40 个单位，效果如图 8-55 所示。

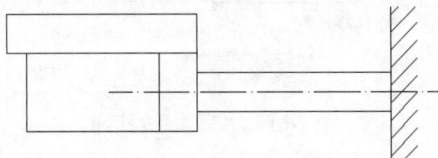

图 8-54　绘制两个矩形 2　　　　　　　　　　图 8-55　移动效果

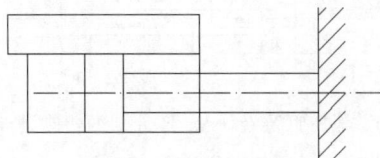

（7）移动图形。单击"默认"选项卡"修改"面板中的"移动"按钮✛，将步骤（5）中绘制的长为 100、宽为 20 的矩形向 X 轴正方向移动 5 个单位，即可得到工作台，如图 8-56 所示。

（8）绘制矩形。单击"默认"选项卡"绘图"面板中的"矩形"按钮▭，绘制一个长、宽均为 10 的矩形，如图 8-57 所示。

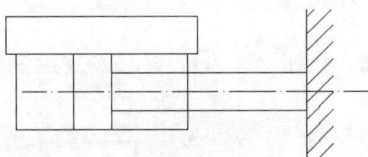

图 8-56　绘制工作台　　　　　　　　　　图 8-57　绘制矩形

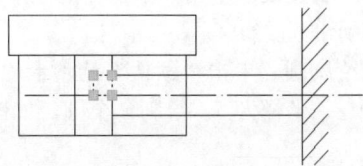

（9）移动图形。单击"默认"选项卡"修改"面板中的"移动"按钮✛，将步骤（8）中绘制的矩形向 Y 轴正方向移动 5 个单位，效果如图 8-58 所示。

（10）绘制导管。单击"默认"选项卡"绘图"面板中的"直线"按钮╱，绘制两条如图 8-59 所示的直线，表示液压缸两侧进出液压油的导管。

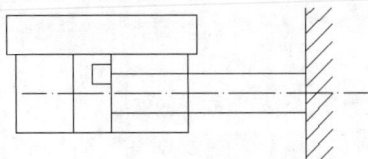

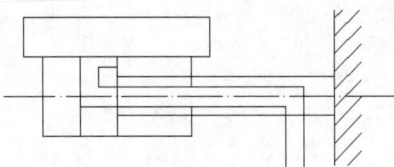

图 8-58　移动矩形　　　　　　　　　　图 8-59　绘制液压缸两侧进出管

（11）输入文字。单击"默认"选项卡"注释"面板中的"多行文字"按钮𝐀，为两侧进出油管编号，即可得到活塞杆不动液压缸移动式的液压缸符号，如图 8-60 所示。

（12）写块。在命令行中输入 WBLOCK，❶系统弹出如图 8-61 所示的"写块"对话框，❷输入块名"液压缸"，指定保存路径、基点等，❸单击"确定"按钮对块进行保存，以方便后面设计液压系统时调用。

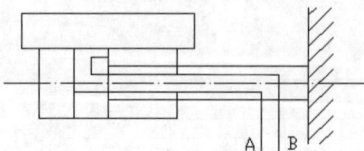

图 8-60　液压缸符号（A、B 分别为两侧进油标号）　　　　　图 8-61　"写块"对话框

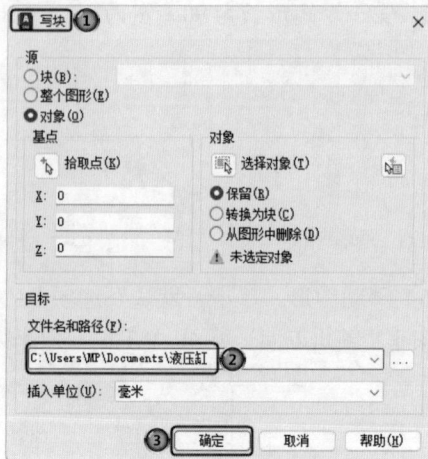

## 8.3.2　绘制单向阀

单向阀的符号十分形象，液压油可以沿角发散方向通过，而沿反方向不能通过。

（1）绘制矩形。单击"默认"选项卡"绘图"面板中的"矩形"按钮 ⬜，绘制长、宽均为 30 的矩形，如图 8-62 所示。

（2）绘制直线。单击"默认"选项卡"绘图"面板中的"直线"按钮 ╱，过上、下边的中点绘制如图 8-63 所示的直线。

（3）绘制圆。单击"默认"选项卡"绘图"面板中的"圆"按钮 ⊘，以步骤（2）中绘制的直线的中点为圆心、半径为 5，绘制一个圆，如图 8-64 所示。

图 8-62　绘制矩形　　　　　图 8-63　绘制直线　　　　　图 8-64　绘制一个圆

（4）绘制直线。单击"默认"选项卡"绘图"面板中的"直线"按钮 ╱，绘制连续直线，命令行提示与操作如下。

```
命令: _line
指定第一个点:from✓
基点:（指定步骤（2）中绘制的直线的上端点）
<偏移>: @0,-7.5✓（捕捉步骤（2）中直线的上端点，绘制长为 7.5、竖直向下的直线）
指定下一点或 [放弃(U)]: tan 到（在命令行中输入 tan，然后在键盘上按 Backspace 键，出现如图 8-65
所示的效果）
指定下一点或 [闭合(C)/放弃(U)]:
```

直线绘制完成后的图形如图 8-66 所示。

（5）绘制直线。单击"默认"选项卡"绘图"面板中的"直线"按钮 ╱，过矩形的左右两边中点绘制一条直线。单击"默认"选项卡"绘图"面板中的"延伸"按钮 ➞|，以该直线为剪刀线对步骤（4）中绘制的斜线进行延伸，使该斜线与之相交，结果如图 8-67 所示。

图 8-65  画切线

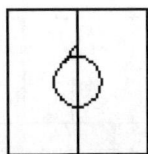

图 8-66  绘制直线

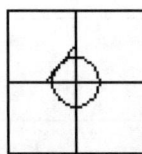

图 8-67  延伸结果

（6）镜像图形。单击"默认"选项卡"修改"面板中的"镜像"按钮 ⚠，将步骤（5）中延伸的斜线沿步骤（2）中绘制的直线镜像复制一份，效果如图 8-68 所示。

（7）删除图形。单击"默认"选项卡"修改"面板中的"删除"按钮 ✍，选择步骤（5）中绘制的直线，并删除该直线。单击"默认"选项卡"修改"面板中的"修剪"按钮 ✂，修剪图形，效果如图 8-69 所示。

（8）绘制直线。单击"默认"选项卡"绘图"面板中的"直线"按钮 ╱，在矩形的上边和下边分别绘制引出线，作为单向阀进油出油线。完成以上步骤，即可得到单向阀符号，如图 8-70 所示。

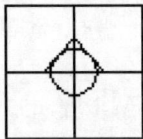

图 8-68  镜像效果

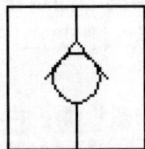

图 8-69  修剪效果

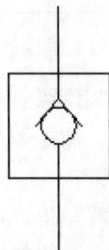

图 8-70  单向阀符号

（9）写块。在命令行中输入 WBLOCK，将以上绘制的单向阀符号生成图块并对其进行保存，供后面设计液压系统时调用。

## 8.3.3  绘制机械式二位阀

机械式二位阀只有开和闭两条路线，触动触头时阀由常开（常闭）转为常闭（常开）。

（1）绘制矩形。单击"默认"选项卡"绘图"面板中的"矩形"按钮 ▭，绘制如图 8-71 所示的长和宽均为 30 的两个连接矩形。

（2）绘制多段线。单击"默认"选项卡"绘图"面板中的"多段线"按钮 ⟋⟍，绘制如图 8-72 所示的箭头，表示液压油流动的方向，命令行提示与操作如下。

```
命令: _pline
指定起点: _mid 于（捕捉线段中点）
当前线宽为 0.0000
指定下一个点或 [圆弧(A)/半宽(H)/长度(L)/放弃(U)/宽度(W)]: @0,20✓
指定下一点或 [圆弧(A)/闭合(C)/半宽(H)/长度(L)/放弃(U)/宽度(W)]: W✓
指定起点宽度 <0.0000>: 2✓
指定端点宽度 <2.0000>: 0✓
指定下一点或 [圆弧(A)/闭合(C)/半宽(H)/长度(L)/放弃(U)/宽度(W)]: _mid 于（捕捉线段中点）
```

指定下一点或 ［圆弧(A)/闭合(C)/半宽(H)/长度(L)/放弃(U)/宽度(W)］：*取消*

（3）绘制直线。单击"默认"选项卡"绘图"面板中的"直线"按钮／，绘制如图 8-73 所示的连续直线。

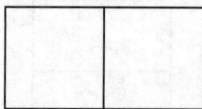

图 8-71　两个连接矩形　　　图 8-72　绘制箭头　　　图 8-73　连续直线

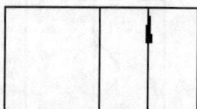

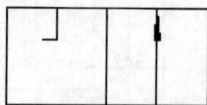

（4）镜像图形。单击"默认"选项卡"修改"面板中的"镜像"按钮△，对步骤（3）中绘制的直线进行镜像，效果如图 8-74 所示。继续调用"镜像"命令，镜像刚刚镜像得到的直线，效果如图 8-75 所示，表示机械阀处于左侧位置时，油路被切断。

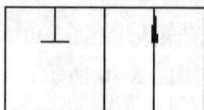

（5）绘制矩形。单击"默认"选项卡"绘图"面板中的"矩形"按钮□，绘制如图 8-76 所示的矩形，矩形长为 20、宽为 10。

图 8-74　镜像效果一　　　图 8-75　镜像效果二　　　图 8-76　绘制矩形

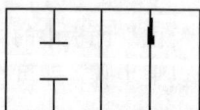

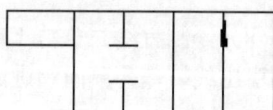

（6）绘制圆弧。单击"默认"选项卡"绘图"面板中的"圆弧"按钮／，捕捉图 8-76 左上角点为圆弧的起点，捕捉图 8-76 左边矩形短边中点为圆弧圆心，捕捉图 8-76 左下角点为端点，绘制如图 8-77 所示的半圆弧。

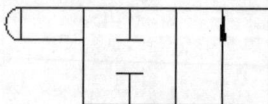

（7）分解矩形。单击"默认"选项卡"修改"面板中的"分解"按钮，分解步骤（5）中绘制的矩形，选中矩形的左边线并删除它，效果如图 8-78 所示。

（8）移动图形。单击"默认"选项卡"修改"面板中的"移动"按钮✛，将步骤（7）中绘制完成的图形向 Y 轴负方向平移 10 个单位，效果如图 8-79 所示。

图 8-77　绘制半圆弧　　　图 8-78　删除左边线　　　图 8-79　移动效果

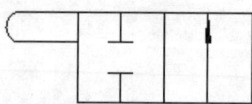

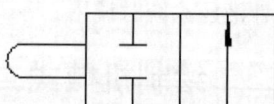

（9）绘制直线。单击"默认"选项卡"绘图"面板中的"直线"按钮／，绘制如图 8-80 所示的折线，表示机械阀复位的弹簧符号。

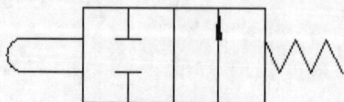

（10）绘制直线。单击"默认"选项卡"绘图"面板中的"直线"按钮／，为机械二位阀画两条引出线，如图 8-81 所示。完成以上步骤后，即可得到机械式二位阀符号。

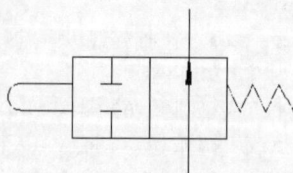

图 8-80　弹簧符号　　　图 8-81　机械式二位阀符号

（11）写块。在命令行中输入 WBLOCK，将机械式二位阀符号生成图块并对该图块进行保存，以供后面设计液压系统时调用。

## 8.3.4　绘制电磁式二位阀

电磁式二位阀与机械阀类似，但开合由电磁铁触电控制。绘制符号时可以调用"复制"命令复制机械式二位阀一份，然后修改获得电磁式二位阀。

（1）插入块。单击"默认"选项卡"块"面板"插入"下拉菜单中的"最近使用的块"选项，插入机械二位阀图块。单击"默认"选项卡"修改"面板中的"分解"按钮，分解插入的图块，并删除左边的半圆弧，如图 8-82 所示。

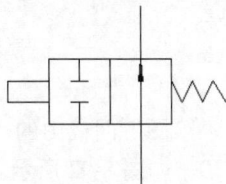

（2）绘制直线。单击"默认"选项卡"绘图"面板中的"直线"按钮，绘制如图 8-83 所示的直线。

（3）绘制直线。单击"默认"选项卡"绘图"面板中的"直线"按钮，绘制如图 8-84 所示的直线，表示电磁符号。完成以上步骤后，即可得到电磁式二位阀符号。

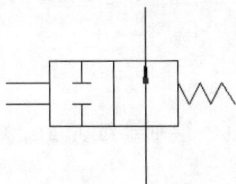

图 8-82　删除左边的半圆弧　　　　图 8-83　绘制直线　　　　图 8-84　电磁式二位阀符号

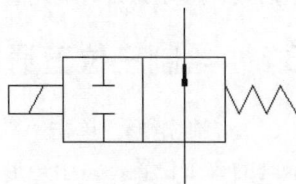

（4）写块。在命令行中输入 WBLOCK，将以上绘制的电磁式二位阀符号生成图块并对该图块进行保存，供以后设计液压系统时调用。

## 8.3.5　绘制调速阀

调速阀用于控制油路的液压油流量。

（1）绘制矩形。单击"默认"选项卡"绘图"面板中的"矩形"按钮，绘制一个长为 20、宽为 40 的矩形，如图 8-85 所示。

（2）绘制多段线。单击"默认"选项卡"绘图"面板中的"多段线"按钮，过矩形的上边和下边中点绘制竖直向上的箭头，表示液压油流过调速阀的方向，如图 8-86 所示。

（3）绘制椭圆弧。单击"默认"选项卡"绘图"面板中的"椭圆弧"按钮，绘制如图 8-87 所示的一段椭圆弧。

（4）镜像图形。单击"默认"选项卡"修改"面板中的"镜像"按钮，把步骤（3）中绘制的椭圆弧沿步骤（1）中矩形的上下两边中点所形成直线为镜像线镜像复制一份，如图 8-88 所示。

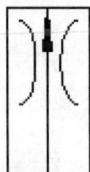

图 8-85　绘制矩形　　　　图 8-86　绘制箭头　　　　图 8-87　椭圆弧　　　　图 8-88　镜像椭圆弧

（5）绘制多段线。单击"默认"选项卡"绘图"面板中的"多段线"按钮，绘制如图 8-89 所示的箭头。再次调用"多段线"命令，绘制如图 8-90 所示的箭头。

（6）绘制直线。单击"默认"选项卡"绘图"面板中的"直线"按钮 ，在步骤（1）中绘制的矩形的上下边中点引出两条直线，作为调速阀的引出线。完成以上步骤后，即可得到调速阀符号，如图 8-91 所示。

图 8-89　箭头 1　　　　　　　　　图 8-90　箭头 2　　　　　　　　　图 8-91　调速阀

（7）写块。在命令行中输入 WBLOCK，将以上绘制的调速阀符号生成图块并对该图块进行保存，供以后设计液压系统时调用。

## 8.3.6　绘制三位五通阀

（1）绘制矩形。单击"默认"选项卡"绘图"面板中的"矩形"按钮 ，绘制连续的 3 个矩形，表示阀的 3 个位置，每个矩形长、宽均为 30，如图 8-92 所示。

（2）绘制直线。单击"默认"选项卡"绘图"面板中的"直线"按钮 ，绘制端部的复位弹簧，再利用"镜像"命令将复位弹簧沿阀的中心线镜像复制一份，如图 8-93 所示。

图 8-92　绘制 3 个矩形

图 8-93　绘制复位弹簧

（3）绘制矩形。单击"默认"选项卡"绘图"面板中的"矩形"按钮 ，在步骤（2）中绘制的复位弹簧两端绘制长为 20、宽为 10 的矩形。利用"直线"命令绘制斜线，表示两端电磁铁，如图 8-94 所示。

（4）绘制直线。单击"默认"选项卡"绘图"面板中的"直线"按钮 和"多段线"按钮 ，绘制每个阀位的 5 个液压油通道，如图 8-95 所示。

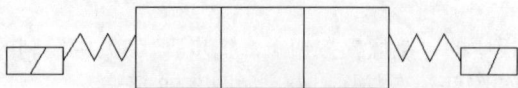

图 8-94　绘制电磁铁

图 8-95　三位五通阀

（5）写块。在命令行中输入 WBLOCK，将以上绘制的三位五通阀符号生成图块并对该图块进行保存，以方便后面绘制液压系统时调用。

## 8.3.7　绘制顺序阀

顺序阀是把压力作为控制信号，自动接通或者切断某一油路，控制执行元件产生顺序动作的压力阀。

（1）绘制矩形。单击"默认"选项卡"绘图"面板中的"矩形"按钮 ，绘制一个长、宽均为 30

的矩形，表示顺序阀的外壳，如图 8-96 所示。

（2）绘制直线。单击"默认"选项卡"绘图"面板中的"直线"按钮╱，绘制一段折线，表示顺序阀是靠弹簧机械复位的，如图 8-97 所示。

（3）绘制多段线。单击"默认"选项卡"绘图"面板中的"多段线"按钮╰┘，绘制一段向下的箭头，表示顺序阀允许的液压油流动方向，如图 8-98 所示。

图 8-96 顺序阀的外壳　　　　图 8-97 复位弹簧　　　　图 8-98 液压油流动方向

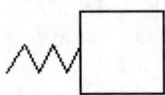

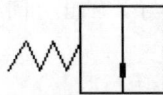

（4）移动图形。单击"默认"选项卡"修改"面板中的"移动"按钮✛，将步骤（3）中绘制的箭头向 X 轴正方向移动 5 个单位，效果如图 8-99 所示。

（5）绘制直线。单击"默认"选项卡"绘图"面板中的"直线"按钮╱，过外壳上下边中点绘制两端引线，如图 8-100 所示。

（6）绘制折线。选择虚线线型 ACAD_ISO02W100，单击"默认"选项卡"绘图"面板中的"直线"按钮╱，绘制如图 8-101 所示的一段折线，表示顺序阀受入口压力控制开启或者关闭。完成以上步骤后，顺序阀符号绘制完毕。

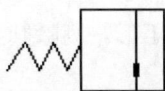

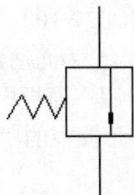

图 8-99 移动效果　　　　图 8-100 两端引线　　　　图 8-101 顺序阀符号

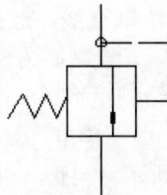

（7）写块。在命令行中输入 WBLOCK，将以上绘制的顺序阀符号生成图块并对该图块进行保存，以方便后面设计液压系统时调用。

## 8.3.8　绘制油泵、滤油器和回油缸

（1）绘制圆。单击"默认"选项卡"绘图"面板中的"圆"按钮⊙，绘制半径为 15 的圆，如图 8-102 所示。

（2）绘制直线。单击"默认"选项卡"绘图"面板中的"直线"按钮╱，在图 8-103 显示的位置处绘制一条与 X 轴正方向成-60°的直线，直线长为 15。

（3）绘制正多边形。单击"默认"选项卡"绘图"面板中的"多边形"按钮⬠，以步骤（2）中绘制的斜线为边，绘制一个正三角形，如图 8-104 所示。

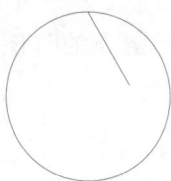

图 8-102 绘制圆　　　　图 8-103 绘制直线　　　　图 8-104 绘制正三角形

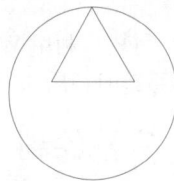

（4）图案填充。单击"默认"选项卡"绘图"面板中的"图案填充"按钮▨，选择 SOLID 图案样式，对步骤（3）中的正三角形进行填充，如图 8-105 所示。

（5）绘制多段线。单击"默认"选项卡"绘图"面板中的"多段线"按钮 ，绘制如图 8-106 所示的箭头。至此，液压泵的符号绘制完毕。

（6）绘制直线。单击"默认"选项卡"绘图"面板中的"直线"按钮／，在图 8-107 显示的位置处绘制一条与 X 轴正方向成-45°的直线，直线长为 15。

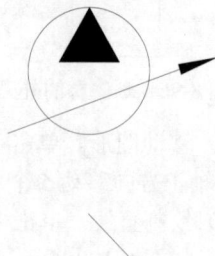

图 8-105　图案填充　　　　　　　图 8-106　箭头　　　　　　　图 8-107　绘制直线

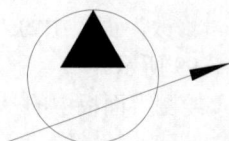

（7）绘制正方形。单击"默认"选项卡"绘图"面板中的"多边形"按钮⬠，以步骤（6）中绘制的斜线为边，绘制如图 8-108 所示的一个正方形，作为滤油器外壳。

（8）绘制直线。选择虚线线型 ACAD_ISO02W100，单击"默认"选项卡"绘图"面板中的"直线"按钮／，绘制如图 8-109 所示的一段直线，作为滤油器的滤纸。至此，滤油器绘制完成。

（9）绘制矩形。单击"默认"选项卡"绘图"面板中的"矩形"按钮▭，绘制一个矩形，其长为30、宽为 15。单击"默认"选项卡"修改"面板中的"分解"按钮▥，分解矩形。删除其上边，如图 8-110 所示。至此，油箱绘制完成。

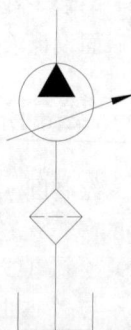

（10）绘制直线。单击"默认"选项卡"绘图"面板中的"直线"按钮／，将以上 3 个元件用油管线连接起来，即可得到液压油系统，如图 8-111 所示。

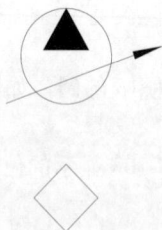

图 8-108　绘制正方形　　　图 8-109　画虚线　　　图 8-110　绘制油箱　　　图 8-111　油泵、滤油器和
　　　　　　　　　　　　　　　　　　　　　　　　　　　　　　　　　　　　　　　回油缸符号

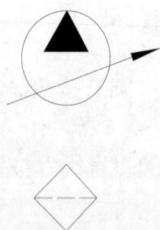

（11）写块。利用 WBLOCK 命令，将以上绘制的图形生成图块并对该图块进行保存，以方便后面绘制液压系统时调用。

## 8.3.9　完成绘制

（1）新建文件。新建一个文件，调用本书配套资源中的"源文件\图库\A4 title"模板，新建文件"YT4543 滑台液压系统电气设计.dwg"。

（2）插入图块。单击"默认"选项卡"块"面板"插入"下拉菜单中的"最近使用的块"选项，打开"块"选项板，单击 ⊡ 按钮，打开"选择要插入的文件"对话框，加载所需的图块，在绘图窗口中单击以将图块放置在适当位置处，同时被加载的图块显示在"块"选项板中，如图 8-112 所示。单击"液压缸"图块，插入图形中，按图 8-113 所示的布局对液压系统元件进行布局。

（3）输入文字。单击"默认"选项卡"绘图"面板中的"直线"按钮 ／，连接油压回路，再单击"默认"选项卡"注释"面板中的"多行文字"按钮 A，为元件标上文字标识，即可得到 YT4543 局部液压系统原理图，如图 8-49 所示。

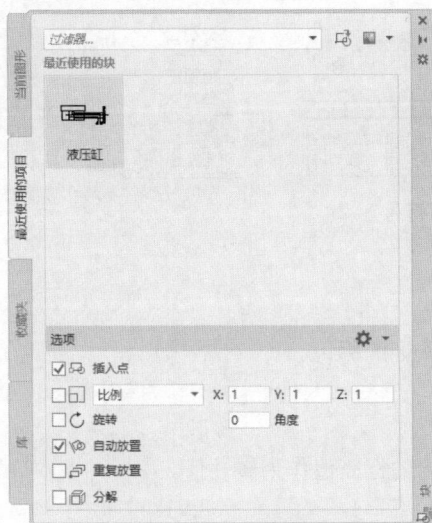

图 8-112　"块"选项板

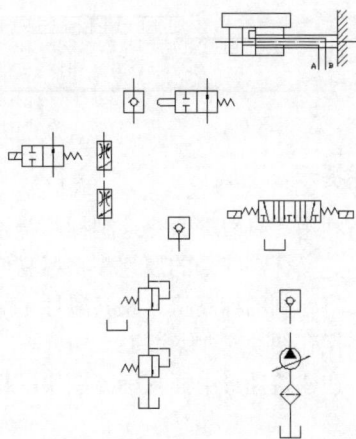

图 8-113　布局液压系统元件

# 8.4　实　践　练　习

通过本章的学习，读者对图块、外部参照及光栅图像的应用等知识有了大体的了解。本节通过两个练习使读者进一步掌握本章知识要点。

## 8.4.1　标注齿轮表面粗糙度

操作提示：

（1）在图 8-114 中，利用"直线"命令绘制表面粗糙度符号。

（2）定义表面粗糙度符号的属性，将表面粗糙度值设置为其中需要验证的标记。

（3）将绘制的表面粗糙度符号及其属性定义成图块。

（4）保存图块。

（5）在图形中插入表面粗糙度图块，每次插入时输入不同的表面粗糙度值作为属性值。

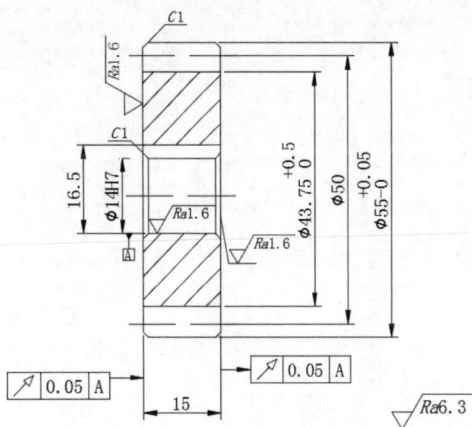

图 8-114　标注表面粗糙度

## 8.4.2  标注穹顶展览馆立面图形的标高符号

本练习通过对标高符号的标注使读者掌握图块的相关知识。绘制重复图形单元最简单、快捷的办法是，将重复的图形单元制作成图块，然后将图块插入图形中，效果如图 8-115 所示。

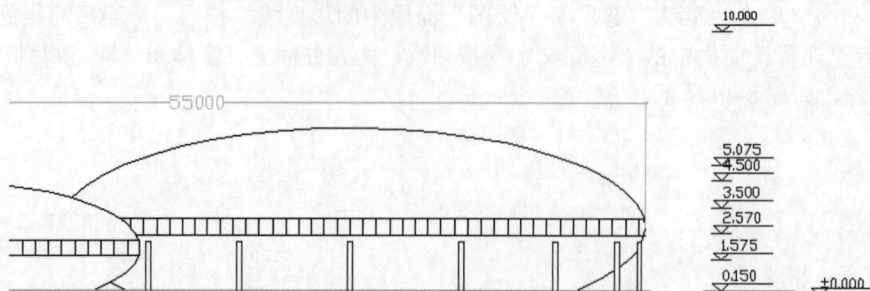

图 8-115  标注标高符号

操作提示：

（1）利用"直线"命令绘制标高符号。

（2）定义标高符号的属性，将标高值设置为其中需要验证的标记。

（3）将绘制的标高符号及其属性定义成图块。

（4）保存图块。

（5）在建筑图形中插入标高图块，每次插入时输入不同的标高值作为属性值。

# 第9章

# AI 赋能 AutoCAD 智能开发

AI 赋能 AutoCAD 智能开发优势显著：可以帮助用户提升设计效率（快速生成方案、自动处理常规任务）、提高质量（精准查错与优化）、增强协作（实时共享与知识复用）、激发创新（生成多元设计方案），且具备高效性、精准性、智能性等特点。

## 9.1 AI 技术如何赋能 AutoCAD

AI 技术正在全面改变 AutoCAD 的使用方式，主要体现在以下几个方面。

### 1. 生成式设计（generative design）

生成式设计利用 AI 的强大计算能力，彻底改变了传统设计流程。通过分析大量设计数据和约束条件，AI 能自动生成多种设计方案，帮助设计师探索创新的可能性。这不仅提高了设计效率，还能优化产品性能和材料使用。

### 2. 设计自动化与优化

AI 能够自动生成和修改设计图纸，大幅提升工作效率。通过分析历史设计数据和用户输入的约束条件，AI 可以推荐最佳设计方案，减少设计师的重复劳动。此外，AI 还可以通过模拟和测试来评估设计的性能与可靠性，帮助设计师做出更科学的决策。

### 3. 多模态交互

最新的 AI 技术支持文本、图像和点云等多种模态的输入，使用户能够通过简单的指令或上传目标形状的图像，快速生成符合要求的 CAD 模型。这种多模态交互大大降低了非专业用户的使用门槛，激发了更多人参与 CAD 设计。

### 4. 实时环境分析与风险预测

Autodesk AI 在 AutoCAD 中集成了实时环境分析功能，帮助建筑师和工程师在设计过程中考虑环境因素，实现可持续设计。此外，AI 还可以预测和预防施工风险，改进决策制订，通过辅助工作流节省时间，并更快、更早地访问项目信息。

**5. 人机交互与智能辅助**

AI 技术提升了人机交互的效率，使设计师能够更快地完成设计任务。通过提供实时的建议和反馈，AI 帮助设计师解决设计问题，提高设计质量。例如，SolidWorks 已经实现了将 Open AI 大模型内置，通过简单对话快速实现产品建模。

**6. 数据驱动与算法集成**

AI 技术需要大量数据进行训练和优化，而 CAD 软件生成的设计数据可以作为 AI 训练的数据源。通过将 AI 算法与 CAD 算法集成，可以进一步提高设计效率和质量。例如，AutoCAD 2025 引入了 AI 机器学习技术，显著提升了设计和文档处理效率。

**7. 创新设计工具**

AI 技术为设计师提供了新的设计工具和功能，如草稿生图和视频生成等。这些工具能够快速将设计师的想法转化为可视化效果，从而激发创意灵感，推动创新设计。

AI 技术在 AutoCAD 中的应用正在全面提升设计效率、优化设计质量和增强用户体验。通过生成式设计、设计自动化与优化、多模态交互、实时环境分析、人机交互与智能辅助、数据驱动与算法集成以及创新设计工具等多方面的应用，AI 正在重塑 CAD 设计的未来，为设计师和工程师带来全新的工作方式和无限的创新可能性。

# 9.2　开发环境与工具

在 AutoCAD 开发中，选择合适的开发环境与工具至关重要。本节将深入探讨三种关键的开发途径：AutoLISP 与 Visual LISP 为传统用户提供了强大的自定义功能；Python 与 AutoCAD 的结合则通过现代编程语言的灵活性，拓展了开发的可能性；而加载和使用 AI 工具或插件则将前沿的人工智能技术融入设计流程，显著提升设计效率与创新能力。通过这些工具的运用，开发者能够更高效地定制和优化 AutoCAD，以满足多样化的设计需求。

## 9.2.1　AutoLISP、Visual LISP 开发环境

AutoLISP 和 Visual LISP 是 AutoCAD 二次开发中密切相关的两个概念，但它们的功能和定位有所不同。

**1. AutoLISP**

AutoLISP 是 Autodesk 公司开发的一种 LISP（list processor，表处理语言）程序语言，是一种解释型语言，与 Python、JavaScript、MATLAB 等类似。AutoCAD 软件内置了 AutoLISP 语言解释器，因此只要安装了 AutoCAD，就可以直接运行 AutoLISP 程序。

（1）核心功能。

①通过编写.lsp 脚本文件控制 AutoCAD 的操作，如创建图形、修改对象、自动化重复任务。

②提供与 AutoCAD 交互的 API，例如 command()、entmake()等函数。

③语法简单，适合快速开发小型工具。

（2）局限性。

①早期版本功能有限，调试困难（需要依赖 print 语句）。

②没有现代集成开发环境（integrated development environment，IDE），代码编辑和调试依赖外部文

本编辑器。

**2. Visual LISP（VLISP）**

Visual LISP 是 AutoLISP 的增强版本，由 Autodesk 在 AutoCAD R14 及更高版本中引入。它提供了 IDE，并扩展了 AutoLISP 的功能。

（1）开发环境：包含代码编辑器、调试器（单步执行、断点）、语法检查、变量监视窗口等。

（2）编译支持：可将 .lsp 文件编译为 .fas 或 .vlx 二进制文件，提高执行效率和代码安全性。

（3）功能扩展：
- 支持 ActiveX/COM 对象（如操作 Excel 或访问其他 Windows 应用）。
- 新增函数库（如 vl-* 系列函数，例如 vlax-create-object）。
- 支持对复杂数据结构的操作（如列表、字典）。

（4）交互式控制台：提供即时执行代码的 REPL（read-eval-print loop）环境。

**3. 核心区别**

AutoLISP 与 Visual LISP 的核心区别如表 9-1 所示。

表 9-1 AutoLISP 与 Visual LISP 的核心区别

| 特性 | AutoLISP | Visual LISP |
| --- | --- | --- |
| 开发环境 | 无内置 IDE，依赖外部编辑器（如记事本程序） | 提供完整 IDE（代码调试、语法高亮、项目管理） |
| 执行方式 | 解释执行（.lsp 文件） | 支持编译（生成.fas 或.vlx 文件） |
| 调试支持 | 手动调试（依赖 print 语句） | 图形化调试工具（断点、单步执行） |
| 扩展功能 | 基础 API | 支持 ActiveX、COM 接口，新增 vl-* 系列函数库 |
| 文件类型 | .lsp 文件 | .lsp，.fas，.vlx，.prv 文件（项目文件） |
| 兼容性 | 所有 AutoCAD 版本 | 需要 AutoCAD R14 及以上版本 |

**4. 典型应用场景**

（1）AutoLISP。
①简单脚本（如批量修改图形属性）。
②快速测试或小型工具开发。
③兼容性要求高的场景（需要在旧版 AutoCAD 中运行）。

（2）Visual LISP。
①复杂项目开发（如参数化建模工具）。
②需要与其他 Windows 应用交互（如读写 Excel 数据）。
③需要保护代码（通过编译为 .vlx）。

**5. 系统变量设置**

启动 AutoCAD 后，VLISP 命令将根据 LISPSYS 系统变量的当前值启动以下编辑器之一。

（1）Visual LISP (VL) IDE——在 LISPSYS 系统变量设置为 0 时启动，即在命令行输入(setvar "LISPSYS" 0)。

（2）Visual Studio Code——在 LISPSYS 系统变量设置为 1 或 2 时启动，即在命令行输入(setvar "LISPSYS" 1) 或 (setvar "LISPSYS" 2) 。

注意：LISPSYS 系统变量不仅控制要启动的默认编辑器，还控制用于评估 LSP 文件的开发环境以及保存或编译 LSP 文件所使用的文件格式。

如果 LISPSYS 设置为非零值，AutoCAD 将检查是否已安装 Visual Studio Code 和 AutoCAD AutoLISP 扩展。如果未安装 Visual Studio Code，将弹出"AutoLISP-Visual Studio Code 环境不完整"对话框，如图 9-1 所示。单击"下载"按钮可下载安装 Visual Studio Code 和 AutoCAD AutoLISP 扩展。

图 9-1　"AutoLISP- Visual Studio Code 环境不完整"对话框

如果已安装 Visual Studio Code 但未安装 AutoCAD AutoLISP 扩展，则 AutoCAD 将在启动 Visual Studio Code 之前自动下载安装该扩展。安装完成后，Visual Studio Code 启动时可能会提示是否允许 AutoCAD AutoLISP 扩展打开显示消息框所需的 URI 权限。常见提示为"Allow an extension to open this URI?"，如图 9-2 所示。单击 Open 按钮允许扩展显示信息性消息，单击 Cancel 按钮则不允许消息显示。

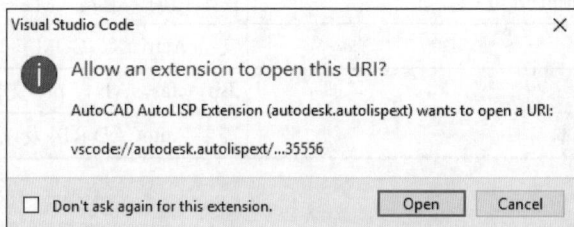

图 9-2　Visual Studio Code 对话框

若 AutoCAD AutoLISP 扩展在 Visual Studio Code 中被禁用，则会弹出相关对话框，如图 9-3 所示。单击 Enable and Open 按钮可启用扩展并重启 Visual Studio Code，单击 Cancel 按钮则不启用扩展并重新启动 Visual Studio Code。

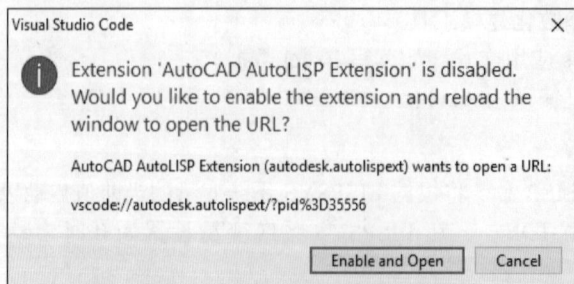

图 9-3　Visual Studio Code 对话框

**6. 启动和退出 Visual LISP 集成开发环境**

（1）启动步骤（菜单方式）。

- 启动 AutoCAD。
- 选择"工具"→AutoLISP→"Visual LISP 编辑器"。
- 或在命令行输入 vlisp 或 vlide。

（2）退出方法。

- 选择"文件"→"退出"。

## 9.2.2 实例——用 LISP 在 AutoCAD 中输出文字

本节利用 Visual LISP 编辑器编辑 LISP 代码。

**1. 编辑代码**

单击"管理"选项卡"应用程序"面板中的"Visual LISP 编辑器"按钮，进入 Visual LISP 编辑器界面，输入以下代码：

```
(defun c:welcome ()
  (setvar "cmdecho" 0)
  (command "text"
          (getpoint "\n 指定文字位置: ")  ; 交互式获取插入点
          20  ; 文字高度
          0  ; 旋转角度
          "Welcome to Beijing! ")
  (setvar "cmdecho" 1)
  (princ)
)
```

对应结果如图 9-4 所示。

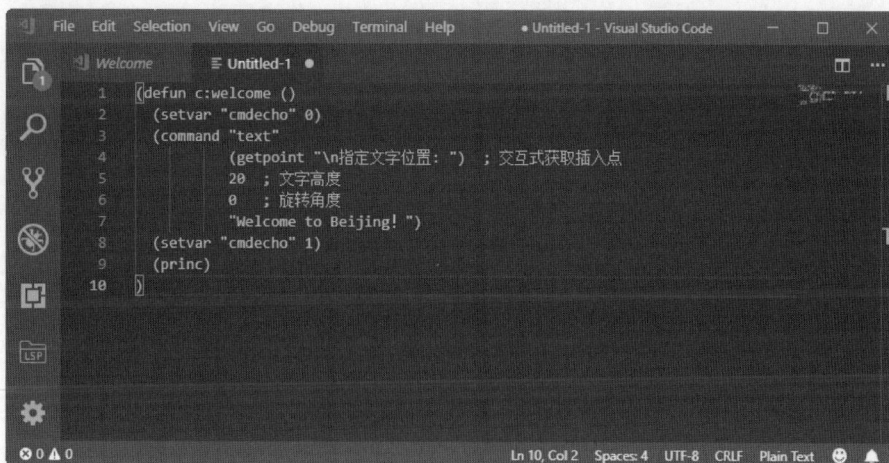

图 9-4 输入代码

**2. 保存代码**

选择 File→Save As 命令，系统弹出 Save As 对话框，修改保存类型为 lisp（*.lsp），文件名为 Welcome，如图 9-5 所示。单击"保存"按钮进行保存。

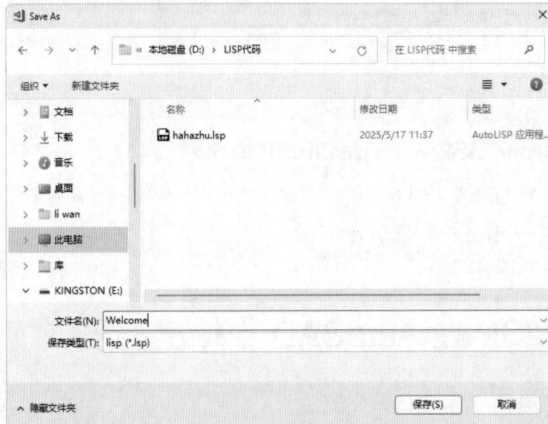

图 9-5　保存代码

### 3. 加载代码

回到 AutoCAD 2026 窗口，单击"管理"选项卡"应用程序"面板中的"加载应用程序"按钮🔧，系统弹出"加载/卸载应用程序"对话框，选择保存的 Welcome.lsp 文件，如图 9-6 所示。单击"加载"按钮，系统弹出警告对话框，如图 9-7 所示。单击"始终加载"按钮，此时，在"加载/卸载应用程序"对话框中显示"已成功加载 Welcome.lsp。" 如图 9-8 所示。关闭对话框。

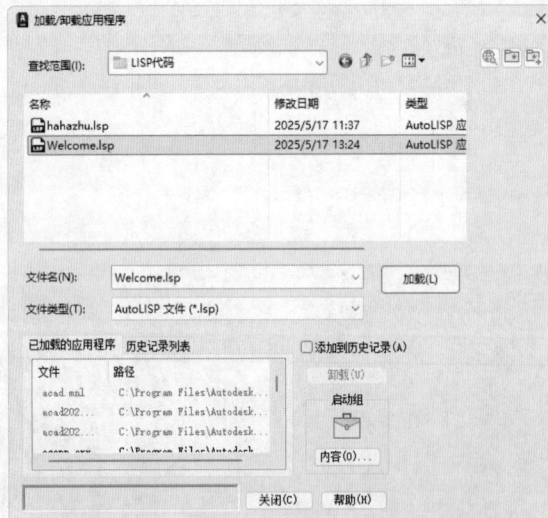

图 9-6　"加载/卸载应用程序"对话框

图 9-7　警告对话框

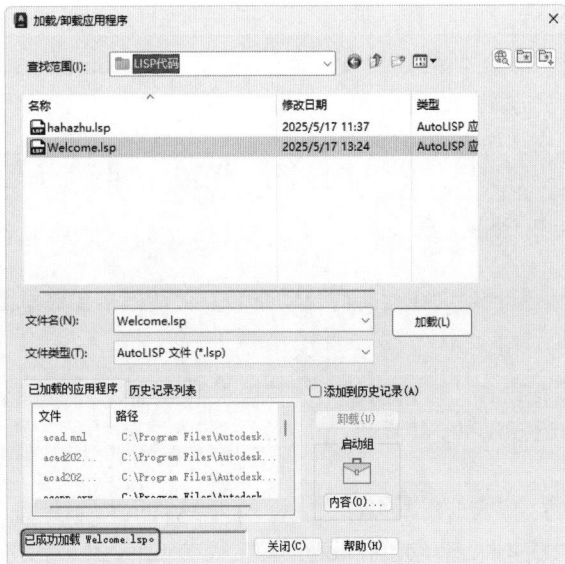

图 9-8　成功加载代码

**4. 执行代码**

在 AutoCAD 的命令行中输入 WELCOME，此时，显示已加载的代码名称，如图 9-9 所示。单击该代码，系统自动执行代码并输出图形，如图 9-10 所示。

图 9-9　显示已加载的代码名称

# Welcome to Beijing！

图 9-10　生成的文字

## 9.2.3　Python 与 AutoCAD 的结合

Python 是一种高级、通用的解释型编程语言，以简洁易读的语法和强大的功能著称。该语言由荷兰程序员 Guido van Rossum 开发。Python 非常适合初学者学习，其语法清晰、易于上手。Python 解释器支持扩展，可以使用 C、C++或其他能够通过 C 语言调用的程序扩展新的功能和数据类型。此外，Python 还常被用作可定制软件的扩展脚本语言。Python 拥有丰富的标准库，能够为主流操作系统平台提供源码或可执行文件，极大地方便了开发者的使用。

**1. 主要特点**

（1）简单易学。

Python 的语法简洁明了，接近自然语言（如英语），减少了编程的复杂性，适合初学者入门。

示例：输出 "Hello World" 仅需一行代码：

```
print("Hello World")
```

（2）跨平台性。

Python 可在 Windows、macOS、Linux 等主流操作系统上运行，且代码具有高度的可移植性。

（3）解释型语言。

无须编译即可直接运行，开发效率高（对比 C/C++等编译型语言）。

（4）面向对象与函数式编程。

支持面向对象编程（类、继承、多态等）和函数式编程（Lambda 表达式、高阶函数等）。

（5）丰富的标准库与第三方库。

Python 自带大量功能模块（如文件操作、网络编程、正则表达式等）。

社区生态活跃，拥有数十万第三方库（如 NumPy、Pandas 用于数据科学，Django、Flask 用于 Web 开发），可通过 pip 工具快速安装。

（6）动态类型。

变量无须预先声明类型，解释器会在运行时自动推断，灵活但需要注意类型错误。

2．下载安装 Python

Python 是免费开源的编程语言，可自由使用、修改及商业部署。Python 官方网站提供多系统安装包，下载简单便捷。下面介绍下载和安装步骤。

（1）下载 Python。

首先，打开 Python 官方网站。在浏览器地址栏输入 Python 官网地址并访问。在首页中，单击 Downloads 选项进入下载页面。页面会自动推荐最新的稳定版本（如 Python 3.13.3），只需单击 Python 3.13.3 按钮即可，如图 9-11 所示。对于 Windows 用户，一般建议选择 64 位版本，除非操作系统为 32 位。

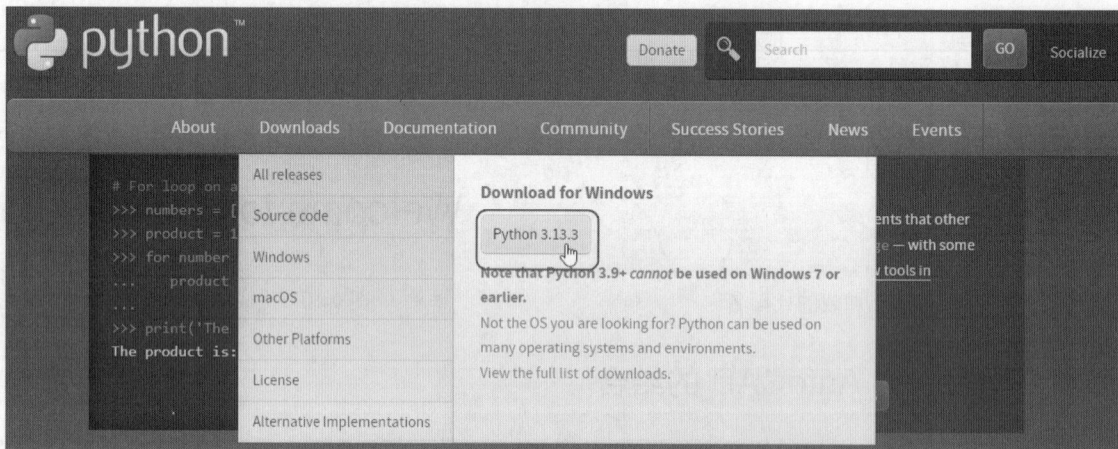

图 9-11　Python 软件下载

（2）安装 Python。

找到 python-3.13.3-amd64.exe 安装包后，双击运行。在安装向导界面，选中 Add python.exe to PATH 复选框，如图 9-12 所示。这样可以确保在命令提示符中直接使用 Python 命令。如果需要自定义安装路径或选择特定的安装组件，可以选择 Customize installation 进行自定义设置。单击 Install Now 开始安装。安装完成后，会显示安装完成的提示信息，如图 9-13 所示。单击 Close 按钮关闭安装向导界面。

（3）启动程序。

Python 安装完成后，会生成两个启动程序：IDLE（Python 3.13 64-bit）　IDLE (Python 3.13 64-bit) 和 Python 3.13 (64-bit)　Python 3.13 (64-bit)。

IDLE（Python 3.13 64-bit）是 Python 自带的 IDE，适合初学者使用。它提供了一个交互式的命令行界面（REPL），如图 9-14 所示。可以直接输入 Python 代码并运行。此外，它还提供了一个代码编辑器，可以创建和编辑 Python 脚本文件（.py）。

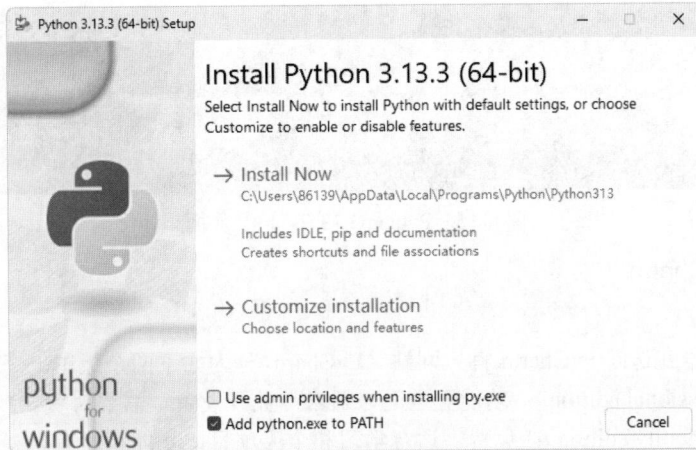

图 9-12　安装向导界面 1

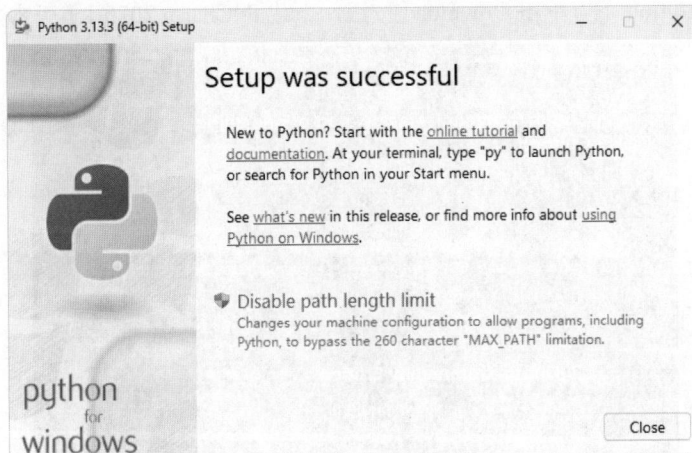

图 9-13　安装向导界面 2

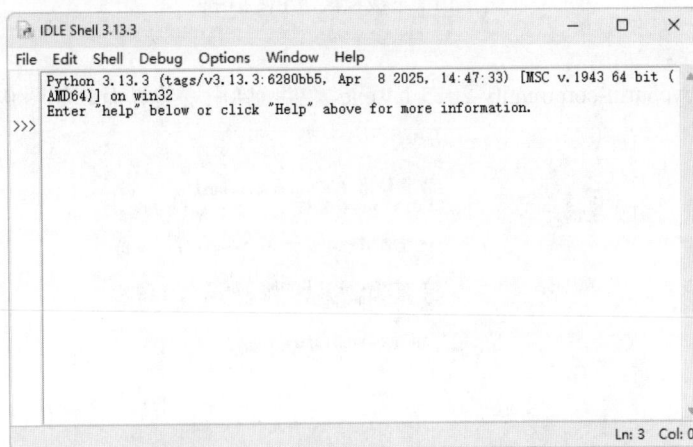

图 9-14　IDLE (Python 3.13 64-bit)界面

Python 3.13 (64-bit)是 Python 解释器，它提供了一个交互式的命令行界面，如图 9-15 所示。用户可以直接输入和执行 Python 代码，通常用于快速测试代码片段或学习 Python 语法。

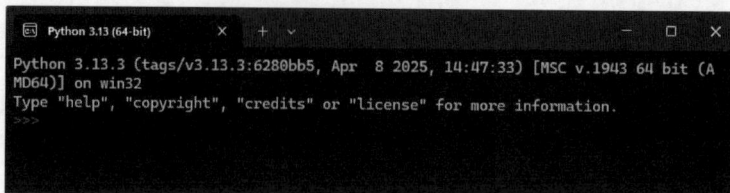

图 9-15　Python 3.13 (64-bit) 界面

### 3.　下载安装 PyCharm

（1）下载 PyCharm。

首先，打开浏览器并访问 PyCharm 官方网站。PyCharm 分为如下两个版本。

● 专业版（professional edition）：功能更全面，适合专业开发者，需要付费。

● 社区版（community edition）：免费，适合学习和个人项目，功能相对有限。

用户可根据自身需求选择合适的版本。对于初学者和个人项目，社区版通常已能满足需求。在 PyCharm Community Edition 下方单击 Download 按钮，下载 PyCharm 2025.1.1 版本，如图 9-16 所示。

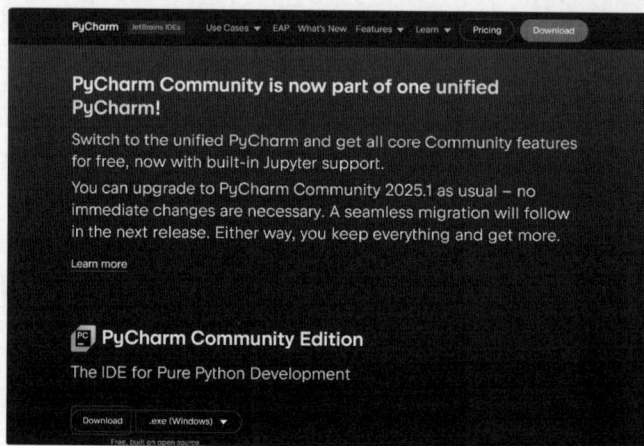

图 9-16　下载社区版 PyCharm

（2）安装 PyCharm。

下载完成，双击 pycharm-community-2025.1.1.exe 文件，弹出安装界面，如图 9-17 所示。

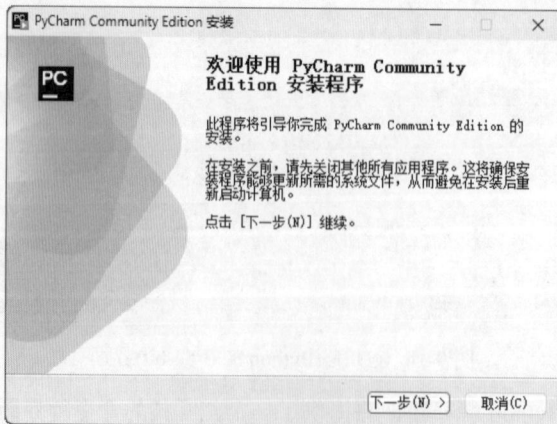

图 9-17　安装界面

单击"下一步"按钮，进入下一个对话框。在该对话框中，用户需要选择 PyCharm 的安装路径，用户可以通过单击"浏览"按钮，自定义其安装路径，如图 9-18 所示。

单击"下一步"按钮，出现安装选项信息的对话框，用户需要进行一些设置，如图 9-19 所示。

①PyCharm Community Edition 复选框：选中该复选框，在桌面创建快捷方式。

②"将"bin"文件夹添加到 PATH"复选框：选中该复选框，将 PyCharm 的启动目录添加到环境变量中，执行该操作后，需要重启计算机。

③"添加"将文件夹打开为项目""复选框：选中该复选框，添加鼠标右键菜单，使用打开项目的方式打开此文件夹

④.py 复选框：选中该复选框，选择以后打开.py 文件就会用 PyCharm 打开。选中该复选框后，PyCharm 每次打开的速度会比较慢。

图 9-18　安装路径对话框

图 9-19　安装选项设置对话框

单击"下一步"按钮，默认选择 360 安全中心\JetBrains，如图 9-20 所示，单击"安装"按钮，此时对话框内会显示安装进度，如图 9-21 所示，然后等待安装完毕。

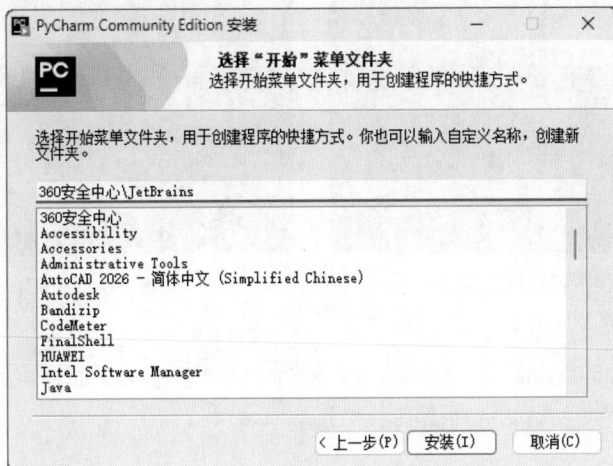

图 9-20　选择安装菜单文件

安装结束后会出现一个安装结束对话框，如图 9-22 所示。单击"完成"按钮即可完成 PyCharm 的安装工作。

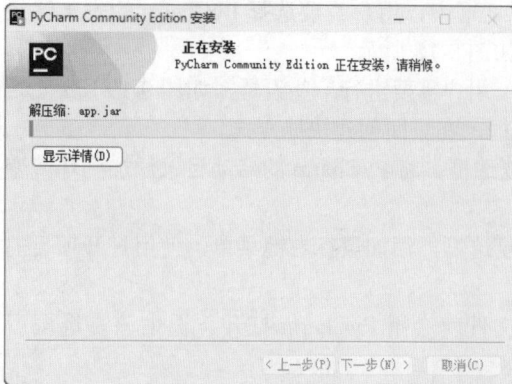

图 9-21　安装过程

图 9-22　安装结束对话框

（3）配置 PyCharm。

双击运行桌面上的 PyCharm 图标 PC ，激活 PyCharm 启动界面，然后跳转到"语言和区域"对话框，选择"Chinese(Simplified)中文语言包""中国大陆"选项，如图 9-23 所示。单击"下一个"按钮，进入"用户协议"对话框，选中"我确认我已阅读并接受此《用户协议》的条款"复选框。单击"继续"按钮，进入"数据共享"对话框，单击"不发送"按钮，关闭该对话框。

然后，启动 PyCharm，单击"跳过导入"按钮，进入 PyCharm 欢迎界面。该界面包括"项目""自定义""插件""学习"四个选项卡。值得注意的是，此时界面的显示语言为中文，如图 9-24 所示。

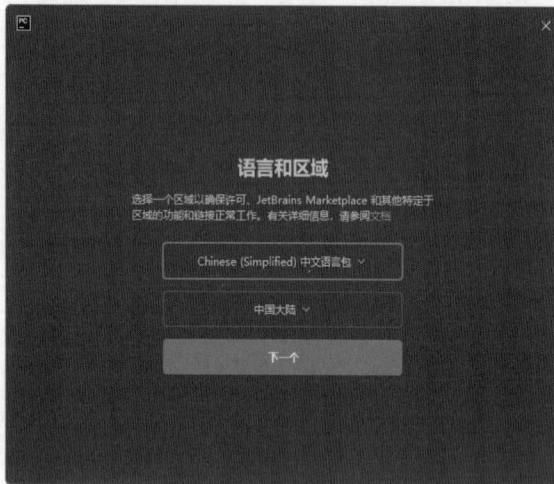

图 9-23　"语言和区域"设置界面

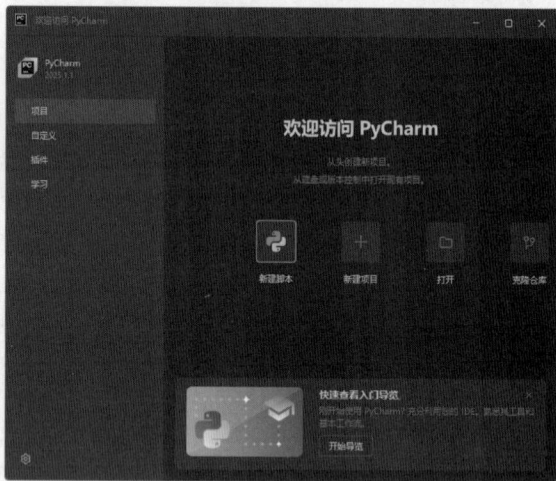

图 9-24　PyCharm 欢迎界面

单击"自定义"选项卡，如图 9-25 所示，并设置编辑区颜色参数。"主题"选项下拉列表中显示 5个主题，根据需要选择 Light with Light Header，并自动更新界面颜色，如图 9-26 所示。

● Dark：提供黑色界面，默认选择该项。

● Light：白色主题。

● Light with Light Header：白色高亮主题。本书后续的编辑器界面将采用白色高亮主题进行讲解。

● High contrast：黑色高对比度主题。

● Darcula：黑色经典主题，比 Dark（黑色主题）颜色要浅。

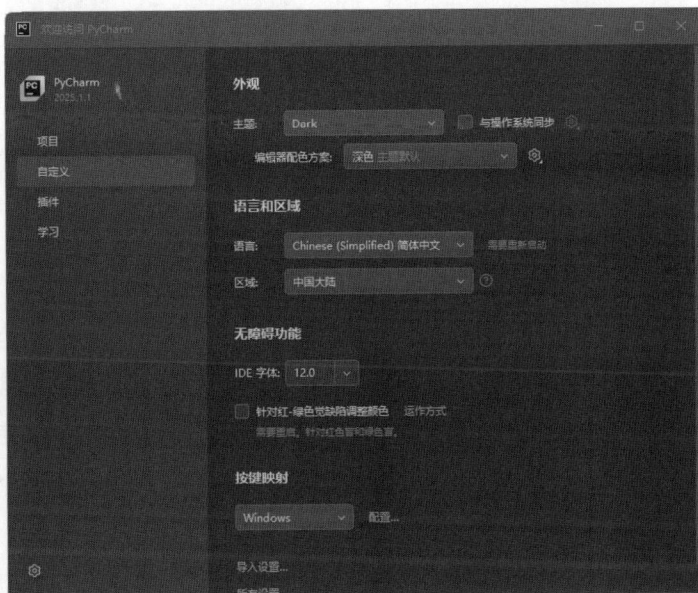

图 9-25　"自定义"选项卡

图 9-26　Light with Light Header 主题

（4）创建 PyCharm 项目文件。

在"项目"选项卡单击"新建项目"按钮，在弹出的"新建项目"对话框中选择项目路径，选择项目名称文件夹 Python_DataAnalysis，如图 9-27 所示。在"解释器类型"选项下选择"自定义环境"选项，创建虚拟环境；在"基础 Python"下拉列表中选择解释器"Python 3.13 (~\AppData\Local\Programs\Python\Python313\python.exe)系统"。

单击"创建"按钮，系统自动打开 PyCharm 编辑器界面，此时不仅新建了一个项目目录，同时也配置好了开发环境。在左侧的"项目"导航器中显示创建的项目，如图 9-28 所示。同时在 D 盘根目录下创建文件夹 Python_DataAnalysis，其中包含.idea、.venv 这两个文件，如图 9-29 所示。

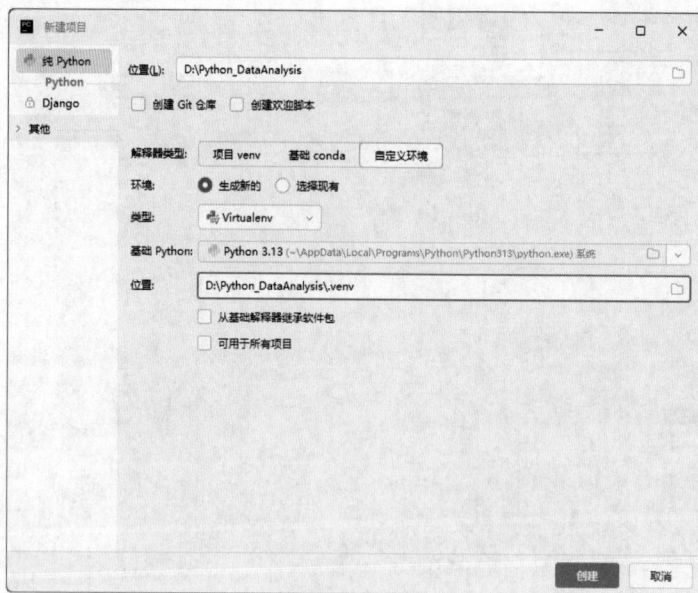

图 9-27 "新建项目"对话框

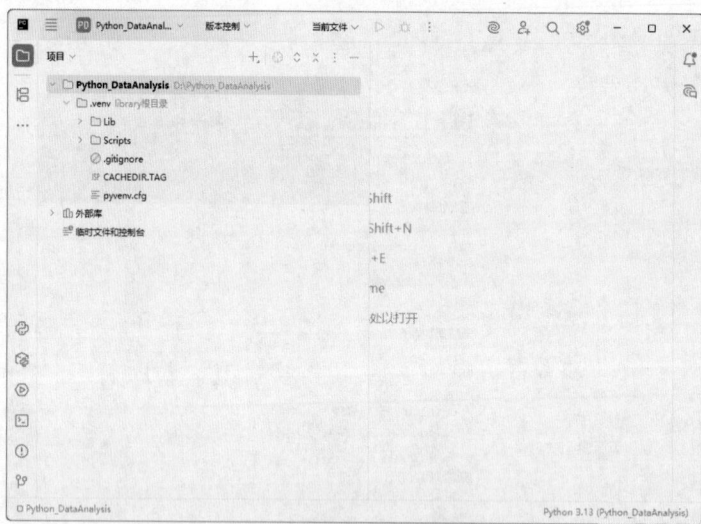

图 9-28 PyCharm 编辑器界面

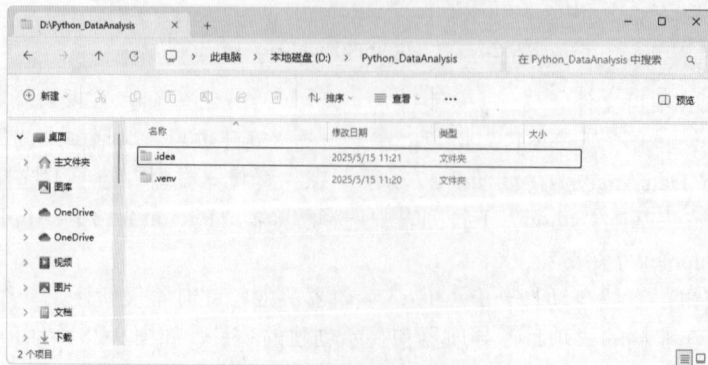

图 9-29 新建项目文件夹

（5）新建目录文件。

在左侧"项目"面板中选中项目文件夹 Python_DataAnalysis，单击菜单栏下拉按钮 ☰，选择"文件"→"新建文件或目录"→"目录"命令，弹出"新建目录"对话框，输入 ch_01，如图 9-30 所示。按下 Enter 键，在当前项目文件下创建一个目录 ch_01，如图 9-31 所示。

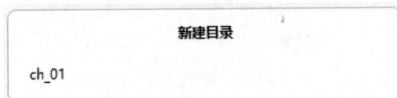

图 9-30　"新建目录"对话框

图 9-31　新建目录文件

（6）新建 Python 文件。

在左侧"项目"面板中选中 ch_01 目录。单击菜单栏下拉按钮 ☰，选择"文件"→"新建文件或目录"→"Python 文件"命令，弹出"新建 Python 文件"对话框，在下面的选项中选择"Python 文件"，输入"example_01"，如图 9-32 所示。按下 Enter 键，在当前目录下创建一个名为 example_01.py 的 Python 文件，如图 9-33 所示。

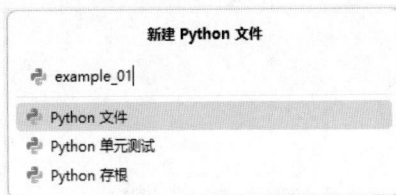

图 9-32　"新建 Python 文件"对话框

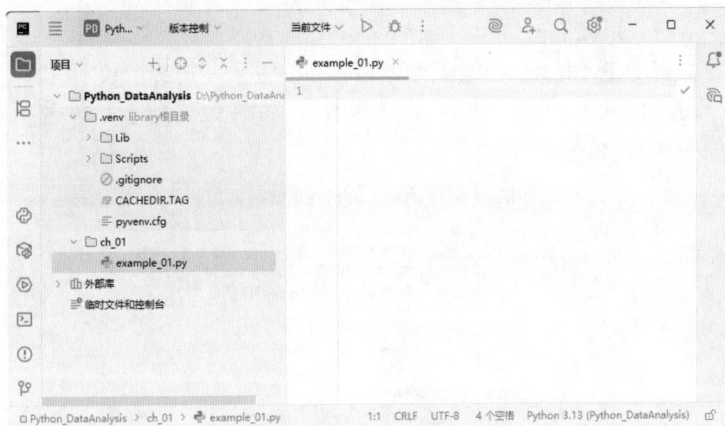

图 9-33　新建 Python 文件

（7）程序编写和运行。

在文件命令行窗口中编写如下程序：

```
# 一个简单的 Python 文件
# 输出变量值
print('Python 3.13')
print('AutoCAD 2026 中文版从入门到精通（标准版）')
```

在命令行窗口顶部下拉列表中选择"当前文件"，单击"运行"按钮 ▷，即可打开"运行"面板，显示运行结果，如图 9-34 所示。

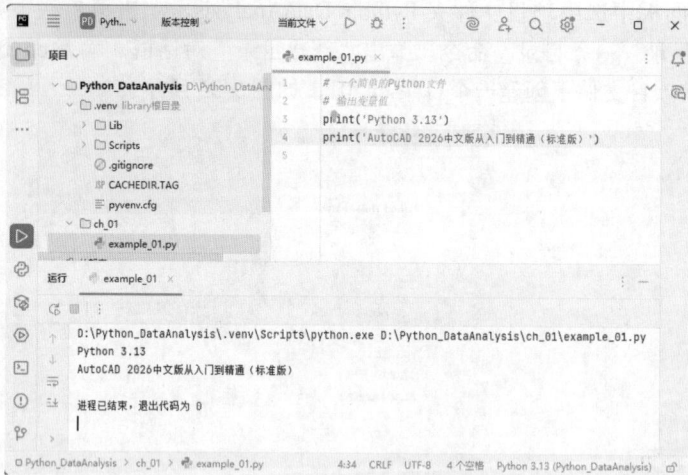

图 9-34　显示运行结果

### 4. 安装 PyAutoGUI 和 PyAutoCAD

PyAutoGUI 是一个用于自动化计算机 GUI 操作的 Python 库，它能够模拟鼠标和键盘操作，实现跨平台（Windows、macOS、Linux）的自动化任务。在安装 PyAutoGUI 之前，首先需要确保在用户的计算机上已安装 Python。Python 是一种广泛使用的编程语言，PyAutoGUI 是一个基于 Python 的库，用于自动化 GUI 任务。

PyAutoGUI 库可以通过 Python 的包管理工具 pip 安装。pip 是一个 Python 包管理系统，用于安装和管理 Python 软件包。

（1）更新 pip。

启动 PyCharm，单击菜单栏下拉按钮 ，选择"文件"→"设置"命令，如图 9-35 所示。进入"设置"界面，选择"Python 解释器"，如图 9-36 所示。单击"升级"按钮 ，更新 pip 到最新版本，如图 9-37 所示。

图 9-35　选择命令

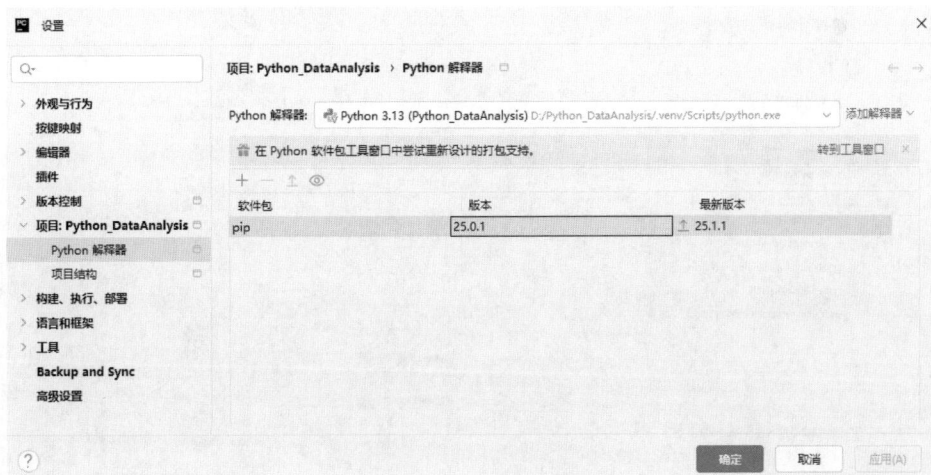

图 9-36 "设置"界面

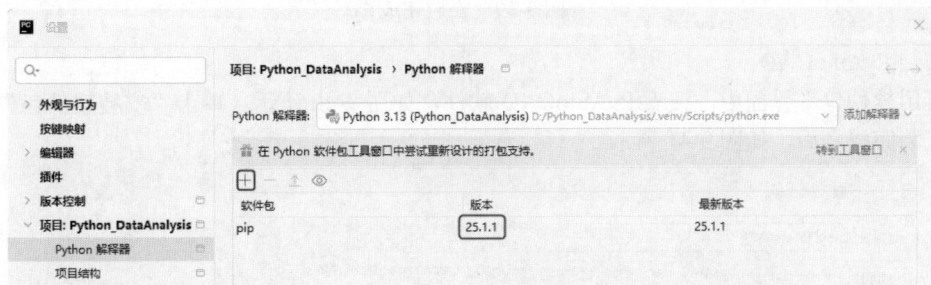

图 9-37 更新 pip

（2）安装 PyAutoGUI。

单击图 9-37 所示的"安装"按钮＋，进入"可用软件包"界面，搜索 PyAutoGUI 软件，如图 9-38 所示。单击"安装软件包"按钮，进行安装。安装完成之后，如图 9-39 所示。

图 9-38 "可用软件包"界面

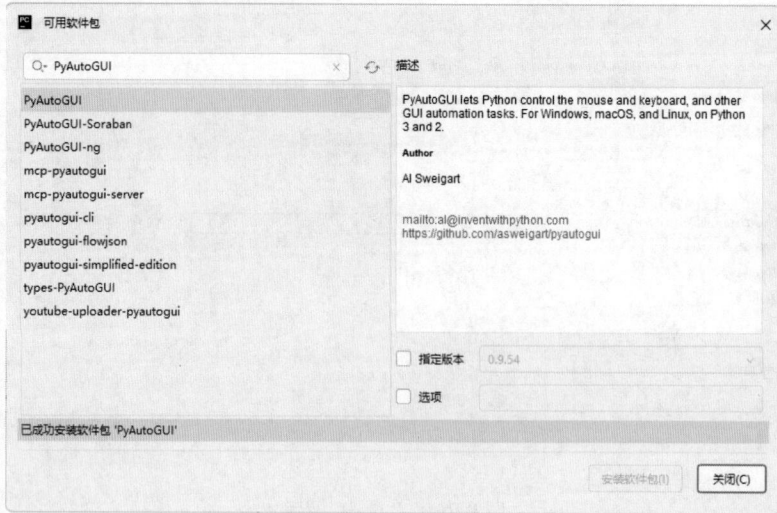

图 9-39　安装完成

（3）安装 PyAutoCAD。

在"可用软件包"界面中，搜索 PyAutoCAD 软件，如图 9-40 所示。单击"安装软件包"按钮，进行安装。安装完成之后，如图 9-41 所示。

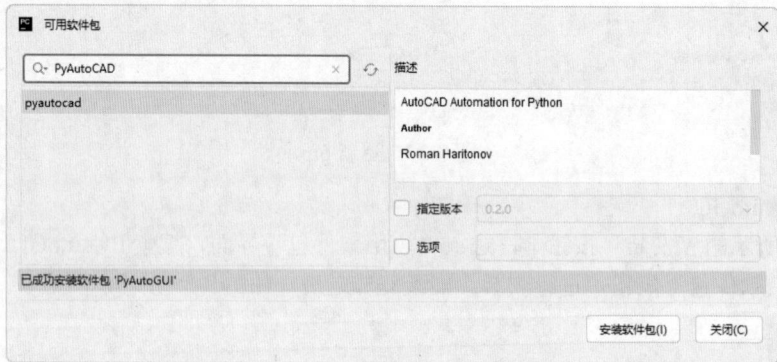

图 9-40　搜索 PyAutoCAD 软件

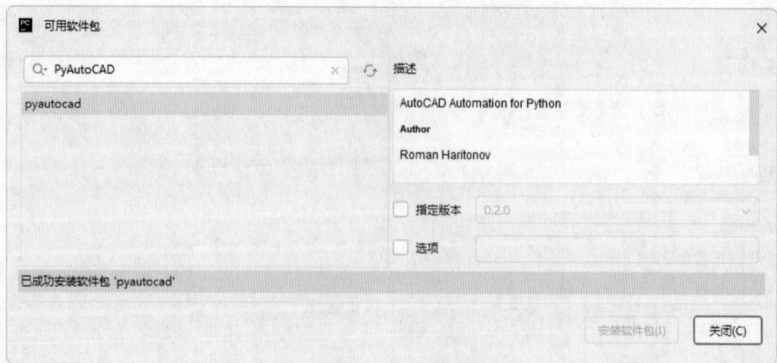

图 9-41　安装完成

（4）建立接口。

①启动 AutoCAD 2026，选择"文件"→"绘图仪管理器"命令，在打开的对话框中双击"添加绘

图仪向导"图标，如图 9-42 所示。系统弹出"添加绘图仪-简介"对话框，如图 9-43 所示。

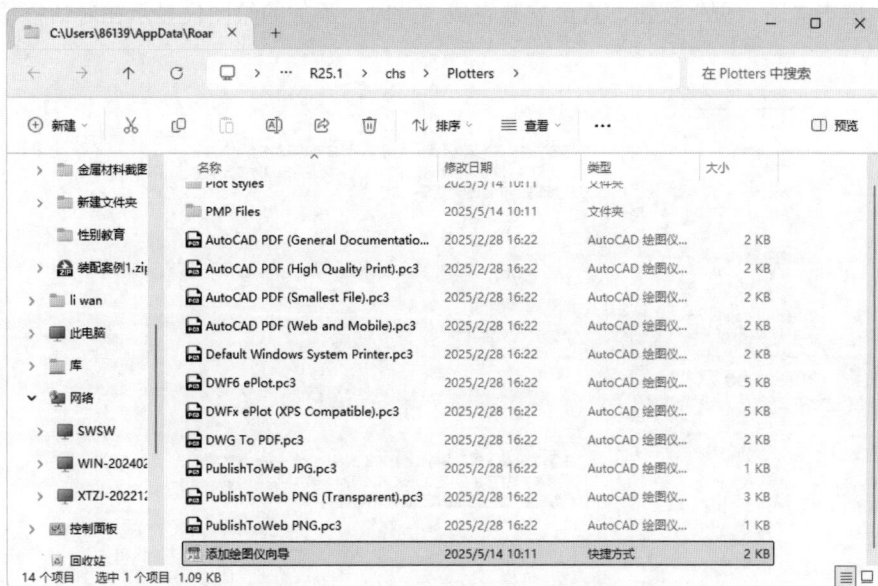

图 9-42　"添加绘图仪向导"图标

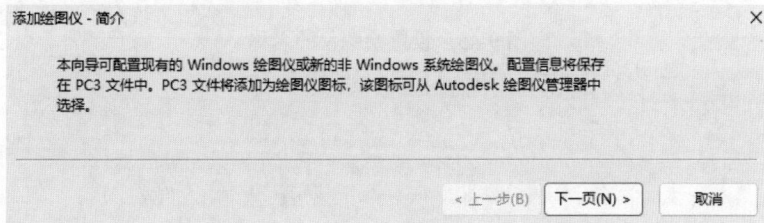

图 9-43　"添加绘图仪-简介"对话框

②连续单击"下一页"按钮，直至打开"添加绘图仪-端口"对话框，在端口下拉列表中选中
COM1 复选框，如图 9-44 所示。

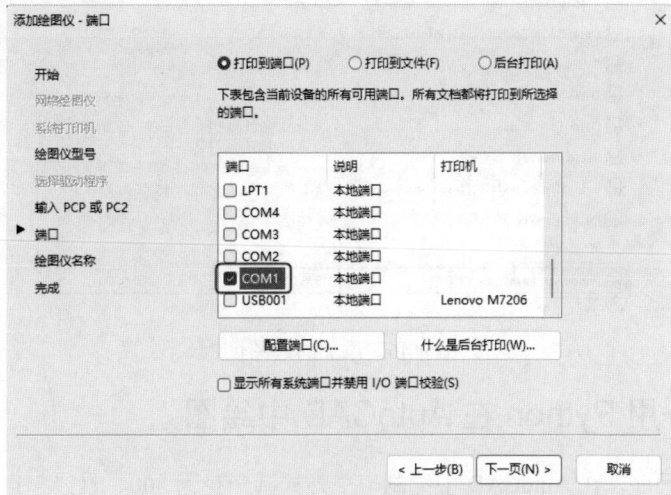

图 9-44　"添加绘图仪-端口"对话框

③单击"下一页"按钮，打开"添加绘图仪-绘图仪名称"对话框，设置绘图仪的名称，如图 9-45 所示。然后，单击"下一页"按钮，直至安装完成。此时，添加的绘图仪显示在对话框中，如图 9-46 所示。

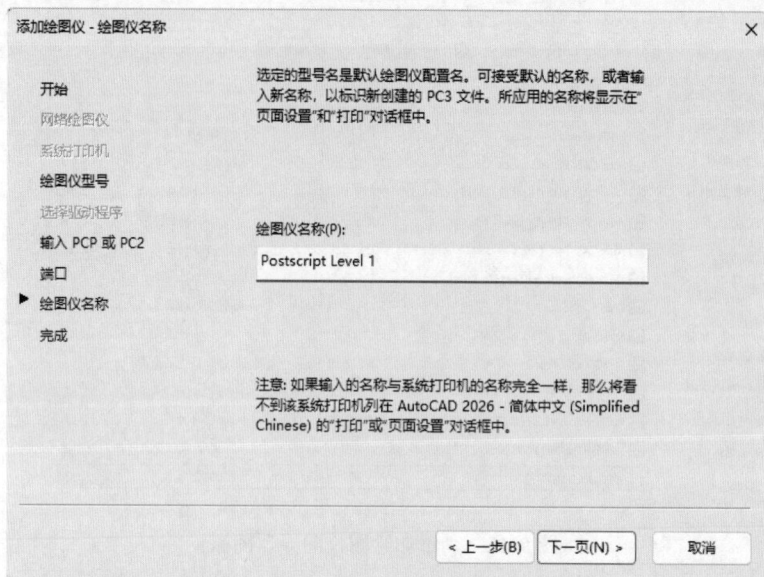

图 9-45　设置绘图仪的名称

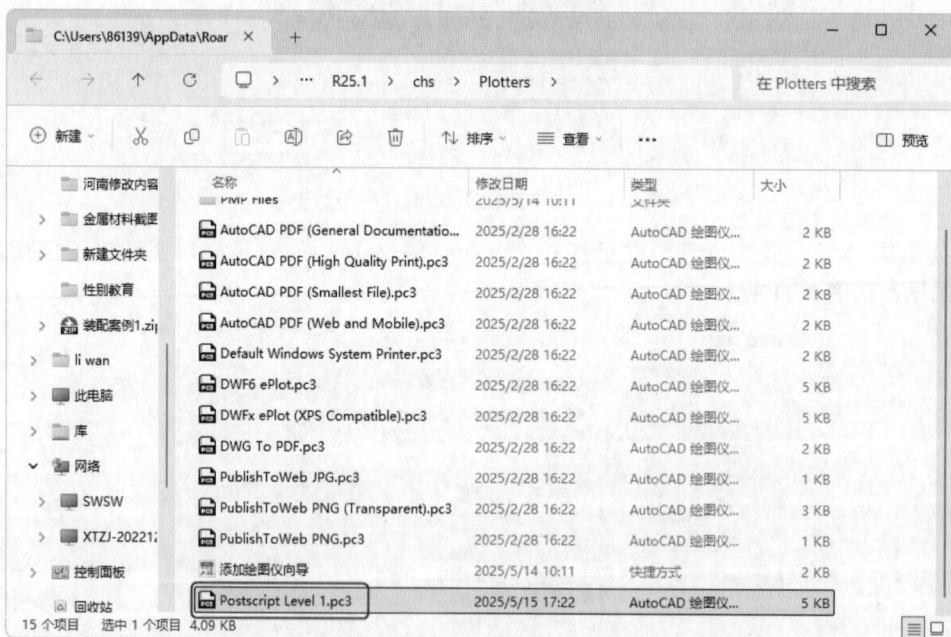

图 9-46　添加的绘图仪

## 9.2.4　实例——用 Python 在 AutoCAD 中绘图

本节利用 Python 程序，在 AutoCAD 中绘制一个外接圆半径为 300、直线起点坐标为（500,500）的五角星。

（1）新建文件。启动 PyCharm，单击菜单栏下拉按钮▤，选择"文件"→"新建文件或目录"→"Python 文件"命令，系统弹出"新建 Python 文件"对话框，输入名称为 2，如图 9-47 所示。

图 9-47　"新建 Python 文件"对话框

（2）输入程序。在新建的文件中输入程序，如图 9-48 所示。

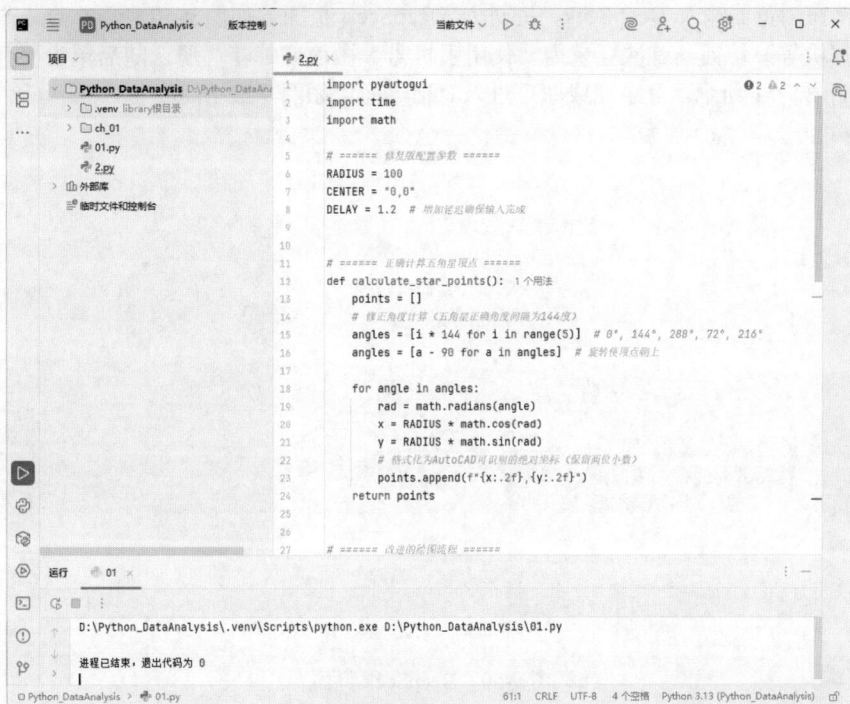

图 9-48　输入程序

（3）运行程序。启动 AutoCAD 2026，单击"默认"选项卡"绘图"面板中的"直线"按钮╱，然后单击图 9-48 中的"运行"按钮▷，将光标移动到 AutoCAD 界面，系统自动进行图形绘制，结果如图 9-49 所示。

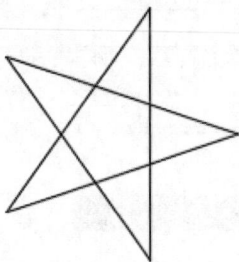

图 9-49　绘制五角星

📢 **注意**：①确保 AutoCAD 已打开并处于窗口模式。
　　　　②将视图缩放到适合坐标系的范围（建议输入 ZOOM → E 显示全部）。
　　　　③关闭动态输入功能（状态栏 DYN 按钮应为灰色）。

## 9.2.5　加载和使用 AI 工具或插件

人工智能工具在各个领域中的应用越来越广泛，它们能够帮助我们更高效地完成工作，提升生产力和创造力。以下是一些常见的 AI 工具及其主要功能。

### 1. DeepSeek

（1）下载与安装。

用户可直接在浏览器输入 DeepSeek，并进入 DeepSeek 页面。如图 9-50 所示。DeepSeek 支持多终端（手机、计算机等）访问，首次登录需要使用手机号、微信或邮箱注册，随后单击"开始对话"，进入登录界面，如图 9-51 所示。登录完成即可进入对话界面，如图 9-52 所示。

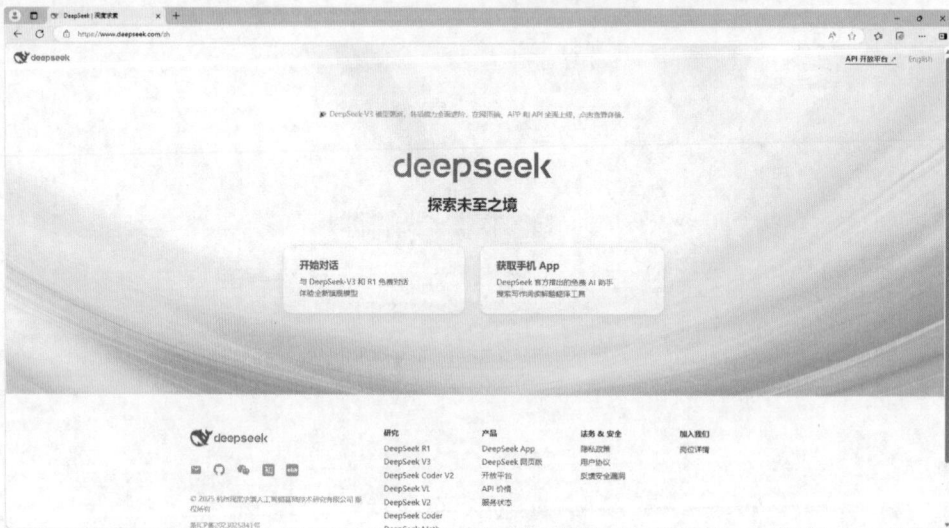

图 9-50　DeepSeek 界面

图 9-51　登录界面

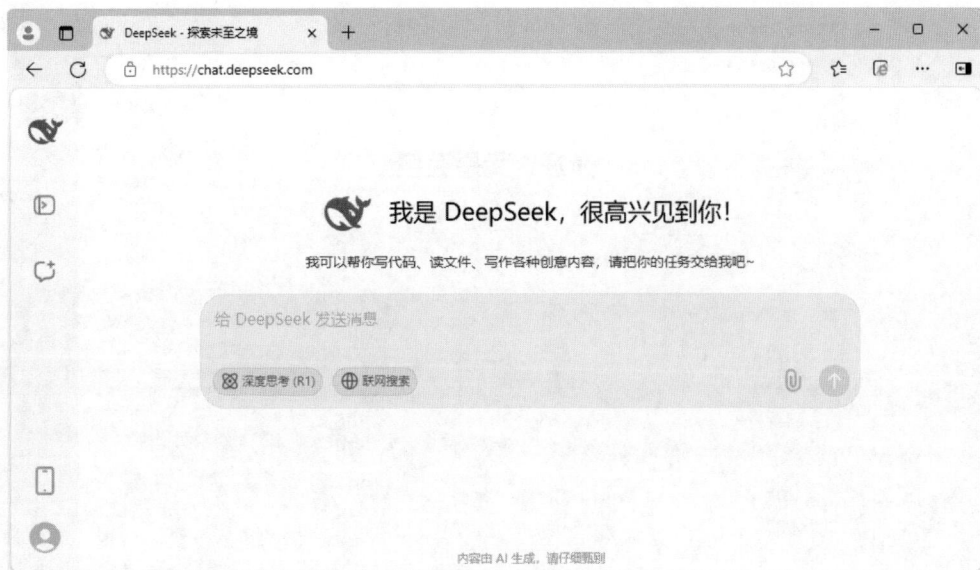

图 9-52  对话界面

（2）核心功能开关。

①深度思考（R1）模式：高级推理模型，对于解决复杂问题时使用。打开这个功能之后，模型会展示思考的过程。

②联网搜索：联网搜索实时最新的信息，用于参考最新信息。

③附件上传：用户可以上传自己的文件，以提供参考或者让 DeepSeek 进行分析。

（3）高级功能。

①跨文档处理：同时上传 PDF+Excel+网页链接，输入指令进行对比分析。

②AI 代码生成：输入代码需求，DeepSeek 会自动生成代码。

③数据分析可视化：上传数据文件，输入分析指令，DeepSeek 会生成包含图表的报告。

（4）如何得到高质量问答？

①角色+任务目标+具体要求：这是最基本的提问公式或模板。

②角色：主要限定专家领域，可以更聚焦用户的问题领域。

③任务目标：用户需要 AI 帮助用户解决什么问题。

④具体要求：用户对这个问题有哪些限定条件或需要强调的内容。

2. 豆包

豆包是字节跳动公司自主研发的新一代人工智能对话助手。依托字节跳动公司在大数据、自然语言处理（natural language processing，NLP）、机器学习等领域的技术积累，豆包通过自然语言交互为用户提供高效、个性化的服务，覆盖生活、学习、工作等多种场景。其开发理念为"用技术连接人与信息，让智能服务更简单"，致力于成为用户身边的全能型智能伙伴。

（1）使用方式与入口。

①官网访问（网页端）。用户可直接在浏览器中输入豆包官网网址（如 https://doubao.bytedance.com，以实际域名为准），进入豆包页面。如图 9-53 所示。

操作流程：

☑  首次使用需注册/登录字节跳动账号（支持手机号、第三方社交账号等方式）。

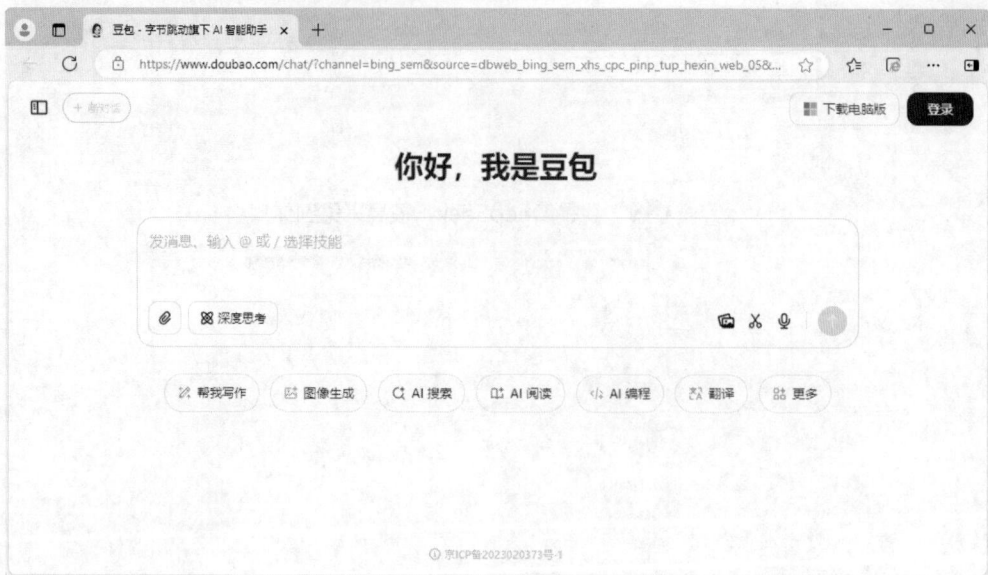

图 9-53　豆包界面

登录后即可在对话框中输入文字并发起交互，网页端支持历史对话记录保存、功能快捷按钮（如天气、翻译等）调用。

②计算机客户端下载。在豆包官网找到 "下载电脑版" 入口，且支持 Windows 和 macOS 系统。下载安装包后，按提示完成安装，随后桌面会生成豆包快捷图标。

功能特性：

☑　离线缓存：部分基础功能（如本地计算、常用知识库）支持离线使用，即使网络不稳定也能提供基础服务。

☑　多窗口管理：支持同时打开多个对话窗口，便于在不同场景下处理任务。

☑　快捷键适配：可自定义快捷键（如快速唤起对话框、切换功能模块），提升办公效率。

（2）核心功能与服务场景。

豆包的功能体系包括智能对话交互、内容生成与创作、实用工具与服务和垂直场景适配四大板块。

①智能对话交互。

☑　多模态交流：支持文字输入，未来计划拓展语音、图片等交互形式，实现更自然的沟通。

☑　场景化对话。

☑　日常聊天：闲聊、情感陪伴、话题讨论（如影视、科技、兴趣爱好等）。

☑　专业问答：解答科学知识、政策法规、生活常识等问题，例如 "如何缓解失眠""相对论的基本原理是什么"。

☑　逻辑推理：处理数学题、逻辑谜题、方案规划等，如 "制订一周健身计划""分析投资风险"。

☑　个性化记忆：基于用户历史对话，优化回复风格，提供更贴合需求的内容（如记住用户偏好的语言风格、关注领域）。

②内容生成与创作。豆包具备强大的文本生成能力，可满足多样化创作需求。

☑　营销类文案写作：商品推广文案、活动海报标语、短视频脚本。

☑　实用类文案写作：简历润色、邮件撰写、请假申请等职场文书。

☑　创意类文案写作：故事续写、诗歌创作、小说大纲设计（如 "生成一个科幻小说开头"）。

☑　翻译与润色：支持多语言互译（中英日韩法等），并可优化文本流畅度、调整文风（如将口语化内容转为正式书面语）。

☑　信息整理：对长文本进行总结提炼（如 "概括某篇论文核心观点"），或生成结构化笔记（如思维导图大纲）。

③实用工具与服务。

☑　信息查询：

实时数据：天气、新闻、股市行情、赛事结果等（如 "查询北京今日空气质量"）。

知识百科：历史事件、人物传记、科技原理等（如 "解释量子纠缠现象"）。

生活服务：周边美食推荐、旅游攻略、交通路线规划（如 "推荐上海迪士尼乐园附近的酒店"）。

☑　计算与工具：

数学计算：基础运算、方程求解、数据统计（支持调用 Godel 工具处理复杂计算）。

日程管理：提醒设置、时间规划建议（如 "规划周末学习时间表"）。

代码辅助：简单编程问题解答、代码片段生成（如 "用 Python 编写一个冒泡排序算法"）。

娱乐功能：生成表情包文案、猜谜游戏、歌词接龙等休闲互动。

④垂直场景适配。豆包可根据不同领域需求提供定制化服务。

☑　教育场景：学科辅导（如数学题解析、英语语法讲解）、学习资源推荐（如"推荐考研政治复习资料"）。

☑　办公场景：会议纪要整理、PPT 大纲生成、邮件批量处理建议。

☑　生活场景：健康咨询（非医疗建议）、菜谱推荐（如 "低卡减脂餐食谱"）、家居装修灵感。

☑　创作场景：新媒体运营支持（如 "生成小红书爆款标题"）、短视频脚本分镜设计。

（3）技术特性与优势。

豆包的核心竞争力源于字节跳动公司的技术赋能，主要体现在以下方面。

①先进的算法模型：基于深度学习框架，采用 Transformer 架构，支持上下文理解、多轮对话逻辑推理，提升回复的准确性与连贯性。

②数据驱动的优化：依托字节跳动公司生态（如抖音、今日头条等）的海量数据，持续训练模型，覆盖更多细分场景（如网络热词、新兴领域知识）。

③低延迟与高并发：底层架构支持毫秒级响应，可同时服务海量用户，保证使用的流畅性。

④安全与隐私保护：遵循数据安全法规，用户对话内容加密存储，避免隐私泄露。

# 9.3　人工智能在 AutoCAD 中的应用

人工智能正在推动 CAD 的变革。随着设计复杂度提升和项目周期缩短，传统 CAD 方法的局限性正逐渐显现出来。AI 提升了设计效率，拓展了创新空间。依托机器学习等技术，AI 能从大量数据中提取信息，为设计师提供智能建议，实现人机协同，促进设计创新。

## 9.3.1　在 2D 绘图中的应用

计算机辅助设计（computer-aided design，CAD）作为依托计算机软硬件的数字化工具，已成为现代工程设计与制造的重要支撑技术。其核心功能涵盖二维制图、三维建模、工程仿真和可视化分析，广泛应用于建筑、机械、电子、航空航天等领域。然而，传统 CAD 系统在智能化方面存在明显局限：一是人工建模费时费力，复杂结构参数调整需要多次试错；二是缺乏对大量历史设计数据的深度学习，难以自动化生成新设计；三是实时性能评估和多目标优化依赖人工经验，进而限制了创新效率。

本节将介绍 AI 在 CAD 中的核心应用，主要分为自动化设计、优化设计、辅助设计、评估设计 4 个场景。

### 1. 自动化设计

利用人工智能进行 CAD 自动化设计可以显著提升设计效率和质量。实现自动化设计的基本步骤如下。

（1）选择 AI 工具。

根据需求和预算，选择合适的 AI 工具，如 DeepSeek、Trae、Cursor、AutoCAD 2025 或 BIM 360 等。

（2）安装与配置。

按照所选 AI 工具的官方指南完成安装和配置。例如，在唯杰地图云端管理平台上为 DeepSeek 设置大模型的地址和名称。

（3）输入设计参数。

在 AI 工具中输入设计参数和要求，例如在 DeepSeek 的输入框中描述要绘制的内容，或直接输入相关数据。

（4）生成设计图纸。

AI 工具会根据输入的参数和要求自动生成相应的设计图纸。例如，DeepSeek 能够根据描述自动生成 CAD 代码并执行，从而生成相应的 CAD 图形。

### 2. 优化设计

利用人工智能进行 CAD 优化设计可以显著提升设计效率和质量。其基本步骤如下。

（1）数据准备。

收集并预处理现有 CAD 模型和设计数据，确保数据质量和一致性。

（2）模型训练。

选择合适的 AI 模型（如卷积神经网络 CNN、生成对抗网络 GAN、循环神经网络 RNN 等），并使用预处理后的数据对模型进行训练和优化。

（3）设计优化。

设定设计目标函数，利用 AI 模型生成初步设计，再通过优化算法（如遗传算法、粒子群优化等）逐步完善设计方案。

通过上述流程，AI 技术能够有效提升 CAD 设计的效率和质量。

### 3. 辅助设计

利用人工智能进行 CAD 设计评估，可以有效提升设计效率和创新能力。其主要应用包括：

（1）实时设计建议。

AI 根据设计师输入的参数和需求，结合丰富的设计知识库，实时生成多种设计方案，既满足基本要求，也能带来创新灵感。

（2）自动化设计优化。

AI 能够自动分析设计方案，发现潜在问题和优化空间，并提出相应建议，帮助设计师高效调整方案，确保合理性和可行性。

（3）智能标注和注释。

AI 可根据设计内容自动生成尺寸标注、材料说明、工艺要求等注释，减少人工工作量，提高设计的准确性和可读性。

（4）多学科协同设计。

AI 整合不同学科领域的知识和工具，提供跨学科设计建议和解决方案，提升设计的综合性和创新性。

（5）知识管理与学习。

AI 持续学习和积累设计知识，将经验应用到后续设计任务中，为设计师提供持续成长的平台。

通过上述应用，AI 能够实时提供设计建议和反馈意见，帮助设计师高效解决设计问题，从而推动设计的创新与发展。

4．评估设计

利用人工智能进行 CAD 设计评估的主要步骤如下。

（1）数据准备。

①数据收集：从现有 CAD 模型和设计数据中收集训练所需的数据，确保数据多样性和代表性。

②数据预处理：对数据进行清洗和格式转换，保证数据的质量和一致性，转换为适合 AI 模型输入的格式（如图像、点云、几何特征等）。

（2）模型训练。

①选择 AI 模型：根据设计任务选择合适的 AI 模型（如卷积神经网络 CNN、生成对抗网络 GAN、循环神经网络 RNN 等）。

②训练模型：使用预处理数据训练 AI 模型，调整模型参数和结构，并通过交叉验证等方法优化模型性能。

（3）设计评估。

①定义评估指标：根据设计需求设定评估标准（如性能、可靠性、成本等）。

②模拟和测试：利用训练好的 AI 模型对设计进行模拟和测试，生成评估结果，分析并找出问题和改进空间。

（4）结果反馈和优化。

①反馈给设计师：将评估结果反馈给设计师，帮助其发现设计优缺点，并提出改进建议。

②优化设计：根据反馈和建议，对设计方案进行优化调整，以更好地满足设计要求并提升性能。

（5）实际验证。

最终设计方案需要经过设计师人工复核，并通过实际工艺试验和试生产验证其可行性和性能。

（6）持续改进。

根据实际验证结果，将不合格的设计方案反馈给 AI 模型以进一步调整和优化，持续迭代，直至满足所有设计要求和性能指标。

通过这些步骤，AI 能够提升 CAD 设计评估的效率和质量，为设计师提供更加准确的评估和优化建议。

## 9.3.2　实例——通过 AI 自动优化平面布局

本例对居室的平面布局图进行优化，图 9-54 所示为优化后的图形。

操作步骤如下所示。

（1）打开文件。启动 AutoCAD 2026，打开"居室平面布局图" 原始文件，如图 9-55 所示。

（2）输入提示词。启动 DeepSeek ，输入如图 9-56 所示的提示词。

（3）生成程序。单击"发送"按钮↑，生成的程序如图 9-57 所示。

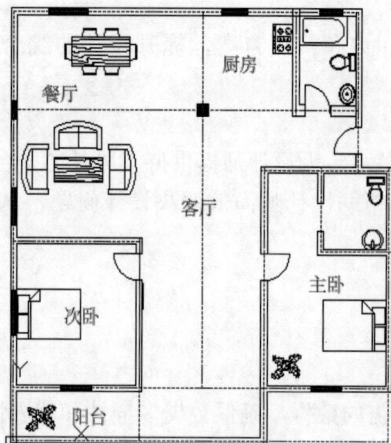

图 9-54　居室平面布局图

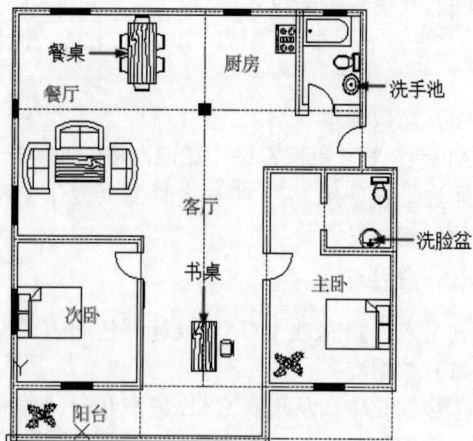

图 9-55　"居室平面布局图" 原始文件

图 9-56　输入提示词

```python
# 连接AutoCAD
try:
    acad = Autocad(create_if_not_exists=True)
    acad.prompt("正在执行平面布局优化...\n")
    print("已连接到AutoCAD")
except Exception as e:
    print(f"连接AutoCAD失败: {e}")
    return

try:
    # ===== 1. 餐桌图块操作 =====
    table_block_name = "餐桌"
    rotation_center = APoint(4100, 11970)

    # 查找并旋转餐桌
    table_block = find_block(acad, table_block_name)
    if table_block:
        # 旋转90度
        table_block.Rotate(rotation_center, math.radians(90))
        # 向左移动1300
        new_pos = APoint(rotation_center.x - 1300, rotation_center.y)
        table_block.Move(rotation_center, new_pos)
        acad.prompt(f"餐桌已旋转并移动到 ({new_pos.x}, {new_pos.y})\n")
    else:
        acad.prompt("警告：未找到餐桌图块\n")

    # ===== 2. 洗脸盆图块操作 =====
    washbasin_block = find_block(acad, "洗脸盆")
    if washbasin_block:
        orig_pos = APoint(washbasin_block.InsertionPoint)
        new_pos = APoint(orig_pos.x + 200, orig_pos.y)  # 向右移动200
        washbasin_block.Move(orig_pos, new_pos)
        acad.prompt(f"洗脸盆已向右移动200，新位置：{new_pos.x}, {new_pos.y}\n")
    else:
        acad.prompt("警告：未找到洗脸盆图块\n")
```

图 9-57　生成程序

（4）运行程序。

①新建文件然后启动 PyCharm，单击"新建文件或目录"按钮＋，在弹出的下拉菜单中选择 "Python 文件"命令，系统弹出"新建 Python 文件"对话框，输入名称为"居室平面布局图"，如图 9-58 所示。

②复制程序。单击图 9-57 所示的"复制"按钮 复制，复制生成的程序，按 Ctrl+V 快捷键，粘贴程序到"居室平面布局图"文件中，如图 9-59 所示。

图 9-58 "新建 Python 文件"对话框

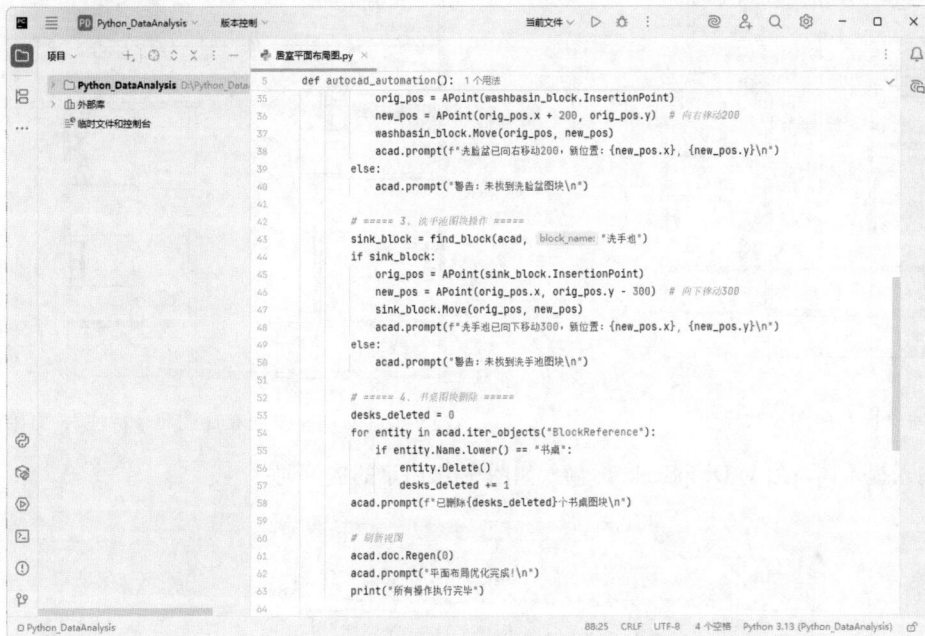

图 9-59 粘贴程序

③程序运行。切换到 AutoCAD 界面。在 AutoCAD 的命令行单击，然后切换到 PyCharm 界面，单击图 9-59 中的"运行"按钮 ▷，将光标移动到 AutoCAD 界面，运行程序，结果如图 9-60 所示。

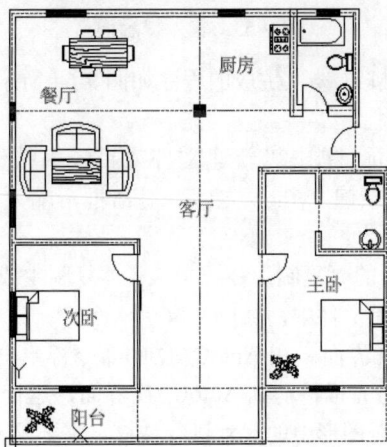

图 9-60 运行结果

### 9.3.3 实例——AI 辅助标注和尺寸校核

本例对居室平面布局图进行尺寸标注，如图 9-61 所示。

（1）打开文件。启动 AutoCAD 2026，打开"居室平面布局图尺寸标注"原始文件，如图 9-62 所示。

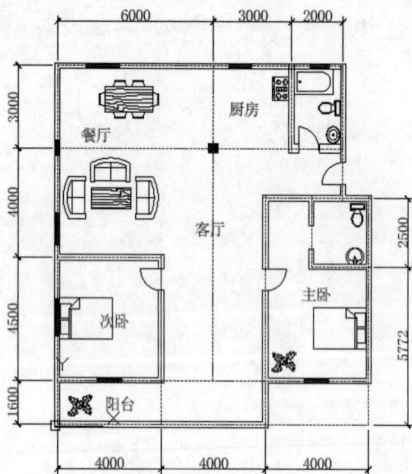

图 9-61 居室平面布局图尺寸标注

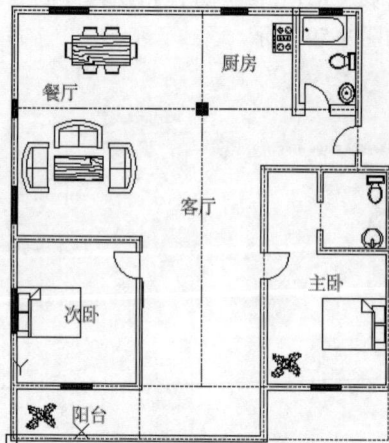

图 9-62 "居室平面布局图尺寸标注" 原始文件

（2）输入提示词。启动 DeepSeek ，输入如图 9-63 所示的提示词：

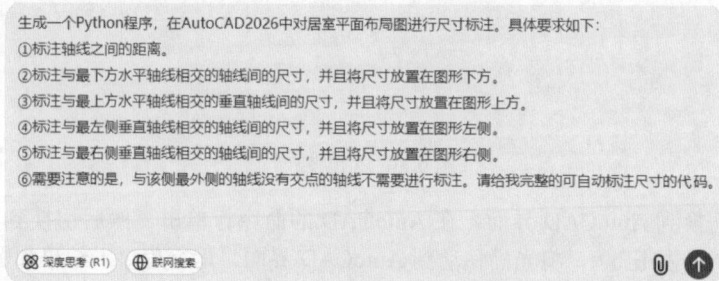

生成一个Python程序，在AutoCAD2026中对居室平面布局图进行尺寸标注。具体要求如下：
①标注轴线之间的距离。
②标注与最下方水平轴线相交的轴线间的尺寸，并且将尺寸放置在图形下方。
③标注与最上方水平轴线相交的垂直轴线间的尺寸，并且将尺寸放置在图形上方。
④标注与最左侧垂直轴线相交的轴线间的尺寸，并且将尺寸放置在图形左侧。
⑤标注与最右侧垂直轴线相交的轴线间的尺寸，并且将尺寸放置在图形右侧。
⑥需要注意的是，与该侧最外侧的轴线没有交点的轴线不需要进行标注。请给我完整的可自动标注尺寸的代码。

图 9-63 输入提示词

（3）生成程序。单击"发送"按钮↑，生成的程序如图 9-64 所示。

（4）运行程序。

①新建文件然后启动 PyCharm，单击"新建文件或目录"按钮，在弹出的下拉菜单中选择"Python 文件"命令，系统弹出"新建 Python 文件"对话框，输入名称为"居室平面布局图尺寸标注"，如图 9-65 所示。

②复制程序。单击图 9-64 所示的"复制"按钮 复制，复制生成的程序，按 Ctrl+V 快捷键，粘贴程序到"居室平面布局图尺寸标注"文件中，如图 9-66 所示。

③程序运行。切换到 AutoCAD 界面。在 AutoCAD 的命令行单击，然后切换到 PyCharm 界面，单击图 9-66 中的"运行"按钮 ▷，将光标移动到 AutoCAD 界面，运行程序，结果如图 9-67 所示。

（5）输入尺寸校核关键词。要对图形中的尺寸进行校核，需要输入如图 9-68 所示的关键词：

校核以上图形中水平和垂直线性标注尺寸。

```python
import math
from pyautocad import Autocad, APoint, aDouble

def create_axis_dimensions():
    try:
        # 自动连接AutoCAD
        acad = Autocad(create_if_not_exists=True)
        print("成功连接AutoCAD")
        print("使用当前标注样式进行标注...")

        # ===== 1. 查找所有轴线 =====
        print("正在搜索轴线对象...")
        axis_lines = []
        for entity in acad.iter_objects("Line"):
            if entity.Layer.lower() in ["axis", "轴线", "grid"]:
                axis_lines.append(entity)

        if not axis_lines:
            print("警告：未找到AXIS/轴线图层的轴线")
            return

        # ===== 2. 分类水平和垂直轴线 =====
        vertical_axes = []    # 垂直轴线（X坐标相同）
        horizontal_axes = []  # 水平轴线（Y坐标相同）

        for line in axis_lines:
            if math.isclose(line.StartPoint[0], line.EndPoint[0], abs_tol=0.1):
                vertical_axes.append({
                    'x': line.StartPoint[0],
                    'start_y': min(line.StartPoint[1], line.EndPoint[1]),
                    'end_y': max(line.StartPoint[1], line.EndPoint[1]),
                    'line': line
                })
```

**新建 Python 文件**

- 居室平面布局图尺寸标注
- Python 文件
- Python 单元测试
- Python 存根

图 9-64　生成程序　　　　　　　　　　　　　图 9-65　"新建 Python 文件"对话框

```python
import math
from pyautocad import Autocad, APoint, aDouble


def create_axis_dimensions():  # 1 个用法
    try:
        # 自动连接AutoCAD
        acad = Autocad(create_if_not_exists=True)
        print("成功连接AutoCAD")
        print("使用当前标注样式进行标注...")

        # ===== 1. 查找所有轴线 =====
        print("正在搜索轴线对象...")
        axis_lines = []
        for entity in acad.iter_objects("Line"):
            if entity.Layer.lower() in ["axis", "轴线", "grid"]:
                axis_lines.append(entity)

        if not axis_lines:
            print("警告：未找到AXIS/轴线图层的轴线")
            return

        # ===== 2. 分类水平和垂直轴线 =====
        vertical_axes = []    # 垂直轴线（X坐标相同）
        horizontal_axes = []  # 水平轴线（Y坐标相同）

        for line in axis_lines:
            if math.isclose(line.StartPoint[0], line.EndPoint[0], abs_tol=0.1):
                vertical_axes.append({
                    'x': line.StartPoint[0],
                    'start_y': min(line.StartPoint[1], line.EndPoint[1]),
```

图 9-66　粘贴程序

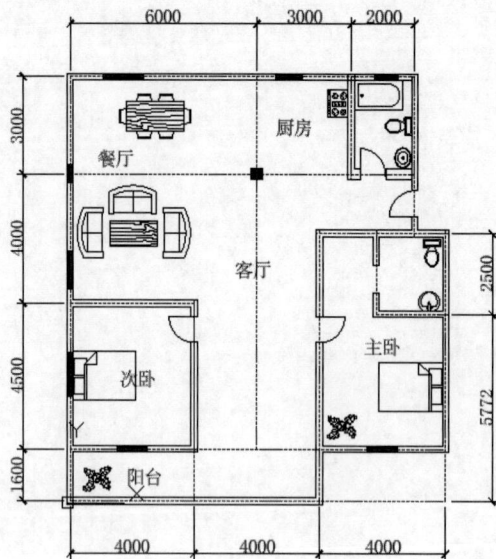

图 9-67　运行结果

图 9-68　输入尺寸校核关键词

（6）生成尺寸校核程序。单击"发送"按钮 ⬆，生成的程序如图 9-69 所示。

```python
def advanced_dimension_check():
    acad = Autocad()
    print("=== 高级标注校核 ===")

    for dim in acad.iter_objects("Dimension"):
        try:
            # 获取标注几何特征
            dim_type = dim.ObjectName
            text = dim.TextOverride if dim.TextOverride else str(dim.Measurement)

            # 1. 线性标注检查
            if dim_type == "AcDbAlignedDimension":
                check_linear_dimension(dim)

            # 2. 半径标注检查
            elif dim_type == "AcDbRadialDimension":
                check_radial_dimension(dim)

            # 3. 直径标注检查
            elif dim_type == "AcDbDiametricDimension":
                check_diametric_dimension(dim)

            # 4. 角度标注检查
            elif dim_type == "AcDb2LineAngularDimension":
                check_angular_dimension(dim)

        except Exception as e:
            print(f"标注 {dim.Handle} 检查出错: {str(e)}")

def check_linear_dimension(dim):
    # 实现线性标注检查逻辑
    pass
```

图 9-69　生成尺寸校核程序

（7）运行尺寸校核程序

①新建文件然后启动 PyCharm，单击"新建文件或目录"按钮 ╈，在弹出的下拉菜单中选择"Python 文件"命令，系统弹出"新建 Python 文件"对话框，输入名称为"居室平面布局图尺寸校核"。

②复制程序。单击图 9-69 所示的"复制"按钮 ⎘ 复制，复制生成的程序，按 Ctrl+V 快捷键，粘贴程序到"居室平面布局图尺寸校核"文件中，如图 9-70 所示。

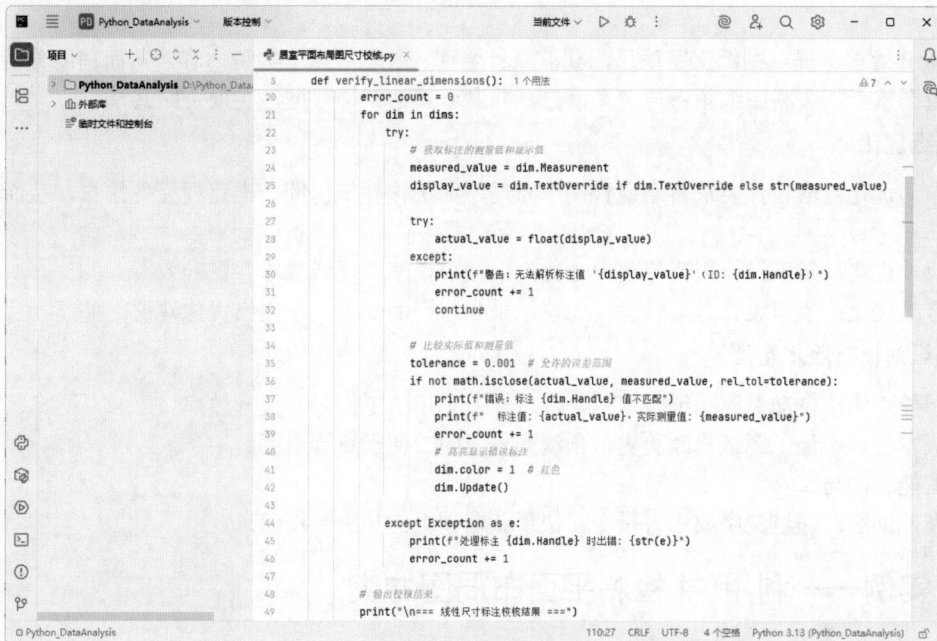

图 9-70　粘贴程序

③程序运行。切换到 AutoCAD 界面。在 AutoCAD 的命令行单击，然后切换到 PyCharm 界面，单击图 9-70 中的"运行"按钮 ▷，将光标移动到 AutoCAD 界面，运行程序，结果如图 9-71 所示。

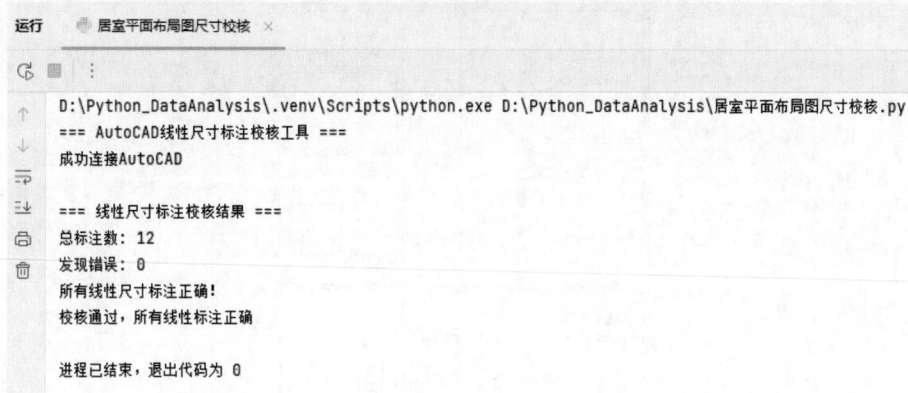

图 9-71　校核结果

### 9.3.4　图纸数据分析与优化

在数字化时代，传统图纸分析优化效率低、误差多。AI 凭借强大的数据处理能力，为图纸领域带来革新，进而可挖掘潜在价值、提升设计精准度。本节将探讨如何用 AI 实现图纸数据分析与优化。

**1. 图纸数据提取与分析**

（1）图像识别：用 CNN 等模型识别图纸元素，如建筑图纸中的房间、机械图纸中的零件，并分类标记。

（2）NLP 处理：提取图纸文字信息，获取项目名称、技术要求等关键内容，从而辅助分析管理。

（3）数据整合：关联图纸图像与文字信息，并融合其他工程数据，实现协同共享。

**2. 图纸优化**

（1）布局优化：依设计要求自动调整图纸布局，如优化建筑房间、电路板元件排布，从而提供最优方案。

（2）尺寸优化：基于设计规范控制尺寸比例，减少误差，降低成本并提升效率。

（3）方案优化：模拟设计方案性能，如建筑采光、产品受力，以提出优化建议。

**3. 图纸对比与版本管理**

（1）智能对比：自动对比图纸版本差异，减轻人工审核工作量，提升效率。

（2）版本管理：记录图纸修改历史，预测变更方向，便于查询追溯。

（3）智能辅助与交互。

（4）智能助手：通过文字或语音指令，快速获取图纸的相关数据信息。

### 9.3.5　实例——利用 AI 检测平面布局图冲突

本例对图 9-72 所示的居室平面布局图进行冲突检查。

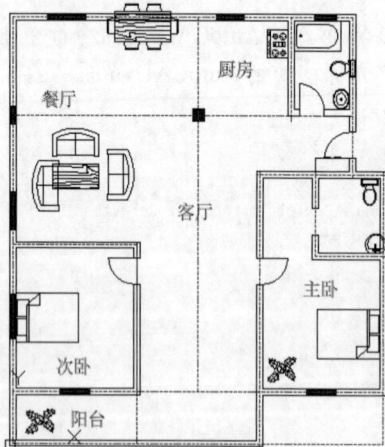

图 9-72　平面布局图

**1. 输入提示词**

启动 DeepSeek，输入图 9-73 所示的提示词。

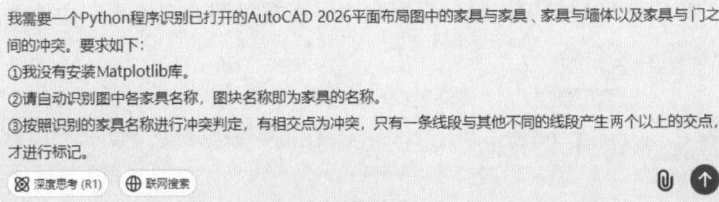

图 9-73　输入提示词

## 2. 生成程序

单击"发送"按钮 ⬆，生成如图 9-74 所示的程序。

图 9-74　生成的程序

## 3. 运行程序

（1）复制以上程序。然后启动 PyCharm，单击"新建文件或目录"按钮 ➕，在弹出的下拉菜单中选择 "Python 文件"命令，系统弹出"新建 Python 文件"对话框，输入名称为"平面布局图冲突检测"，如图 9-75 所示。

图 9-75　"新建 Python 文件"对话框

（2）输入程序。按 Ctrl+V 快捷键，粘贴程序到"平面布局图冲突检测"文件中，如图 9-76 所示。

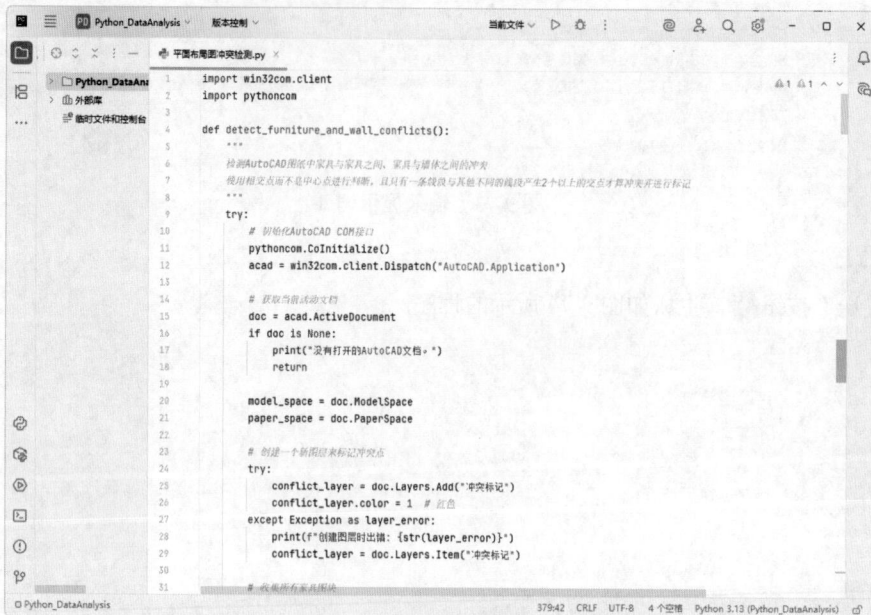

图 9-76　粘贴程序

（3）程序运行。在 AutoCAD 2026 中打开"平面布局图冲突检测"文件。在 AutoCAD 的命令行单击，然后切换到 PyCharm 界面，单击图 9-76 中的"运行"按钮 ▷，将光标移动到 AutoCAD 界面，运行程序，运行结果如图 9-77 所示。

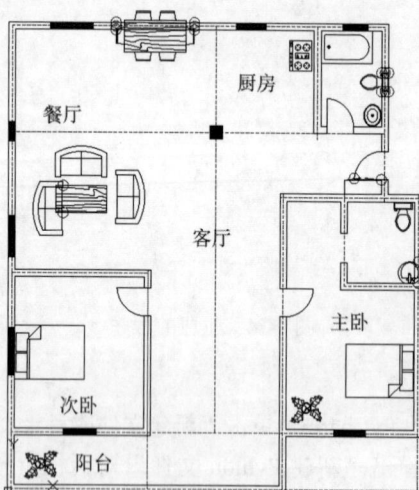

图 9-77　运行结果

## 9.3.6　实例——统计平面示意图的面积、长度等数据并生成报告

本例对图 9-78 所示的平面示意图进行面积和长度数据统计，并生成报告。

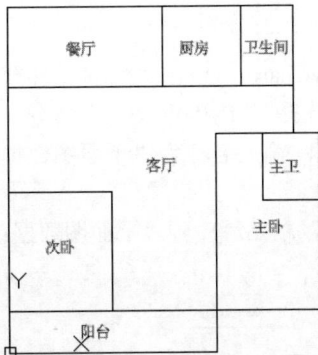

图 9-78　平面示意图

操作步骤：

### 1. 打开文件

启动 AutoCAD 2026 软件。单击快速访问工具栏中的"打开"按钮，打开"平面示意图"文件。

### 2. 输入提示词

启动 DeepSeek，关闭"深度思考"按钮，输入如图 9-79 所示的提示词。

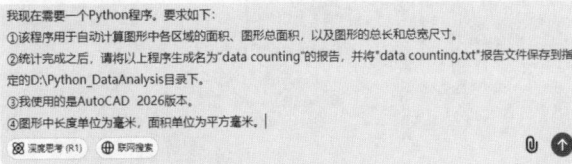

图 9-79　输入提示词

### 3. 生成程序

单击"发送"按钮，生成程序，如图 9-80 所示。

图 9-80　生成的程序

**4. 运行程序**

（1）复制以上程序。然后启动 PyCharm，单击"新建文件或目录"按钮﹢，在弹出的下拉菜单中选择 "Python 文件"命令，系统弹出"新建 Python 文件"对话框，输入名称为"平面图数据统计"，如图 9-81 所示。

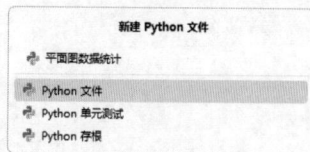

图 9-81 "新建 Python 文件"对话框

（2）输入程序。按 Ctrl+V 快捷键，粘贴程序到"平面图数据统计"文件中，如图 9-82 所示。

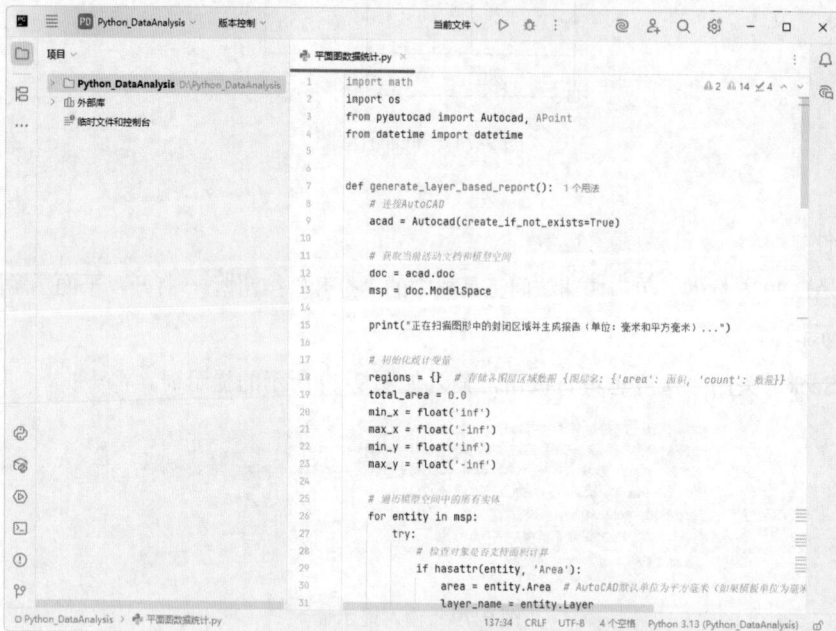

图 9-82 粘贴程序

（3）程序运行。在 AutoCAD 的命令行单击，然后切换到 PyCharm 界面，单击图 9-82 中的"运行"按钮▷，将光标移动到 AutoCAD 界面，运行程序，运行结果如图 9-83 所示。由结果可以看出，程序能够正确测量出绘图区图形的面积。同时在项目列表中生成统计报告，如图 9-84 所示。

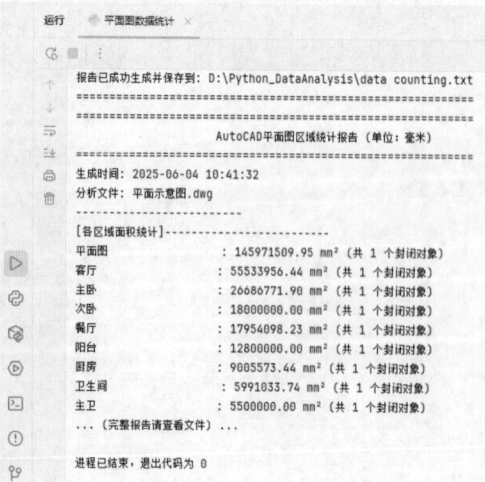

图 9-83 运行结果

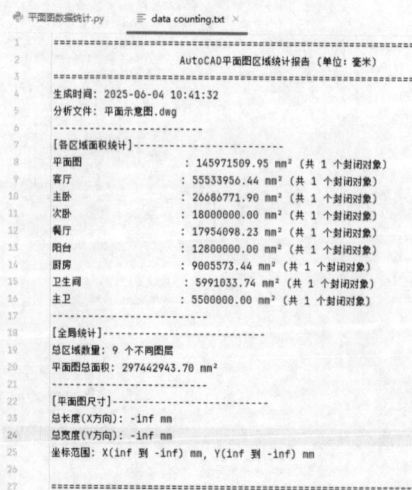

图 9-84 统计报告

# 9.4　综合演练——自动生成建筑平面图布局

本例介绍如图 9-85 所示的居室平面布局图的绘制。

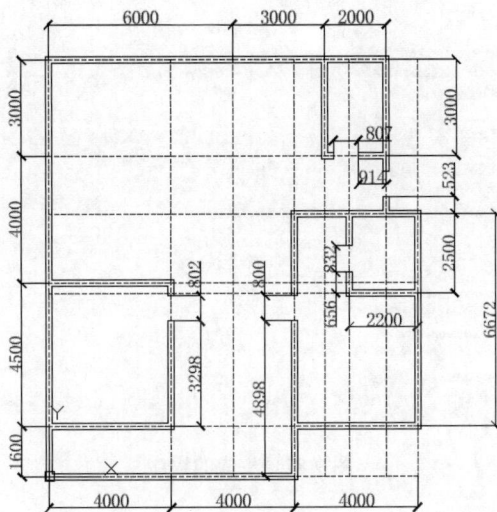

图 9-85　居室平面布局图

1. 输入提示词

首先输入创建图层、绘制轴线的提示词。

启动 DeepSeek，关闭"深度思考"按钮，输入如图 9-86 所示的提示词：

图 9-86　输入提示词

2. 生成程序

单击"发送"按钮↑，生成如图 9-87 所示的程序。

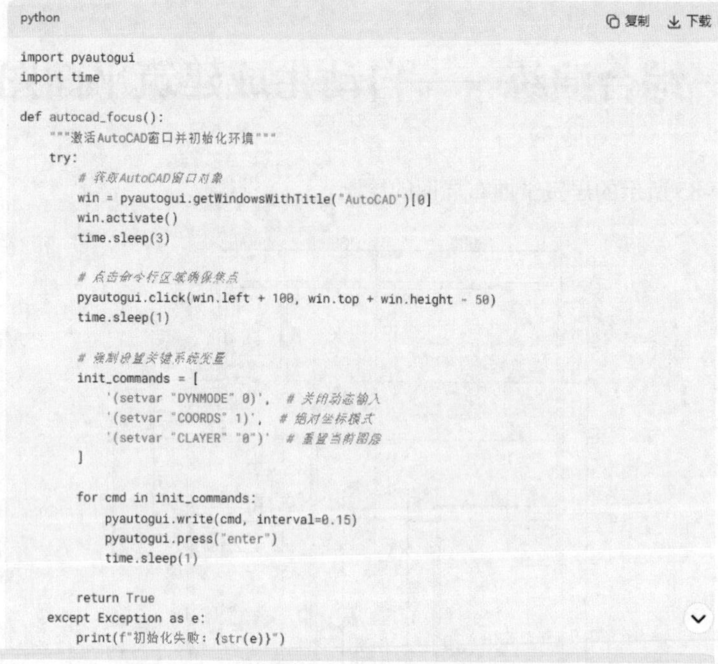
python
复制
下载
import pyautogui
import time

def autocad_focus():
    """激活AutoCAD窗口并初始化环境"""
    try:
        # 获取AutoCAD窗口对象
        win = pyautogui.getWindowsWithTitle("AutoCAD")[0]
        win.activate()
        time.sleep(3)

        # 点击命令行区域确保焦点
        pyautogui.click(win.left + 100, win.top + win.height - 50)
        time.sleep(1)

        # 强制设置关键系统变量
        init_commands = [
            '(setvar "DYNMODE" 0)',  # 关闭动态输入
            '(setvar "COORDS" 1)',  # 绝对坐标模式
            '(setvar "CLAYER" "0")'  # 重置当前图层
        ]

        for cmd in init_commands:
            pyautogui.write(cmd, interval=0.15)
            pyautogui.press("enter")
            time.sleep(1)

        return True
    except Exception as e:
        print(f"初始化失败：{str(e)}")

图 9-87　生成的程序

### 3. 运行程序

（1）复制以上程序。然后启动 PyCharm，单击“新建文件或目录”按钮+，在弹出的下拉菜单中选择“Python 文件”命令，系统弹出“新建 Python 文件”对话框，输入名称为“平面布局图-新建图层”。

（2）输入程序。按 Ctrl+V 快捷键，粘贴程序到“平面布局图-新建图层”文件中，如图 9-88 所示。

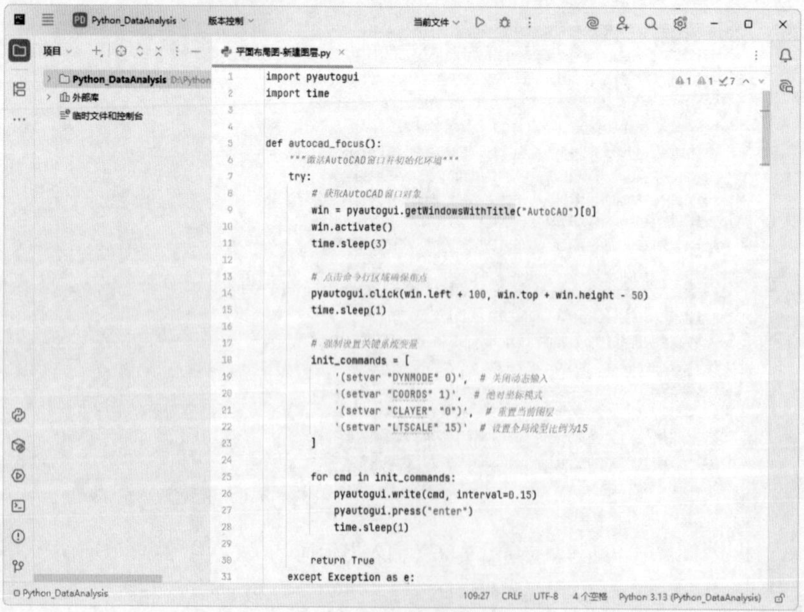
Python_DataAnalysis
版本控制
当前文件
项目
平面布局图-新建图层.py
Python_DataAnalysis
外部库
临时文件和控制台
import pyautogui
import time
def autocad_focus():
"""激活AutoCAD窗口并初始化环境"""
try:
# 获取AutoCAD窗口对象
win = pyautogui.getWindowsWithTitle("AutoCAD")[0]
win.activate()
time.sleep(3)
# 点击命令行区域确保焦点
pyautogui.click(win.left + 100, win.top + win.height - 50)
time.sleep(1)
# 强制设置关键系统变量
init_commands = [
'(setvar "DYNMODE" 0)',  # 关闭动态输入
'(setvar "COORDS" 1)',  # 绝对坐标模式
'(setvar "CLAYER" "0")',  # 重置当前图层
'(setvar "LTSCALE" 15)'  # 设置全局线型比例为15
]
for cmd in init_commands:
pyautogui.write(cmd, interval=0.15)
pyautogui.press("enter")
time.sleep(1)
return True
except Exception as e:
109:27
CRLF
UTF-8
4 个空格
Python 3.13 (Python_DataAnalysis)

图 9-88　粘贴程序

（3）程序运行。在 AutoCAD 的命令行单击，然后切换到 PyCharm 界面，单击图 9-88 中的"运行"按钮 ▷，将光标移动到 AutoCAD 界面，运行程序，运行结果如图 9-89 所示。

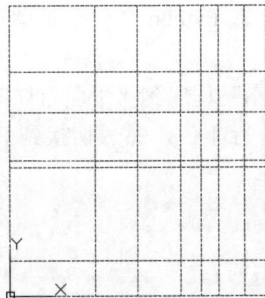

图 9-89　运行结果

### 4. 输入提示词

下面继续输入设置当前层和多线样式的提示词，如图 9-90 所示。

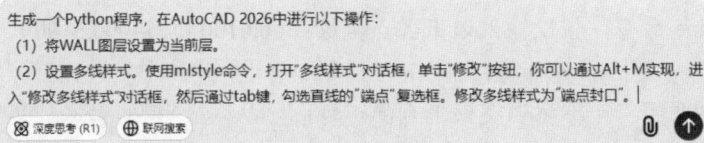

生成一个Python程序，在AutoCAD 2026中进行以下操作：
(1) 将WALL图层设置为当前层。
(2) 设置多线样式。使用mlstyle命令，打开"多线样式"对话框，单击"修改"按钮，你可以通过Alt+M实现，进入"修改多线样式"对话框，然后通过tab键，勾选直线的"端点"复选框。修改多线样式为"端点封口"。

⊗ 深度思考 (R1)　⊕ 联网搜索

图 9-90　输入提示词

### 5. 生成程序

单击"发送"按钮 ↑，生成如图 9-91 所示的程序。

```python
    try:
        # 发送MLSTYLE命令打开多线样式对话框
        if not send_command("_mlstyle", delay=3):
            print("打开多线样式对话框失败")
            return False

        # 按下Alt+M激活"修改"按钮
        pyautogui.hotkey('alt', 'm')
        time.sleep(2)   # 等待修改对话框打开

        # 切换到"封口"区域
        for _ in range(8):
            pyautogui.press('tab')
            time.sleep(0.2)

        # 移动到"直线"的"端点"复选框
        for _ in range(2):
            pyautogui.press('tab')
            time.sleep(0.2)

        # 启用端点封口
        pyautogui.press('space')  # 空格键勾选端点复选框
        time.sleep(0.5)

        # 跳过起点封口（不进行任何操作）

        # 定位并点击"修改多线样式"对话框的"确定"按钮
        for _ in range(3):  # 可能需要调整Tab次数
            pyautogui.press('tab')
            time.sleep(0.2)
        pyautogui.press('enter')  # 点击确定
        time.sleep(1)

        # 定位并点击"多线样式"对话框的"确定"按钮
        for _ in range(3):  # 可能需要调整Tab次数
            pyautogui.press('tab')
```

图 9-91　生成程序

**6. 运行程序**

（1）复制以上程序。然后启动 PyCharm，单击"新建文件或目录"按钮╈，在弹出的下拉菜单中选择"Python 文件"命令，系统弹出"新建 Python 文件"对话框，输入名称为"平面布局图-修改多线样式"。

（2）输入程序。按 Ctrl+V 快捷键，粘贴程序到"平面布局图-修改多线样式"文件中。

（3）程序运行。在 AutoCAD 的命令行单击，然后切换到 PyCharm 界面，单击"运行"按钮▷，将光标移动到 AutoCAD 界面，运行程序。

**7. 输入提示词**

下面继续输入绘制和编辑多线的提示词。

（1）使用多线 mline 命令绘制墙体，设置多线的"对正"为无，比例为 200。具体操作如下：

①使用多线 mline 命令，依次输入以下各点坐标：（0,0）、（0,13100）、（11000,13100）、（11000,9595），结束 mline 命令；

②重复多线 mline 命令，依次输入以下各点坐标：（0,1600）、（4000,1600）、（4000,3300），结束 mline 命令；

③重复多线 mline 命令，依次输入以下各点坐标：（0,6100）、（4000,6100）、（4000,5700），结束 mline 命令；

④重复多线 mline 命令，依次输入以下各点坐标：（0,0）、（8000, 0）、（8000,4900），结束 mline 命令；

⑤重复多线 mline 命令，依次输入以下各点坐标：（8000,1600）、（12000,1600）、（12000,8272）、（8000, 8272）、（8000,5700），结束 mline 命令；

⑥重复多线 mline 命令，依次输入以下各点坐标：（12000,5772）、（9800,5772）、（9800,6428），结束 mline 命令；

⑦重复多线 mline 命令，依次输入以下各点坐标：（9800, 8272）、（9800,7260），结束 mline 命令；

⑧重复多线 mline 命令，依次输入以下各点坐标：（11000, 8272）、（11000,8795），结束 mline 命令；

⑨重复多线 mline 命令，依次输入以下各点坐标：（11000, 10100）、（10086,10100），结束 mline 命令；

⑩重复多线 mline 命令，依次输入以下各点坐标：（9000, 13100）、（9000,10100）、（9279,10100），结束 mline 命令；

（2）绘制完成之后，使用 mledit 命令对绘制的多线进行编辑，首先执行 mledit 命令，系统弹出"多线编辑工具"对话框，选择"角点结合"选项，如果是使用 Tab 键按压，应该需要按压 2 次，然后按 Enter 键。系统提示选择第一条多线，选择上面绘制的第一条多线，然后系统提示选择第二条多线，选择上面绘制的第四条多线；选择多线时可以根据绘制多线的坐标和多线比例计算坐标点进行选择。操作完成结束命令。

（3）重新执行 mledit 命令，系统弹出"多线编辑工具"对话框，选择"T 形打开"选项，如果是使用 Tab 键按压，应该需要按压 5 次，然后按 Enter 键。然后按照以下步骤进行操作。

①系统提示选择第一条多线，选择上面绘制的第二条多线，然后系统提示选择第二条多线，选择上面绘制的第一条多线。

②系统继续提示选择第一条多线，选择上面绘制的第三条多线，然后系统提示选择第二条多线，选择上面绘制的第一条多线。

③系统继续提示选择第一条多线，选择上面绘制的第五条多线，然后系统提示选择第二条多线，选择上面绘制的第四条多线。

④系统继续提示选择第一条多线，选择上面绘制的第六条多线，然后系统提示选择第二条多线，选择上面绘制的第五条多线。

⑤系统继续提示选择第一条多线，选择上面绘制的第七条多线，然后系统提示选择第二条多线，选择上面绘制的第五条多线。

⑥系统继续提示选择第一条多线，选择上面绘制的第八条多线，然后系统提示选择第二条多线，选择上面绘制的第五条多线。

⑦系统继续提示选择第一条多线，选择上面绘制的第九条多线，然后系统提示选择第二条多线，选择上面绘制的第一条多线。

⑧系统继续提示选择第一条多线，选择上面绘制的第十条多线，然后系统提示选择第二条多线，选择上面绘制的第一条多线。

需要注意的是，在进行多线编辑时，可以通过选择多线交点附近的多线上的坐标点进行多线的选择。

⑨多线编辑完成结束命令。

**8. 生成程序**

单击"发送"按钮↑，生成如图 9-92 所示的程序。

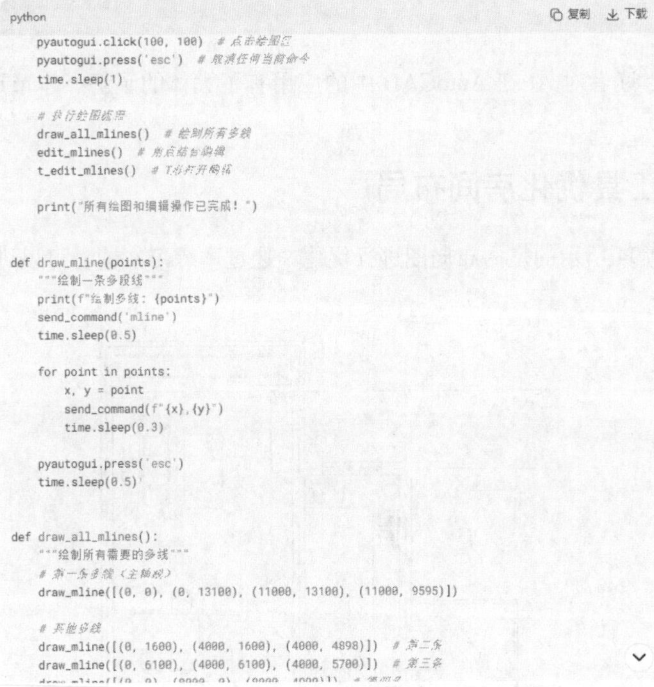

图 9-92　生成程序

**9. 运行程序**

（1）复制以上程序。然后启动 PyCharm，单击"新建文件或目录"按钮＋，在弹出的下拉菜单中选择 "Python 文件"命令，系统弹出"新建 Python 文件"对话框，输入名称为"平面布局图-绘制编辑多线"。

（2）输入程序。按 Ctrl+V 快捷键，粘贴程序到"平面布局图-绘制编辑多线"文件中。

（3）程序运行。在 AutoCAD 的命令行单击，然后切换到 PyCharm 界面，单击"运行"按钮▷，将光标移动到 AutoCAD 界面，运行程序。运行结果如图 9-93 所示。

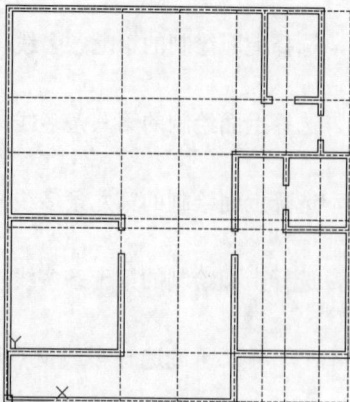

图 9-93　运行结果

# 9.5　实 践 练 习

通过本章的学习，读者对 AI 在 AutoCAD 中的应用有了大体的了解。本节通过两个练习使读者进一步掌握本章知识要点。

## 9.5.1　利用 AI 工具优化房间布局

本练习需要对图 9-94 所示的室内布局图进行优化。通过本练习，读者可以进一步熟悉通过 AI 绘制 CAD 图纸的技能。

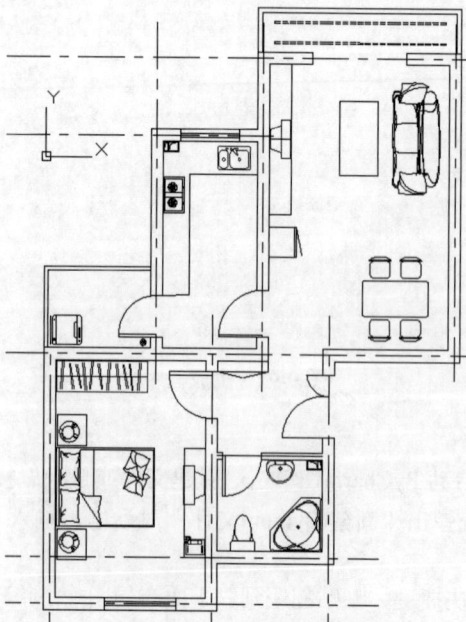

图 9-94　室内布局图

操作提示：

（1）输入提示词。打开 DeepSeek，输入以下提示词：

生成一个 Python 程序，在 AutoCAD 2026 中进行以下操作。

①提取图中的图块名称。

②将电话删除，将冰箱向下移动 500，将沙发向右移动 100，将燃气灶 2 向下移动 600，将洗脸盆 1 向右移动 500。

（2）根据以上关键词生成程序。

（3）运行程序。将生成的程序复制到 PyCharm 中运行。如果存在错误，将运行结果复制到 AI 中修改程序，然后重新运行，直至生成正确的程序。优化结果如图 9-95 所示。

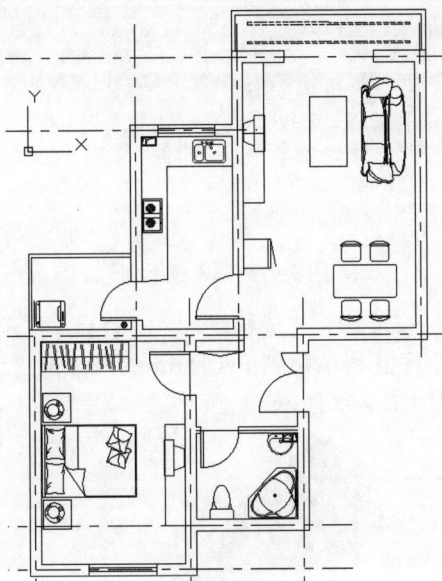

图 9-95　优化结果

## 9.5.2　通过 Python 脚本生成机械零件模型

本节介绍油标尺立体图的绘制，如图 9-96 所示。

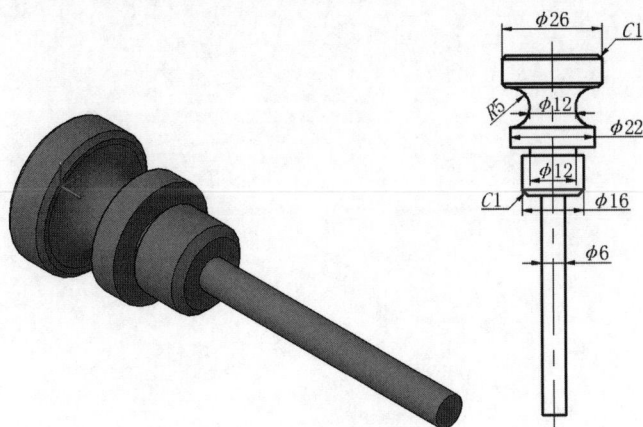

图 9-96　油标尺

操作提示：

（1）绘图准备。启动 AutoCAD 2026，新建文件。

（2）输入提示词。启动豆包 AI，输入如图 9-97 所示的提示词。

我现在要生成一个Python程序，使用PyAutoGUI在AutoCAD 2026中控制鼠标和键盘绘制图形。我要绘制一个油标尺立体图。要求如下：

① 将视图切换到西南等轴测视图。

② 在命令行中输入"UCS"命令，将坐标系统X轴旋转90°。

③ 使用"圆柱体"命令，以坐标原点（0,0,0）为圆心，绘制半径为13、高度为8的圆柱体1；以圆柱体1的下端面圆心（0,0,8）为圆心，绘制半径为11、高度为15的圆柱体2；以圆柱体2的下端面圆心（0,0,23）为圆心，绘制半径为6、高度为2的圆柱体3；以圆柱体3的下端面圆心（0,0,25）为圆心，绘制半径为8、高度为10的圆柱体4；以圆柱体4的下端面圆心（0,0,35）为圆心，绘制半径为3、高度为55的圆柱体5。

④ 使用"圆环体"命令，绘制以（0,0,13）为中心、圆环半径为11、圆管半径为5的圆环体。

⑤ 使用zoom命令放大图形。

⑥ 使用"差集"命令，从圆柱体2中减去圆环体。

⑦ 使用"倒角边"命令，对圆柱体1的坐标为(0,13,0)倒角边进行倒角，倒角距离为1；再使用"倒角边"命令，圆柱体2的坐标为(0,13,8)倒角边进行倒角，倒角距离为1；再使用"倒角边"命令，对圆柱体4的坐标为(0,8,35) 倒角边进行倒角，倒角距离为1.5。

⑧ 使用"并集"命令，将所有实体合并为一个实体。

⑨ 请在图形绘制完成之后使用vscurrent命令，显示样式设置为"概念"。

⌀ 深度思考　　品 技能　　　　　　　　　　✂ ☎ ⬜ ⬆

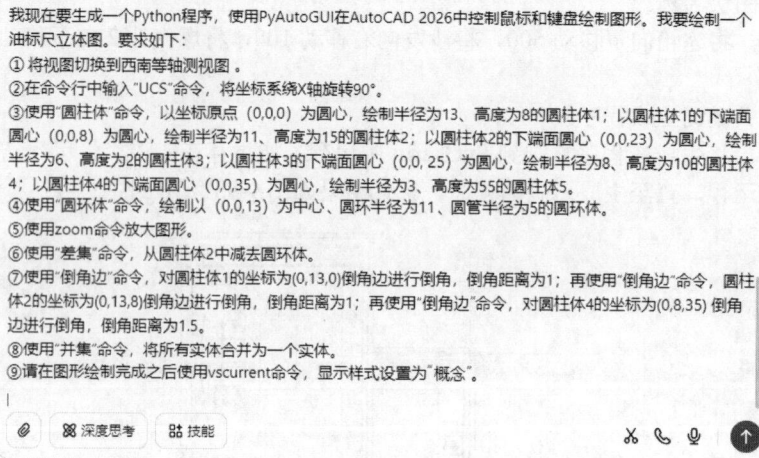

图 9-97　输入提示词

（3）生成程序。单击"发送"按钮⬆，生成程序。

（4）运行程序。将生成的程序复制粘贴到 PyCharm 中，单击"运行"按钮▷，将光标移动到 AutoCAD 界面，运行程序，结果如图 9-98 所示。

图 9-98　运行结果